工程基础与训练

主　编　夏绪辉　王　蕾
副主编　周幼庆　刘　翔　谢良喜
　　　　曹建华　刘长生

华中科技大学出版社
中国·武汉

内容简介

编写本书的宗旨是为了适应科学技术的不断发展及教学改革的不断深入。全书共分6大部分22章，包括：工程训练背景知识与安全规范、工程材料及其热处理工艺、铸造工艺、锻压工艺、焊接工艺、非金属材料成形、切削加工基础知识、车削工艺、铣削工艺、刨削工艺、磨削工艺、钳工工艺、数控基础知识、数控车削工艺、数控铣削工艺、特种数控加工工艺、现代快速成形技术、电子元器件与焊接技术、表面贴装技术、印制电路板设计与制造、电子实训案例及综合工程训练理论与实践等。

本书可作为高等学校机械类、非机械类专业的机电综合工程训练教材，也可供相关工程技术人员参考。

图书在版编目(CIP)数据

工程基础与训练/夏绪辉，王蕾主编. —武汉：华中科技大学出版社，2015.12（2021.1重印）
普通高等学校机械基础课程规划教材
ISBN 978-7-5680-1476-2

Ⅰ.①工… Ⅱ.①夏… ②王… Ⅲ.①机械工程-高等学校-教材 Ⅳ.①TH

中国版本图书馆CIP数据核字(2015)第305432号

工程基础与训练 夏绪辉 王 蕾 主编
Gongcheng Jichu yu Xunlian

策划编辑：俞道凯
责任编辑：王 晶
封面设计：原色设计
责任校对：何 欢
责任监印：张正林
出版发行：华中科技大学出版社（中国·武汉）
武昌喻家山 邮编：430074 电话：(027)81321913
录 排：武汉三月禾文化传播有限公司
印 刷：武汉市籍缘印刷厂
开 本：787mm×1092mm 1/16
印 张：19.75
字 数：500千字
版 次：2021年1月第1版第7次印刷
定 价：39.00元

本书若有印装质量问题，请向出版社营销中心调换
全国免费服务热线：400-6679-118 竭诚为您服务
版权所有 侵权必究

前　言

工程训练是理工类高校中普遍开设的实践性教学课程。该课程面向本科各专业，以低年级学生为主，具有通识性工程基础实践教学特征。其教学目标是学习工艺知识，增强实践能力，提高工程素质，培养创新意识和创新能力，通过工程训练，使学生对工业制造有所了解，对工业文化有所体验，其作用是其他课程无法替代的。

随着科学技术的快速发展，科学知识的更新日益加快，制造技术日新月异，新材料、新技术、新工艺不断涌现，使工程训练课程的教学内容不断更新和丰富。同时，在市场经济条件下，社会对人才的需求也发生了很大变化，这就要求学生在学到较宽的现代科学技术基础理论和必需的专业知识的同时，必须进行综合工程实践能力的训练。由于工程训练教学内容的不断增多与有限的教学学时之间存在较大的矛盾，有必要对工程训练的教学内容、教学方法进行改革，传统的工程训练已经开始向现代工程训练转化，传统的训练内容不断减少，先进制造技术的训练内容不断增多。为了适应课程改革的需要，配合柔性模块化工程训练教学，我们组织编写了这本教材。

本书在编写过程中遵循“实用为主，够用为度”的指导原则，强调知识面的宽度，着重介绍实践操作指导及工艺设备的作用。在满足教学知识点要求的基础上，注重理论与实际相结合、设计与工艺相结合、分散与集成相结合；编写中，力求书中内容与现场相对应，强调简练、实用、便于自学；在内容组织上，注意优化传统制造技术内容，强化先进制造技术、综合工程训练的地位和确定适当的内容比例。每章后还附有复习思考题，便于学生明确训练要求与章节重点。

参加本书编写的有：夏绪辉、王蕾、周幼庆、刘翔、曹建华、刘长生、谢良喜、杜辉、杨永强、郑常菁、龚园等。

由于编者水平有限，书中难免有错误和不妥之处，恳请读者批评指正。

编　者

2015 年 7 月

目　　录

第一部分　工程训练概述

第二部分　材料成形技术

第三部分 机械切削加工技术

第四部分 先进机械加工技术

第五部分 电子工艺技术

第六部分　综合工程训练

第一部分　工程训练概述

第1章　工程训练背景知识与安全规范

1.1　制造技术与系统

1.1.1　制造的概念

传统地理解，人们一般将“制造”理解为产品的机械工艺过程或机械加工过程。例如著名的朗文词典对“制造”(manufacture)的解释为“通过机器进行(产品)制作或生产，特别适用于大批量生产”。

随着人类生产力的发展，“制造”的概念和内涵在“范围”和“过程”两个方面大大拓展。在范围方面，制造所涉及的工业领域远非局限于机械制造，它包括了机械、电子、化工、轻工、食品、军工等国民经济的各行各业。制造业已被定义为将可用资源(包括物料、能源等)通过相应过程转化为可供人们使用和利用的工业品或生活消费品的产业。在过程方面，制造不仅指具体的工艺过程，而且包括市场分析、产品设计、生产工艺过程、装配检验、销售服务等产品整个生命周期过程，如国际生产工程学会1990年给“制造”下的定义是：制造是一个涉及制造工业中产品设计、物料选择、生产计划、生产过程、质量保证、经营管理、市场销售和服务的一系列相关活动和工作的总称。

综上所述，“制造”目前有两种理解：一种是通常制造概念，指产品的“制作过程”或称为“小制造概念”，如机械加工过程；另一种是广义制造概念，包括产品整个生命周期过程，又称为“大制造概念”。本书中涉及的制造，主要是指的小制造概念。

1.1.2　现代制造模式与技术

1. 现代制造模式

制造模式(manufacturing mode)是制造企业经营管理方法的模型，是提供关于制造系统通用的和全局的样板，制造模式可以被理解为“制造系统实现生产的典型方式”。现代制造模式可定义为：现代制造模式是以市场需求为驱动，以先进制造技术为基础，运用先进的制造管理理念，对制造系统进行设计、组织和运作的方式。它以获取生产有效性为首要目标，以制造资源快速有效集成为基本原则，以“人—组织—技术”相互结合为实施途径，使制造系统获得精益、敏捷、优质高效的特征，以适应市场变化对时间、质量、成本、服务和环境的新要求。

对于现代制造模式的类型，不同的分类标准有不同的分类结果。例如按照制造过程来分，可分为刚性制造模式、柔性制造模式、可重构制造模式三种；按照信息流与物流运动方向来分，可分为精益制造模式与信息化制造模式两种；按制造过程利用资源的范围来分，可分为集成制造系统、敏捷制造系统、智能制造系统三种。

系统总结国内外出现的各种先进制造模式，对目前存在的63种先进制造模式和方法技术通过层次进行区分，主要包括以下三层。

(1) 技术与方法层　主要是相对独立的技术与方法，如工业智能技术、优化设计等。

(2) 系统方法层　侧重于整个系统，强调方法与技术的综合集成、如单元集成制造系统、基于统计的质量管理系统等。

(3) 哲理层　强调的是一种思想或理念，如精益生产、柔性制造系统等。

尽管现在制造模式可分为多种不同的类型，但均具有如下四个共同特点。

(1) 综合性　强调技术、管理方法和人的有效综合和集成。

(2) 普适性　其概念、哲理和结构，适用于不同企业，其核心思想和观念具有普遍指导意义。

(3) 协同性　强调“人—机”协同、“人—人”协同因素的重要性，技术和管理是两个平行推进的车轮。

(4) 动态性　强调与社会及其生产力发展水平相适应的动态发展过程。

2. 现代制造技术

制造技术，通常包括机械加工技术和非机械加工技术两大部分，如图1-1所示。

制造技术 {
机械加工技术←工作母机
非机械加工技术←电加工、光学加工、化学加工等

图1-1　制造技术

先进制造技术，是将机械、电子、信息、材料、能源和管理等方面的技术进行交叉、融合和集成为一体，所产生的技术、设备和系统的总称。

现代制造技术，如图1-2所示，包括机械设计技术、现代成形和改性技术、现代加工技术以及制造系统和管理技术等。

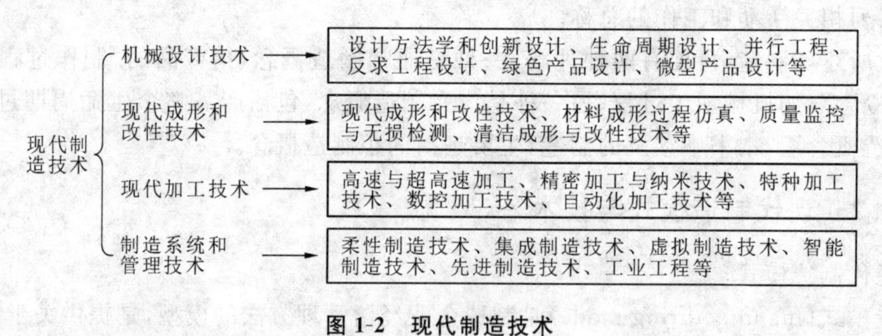

图1-2　现代制造技术

1.1.3　制造系统与制造系统工程

1. 制造系统

英国著名学者帕纳比于1989年对“制造系统”给出的定义为：制造系统是工艺、机器系统、人、组织结构、信息流、控制系统和计算机的集成组合，其目的在于取得产品制造的经济性和产品性能的国际竞争力。

国际生产工程学会(CIRP)于1990年公布的“制造系统”的定义是：制造系统是制造业

中形成制造生产(简称生产)的有机整体。在机电工程产业中,制造系统具有设计、生产、运输和销售的一体化功能。

美国麻省理工学院(MIT)教授Chryssolouris于1992年对“制造系统”的定义为:制造系统是人、机器和装备以及物料流和信息流的一个组合体。

国际著名制造系统工程专家、日本京都大学人见胜人教授于1994年指出,制造系统可从以下三个方面来定义。

(1) 制造系统的结构方面　制造系统是一个包括人员、生产设施、物料加工设备和其他附属装置等各种硬件的统一整体。

(2) 制造系统的转变特性　制造系统可定义为生产要素的转变过程,特别是将原材料以最大生产率转变成为产品。

(3) 制造系统的过程方面　制造系统可定义为生产的运行过程,包括计划、实施和控制。

综合上述的几种定义,可将制造系统定义如下。

由制造过程及其所涉及的硬件,包括人员、生产设备、材料、能源和各种辅助装置,以及有关软件,包括制造理论、制造技术(制造工艺和制造方法等)和制造信息等,组成的一个具有特定功能的有机整体,称为制造系统。以上定义可看成是制造系统的基本定义。根据所研究的问题的侧重面的不同,借鉴人见胜人教授的观点,制造系统还可有以下三种特定的定义。

(1) 制造系统的结构定义　制造系统是制造过程所涉及的硬件(包括人员、设备、物料流等)及其相关软件所组成的一个统一整体。

(2) 制造系统的功能定义　制造系统是一个将制造资源(如原材料、能源等)转变为产品或半成品的输入/输出系统。

(3) 制造系统的过程定义　制造系统可看成是制造生产的运行全过程,包括市场分析、产品设计、工艺规划、制造实施、检验出厂、产品销售、回收处理等各个环节的制造全过程。

由上述制造系统的定义可知,机械加工系统可看成是一种制造系统,它由机床、夹具、刀具、被加工工件、操作人员、加工工艺等组成。机械加工系统输入的是制造资源(如毛坯或半成品、能源和劳动力等),它们经过机械加工过程制成产品或零件输出,这个过程就是制造资源向产品(成品)或零件的转变过程。一个正在制造产品的生产线、车间乃至整个工厂可看成是不同层次的制造系统;柔性制造系统和计算机集成制造系统均是典型的制造系统;另外,一个新产品的开发,一个技术改造项目,一个与制造有关的工程项目、科研课题以及它们所涉及的硬件和软件,从某种角度说,也可以看成是不同的制造系统。

2. 制造系统工程

“制造系统工程(manufacturing systems engineering,MSE)”的概念最初是由日本京都大学人见胜人教授于20世纪70年代末提出的。80年代以后,西方国家对MSE的理论、方法、技术和应用进行了大量研究。

1) 制造系统工程的内涵

在基本了解系统工程的概念基础上,现分析制造系统工程的定义和内涵。综合现有的文献和作者们的研究成果,制造系统工程的定义和内涵一般应包括以下几点。

(1) 制造系统工程是制造领域内的系统工程,它从系统的角度、应用系统的理论和方法来研究和处理制造过程的有关问题。制造系统工程的研究对象是各类具体的制造系统,如机械制造系统、电气制造系统等。其主要内容是制造系统的分析、决策、规划、设计、管理、运筹和评价等，重点是研究和处理制造过程中的综合性技术问题及相关的管理问题，从整体的角度和系统的角度研究制造系统。

(2) 由于制造过程所涉及的硬件和软件，特别是现代制造设备、制造理论和制造技术，绝非单一学科的知识足以支撑，一般涉及多门学科知识；而制造系统工程是从整体的角度和系统的角度研究制造系统的，因此它必然是一门多学科交叉的工程学科；而且它涉及的多学科不是简单的结合，而是以系统工程的理论和方法为纽带，以制造系统为结合对象而形成的多学科密切结合、融会贯通的有机整体。

(3) 它追求的总目标是制造过程的整体最优。

2) 制造系统工程的基本内容

由前面制造系统工程的内涵、特点可知，制造系统工程学科的基本内容是研究制造系统的有关理论，以及如何基于这些理论，从整体性、综合性、最优性的角度来研究制造系统的分析、决策、建模、规划、设计、运行和管理的方法，以取得制造过程的最佳效益。图 1-3 概括了制造系统工程的基本内容以及制造系统工程的问题域与具体内容之间的对应关系。

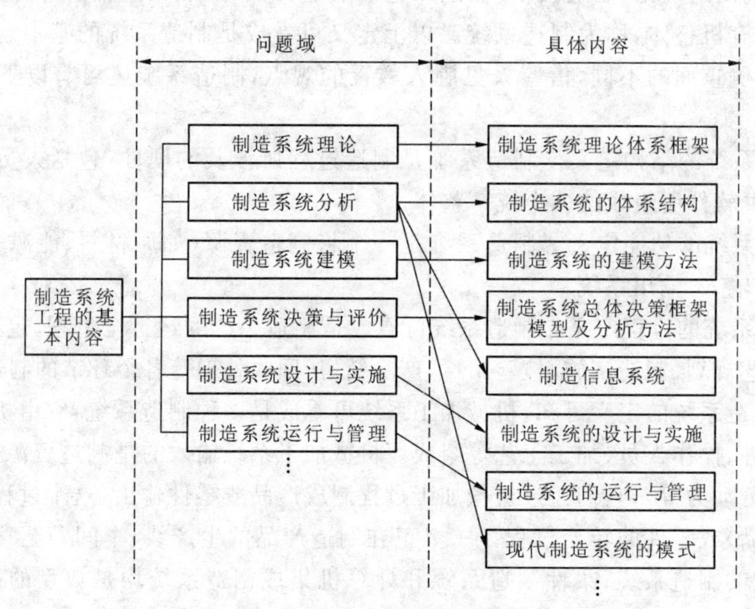

图 1-3 制造系统工程的基本内容

1.2 机械制造

1.2.1 机械制造技术

机械制造技术是各种机械制造过程所涉及的技术的总称，包括零件制造、整机装配等一系列的工作。它包括毛坯生产(如铸造、焊接、锻造、冲压、粉末冶金加工和注塑等)、切削加工(如车削、铣削、磨削、钻削、钳工等)、机械装配技术、其他技工技术(如电火花加工、电解加工、超声波加工、激光加工、电子束加工、水刀加工、快速成形技术等)和表面工程技术,并且它们之间相互交叉。简单理解,机械制造技术是指用机械来加工零件或制造机械的技术。

机械零件的加工实质是零件表面的成形过程,这些成形过程是由不同的加工方法来完成的。在一个零件上,被加工表面类型不同,所采用的加工方法也就不同;同一个被加工表面,精度要求和表面质量要求不同,所采用的加工方法及其组合也不同。

1.2.2　机械制造工艺

任何机械或部件都是由许多零件按照一定的设计要求制造和装配而成的。机械制造工艺是各种机械制造方法和过程的总称,涉及将原材料转变为成品的各种加工过程,主要包括生产和技术准备、毛坯制造、零件加工、装配和试验以及产品检验等。机械制造的常见工艺工程如图 1-4 所示。

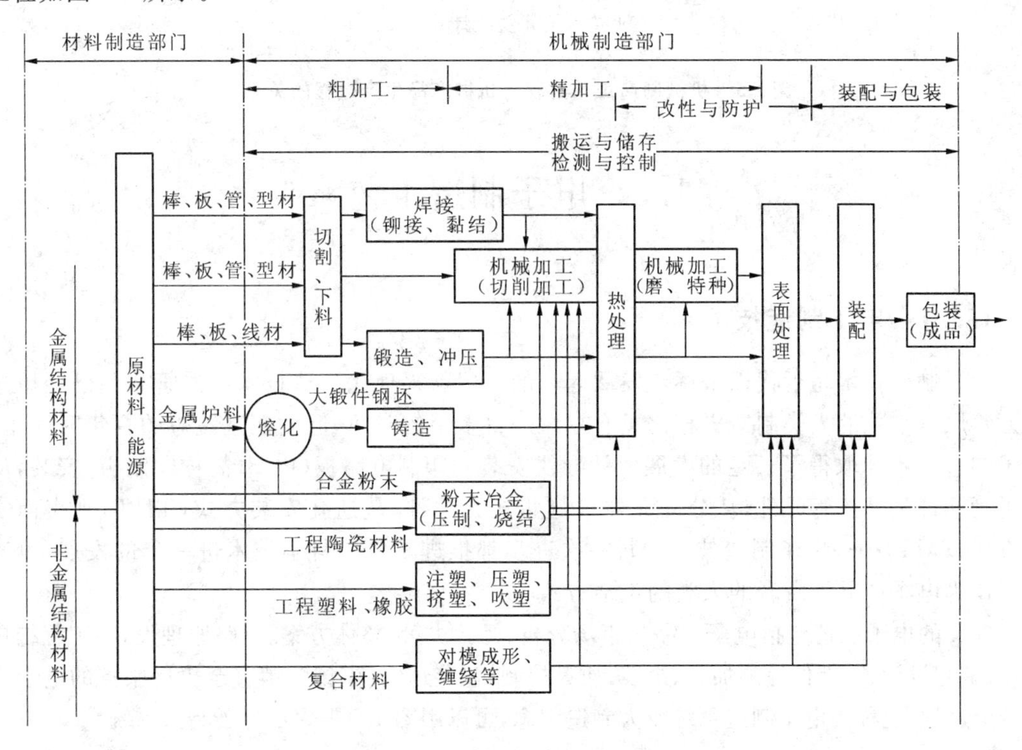

图 1-4　机械制造的常见工艺工程

机械制造工艺过程是机械产品生产过程的重要组成部分。机械产品生产过程是指产品由原材料到成品之间的各个相互联系的生产过程的总和,包含了机械制造工艺过程和机械制造辅助过程。

机械制造工艺过程是指生产过程中按一定加工(如铸造、锻造等)顺序逐渐改变生产对象的形状、尺寸、位置和性质,使其成为预期产品的过程,或者是与原材料变为成品直接有关的过程,可具体分为铸造、锻造、冲压、焊接、机械加工、热处理、电镀、装配等工艺过程。机械制造工艺系统由机床、刀具、夹具及工件组成。

机械制造辅助过程,包括备料、包装、运输、保管、刃磨、设备维护等。

机械制造工艺过程与机械产品生产过程的关系如图 1-5 所示。

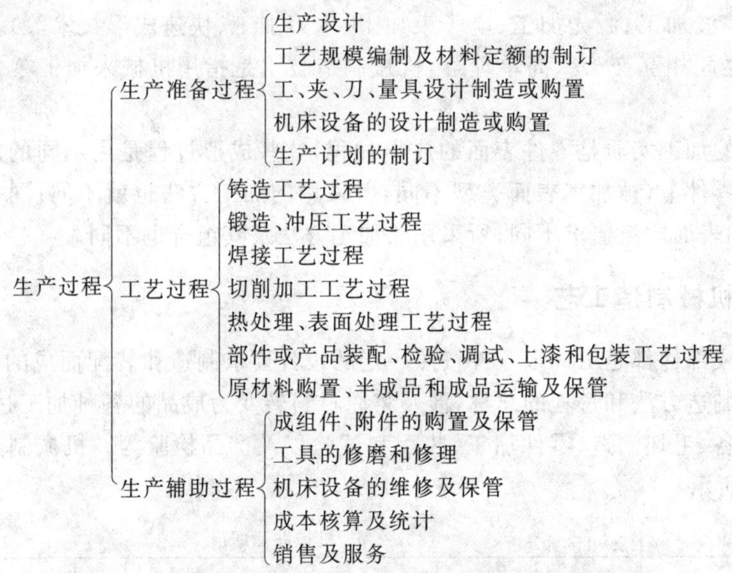

图 1-5　机械制造工艺过程与机械产品生产过程的关系

1.3　电子制造工艺

1.3.1　电子制造技术

电子制造技术是近代以来逐步发展起来的一门新兴现代制造技术。尽管它与已经历过上万年风雨洗礼的人类制造史相比只有短短一百多年的时间，但就在这短短的百年时间里，电子制造技术却取得了长足的发展。从导线安装到印制电路板(PCB，简称印制板)安装，从电子管元件到晶体管元件，从分立元器件到集成元器件，从通孔安装方式(THT)到表面安装方式(SMT)……电子制造技术的每一次进步都推进了电子科学技术进一步的发展，也改变了作为电子产品消费者的人类的生活方式。

广义的电子制造包括电子产品从市场分析、经营决策、整体方案、电路原理设计、工程结构设计、工艺设计、零部件检测加工、组装、质量控制、包装运输、市场营销直至售后服务的电子产业链全过程，也称为电子制造系统或大制造观念，可以用图 1-6 来表示电子制造系统。

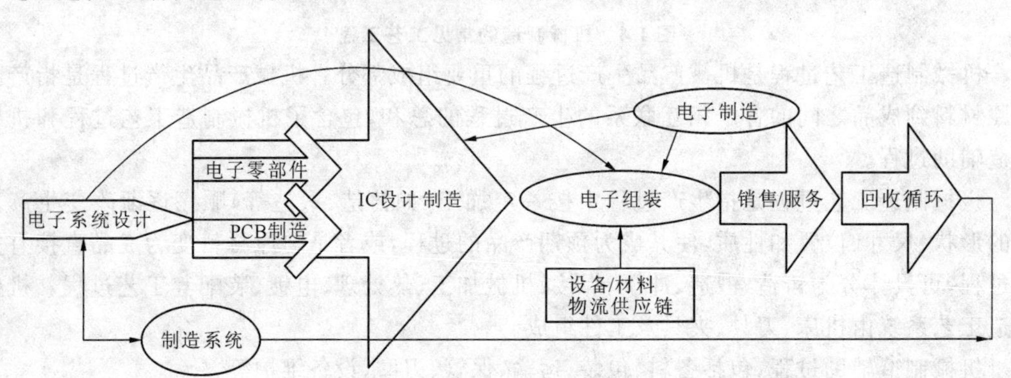

图 1-6　电子制造系统

1.3.2 电子制造工艺

工艺是伴随着制造一起出现，并同步发展的一种生产应用技术，是制造业发展的核心技术。广义的电子制造工艺包括基础电子制造工艺和电子产品制造工艺两个部分。

基础电子制造工艺包括电子信息技术核心的微电子制造工艺和其他元器件制造工艺以及印制板制造工艺。也有人把印制板制造工艺归入电子元器件制造工艺，但由于印制板在电子产品中的重要性和普遍性，在电子制造行业中习惯上把它单列为一个门类。而微电子制造工艺又可分为芯片制造工艺和电子封装工艺两个部分。

电子产品制造工艺，也称为整机制造工艺或电子组装工艺，包括印制板组件制造工艺、其他零部件制造工艺和整机组装工艺。电子产品制造工艺中最关键的是印制板组件制造工艺及整机组装工艺，这两个工艺衔接紧密，并且一般在同一企业完成，通常又称为电子组装或电子装联。其他零部件，即印制板组件之外的以机械结构为主的零部件制造工艺作为电子产品中的机械部分单独考虑。电子制造工艺的组成如图1-7所示。

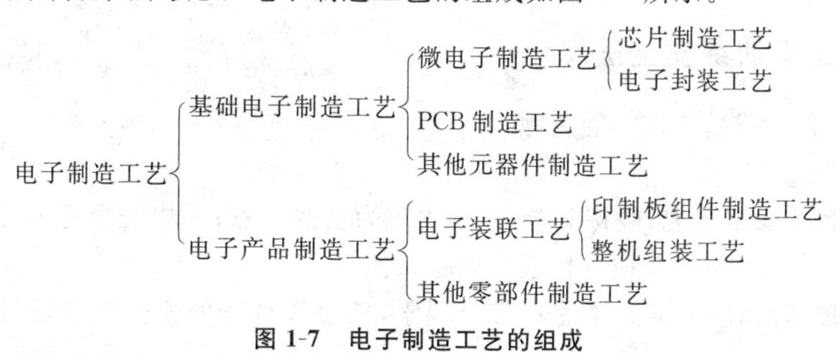

图1-7 电子制造工艺的组成

1.4 工程训练基本要求与安全规范

工程训练注重学生参与性、项目设计性和教学开放性。

1.4.1 工程训练的目的和意义

工程，是指在各种约束的条件下，寻求一种解决问题的、可以实行的方法，并将该方法实现，以解决人类的问题的过程。“工程状态”的概念相对的是“理想状态”的概念。在工程问题中所谓考虑“现实”即是考虑来自于各方面的约束条件。约束条件考虑越多，越接近工程实际。在各种约束条件中寻求一种解决问题的方法，该方法与前人解决问题的方法不同，就是“创新”。创新的两个先决条件：① 了解各种工程约束条件，② 了解前人解决问题的方法。

工程训练，是指以制造过程为主线，通过对材料进行加工，掌握基本的加工技术，并生产出具有一定尺寸精度的零件，组装成产品。在训练的过程中贯彻“做”、“悟”、“异”、“用”四个字所体现的学习原则。

工程训练的目的，是培养学生的工程实践能力、协作精神和创新意识，通过对机电工艺知识的学习，了解制造工程的基础工艺过程；体会、了解工程的概念；培养工程思维能力和通过动手实践掌握知识的能力。具体而言是了解项目的实现途径，训练项目的实现能力。

1.4.2　工程训练的内容

1.工程训练的内容

机械工程加工制造的内容包括成形(如铸造、锻压、焊接等)、改性(如热处理、表面加工等)、切削(如锉削、钻削、车削、铣削、磨削等)、先进制造(如数控车削、数控铣削、数控电火花加工等)。

电子加工制造的内容包括电子焊接(如手工焊接、回流焊等)、印制电路板设计与制作、电子产品安装与调试等。

2.工程训练的模式

机械工程训练教学模式:以任务为核心,通过完成工程项目的任务,了解机械工程和制造工程,使学生建立工程概念,培养通过实践动手掌握知识与技能的能力。

机械工程训练教学层次:工程基础认知→基础制造项目任务→创新制造项目任务,每个层次都包含以动手为主的训练和以交流为主的研讨。

1.4.3　工程训练安全法规

安全,是工程实践教学永恒的主题。

1.基本要求

(1) 严守各项安全法规;坚持安全第一,预防为主的观点;养成安全行为习惯;严禁不安全行为;杜绝人身伤害事故及设备损毁事故隐患。

(2) 进入现场前,应了解具体的不安全因素,熟悉该现场的安全规范,了解具体的安全事故处理方案。

(3) 在现场中,必须按照其中具体的安全要求着装、站位、行走、操作、学习,服从现场教学及管理人员的管理、调度。

(4) 熟悉并严格遵守实习中涉及的各项安全操作规程。实际操作前必须经过规定时间的安全训练,在经现场教学及管理人员安全操作考核合格后,方有资格进行相应安全等级允许的实际操作。

(5) 学生进入现场后,首先应到现场教学及管理人员处登记,安全分等于或低于规定分者不得进入实习现场。允许进入实习现场的学生,只可操作经现场教学及管理人员指定许可的设备,并完成经现场教学及管理人员进行安全审核后许可的操作任务,完成任务后应及时清理现场,使设备保持安全、清洁的状态,经现场教学及管理人员检查,通过签字后,方可离开现场。

(6) 一旦发生安全事故或故障,必须做到首先用安全的方法切断事故或故障源,对伤员进行及时救助,同时通知现场教学及管理人员,消除事故或故障隐患。其次尽量保护事故或故障现场,以便分析事故或故障的原因,依据法律和事实分清责任和处理事故或故障。操作中发现异常应立即按安全规程停止操作、关断设备,通知现场教学及管理人员处理异常情况。

2.着装要求

(1) 严禁穿拖鞋、凉鞋、软底鞋进入实习现场,以防止被切屑划伤。手工电弧焊操作时应穿符合绝缘要求和防烫伤要求的工作鞋袜,以防止触电和烫伤。

(2) 应正确地穿着符合安全要求的服装进入现场。注意袖口、衣服下摆的安全性,以防被卷入机器。

(3) 女同学或头发长过肩的男同学必须将头发戴入符合安全要求的帽子内,以防头发被卷入机器。

(4) 在进行焊接操作时应戴防护手套,以防止触电或烫伤。在进行切削加工操作时禁止戴手套,以防手被卷入机器。

(5) 在进行切削加工操作时应戴防护眼镜,以防切屑伤眼。在进行气焊、气割操作时应戴防护眼镜,以防强光伤眼。在进行手工电弧焊操作时,应正确使用防护面罩,以防弧光灼伤眼睛和面部皮肤。

(6) 在现场严禁戴耳机或挂耳机,在操作时或在运转的设备附近严禁聊天或使用手机,保持安全警觉,以保证对意外事故能及时做出正确反应。

(7) 严格遵守现场具体安全着装要求。

3.站位及行走要求

(1) 严禁站在机床旋转部件旋转切线方向位置,以防被意外飞出的工件击伤。

(2) 严禁站在操作人员的背后,以保障操作人员的人身安全。

(3) 严禁脚踩电线,不应站在配电柜门旁,以防触电。

(4) 通过现场时,应在安全通道内行走,应对天车及周围设备保持警觉。

(5) 在现场内严禁跑、跳、打闹,以防摔伤、砸伤、触电。

(6) 应注意与物料存放场地保持安全距离,以防砸伤。

(7) 严格遵守现场具体安全站位、行走要求。

4.设备操作要求

(1) 严禁在未取下卡盘扳手前启动车床,以防车床卡盘扳手飞出伤人。在进行车、铣、刨、磨、钻等切削加工前,应将工件、刀具、卡具装稳、夹紧,以防切削时工件飞出伤人。

(2) 应严格限制磨削进给量,以防磨床工件被挤出或砂轮被挤碎而伤人。

(3) 夹持热加工工件时应戴手套用钳子,以防烫伤;在切削加工机床停稳后用隔热材料作为垫子取下工件,以防烫伤。

(4) 操作出现意外时,应及时关断故障设备的电源。

(5) 不得打开配电柜门,触动其中的开关及线路,以防触电。

(6) 禁止学生触动非允许使用的设备的按钮、手柄、工装,以防出现安全事故。

(7) 数控设备在自动运行前应对程序运行进行手动验核,以防设备损毁。

(8) 严格按照现场安全操作规程完成准备工作、实施操作,并完成操作善后工作。

5.安全用电规范

触电事故会对人身财产安全带来极大的伤害。防止触电是安全用电的核心,产生触电事故有以下原因。

(1) 缺乏用电常识,触及带电的导线。

(2) 没有遵守操作规程,人体直接与带电体部分接触。

(3) 由于用电设备管理不当,使绝缘损坏,发生漏电,人体碰触漏电设备外壳。

(4) 高压线路落地,造成跨步电压引起对人体的伤害。

(5) 检修中,安全组织措施和安全技术措施不完善,接线错误,造成触电事故。

(6) 其他偶然因素,如人体受雷击等。

在带电工作环境下制订完善的安全制度,采取有效的安全措施,是防止触电事故发生、降低触电事故损失的必要手段。

1) 安全制度

一般情况下,安全制度应至少包括以下三个方面的内容。

(1) 在电气设备的设计、制造、安装、运行、使用和维护以及专用保护装置的配置等环节中,要严格遵守国家规定的标准和法规。

(2) 加强安全教育,普及安全用电知识。

(3) 建立、健全安全规章制度,如安全操作规程、电气安装规程、运行管理规程、维护检修制度等,并在实际工作中严格执行。

2) 安全措施

(1) 停电工作中的安全措施。在线路上作业或检修设备时,应在停电后进行,并采取下列安全技术措施:切断电源、验电、装设临时地线。

(2) 带电工作中的安全措施。在一些特殊情况下必须带电工作时,应严格按照带电工作的安全规定进行。

① 在低压电气设备或线路上进行带电工作时,应使用合格的、有绝缘手柄的工具,穿绝缘鞋,戴绝缘手套,并站在干燥的绝缘物体上,同时派专人监护。

② 对工作中可能碰触到的其他带电体及接地物体,应使用绝缘物隔开,防止相线间短路和接地短路。

③ 检修带电线路时,应分清相线和地线。

④ 高、低压线同杆架设时,检修人员离高压线的距离要符合安全距离。

除此以外,对电气设备还应采取下列一些安全措施:电气设备的金属外壳要采取保护接地或接零;安装自动断电装置;尽可能采用安全电压;保证电气设备具有良好的绝缘性能;采用电气安全用具;设立保护装置;保证人或物与带电体的安全距离;定期检查用电设备。

6. 安全教育及管理

(1) 进入现场前安全教育　教师进行安全教育讲座,学生进行安全知识自学,教师组织安全知识考试。

(2) 进入现场安全教育　现场教师进行现场安全知识、操作规程、安全要求示范讲解,学生在现场教师的指导下进行安全操作技能训练,现场教师对学生进行安全操作技能考核。

(3) 现场运行中安全管理　实施现场安全检查、巡视制度,对安全隐患及时排除,对再次进入危险工种操作的学生,应经过操作安全考核,合格者方可进行操作,对违章学生进行纠正、教育、处罚。

复习思考题

1. 什么是制造？现代制造模式有哪些？

2. 现代制造技术的主要内容有哪些？

3. 常见机械制造工艺包含哪些内容？

4. 机械制造工艺过程与机械产品生产过程有何关系？

5. 工程训练的目的是什么？

6. 工程训练有哪些内容？

7. 工程训练有哪些基本安全要求？

第二部分　材料成形技术

第2章　工程材料及其热处理工艺

2.1　工程材料

工程材料，是指用于机械、车辆、船舶、建筑、化工、能源、仪器仪表、航空航天等工程领域的材料，用来制造工程构件和机械零件，也包括一些用于制造工具的材料和具有特殊性能的材料。工程材料有各种不同的分类方法。一般都将工程材料按化学成分分为金属材料、非金属材料和复合材料三大类，如图2-1所示。

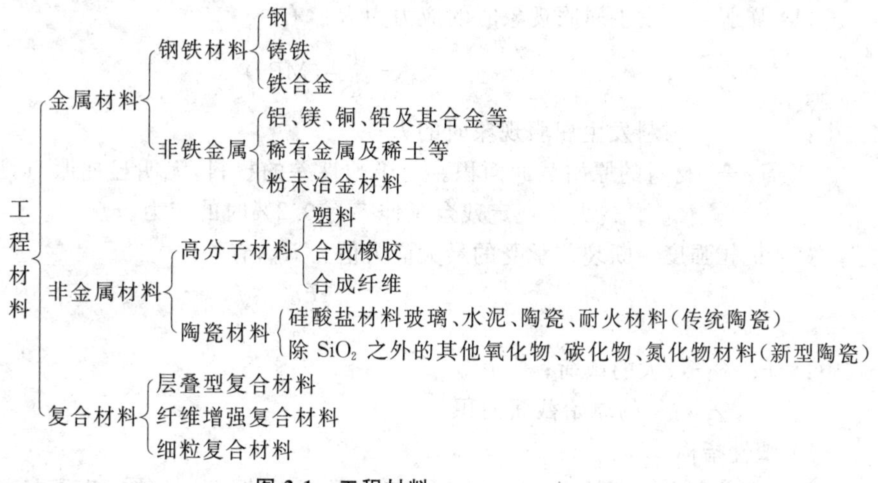

图2-1　工程材料

2.1.1　金属材料

金属材料是最重要的工程材料，包括金属和以金属为基的合金。工业上把金属及其合金分为两大部分。

(1) 黑色金属材料　铁和以铁为基的合金(钢、铸铁和铁合金)。

(2) 有色金属材料　黑色金属以外的所有金属及其合金。

应用最广的是黑色金属。以铁为基的合金材料占整个结构材料和工具材料的90.0%以上。黑色金属材料的工程性能比较优越，价格也较便宜，是最重要的工程金属材料。

有色金属按照性能和特点可分为：轻金属、易熔金属、难熔金属、贵金属、稀土金属和碱土金属等。它们是重要的有特殊用途的材料。

1.金属材料的力学性能

1）强度指标

强度是指材料在外力作用下，抵抗塑性变形和断裂的能力。工程上常用的金属材料的强度指标有屈服强度(R_{eL})（见图 2-2）和抗拉强度(R_m)（见图 2-3）等。

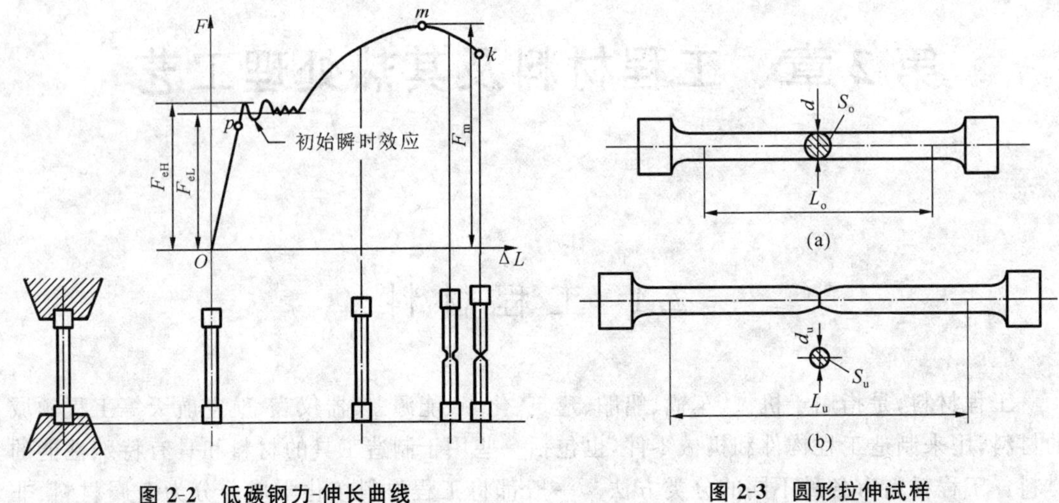

图 2-2　低碳钢力-伸长曲线

图 2-3　圆形拉伸试样

(a) 拉断前；(b) 拉断后

(1) 屈服点　发生屈服现象时的应力为 R_{eL}，有

$$R_{eL} = \frac{F_{eL}}{S_o}(\text{MPa}) \tag{2-1}$$

式中：F_{eL}——材料发生屈服现象时的力；

S_o——材料的原始截面面积。对于塑性差的材料，无明显屈服点，则用 $R_{r0.2}$ 来代替 R_{eL}，$R_{r0.2}$ 表示规定残余延伸率为 0.2%时的应力。

(2) 抗拉强度　断裂前承受的最大应力值为 R_m，有

$$R_m = \frac{F_m}{S_o} \tag{2-2}$$

式中：F_m——最大的载荷；

S_o——材料的原始截面面积。

2）塑性指标

塑性是指材料在外力作用下产生永久变形而不破坏的性能。表示材料的塑性指标是：伸长率 A 和断面收缩率 Z。

(1) 伸长率

$$A = \frac{L_u - L_0}{L_0 \times 100\%}$$

式中：L_u——拉断后的长度；

L_0——原来的试样长度。

注意：长、短试样测出的 A 值不相等（比较大小，要同样的试样）。$\delta_5 \geq 5\%$为塑性材料，$\delta_5 < 5\%$为脆性材料。表示 $L=5d$ 时的伸长率，L 是试样的标距，d 是直径。

(2) 断面收缩率

$$Z = \frac{S_0 - S_u}{S_0 \times 100\%}$$

式中：S_0——原截面面积；

S_u——断口处断面面积。Z 值越大，塑性越好。

总结：A、Z 越大，塑性越好，越易变形但不会断裂。

3）硬度指标

硬度是指材料抵抗更硬的物体压入其内的能力。最常用的硬度指标有：布氏硬度(HB)和洛氏硬度(HR)。布氏硬度和洛氏硬度试验原理和使用范围均不相同。

(1) 布氏硬度：HB。

应用范围：铸铁、有色金属、非金属材料。

布氏硬度试验的优点：试验时使用的压头直径较大，在试样表面上留下压痕也较大，测得的硬度值也较准确。

布氏硬度试验的缺点：对金属表面的损伤较大，不易测试太薄工件的硬度，也不适于测定成品件的硬度。

布氏硬度试验常用来测定原材料、半成品及性能不均匀的材料(如铸铁)硬度。

标注示例：350HBW5/750 表示用直径 5 mm 的硬质合金球在 7.355 kN 试验力下保持 10～15 s 下测定的布氏硬度值为 350。

(2) 洛氏硬度：HR(HRA、HRB、HRC)。

应用范围：钢及合金钢。

优点：① 操作简单迅速，效率高，直接从指示器上可读出硬度值；② 压痕小，故可直接测量成品或较薄工件的硬度；③ 对于 HRA 和 HRC 采用金刚石压头，可测量高硬度薄层的材料。

缺点：由于压痕小，测得的数值不够准确，通常要在试样不同部位测定四次以上，取其平均值为该材料的硬度值。

标注示例：45 HRC 表示用 C 标尺测定的洛氏硬度值为 45。

注：数值越大、硬度越高，但相互之间不能比较，必须查表后统一为同单位才行。

4）韧性指标

冲击韧度是指金属材料抵抗冲击载荷的作用而不破坏的能力。常用的指标有冲击韧度(A_K)。

5）疲劳的概念

在交变应力作用下，虽然零件所承受的应力低于材料的屈服点，但经过较长时间的工作后产生裂纹或突然发生完全断裂的现象称为金属的疲劳。

2. 金属的工艺性能

工艺性能是指金属材料在加工过程中是否易于加工成形的能力，它包括铸造性能、锻造性能、焊接性能和切削加工性能等。

(1) 铸造性能　金属及合金在铸造工艺中获得优良铸件的能力称为铸造性能。衡量铸造性能的主要指标有流动性、收缩性和偏析倾向等。金属材料中，以灰铸铁和青铜的铸造性能较好。

(2) 锻造性能　用锻压成形方法获得优良锻件的难易程度称为锻造性能。塑性越好，变形抗力越小，金属的锻造性能越好。例如黄铜和铝合金在室温状态下就有良好的锻造性能；碳钢在加热状态下的锻造性能较好；铸铁、铸铝、青铜则几乎不能锻压。

(3) 焊接性能　焊接性能是指金属材料对焊接加工的适应性，也就是在一定的焊接工艺条件下，获得优质焊接接头的难易程度。对碳钢和低合金钢，焊接性能主要同金属材料的化学成分有关(其中碳的质量分数的影响最大)。如低碳钢具有良好的焊接性能，高碳钢、不锈钢、铸铁的焊接性能较差。

(4) 切削加工性能　金属材料的切削加工性能是指金属材料在切削加工时的难易程度。影响切削加工性能的因素主要有工件的化学成分、组织状态、硬度、塑性、导热性和形变强化等。一般认为金属材料具有适当硬度(170～230 HBW)和足够的脆性时较易切削。

3. 常见金属材料

1) 工业用钢

(1) 钢的分类(GB/T 13304—2008)。

钢的分类方法分为“按化学成分分类”、“按主要质量等级和主要性能或使用特性的分类”两部分。

① 根据钢的化学成分可分为非合金钢(碳素钢)、低合金钢、合金钢。

② 按主要质量等级和主要性能或使用特性的分类：按主要质量等级分为普通质量、优质和特殊质量；按钢的主要性能或使用特性分类。

(2) 钢的牌号、性能与用途。

非合金钢的牌号、性能与用途如下。

① 碳素结构钢：Q235A，屈服强度 $R_{el} \geqslant 235$ MPa。通常用于制造型材、螺钉、铁钉、铁丝、建筑材料等。

② 优质碳素结构钢：普通含锰量钢，锰含量为 0.25%～0.8%；较高含锰量钢，锰含量为 0.70%～1.20%。

[举例]45：0.45% C、0.50～0.80% Mn，常用于齿轮、主轴、连杆等。

45Mn：0.45% C、0.70～1.00% Mn，常用于弹簧、板簧、发条等。

③ 碳素工具钢：优质碳素工具钢以“T＋数字”的形式表示。高级优质碳素工具钢以“T＋数字＋A”的形式表示。

[举例]T7，T8，T9，…，T14。含义：含碳 0.7%，0.8%，0.9%，…，1.4%。

T7A，T8A，T9A，…，T14A。主要用于剪刀、斧头、锯子、锉刀等。

④ 铸造碳素钢：ZG200-400、ZG230-450、ZG270-500、ZG310-570、ZG340-640。

合金钢的牌号、性能与用途如下。

① 合金结构钢：以两位数字、元素符号和数字的形式表示，如 20CrMnTi、25Cr2Ni4WA 等。

② 合金工具钢：表述方式与合金结构钢相似，其区别是当钢中 WC 含量小于 1%时，用一位数字表示，如 9Mn2V；当 WC 含量大于 1%时，不用数字，如 CrWMn。

③ 高速工具钢：表述方式与合金工具钢相同。如 W18Cr 4 V。

④ 轴承钢：以 G、合金元素符号 Cr 和数字的形式表示，如 GCr15。注：Cr 后的数字表示钢中含 Cr 量为千分之几。

⑤ 不锈钢、耐蚀钢与耐热钢。如 12Cr13、06Cr18Ni10、022Cr17Ni12。注：Cr 前的数字表示含碳质量分数。

2) 工程铸铁

铸铁是碳的质量分数大于 2.11%的铁碳合金的总称。铸铁的特点是：具有较低的熔点和优良的铸造性能，良好的耐磨性、吸振性、切削加工性等。按石墨形态不同，铸铁可分为灰铸铁、球墨铸铁、可锻铸铁、蠕墨铸铁等。

(1) 灰铸铁　用“HT”及数字组成。如 HT200 表示灰铸铁，最低抗拉强度值为 200 MPa。灰铸铁广泛用于承受压力载荷的零件，如机座、床身、轴承座等。

(2) 球墨铸铁　用符号“QT”及其后面两组数字表示。如 QT400-15 表示抗拉强度大于 400 MPa，断后伸长率大于 15%。广泛应用于机械制造业中受磨损和受冲击的零件，如曲轴、齿轮、汽缸套、中低压阀门、轴承座等。

(3) 可锻铸铁　由三个字母及两组数字组成，如 KTH400-06 表示抗拉强度大于 400 MPa，断后伸长率大于 6%。适于制造形状复杂，工作时承受冲击、振动、扭转等载荷的薄壁零件，如汽车、拖拉机后桥壳、转向器壳和管子接头等。

(4) 蠕墨铸铁　用“RuT”符号及其后面数字表示。如 RuT340 表示抗拉强度大于 340 MPa的蠕墨铸铁。主要用于制造排气管、变速箱体、活塞环、汽缸套、汽车底盘零件等。

(5) 合金铸铁　是指常规元素高于规定含量或含有其他合金元素，具有较高力学性能或明显具有某种特殊性能的铸铁。如耐磨、耐热、耐蚀铸铁等。

3) 非铁金属

(1) 铝及铝合金。

纯铝，密度低(2.7 g/cm^3)，塑性好，强度低，耐腐蚀能力强，表面易形成 Al_2O_3，主要用于制造电线、电缆、配制合金。纯铝的抗拉强度 $R_m = 80$ MPa，伸长率 $A = 50\%$，断面收缩率 $Z = 80\%$。

铝合金，包括变形铝合金和铸造铝合金。变形铝合金的塑性好，常制成板材、管材等型材，用于制造蒙皮、油箱、铆钉和飞机构件等。按主要性能特点和用途，变形铝合金又可分为防锈铝合金(如 5A02、3A21)、硬铝合金(如 2A12)、超硬铝合金(如 7A03、7A04) 和锻铝(如 2A50、2A70)。铸造铝合金力学性能虽然不如变形铝合金，但具有良好的铸造性和耐蚀性，如 ZL102 等，可进行各种铸造成形，生产形状复杂的零件毛坯。一般用于制造复杂及有一定力学性能要求的零件，如仪表壳体、内燃机汽缸、活塞、泵体等。

(2) 铜及铜合金。

纯铜的密度大，塑性好，强度低，$R_m = 200 \sim 250$ MPa，$A = 45\% \sim 50\%$，有良好的耐蚀性、导电性、导热性、抗磁性等特点，主要用于制造电线，电缆，配置铜合金。

铜合金，主要有黄铜和青铜。黄铜是以锌为主加合金元素的铜合金。加入适量的锌，能提高铜的强度、塑性和耐蚀性。按其含合金元素种类，又分为普通黄铜、特殊黄铜两种。只加锌的铜合金称为普通黄铜(如 H62、H70 等)。普通黄铜的耐蚀性较好，尤其对大气、海水具有一定的抗蚀能力。若在普通黄铜中加入铅、铝、锰、锡、铁、镍、硅等合金元素所组成的多元合金称为特殊黄铜(如 HPb59-1、HMn58-2 等)，能进一步提高其力学性能、耐蚀性、耐磨性，改善切削加工性能等。

青铜是一种铜锡合金，外观呈青黑色。根据主加元素如锡、铝、铍、铅、硅等，分别称为锡青铜(如 QSn4-3)、铝青铜(如 QAl5)、铍青铜(如 QBe2) 及用于铸造的铸造青铜(如 ZCuSn10Pb1) 等。青铜的耐磨性好、耐蚀性好，主要用于制造轴瓦、蜗轮等。

(3) 硬质合金。

硬质合金是将一种或多种难熔金属的碳化物和起黏结作用的金属钴粉末，用粉末冶金方法制成的金属材料。硬质合金的硬度高，常温下可达 86～93 HRA(69～81 HRC)；热硬性好，在 900～1000 ℃温度下仍然有较高的硬度；抗压强度高，但抗弯强度低，韧度低。

常用的硬质合金,主要有钨钴类硬质合金、钨钴钛类硬质合金、钨钴钽(铌)类硬质合金等。

钨钴类硬质合金,主要成分为碳化钨(WC)及钴(Co)。其牌号用"YG"("硬"、"钴"两字的汉语拼音字母字头)加数字表示,数字表示含钴量的百分数(质量分数)。例如:YG8,表示钨钴类硬质合金,含钴量为8%。常用YG3进行精加工,YG6进行半精加工,YG8进行粗加工。

钨钴钛类硬质合金,主要成分为碳化钨WC、碳化钛TiC及钴Co。其牌号用"YT"("硬""钛"两字的汉语拼音字母字头)加数字表示,数字表示碳化钛的质量分数。例如:YT5,表示钨钴钛类硬质合金,碳化钛的质量分数为5%。硬质合金中,碳化物质量分数越多,钴的质量分数越少,则合金的硬度、热硬性及耐磨性越高,合金的强度和韧度越低,反之则相反。钨钴钛类硬质合金主要用来切削加工韧性材料,如各种钢。常用YT5进行粗加工,YT15进行半精加工,YT30进行精加工。

钨钴钽(铌)类硬质合金,这类硬质合金又称为通用硬质合金或万能硬质合金。其牌号用"YW"("硬""万"两字的汉语拼音字母字头)加顺序号表示,如YW1、YW2等。通用硬质合金既可切削脆性材料,又可切削韧性材料,特别对于不锈钢、耐热钢、高锰钢等难加工的钢材,切削加工效果更好。硬质合金中含钴量越高,其韧度越高,越适合于粗加工;反之,则适合于精加工。

2.1.2 非金属材料

非金属材料也是重要的工程材料,包括高分子材料和陶瓷材料两大类。

1. 高分子材料

高分子材料为有机合成材料,也称聚合物。它具有较高的强度、良好的塑性、较强的耐蚀性,很好的绝缘性和质量小等优良性能,在工程上是发展最快的一类新型结构材料。高分子材料种类很多,工程上通常根据力学性能和使用状态将其分为三大类:塑料、橡胶、纤维。此外还包括胶黏剂、涂料以及各种功能性高分子材料。

1) 塑料

塑料是一种高分子物质合成材料。它以树脂为基础,再加入添加剂(如增塑剂、稳定剂、填充剂、固化剂、染料等)在一定压力和温度下制成。塑料具有密度低、耐蚀性好、电绝缘性好、减摩耐磨性好、成形方便等优点。塑性的缺点是强度低、耐热性差。

2) 橡胶

橡胶是在室温下处于高弹态的高分子材料。工业上使用的橡胶是在生胶(天然或合成的)中加入各种配合剂经硫化后制成的。橡胶最大的特点是弹性好,具有良好的吸振性、电绝缘性、耐磨性和化学稳定性。

3) 纤维

纤维是高分子材料的另外一个重要应用,通常分为天然纤维和化学纤维。天然纤维指蚕丝、棉麻、毛等。化学纤维是以天然高分子或合成高分子为原料,经过纺丝和后处理制得。纤维的次价力大、形变能力小、模量高,一般为结晶聚合物。

2. 陶瓷材料

工业陶瓷是一种无机非金属材料,主要包括普通陶瓷(传统陶瓷)和特种陶瓷两类。陶瓷材料包括耐火材料、耐火隔热材料、耐蚀(酸)非金属材料和陶瓷等。

陶瓷的共同特点是:硬度高、抗压强度大、耐高温、耐磨损、耐腐蚀及抗氧化性能好。但是，陶瓷性脆，没有延展性，经不起碰撞和急冷急热。目前，陶瓷材料已广泛用于制造零件、工具和工程构件等。

2.1.3　复合材料

复合材料是将两种或两种以上不同化学性质或不同组织结构的材料，以微观或宏观的形式组合在一起而形成的新材料。复合材料与其他材料相比具有抗疲劳强度高、减振性好、耐高温能力强、断裂安全性好、化学稳定性好、减摩性和电绝缘性良好等优点。钢筋混凝土、玻璃钢等都是典型的复合材料。它在强度、刚度和耐蚀性方面比单纯的金属、陶瓷和聚合物都优越，是特殊的工程材料，具有广阔的发展前景。

按复合材料增强剂的种类和结构形式的不同，复合材料可分为层叠型复合材料、纤维增强复合材料和细粒复合材料三类。

2.2　热处理的概念及分类

金属材料的热处理是将固态金属或合金，采用适当的方式进行加热、保温和冷却，改变材料内部组织结构，从而改善材料的性能。钢的热处理就是在固态下采用适当的方式对其进行加热、保温和冷却，改变其组织，从而获得预期的组织和性能。热处理方法很多，其共同点是：只改变内部组织结构，不改变表面形状与尺寸，而且都由加热、保温、冷却三阶段组成。钢常用的各种热处理工艺规范如图 2-4(a)所示，其热处理温度-时间坐标的工艺曲线如图 2-4(b)所示。

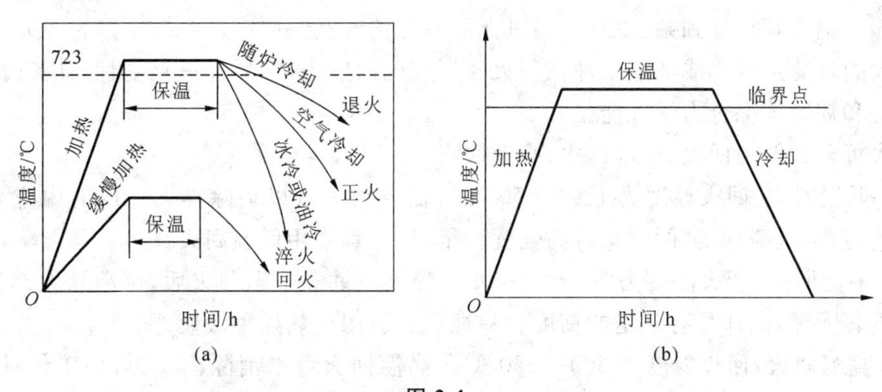

图 2-4

(a) 钢的各种热处理工艺规范；(b) 热处理温度-时间坐标的工艺曲线示意图

热处理的目的，除了消除毛坯缺陷，改善工艺性能，以利于进行冷热加工外，更重要的是充分发挥材料潜力，显著提高力学性能，提高产品质量，延长使用寿命。

根据热处理的要求和工艺方法的不同，可以分为整体热处理、表面热处理、其他热处理三大类。

(1) 整体热处理包括：退火、正火、淬火、回火、调质等。

(2) 表面热处理包括：表面淬火(感应加热淬火、火焰加热淬火等)和化学热处理(渗碳、渗氮等)。

(3) 其他热处理包括：形变热处理、超细化热处理、真空热处理等。

2.3 钢的热处理工艺

2.3.1 钢的整体热处理工艺

1.淬火

淬火是将工件加热(对碳钢加热到 760～820 ℃)保温一定时间后进行快速冷却。淬火的主要目的是提高钢的强度和硬度,增加耐磨性,并通过回火处理可获得既有较高强度、韧度、硬度,又有一定弹性的性能。

淬火时的冷却介质称为淬火剂。经过加热的钢件在冷却剂中冷却时,必须要有足够而合适的冷却速度,以便获得高的硬度,而又不至于产生裂纹和过大的变形。常用的淬火剂有水和油。水是最便宜而且冷却能力很强的淬火剂,适用于一般碳钢零件的淬火。向水中溶于少量的盐类,能提高冷却能力。油的冷却能力较低,可以防止工件产生裂纹等缺陷,适用于合金钢淬火。

淬火操作时除注意加热质量(与退火相似)和正确选择淬火剂外,还要注意淬火工件浸入淬火剂的方式。如果浸入方式不准确,可能使工件各部分的冷却速度不一致,造成极大的内应力,使工件发生变形和裂纹,或产生局部不硬等缺陷。

淬火操作时,必须穿戴防护用品,防止淬火剂飞溅伤人。热处理车间的加热设备和冷却设备之间,不得放置任何妨碍操作的物品。

2.回火

将淬火钢重新加热到某一温度,经过保温后在油或空气中冷却的操作称为回火。

回火的目的是减小或消除工件在淬火时形成的内应力,降低淬火钢脆性,使工件获得较好的强度和韧度等综合力学性能。

回火可分为低温回火、中温回火、高温回火。

(1) 低温回火:回火温度为 150～250 ℃。低温回火可以消除淬火造成的内应力,适当降低钢的脆性,提高韧度,同时保持高强度。工具、量具多用低温回火。

(2) 中温回火:回火温度为 300～450 ℃。淬火工件经中温回火后,可消除大部分应力,硬度有显著下降,但却具有一定的韧度和弹性。一般用于热处理锻模、弹簧等。

(3) 高温回火:回火温度为 500～650 ℃。高温回火可以消除内应力,使工件具有高强度和高韧度等综合力学性能。淬火后再经高温回火的工艺,称为调质处理。

一般要求有较高综合力学性能的重要结构零件,都要经过调质处理。

3.退火

退火是将金属或合金加热到适当温度,保持一定的时间,然后缓慢冷却的热处理工艺。

退火的目的:① 降低硬度,提高塑性,改善切削性能;② 消除残余应力,稳定尺寸,减少变形与裂纹倾向;③ 细化晶粒,调整组织,消除组织缺陷,改善钢的性能,并为最终热处理做好准备。

应用:铸件、锻件、焊接及其他毛坯的热处理。

退火可分为完全退火、球化退火、去应力退火等。

4.正火

将钢加热到Ac3(亚共析钢)或Acm(共析、过共析钢)以上30～50 ℃,保温一定时间后,在静止的空气中冷却的热处理工艺方法,称为正火。

正火的目的:① 对于力学性能要求不高的碳钢、低合金钢结构件,可做最终热处理;② 对于低碳钢可用来调硬度,避免切削加工中的“黏刀”现象,改善切削加工性;③ 对于共析、过共析钢,正火可消除网状二次渗碳体,为球化退火做准备。

正火的冷却速度比退火快,得到的组织较细,工件的强度和硬度比退火高。对于高碳钢的工件,正火后硬度偏高,切削加工性能变差,故宜采用退火工艺。从经济方面考虑,正火比退火的生产周期短,设备利用率高,生产效率高,节约能源,降低成本以及操作简便,所以在满足工作性能及加工要求的前提下,应尽量以正火代替退火。

退火和正火可在电阻炉或煤气炉中进行,最常用的是电阻炉。电阻炉是利用电流通过电阻丝产生的热量来加热工件,同时用热电偶等电热仪表控制温度,操作简单,温度准确。在加热过程中,由于工件与外界介质在高温下发生化学反应,当加热温度和加热速度控制不当或装炉不合适时,会造成工件氧化、脱碳、过热、过烧及变形等缺陷。因此要严格控制加热温度和速度等。

2.3.2　钢的表面淬火

表面热处理,是指通过快速加热,仅对钢件表面进行热处理,以改变表面层组织和性能的热处理工艺。与整体热处理相比,表面热处理工艺简单、变形小。很多机器零件,如曲轴、齿轮、凸轮、机床导轨等,是在冲击载荷和强烈的摩擦条件下工作的,要求表面层坚硬耐磨,不易产生疲劳破坏,而心部则要求有足够的塑性和韧度。显然,采用整体热处理是难以达到上述要求的,这时可通过对工作表面采取强化热处理,即表面热处理的方法解决。常用的表面热处理工艺为表面淬火,是强化材料表面的重要手段。

钢的表面淬火一般分为火焰加热表面淬火和感应加热表面淬火等。表面淬火使工件表层得到高硬度的淬火马氏体,而心部仍然保持原有的韧度。

1.火焰加热表面淬火

采用可燃气体(如乙炔-氧或煤气-氧)的混合气体燃烧的火焰迅速加热工件表面,至淬火温度后快速冷却(如喷水)的淬火工艺,称为火焰加热表面淬火,如图2-5所示。

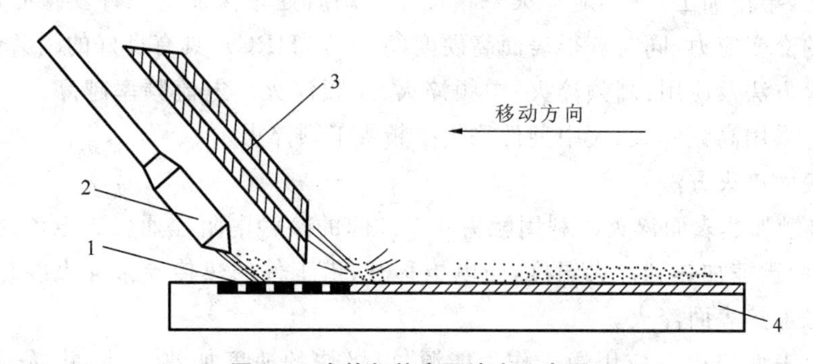

图2-5　火焰加热表面淬火示意图

1—淬硬层;2—烧嘴;3—喷水管;4—工件

火焰加热表面淬火无需特殊设备,操作简单,工艺灵活,淬火成本低,其淬硬层深度一般为2～6 mm。在实际生产中,此法由于加热温度和淬硬层深度不易把握,质量不易控制,因此适用于单件、小批量生产以及大型工件如大型轴类、大模数齿轮、轧辊等的表面淬火。

2.感应加热表面淬火

感应加热表面淬火(简称感应淬火)的基本原理:将工件放在由薄壁紫铜管绕成的感应器中,当感应器通入高频(中频、工频)交流电时,在感应器的内部和周围同时产生与电流频率相同的交变磁场,利用高频感应电流通过工件产生热效应(集肤效应:涡流强度集中在工件表面,内层逐渐减小),而且钢本身的电阻在感应电流作用下产生热效应,使工件表层(或局部)在几秒钟内快速加热到淬火温度(高频淬火的温度为 Ac3 以上 100~200 ℃)并进行快速冷却。感应加热表面淬火的工艺特点如下。

(1) 表面晶粒细、硬度高。感应淬火得到很细小的马氏体组织,其硬度也比普通淬火高 2~3 HRC,且心部基本上保持了处理前的组织和性能。

(2) 加热速度快,加热时间很短,一般只需几秒至几十秒即可完成。工件不容易产生氧化脱碳,淬火变形也很小。

(3) 热效率高,生产率高,生产环境好,易实现机械化、自动化。

(4) 淬硬层深度易于控制。通过控制电流频率来控制淬硬层深度,其经验公式为

$$\delta = \frac{500 \sim 600}{\sqrt{f}} \tag{2-3}$$

式中: δ——淬硬层深度,mm;

f——电流频率,Hz。

(5) 设备投资大、维修困难,需根据零件实际制作感应器,适合于批量生产。

由于加热时间短,淬火表层组织细、性能好,感应加热表面淬火生产效率高,工件表面氧化、脱碳极少,变形也小,淬硬层深度易于控制,容易实现自动化。但设备费用昂贵,适宜用于形状简单的工件大批量生产。

这里举一个小的应用案例进行说明。

【例 2-1】 选材:最适宜的钢种是中碳钢(如 40 钢、45 钢)和中碳合金钢(如 40Cr 钢、40MnB 钢等),常用零件有齿轮、轴、销类等。感应淬火后一般应采用 180~200 ℃低温回火。也可用于高碳工具钢、含合金元素较少的合金工具钢及铸铁等。

工序、性能:一般中碳钢感应淬火件加工工序:锻件→正火→机械加粗加工→调质处理→机械精加工(半精加工)→感应淬火→精加工。调质处理保证使工件获得心部的高韧度,以承受复杂的交变应力,同时获得表面高硬度(50~55 HRC),具有良好的耐磨性。

感应淬火方法及应用:高频淬火、中频淬火、工频淬火。电流频率越高,淬硬层越薄,一般中小型零件采用高频淬火,大中型件采用中频或工频淬火。

3.其他表面淬火方法

(1) 电接触加热表面淬火　利用触头和工件间的接触电阻在通以大电流时产生的电阻热,将工件表面迅速加热到淬火温度,当电极移开,借工件的热传导来淬火冷却的热处理工艺称为电接触加热表面淬火。

(2) 激光表面淬火　应用激光作为能源,以极快的速度加热工件,并通过零件的热传导实现自冷淬火。激光能量密度高、加热速度极快,具有淬火应力小、变形小、氧化少的特点,硬度比常规淬火高 5%~20%,可对零件的局部表面进行淬火,强化表面,如图 2-6 所示。

(a)

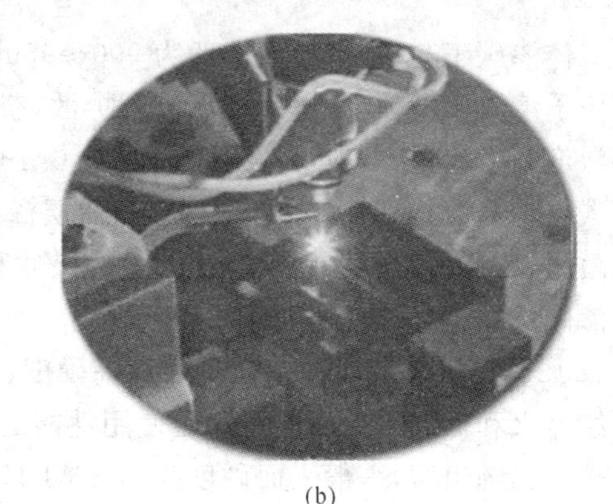

(b)

图 2-6 激光淬火设备及操作

(a) 激光淬火设备;(b) 激光淬火过程

2.3.3 钢的化学热处理

将钢件放在具有一定活性介质的介质中加热、保温,使一种或几种元素渗入钢件的表层,以改变其化学成分、组织和性能的热处理工艺称化学热处理。钢的化学热处理的基本过程如下。

(1) 分解 在一定温度下,活性介质通过化学分解,形成能渗入工件的活性原子。

(2) 吸收 工件表面吸收活性原子,并溶入工件材料晶格的间隙或与其中元素形成化合物。

(3) 扩散 被吸收的原子由表面逐渐向心部扩散,从而形成具有一定深度的渗层。

常用的方法有渗碳、渗氮(又称氮化处理)、碳氮共渗、氮碳共渗。

1. 渗碳

渗碳的作用是增加表层碳含量,以提高表面层的硬度和耐磨性。渗碳零件必须是低碳钢或低合金钢,渗碳后还必须经淬火处理。渗碳方法有固体渗碳(见图 2-7)、液体渗碳和气体渗碳三种,渗碳新技术有真空渗碳和离子渗碳等。其中气体渗碳原料气资源丰富,工艺成熟,应用最广泛,常用井式气体渗碳炉设备如图 2-8 所示。

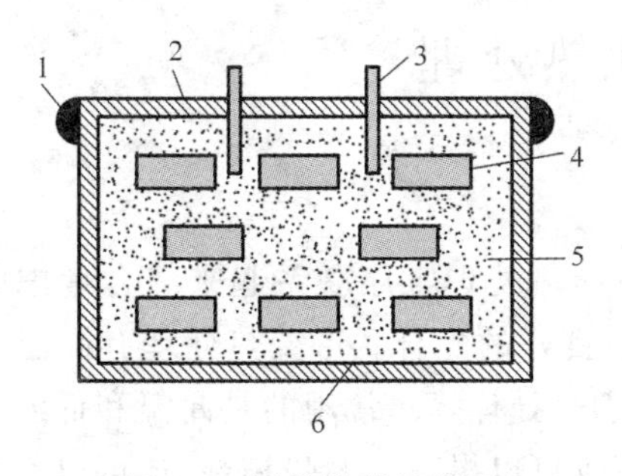

图 2-7 固体渗碳示意图

1—泥封;2—盖;3—试棒;4—零件;5—渗碳剂;6—渗碳箱

图 2-8 井式气体渗碳炉

气体渗碳介质有两大类,一类是碳氢化合物有机液体如煤油、甲醇等;另一类是气态介质如液化石油气、天然气。渗碳介质滴入或通入高温(大于 900 ℃)渗碳炉内,使其分解为活性的碳原子[C],反应式如下

$$2CO — CO_2 + [C] \quad (2-4)$$

$$CH_4 — 2H_2 + [C] \quad (2-5)$$

气体渗碳工艺:渗碳温度一般为 900～950 ℃,使钢完全奥氏体化,被工件表面吸附的活性碳原子溶入奥氏体,并由表及里进行扩散,获得一定厚度的渗层。渗碳的保持时间可根据渗层深度要求确定,一般可按每小时完成 0.1～0.15 mm 的渗层深度来估算。渗碳后一般表面碳质量分数达到 0.85%～1.05%;渗层深度一般是从表面向内至碳质量分数规定处的垂直距离,工件的渗层深度取决于工件的尺寸和工作条件,一般为 0.5～2.5 mm。

渗碳件用钢,一般采用碳质量分数为 0.1%～0.25%的低碳钢或低碳合金钢,如 20、20Cr、20CrMnTi 等。可使渗碳件表面高硬度、耐磨,心部高强韧性、承受较大冲击。渗碳后必须经淬火和低温回火后才能满足使用性能的要求。经过热处理后使渗碳件表面具有马氏体和碳化物的组织,一般表面硬度为 58～64 HRC。而心部根据采用钢材淬透性的大小和零件尺寸大小,获得低碳马氏体或其他非马氏体组织,具有心部良好的强韧性。渗碳工艺主要应用于要求表面高硬度、高耐磨性而心部具有良好的塑性和韧性的零件上,如汽车变速齿轮与机床齿轮、凸轮、轴、活塞销等。

2. 渗氮(氮化)

渗氮(又称氮化处理)是在一定温度下于一定介质中使氮原子渗入工件表层的化学热处理工艺。渗氮能使零件获得比渗碳更高的表面硬度和耐磨性,还能提高其热硬度、疲劳强度和耐腐蚀能力(气体氮化,离子氮化)。渗氮方法主要有气体渗氮和离子渗氮等。

气体渗氮工艺:渗氮温度一般为 500～560 ℃,时间一般为 30～50 h,采用氨气(NH_3)作为渗氮介质。氨气在 450 ℃以上温度时即发生分解,产生活性氮原子

$$2NH_3 —— 3H_2 + 2[N] \tag{2-6}$$

活性氮原子被工件表面吸附后,首先形成氮在 α-Fe 中的固溶体,当氮含量超过 α-Fe 的溶解度时,便形成氮化物(FeN、Fe_2N)。氮还与许多合金元素形成弥散的氮化物,如 AlN、CrN、Mo_2N 等,这些合金氮化物具有高的硬度和耐磨性,同时具有高的耐蚀性。因此,38CrMoAlN 等含有 Cr、Mo、Al 等合金元素的钢是最常用的渗氮钢。

由于气体渗氮工艺周期很长,因此发展了快速渗氮方法如辉光离子渗氮、卤化物催化渗氮、高频感应加热渗氮等。

2.4 其他热处理

1. 形变热处理

形变热处理是把零件在热塑性成形的工序和热处理工序联系起来综合考虑的加工工艺。通过这种工艺,零件可以得到综合力学性能良好的配合。形变热处理有高温形变热处理、等温形变热处理、低温形变热处理和形变化学热处理等。常用的是高温和低温形变热处理,也有的采用电热形变热处理。形变热处理不仅可以提高钢的强韧性,还可以大大简化金属材料工件的生产流程。

2. 真空热处理

真空热处理是真空技术与热处理技术相结合的新型热处理技术,真空热处理所处的真空环境指的是低于一个大气压的气氛环境,包括低真空、中等真空、高真空和超高真空,真空热处理实际也属于气氛控制热处理。真空热处理是指热处理工艺的全部和部分在真空状态下进行的,真空热处理可以实现几乎所有的常规热处理所能涉及的热处理工艺,但热处理质

量大大提高。与常规热处理相比，真空热处理的同时，可实现无氧化、无脱碳、无渗碳，可去掉工件表面的磷屑，并有脱脂除气等作用，从而达到表面光亮净化的效果。

2.5　训练案例：弹簧的制作

钢的热处理训练，以弹簧的制作为例。

(1) 训练内容　弹簧制作。

(2) 训练材料　65Mnϕ2低碳钢丝1根。

(3) 训练要求如下。

操作方法：将钢丝在芯棒上绕制成弹簧。

淬火温度：820～850 ℃。

冷却方式：水中急冷。

检验方式：拉、压弹簧，观察结果。

(4) 弹簧制作工艺如下。

① 退火：加热温度及保温温度为830 ℃，保温时间为3～5 min，冷却方式为空冷。

② 绕制成形：将正火过的钢丝一端弯成一个直角，长度为钳口的1.5倍长，放在绕簧器上绕制成形。

③ 淬火：淬火温度为830 ℃，保温时间为3～5 min，冷却方式为水冷。

④ 中温回火：回火温度为480 ℃，保温时间为3～5 min，冷却方式为空冷。

⑤ 检验：弹簧功能。

复习思考题

1.金属材料的力学性能指标有哪些？各自的符号和单位是什么？

2.金属的工艺性能指哪几个方面？

3.什么是钢？什么是铸铁？它们的主要区别是什么？

4.说明材料牌号的含义：Q235-AF、45、T12A、65Mn、GCr15、06Cr18Ni9、HT250、QT400-18。

5.铸造铝合金一般用于什么场合？

6.青铜有什么特点？一般用于制造什么零件？

7.常用硬质合金分为哪几类，各有什么特点？

8.什么是热处理？同其他机械制造工艺方法相比，热处理有何特点？

9.钢的热处理工艺分为几类？各类工艺分别有哪些工艺步骤？

10.什么是正火？什么是退火？正火和退火有何异同？

11.什么是淬火？淬火的目的是什么？淬火后的工件为什么需要及时回火？

12.什么是回火？回火的目的是什么？

13.表面淬火与整体淬火有何区别？

14.简述弹簧的制作工艺。

第3章 铸造工艺

将液态金属浇注到具有与零件形状相适应的铸型型腔中，待其冷凝后所得的零件毛坯即铸件的方法称为铸造。铸造生产方法包括砂型铸造和特种铸造。

铸造是机械制造业的基础，也是现代机械制造中取得成形毛坯应用最广泛的方法。在一般的机械中，铸件质量占设备质量的40%～90%；在汽车、拖拉机制造业中，铸件质量占50%～70%；在机床、重型机械、矿山机械、水电设备中，铸件质量占85%以上。所以铸造在机械制造业中占有重要地位，特别是快速精密铸造技术，我们必须认真学好这门课程。

由于铸造是由液态金属成形这一特点，因此其适用性广，采用铸造工艺可生产外形及内腔很复杂的零件；能铸造各种金属及合金铸件；可进行各种批量的生产；材料利用率高，生产成本较低。但是由于铸造生产工序较多，铸件质量不够稳定，铸件组织不致密，力学性能较低，因此一些承受大的交变载荷、动载荷的重要受力原件还不能选用铸件做毛坯。近年来，随着合金球墨铸铁及高强度铸造合金新材料、新工艺、新技术的发展，铸件的应用范围又大大扩宽了。

3.1 铸造设备

3.1.1 砂处理设备

砂处理包括型砂、旧砂、新砂、辅料的处理等，型砂质量对铸件的质量有很大的影响。通常每生产1 t合格铸件需要5～10 t型砂，在型砂处理和输送过程中，不仅工作繁重，而且还会产生较多的粉尘、热量和有害气体。砂处理一般可分为两大部分：原材料的准备，包括新砂、旧砂、黏土等黏结剂和附加物的预先处理；型砂的制备，即将已准备好的原材料根据工艺要求按一定的配比顺序加入混砂机混制，以达到造型工艺要求的性能。

砂处理设备一般包括：新砂处理、储存和输送系统；旧砂回收利用和再生系统；辅料储存和输送系统；型砂混制和输送系统；型砂质量控制系统。每台设备都由具有相应功能的设备组成。砂处理设备按功能，主要分为：混砂设备，水分控制及检测设备，松砂设备，破碎设备，磁选设备，筛分设备，烘干冷却设备，旧砂冷却设备，旧砂再生设备，输送、保存、给料、定量设备，环保设备和控制系统等。砂处理系统就是由多台设备集成的系统，不同的功能要求，将配备不同的设备组合。

3.1.2 熔炼设备

1.熔炼炉种类及用途

熔炼设备主要有冲天炉、电弧炉、感应电炉、坩埚炉、反射炉、液态合金熔炼设备等，各熔炼炉的用途如表 3-1 所示。在这里，主要对最常用的冲天炉进行介绍。

表 3-1　熔炼炉的种类与用途

<table>
<tr><th colspan="3">熔炼炉类别</th><th>熔炼炉主要工艺特点</th><th>熔炼炉主要用途</th></tr>
<tr><td rowspan="2">冲天炉</td><td colspan="2">焦炭</td><td>(1) 冶金型炉，对改善铸铁切削性有独特之处；
(2) 连续熔炼且机动灵活；
(3) 熔化热效率高，为 50%～60%；
(4) 过热热效率低，冷风为 6%左右，热风为 8%～11%；
(5) 过热烟尘排放分界粒径小，冷风约为 0.9 μm，热风约为 0.2 μm</td><td>各类铸铁熔炼首选</td></tr>
<tr><td colspan="2">油/气</td><td>重熔型炉，其余同焦炭冲天炉</td><td>无焦地区铸铁熔炼</td></tr>
<tr><td rowspan="3">电弧炉</td><td rowspan="2">非真空</td><td>普通</td><td>(1) 冶金质量高；
(2) 应用范围广，高中低合金钢、低碳钢均能冶炼；
(3) 停开炉灵活，操作维修方便</td><td>各类铸钢熔炼首选</td></tr>
<tr><td>电渣重熔</td><td>金属液通过渣洗，杂质和气体含量大大减少</td><td>优质高强铸锭和铸件</td></tr>
<tr><td colspan="2">真空</td><td>高真空状态下熔炼、浇注，活泼金属氧化少</td><td>高纯易氧化钛合金、特种钢熔炼</td></tr>
<tr><td rowspan="4">感应电炉</td><td rowspan="2">工频</td><td>无芯</td><td rowspan="2">(1) 重熔型炉；
(2) 熔化过热热效率均高，为 60%～65%；
(3) 操作采用调容方式，占地多，投资大，切换难，波动大；
(4) 比功率低，熔化慢；
(5) 无芯炉冷态要启熔块，热态不能排空，有芯炉要长期通电</td><td rowspan="2">各种金属熔炼及铁液升温保温</td></tr>
<tr><td>有芯</td></tr>
<tr><td rowspan="2">中频</td><td>非真空</td><td rowspan="2">(1) 操作可采用调频/调压自动跟踪方式，国外已普遍采用，占地少，投资省，不用切换；
(2) 比功率高，熔化快；
(3) 冷启熔，排空熔炼</td><td rowspan="2">高温合金和钛合金</td></tr>
<tr><td>真空</td></tr>
<tr><td rowspan="3">坩埚炉</td><td colspan="2">火焰</td><td>新型炉火焰绕坩埚切向进入炉膛，滞留时间长，炉温高而均匀，熔化效率高</td><td rowspan="3">铝等有色轻合金熔炼和精炼</td></tr>
<tr><td rowspan="2">电阻</td><td>普通</td><td>—</td></tr>
<tr><td>红外辐射</td><td>炉膛内涂红外线辐射涂料，提高热效率</td></tr>
<tr><td rowspan="4">反射炉</td><td rowspan="3">火焰</td><td>回转式</td><td>纯氧助燃火焰温度高达 2800 ℃，炉料呈金属液状腹背受热辐射</td><td>铸铁熔炼</td></tr>
<tr><td>竖式</td><td>集炉料预热、熔化、保温于一体</td><td>铝合金熔炼和精炼</td></tr>
<tr><td>室式</td><td>—</td><td rowspan="2">有色金属熔炼和精炼</td></tr>
<tr><td colspan="2">电阻</td><td>—</td></tr>
<tr><td rowspan="3">液态合金熔炼设备</td><td colspan="2">惰性气体搅拌</td><td>脱气</td><td>有色金属熔炼</td></tr>
<tr><td colspan="2">转炉</td><td>纯氧顶吹、真空吹氧脱碳、氩氧混吹、蒸汽氧气吹炼</td><td>铁液炼钢、钢液精炼</td></tr>
<tr><td colspan="2">钢包精炼</td><td>脱气、真空脱气、真空脱碳、脱硫、电弧/电感/等离子加热</td><td>钢液精炼</td></tr>
</table>

2. 冲天炉

冲天炉的基本结构如图 3-1 所示。

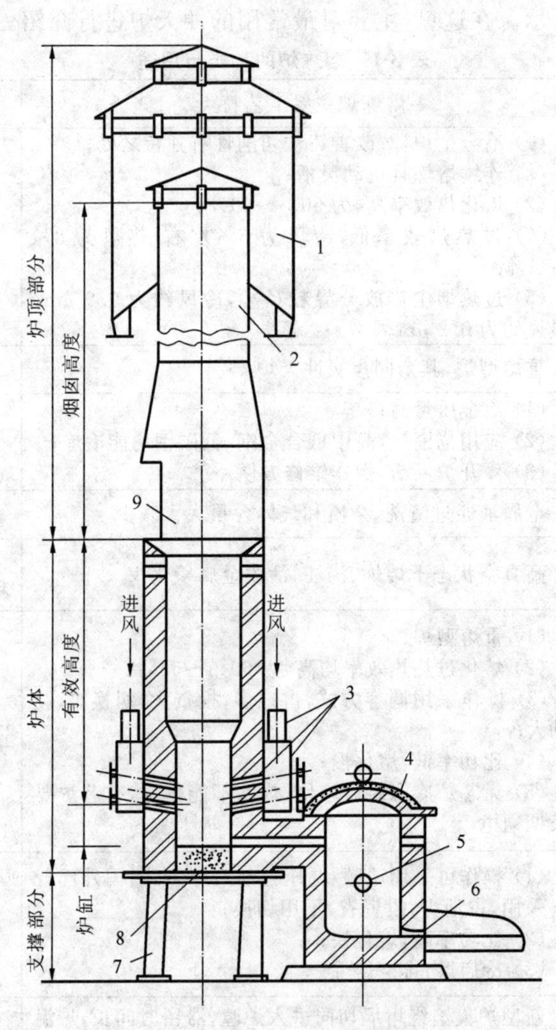

图 3-1 冲天炉主要结构简图

1—除尘器;2—烟囱;3—送风系统;4—前炉;5—出渣口;6—出铁口;7—支柱;8—炉底板;9—加料口

(1) 炉底与炉基。

(2) 炉体。

炉身:加料口下缘至第一排风口之间的炉体。其内部空腔称为炉膛,其直径决定熔化率。炉身有效高度为其主要工作区段。

炉缸:第一排风口中心线至炉底之间的炉体。炉缸的主要作用有保护炉底,汇聚铁液和炉渣使之进入前炉;无前炉的炉缸,则主要起储存铁液的作用。

前炉:前炉由前炉体和可分离的炉盖构成,如图 3-2 所示。前炉的作用:储存铁液;使铁液成分和温度均匀;降低铁液在炉缸中的增碳量与增硫量;分离渣铁,净化铁液。用于连接炉缸与前炉的部位称为过桥。

(3) 送风系统:是指自鼓风机出口至风口处为止的整个系统,包括进风管、风箱、风口及鼓风机输出管道。注意:风管布置应尽量缩短,减少曲折,避免管道截面突变,总风管内流速应控制。常用鼓风机示意图如图 3-3 所示。

(4) 烟囱与除尘装置。

(5) 加料装置。

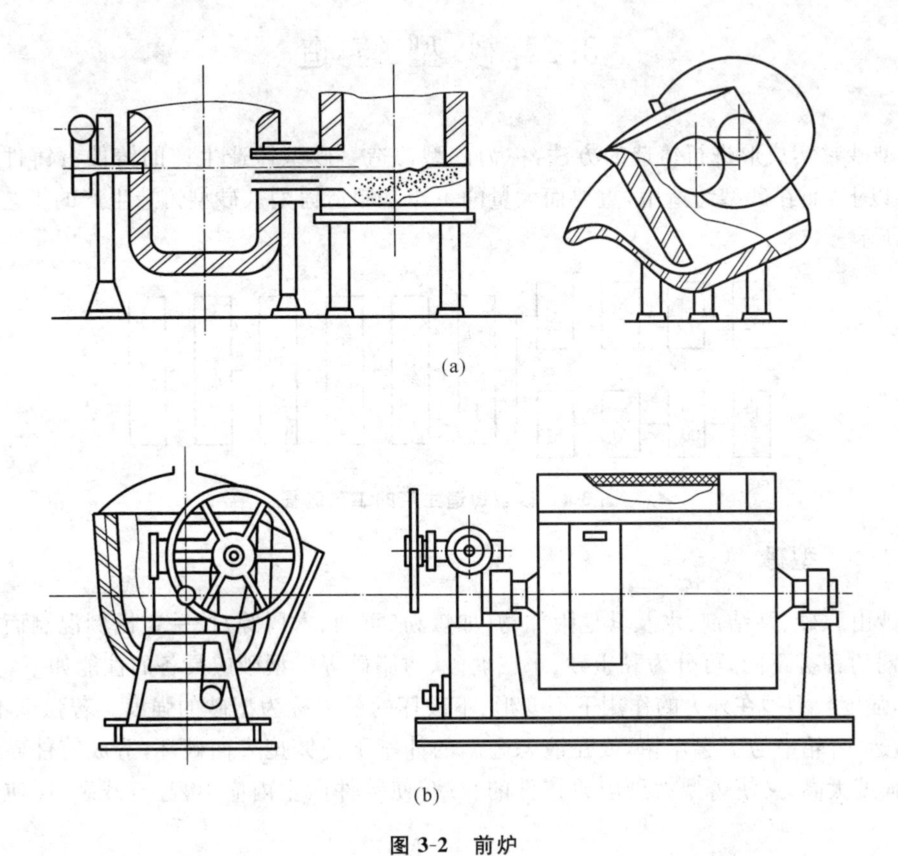

图 3-2　前炉

(a) 立式回转前炉；(b) U 形卧式前炉

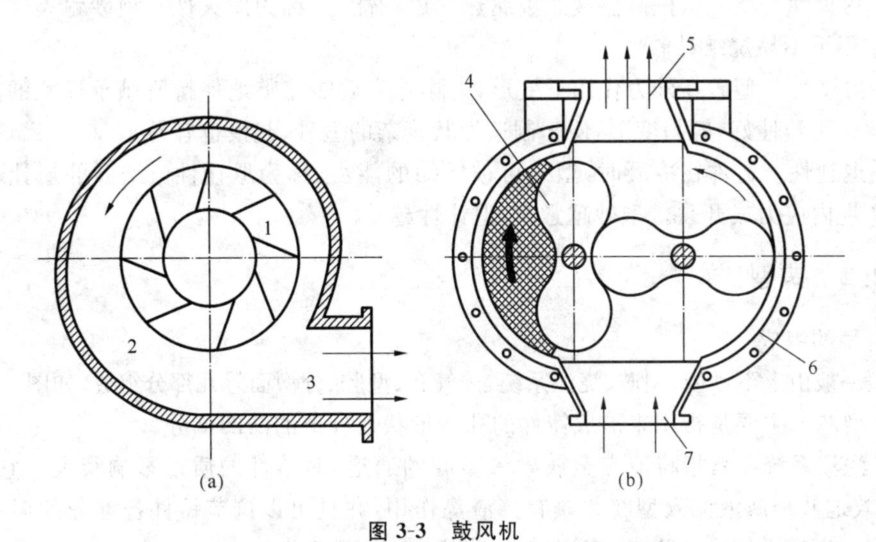

图 3-3　鼓风机

(a) 离心式鼓风机；(b) 罗茨式鼓风机

1—叶轮；2—蜗壳；3、5—出风口；4—对辊；6—机壳；7—进风口

3.2　砂型铸造

用型砂紧实成形进行铸造的方法，称为砂型铸造。砂型铸造生产的铸件占铸件总产量的80%以上，而在砂型铸造中，重要而大量的工作是制造铸型。砂型铸造生产的工艺流程如图3-4所示。

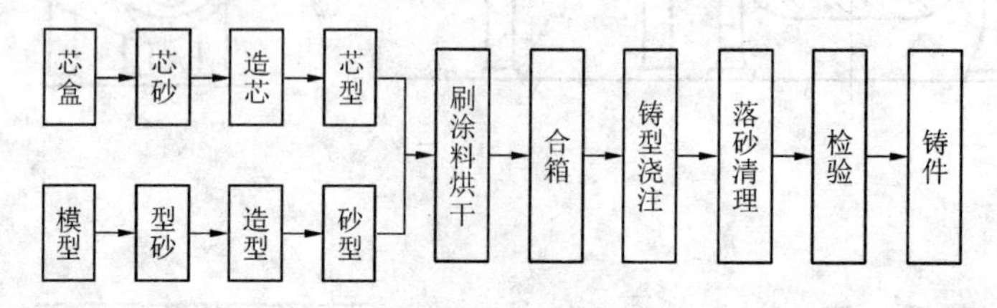

图3-4　砂型铸造生产的工艺流程

3.2.1　型砂

型砂由原砂、黏结剂、水及其他附加物(如煤粉、重油、木屑等)按一定比例混制而成。根据黏结剂的种类不同，可分为黏土砂、水玻璃砂、树脂砂等。型砂应具备的性能如下。

(1)强度　型砂在外力的作用下不变形、不破坏的能力称为型砂的强度。若强度不足，在造型、搬运、合箱中易引起塌箱，或在液态金属的冲刷下使铸型表面破坏，造成铸件砂眼等缺陷。若强度太高，又使铸型太硬阻碍铸件的收缩，使铸件产生内应力，甚至开裂，还使透气性变差。

(2) 透气性　气体通过型砂内孔隙(铸型或砂型)的能力，称为透气性。当高温液态金属浇注入铸型中产生的气体不能排出时，会使铸件产生气孔等缺陷。

(3) 耐火性　型砂抵抗高温液态金属热作用的能力，称为耐火性。型砂耐火性好，在液态金属作用下不易烧结黏砂。

(4) 可塑性　型砂在外力作用下变形，去除外力后能完整地保持所赋予形状的能力，称为可塑性。可塑性好，容易变形，便于制造形状复杂的型砂，起模也容易。

(5) 退让性　铸件在冷凝时，型砂可被压缩的能力，称为退让性。型砂的退让性不好，铸件易产生内应力或开裂。型砂越紧实，退让性越差。

3.2.2　铸型

1.铸型的组成

铸型一般由上下砂型、型芯、浇注系统、排气孔、型腔、分型面等几部分组成，如图3-5所示。

(1) 型芯　主要是指用来形成铸件的孔腔形状及外形的凸凹部分。

(2) 浇注系统　是指将液态金属导入型腔的通道，对铸件的质量影响很大。它能平稳迅速、有效地使金属液流入型腔并兼有挡渣等作用，并且可以调节铸件各部分的温度，起补缩的作用。浇注系统由外浇口、直浇道、横浇道、内浇道组成。

① 外浇口常做成开口较大的杯形，以便液态金属的引入并减缓液态金属对砂型的冲击。

② 直浇道是连接外浇口与横浇道的垂直通道。改变直浇道的高度可改善液态金属的充型能力。

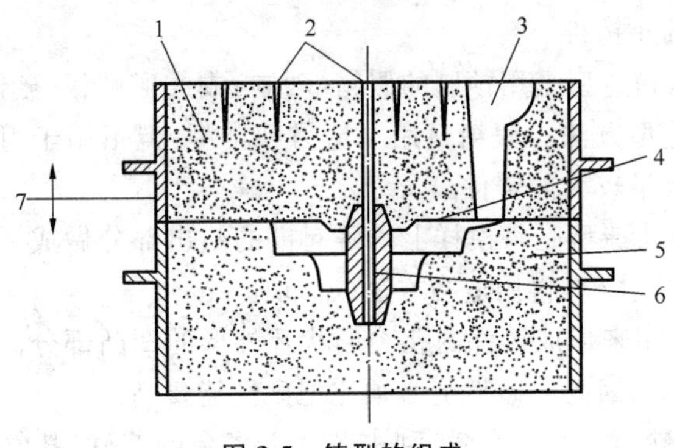

图3-5　铸型的组成

1—上砂型;2—排气孔;3—浇注系统;4—型腔;5—下砂型;6—型芯;7—分型面

③ 横浇道位于内浇道之上,起挡渣等作用。

④ 内浇道是直接和型腔相连的通道,应使液态金属快而平稳地充型。开内浇道应注意:a.内浇道开设不要正对型芯或型砂薄弱的部分;b.内浇道不要开的过深过宽;c.内浇道的数量不要太多;d.内浇道不要开在横浇道的尽头;e.内浇道要清理得光滑平整。

(3) 型腔　是指用模样在砂型中形成的空腔以容纳金属液所获得铸件的外形。

(4) 分型面　是指铸型上、下砂型的接触表面,一般也是模样的最大截面处。

2.铸型工艺参数

(1) 分型面　分型面是决定模型类型的首要因素,分型面确定后就决定了造型方法及模型的类型。

(2) 加工余量　机加工时应从铸件上切去的金属层厚度称为加工余量。加工余量与铸件的大小、合金种类及造型方法有关。

(3) 收缩量　模型的尺寸应加上金属冷却后的收缩量。收缩量主要是根据合金的线收缩率确定的。

(4) 拔模斜度　为了便于起模,在垂直于分型面的模型立壁上要做出斜度,称为拔模斜度,一般为0.5°～4°。

(5) 铸造圆角　模型上壁与壁的连接处应使用圆角过度,可防止铸件产生缺陷,也便于造型。一般中、小件的铸造圆角半径为3～5 mm。

(6) 型芯头　空心铸件的模型上须做出支持砂芯的芯头。

3.2.3　造型方法

砂型铸造生产流程:模型加工、制作芯盒、配砂、造型、造芯、合箱、熔化金属液、浇注、落砂、清理和检验。造型可分为手工造型和机器造型两大类。常用的手工造型流程如下。

(1) 整模造型　其特点是模样截面由大到小递减,零件的最大截面在端部,并选它作为分型面,将模样做成整体置于一个砂箱内且型腔一般在下箱,模样可一次由砂型中取出的造型过程。

(2) 分模造型　分模造型的特点是当铸件截面中间小两端大时,将模样的最大截面作为分型面并把模样分开以便于造型时顺利起模。分模造型适合旋转类铸件。

(3) 挖砂造型　当模样无法分开而只能制成整模,而分型面又是曲面时,在造型过程中,部分型砂会阻碍模样的取出。此时,必须将这部分覆盖在模样上的型砂挖去,才能顺利取模。这种造型方法称为挖砂造型。挖砂造型生产率低,操作技术要求高,故只适合于单件小批生产的形状复杂的小铸件。

(4) 假箱造型　假箱造型是用预制的假箱(砂制)或成形底板(砂制或木制)承托模样以省去挖砂工序的一种造型方法。假箱只用于造另一半型,但不用于组型。假箱造型适用于本应挖砂造型且生产批量较大的铸件。

(5) 活块造型　活块造型是将模样上妨碍起模的凸出部分做成活块(可拆卸)的一种造型方法。起模时,先取主体模,再用适当方法取活块。

(6) 型芯　主要是用来形成铸件的孔腔形状及外形的凹凸部分。由于型芯四周被高温金属液包围、冲刷及烘烤,因此芯砂性能必须比型砂性能要高。

型芯制作过程:填砂、舂砂、放心骨、刮去芯盒上多余的芯砂、扎气孔、打开芯盒、取出型芯、型芯刷涂料、烘干型芯。

砂箱的作用是便于舂实砂型,方便砂型搬运,防止金属液将砂型冲垮。

舂砂的目的是使砂型具有一定的强度,在搬运、起模、浇注时不致损坏,更重要的是使砂型能够承受金属液的压力和冲击,不致变形和损坏。

3.2.4 造型工艺

1. 分型面的确定

分型面即两半铸型的接触面,可以是平面、斜面和曲面,合理确定分型面能提高铸件质量、简化造型工艺、降低生产成本。确定时应注意以下原则。

(1) 分型面一般选在铸件的最大截面处,并尽量使铸件全部或大部分位于下砂型内。

(2) 应尽量减少分型面的数目。

(3) 尽量选取平直的分型面。

(4) 应尽量使铸件上的加工基准面和加工面(或大部分加工面)位于同一砂箱内,以保证铸件有较好的加工精度。

2. 浇冒口位置的确定

根据铸件形状、大小、合金种类及造型方法的不同,可选用不同的浇口位置。

(1) 顶注式　液态金属从铸型上部流入型腔,有利于实现自下而上的顺序凝固,易于补缩,冒口尺寸小,是常用的一种形式。但充型不平稳,若铸型较高,充型时液态金属的飞溅、氧化、吸气和冲砂都较严重,因此顶注式适用于高度较小、形状简单的薄壁铸件。

(2) 底注式　液态金属从铸型底部注入型腔,它充型平稳、易于排气、挡渣,常用于易氧化的有色金属铸件及形状复杂、要求较高的黑色金属铸件。但底注式的补缩性差,高大薄壁件不易充满型腔。

(3) 中间注入式　内浇口放在铸型中间某一部位上,将液态金属引入铸型,一般从分型面引入。其优缺点介于顶注式和底注式之间,在水平分型两箱造型中,得到了广泛的应用。

(4) 分段注入式　在铸型的不同高度开设内浇口,将液态金属引入铸型型腔,液态金属先由下部内浇口充型,随着液面上升而后从上部内浇口充型。它充型平稳、排气顺畅、补缩较好,但造型较困难,适用于水平分型的多箱造型及高度较大的垂直分型的中大铸件。

无论哪种形式的冒口,其冒口的设置一般放在零件的最高最厚处以补充铸件中液态金属凝固时收缩所需的金属液。冒口还同时兼有排气、浮渣及观察浇注情况等作用。

3. 浇注位置的选择

铸件在铸型中所处的位置称为浇注位置。浇注位置和分型面对铸造工艺及铸件质量的影响很大，需要认真考虑。从保证铸件质量上讲，选择浇注位置主要考虑以下原则。

(1) 铸件上重要的受力面和主要加工面在浇注时应朝下或朝侧面。

(2) 铸件的薄壁部分应置于铸型的下部或侧面，以保证金属液能顺利充满这一部分。

(3) 铸件的厚实部分应放在上部或侧面，以便于安置浇、冒口进行补缩。

(4) 浇注时铸件的大平面尽可能朝下。

(5) 确定合理的浇注位置，尽量减少型芯的数量以保证型芯安放稳固。

3.3　金属熔炼

金属熔炼的质量对能否获得优质的铸件有着重要的影响，熔炼的目的是要获得预定成分和一定温度的金属液，并尽量减少金属液中的气体和夹杂物，提高熔炼设备的熔化率，降低燃料消耗等，以达到最佳技术经济指标。

1. 铸铁的熔炼

铸铁的碳含量高于2.06%。工业用铸铁碳含量通常在2.55%～4.0%之间。它主要有良好的铸造性、耐磨性及切削加工性能，且价格低、生产设备简单；但其强度比钢低，特别是塑性和韧性较差。通常有白口铸铁、灰铸铁、可锻式铸铁、球墨铸铁。

用于熔炼铸铁的有多种炉型，如冲天炉、电炉、反射炉等，但应用最广的是冲天炉。

冲天炉的结构简单、操作方便、燃料消耗少，熔化的效率也较高。

冲天炉的构造主要有炉身、炉缸、前炉、烟囱等。

冲天炉的炉料有金属料、燃料、熔剂等。

2. 铸钢的熔炼

铸钢的熔炼：铸钢熔炼可以用平炉、转炉、电弧炉、感应电炉等。铸钢车间大多采用电弧炉。电弧炉温度易控制，操作方便，熔炼质量好，速度快。

因铸钢件的力学性能（如强度、塑性、韧度等）优良和具有良好的焊接性能，所以铸钢常用于承受重载荷及冲击载荷的零部件及构件，如水压机的横梁、立柱，锻压机械的机架、大齿轮、轧辊等，还适于制造手工铸-焊联合工艺的大型铸件。

3. 有色金属的熔炼

常用的铸造有色金属有铝、镁、铜、锌、铅等。而铝合金及铜合金又应用最多。铝的熔点为660 ℃，铜的熔点为1083 ℃。铅的熔点为327.502 ℃，沸点为1740 ℃。熔炼特点：铝合金和铜合金熔炼时，都容易氧化和吸气。解决办法为脱氧、除气、精炼除渣等。熔炼设备多用坩埚炉。

3.4　浇注工艺

3.4.1　浇注

将熔化的液态金属注入铸型的过程，称为浇注。浇注不当，可能会使铸件产生气孔、冷隔、浇不足、缩孔等缺陷。

(1) 浇注温度　浇注温度过高,铸件收缩大,黏砂严重,晶粒粗大;温度偏低,会使铸件产生冷隔、浇不足等缺陷。应根据铸造合金的种类、铸件的结构及尺寸等合理确定浇注温度。铸铁件的浇注温度一般为1250～1350 ℃,薄壁复杂铸件浇注温度略高些。

(2) 浇注速度　浇注速度要适中,应按铸件形状决定。浇注速度太快,金属液对铸型的冲刷力大,易冲坏铸型,产生砂眼,或型腔中的气体来不及逸出,易产生气孔,有时会产生假充满的现象。浇注速度太慢,易产生夹砂或冷隔等缺陷,铸件易产生铸造应力和裂纹。

(3) 典型浇注系统　为填充型腔和冒口而开设在铸型中的一系列通道,称为浇注系统,如图3-6所示。

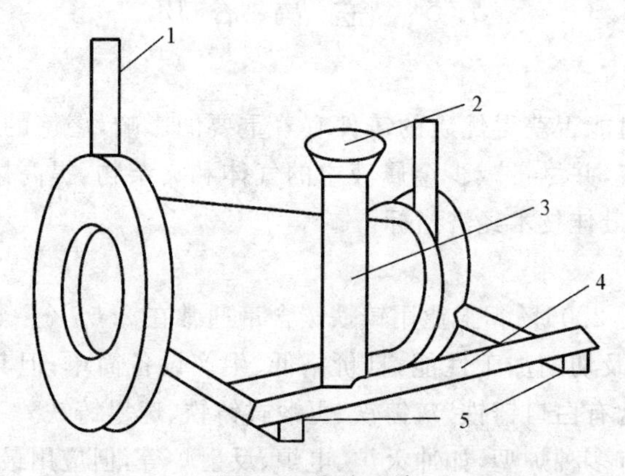

图3-6　浇注系统

1—冒口;2—浇口杯;3—直浇道;4—横浇道;5—内浇道

① 浇注系统组成。通常浇注系统由浇口杯、直浇道、横浇道和内浇道等组成。

② 冒口。对于易产生缩孔的铸件,还需开设冒口。它是铸型内储存供补缩铸件用的熔融金属的空腔。它有时还起排气、集渣等作用。冒口一般开设在铸件容易产生缩孔部位的上方。

3.4.2　落砂、清理

(1) 落砂　将铸件从砂型中取出来称为落砂。落砂时应注意铸件的温度。温度太高时落砂,会使铸件急冷而产生白口(既硬又脆、无法加工)、变形和裂纹。

(2) 清理　落砂后的铸件必须经过清理工序,才能使铸件外表面达到要求,清理工作主要包括切除浇、冒口,清除砂芯,清除黏砂,铸件的修整以及铸铁件的热处理。

3.5　特种铸造

砂型铸造虽然应用十分广泛,但也存在着一些缺点,如铸件表面质量不高,铸造缺陷较多导致废品率较高,劳动条件差等。随着生产的发展,逐渐出现了许多新的铸造方法,即特种铸造。与砂型铸造相比,特种铸造的共同特点是这些方法一般都能提高铸件的外在质量(形状、尺寸精度及表面质量)和内在质量(减少铸造缺陷、提高铸件的力学性能),提高生产率、金属材料利用率及改善劳动条件,所以得到了迅速发展。

目前特种铸造已经发展到数十种,其中应用较多的有熔模铸造、金属型铸造、压力铸造、低压铸造、离心铸造、消失模铸造、挤压铸造等。

(1) 熔模铸造　用易熔材料(如蜡料)制成零件的精确模样,在模样上涂敷多层耐火材料,制成型壳,待型壳干燥、硬化后,加热型壳使蜡模熔化形成型腔,型壳经高温熔烧后即可进行浇注获得铸件的铸造工艺方法称为熔模铸造,俗称失蜡铸造。因此法所得铸件尺寸精度及表面质量好,故又称其为"熔模精密铸造"。铸件质量一般不超过 25 kg。

(2) 金属型铸造　用铸铁、铸钢或耐热钢制造铸型,将熔炼好的金属浇注进去,以获得铸件的铸造方法称为金属型铸造。因金属铸型可反复使用几百乃至上万次,故又称永久型。

(3) 压力铸造　将液态金属在高压下快速充填到金属铸型中,并在压力下充型和凝固而形成铸件的铸造方法称为压力铸造,简称压铸。

(4) 低压铸造　是一种介于重力铸造与压力铸造之间的铸造工艺方法。

(5) 离心铸造　将液态金属浇入高速旋转的铸型,在离心力作用下凝固成形的工艺称为离心铸造。离心铸造在离心机上进行,按旋转的空间位置有卧式和立式两种离心机。铸型多用金属型,也可用非金属型(如砂型、熔模壳型等)。

(6) 消失模铸造　用泡沫塑料制成模样,刷涂耐火涂层后放入砂箱内填入干砂(或树脂砂或磁丸)代替普通型砂进行造型,不取出模样,直接将金属液浇入型中的模样上,使之熔失汽化而形成铸造件的方法称为消失模铸造,又称为汽化模铸造。

(7) 挤压铸造　挤压铸造也称"液态模锻",是对进入挤压铸型型腔内的液态(或半固态)金属施加较高的机械压力,使其成形和凝固,从而获得铸件的铸造方法。

3.6　常见铸件缺陷分析

(1) 气孔　是指铸件内部或表面有大小不等的孔眼,孔的内壁光滑,多呈圆形。

产生气孔的主要原因有:砂型舂得太紧;型砂太湿,起模修型时刷水过多;浇注系统不正确,气体排不出去等。

(2) 夹砂　是指铸件表面有一层突起的金属片状物,表面粗糙,在金属片和铸件之间夹有一层型砂。

产生夹砂的主要原因有:砂型局部过紧,水分过多;内浇口过于集中,使局部砂型烘烤过度;浇注温度过高,浇注速度太慢等。

(3) 缩孔　是指铸件厚断面处出现形状不规则的孔眼,孔的内壁粗糙。

产生缩孔的主要原因有:冒口设置得不正确;合金成分不合格,收缩过大;浇注温度过高;铸件设计不合理,无法进行补缩等。

(4) 黏砂　是指铸件表面黏着一层难以除掉的砂粒,使表面粗糙。

产生黏砂的主要原因有:砂型舂得太松;浇注温度过高;型砂耐火性不足等。

(5) 砂眼　是指铸件内部或表面有充满砂粒的孔眼,孔的内壁粗糙。

产生砂眼的主要原因有:型砂强度不够或局部没舂紧,掉砂;型腔、浇口内散砂未吹净;合箱时砂型局部挤坏掉砂;浇注系统不合理,冲坏砂型等。

(6) 渣眼　是指铸件内部或表面有大小不等的孔眼,孔眼内充满熔渣,孔型不规则。

产生渣眼的主要原因有:浇注温度太低,渣子不易上浮;浇注时没挡住渣子;浇注系统不正确,挡渣作用差等。

3.7　训练案例:手工造型及制芯

1. 造型

用配制好的型砂、砂箱、模型、工具制造出铸型的过程,称为造型。

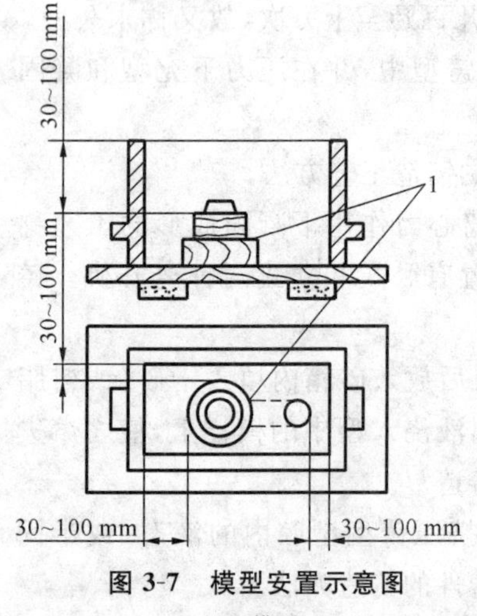

图 3-7　模型安置示意图

1—模型

(1) 擦净模样。

(2) 安置模型　如图 3-7 所示。应保证模型与砂箱的距离(30～100 mm)。如果距离太小,浇注时金属液体易从分型面流出;如果距离太大,浪费型砂和工时。若模型容易黏砂,要先撒上滑石粉。

(3) 加砂、舂砂　如图 3-8 所示。

① 如图 3-8(a)所示,每次加砂厚度为 50～70 mm,保证砂型的紧实度。

② 如图 3-8(b)所示,第一次加砂后,一只手按住模型不动,另一只手塞紧模型四周的型砂,使模型固定。

③ 如图 3-8(c)所示,舂砂时,先用舂砂尖头后用平头。不要舂在模型上,靠近模型及箱壁处要稍舂紧些。

④ 舂砂路线如图 3-8(d)所示。

(4) 刮砂　用刮砂板砂去多余的型砂,如图 3-9 所示。

(5) 翻砂、撒分型砂　翻转下砂箱(见图 3-10(a)),用墁刀修光分型面(见图 3-10(b)),分型面上均匀地撒上分型砂(见图 3-10(c)),用手风箱吹去模型上的分型砂(见图 3-10(d))。

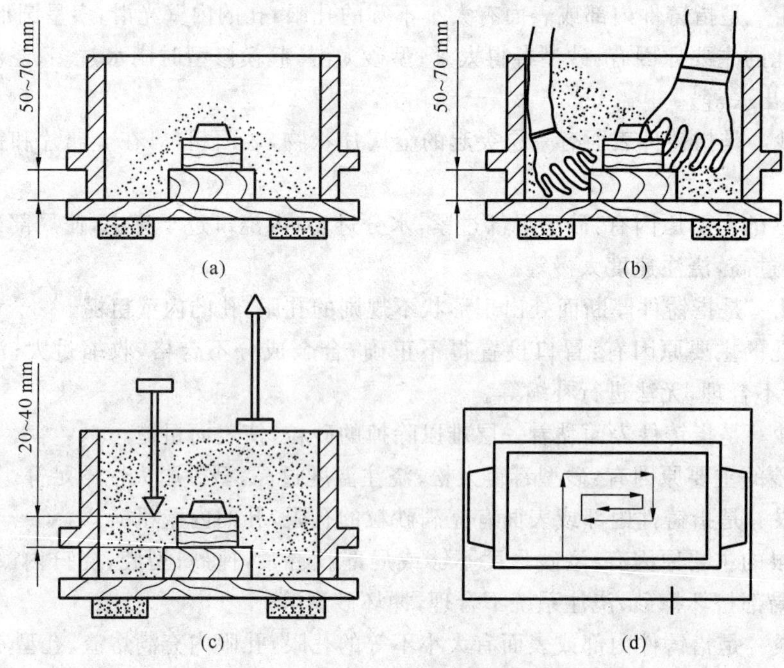

图 3-8　加砂、舂砂示意图

(a) 加砂;(b) 舂砂 1;(c) 舂砂 2;(d) 舂砂 3

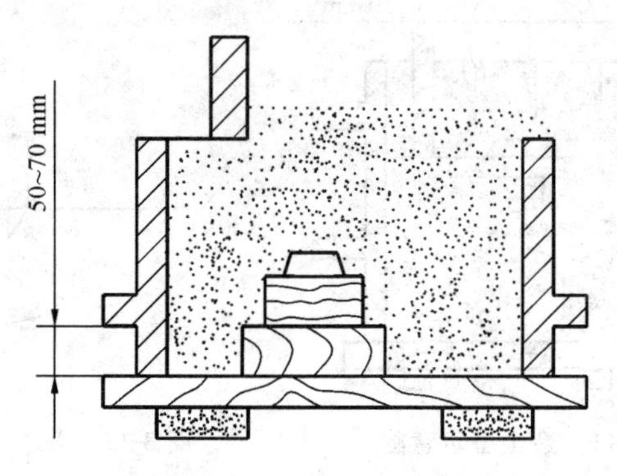

图 3-9　刮砂示意图

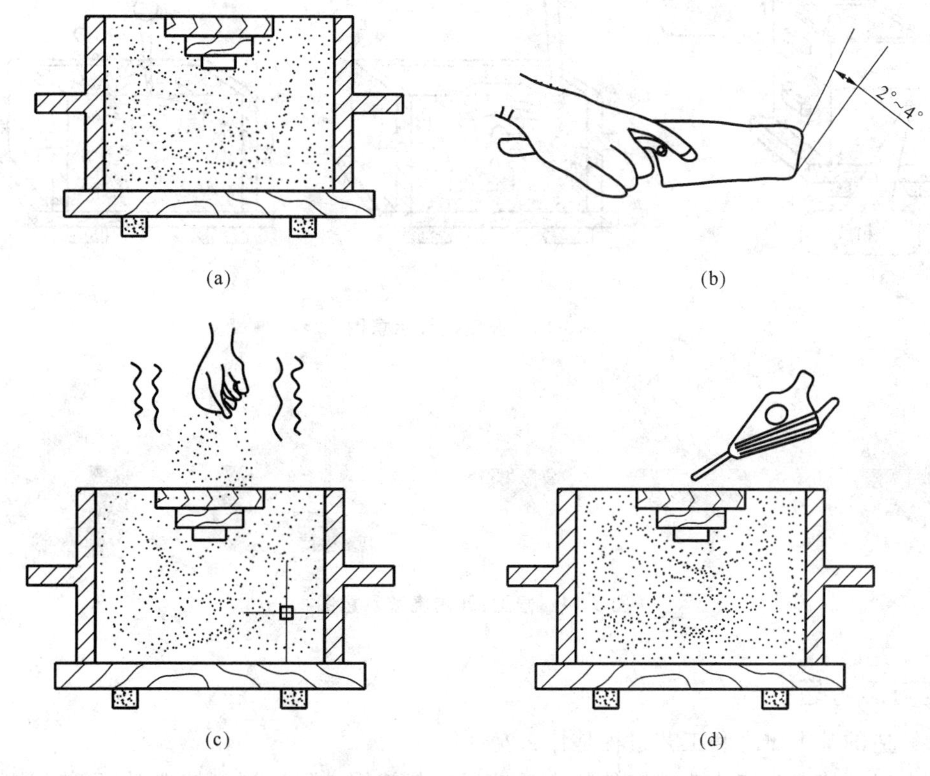

图 3-10　翻砂、撒分型砂示意图

(6) 造上型　如图 3-11 所示。放好上半模、上箱和浇口棒，加砂造上型。用通气针均匀扎出通气孔。

(7) 开浇口杯　如图 3-12 所示。轻轻敲击、拔出浇口棒。用压勺挖出浇口杯，并修光浇口面。浇口杯不能过小、过浅，以免金属液体飞溅。

(8) 开箱起模。若砂箱无定位销，开箱前用粉笔或划针划合箱线，如图 3-13(a)所示，以防合箱时错位。开箱后，上箱旋转 180°放稳。起模前，用毛笔蘸少许水，刷模型四周，如图 3-13(b)所示。将起模针插入模型重心位置，用小锤沿前、后、左、右轻敲起模针下部，轻轻、平稳地提起模型，如图 3-13(c)所示。

(9) 修型、开内浇道　修型、开内浇道步骤，如图 3-14 所示。

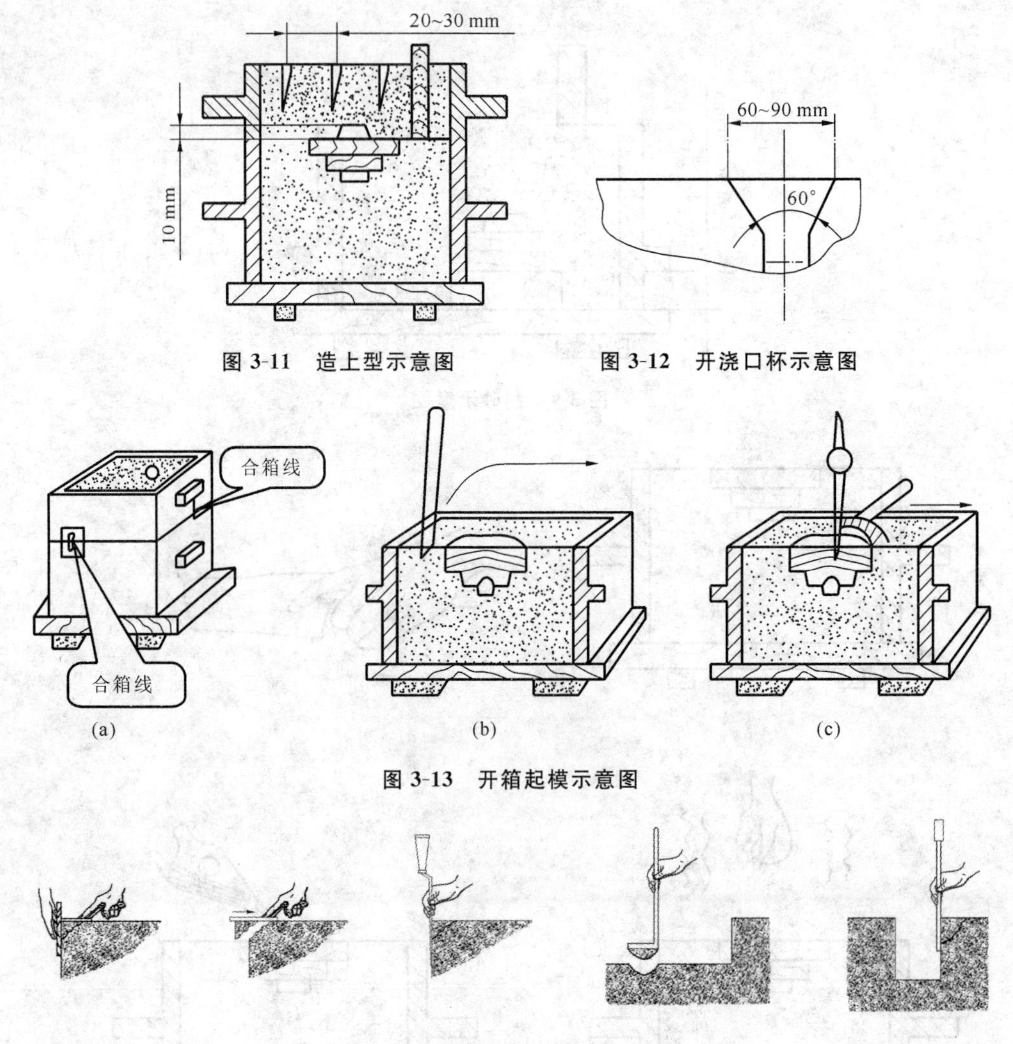

图 3-11 造上型示意图

图 3-12 开浇口杯示意图

图 3-13 开箱起模示意图

图 3-14 修型、开内浇道示意图

复习思考题

1. 铸造的基本概念和工艺过程是什么?

2. 金属型铸造为何能改善铸件的力学性能? 灰铸铁件用金属型铸造时,可能遇到哪些问题?

3. 砂型铸造工艺过程和造型材料有哪些?

4. 手工造型方法和浇注系统的概念是什么?

5. 简述熔炼、浇铸及清理落砂的概念。

6. 压力铸造、低压铸造和挤压铸造的工艺特点及应用范围有什么不同?

7. 铸造工艺对铸件结构的要求是什么?

8. 浇注系统由几部分组成? 各有何作用?

9. 型砂应具备什么性能? 对铸造质量有何影响?

10. 铸件浇注前,需要做哪些准备工作?

第4章 锻压工艺

塑性变形，是指当外力增大到使金属的内应力超过该金属的屈服强度以后，外力停止作用，金属的变形也并不消失，这种变形称为塑性变形。在工业生产中，金属塑性成形的方法是指金属材料通过压力加工，使其产生塑性变形，从而获得所需零件的尺寸、形状及性能的一种工艺方法。金属塑性成形包括锻造成形和冲压成形，如图4-1所示。

金属塑性成形
- 锻造成形
  - 自由锻造：手工自由锻造，机器自由锻造
  - 模型锻造：锤上模锻，水压机上模锻
- 冲压成形：挤压成形，拉拔成形，扎锻成形

图4-1 金属塑性成形的组成

4.1 锻压的基本概念及分类

金属材料经过塑性成形后，其内部组织更加紧密、均匀，承受载荷及冲击能力有所提高。因此，凡是承受重载荷及冲击载荷的重要零件，如机床主轴、传动轴、齿轮、曲轴、连杆、起重机吊钩等多以锻件为毛坯。

金属塑性成形方法中，锻造、冲压两种成形方法合称为锻压，主要用于制作各种机器零件的毛坯或成品。锻造是金属热加工成形的一种主要加工方法，通常采用中碳钢和低合金钢为锻造材料。锻造用的原材料一般为圆钢、方钢等型材，大型锻件则用钢坯或钢锭。锻造前要把原材料用剪切、锯切等方法切成所需要的长度，以便锻造。

1. 锻造的种类

锻造可分为自由锻造和模型锻造两类。自由锻造按其设备的不同，又分为手工自由锻造和机器自由锻造两种。机器自由锻造是利用机器产生的冲击力或压力使金属变形。机器自由锻造是机械制造业最常用的锻造方法。

2. 材料可锻性及其影响

可锻性是指材料进行压力加工的难易程度。可锻性主要取决于两点：① 塑性好，则可锻性好；② 变形抗力越小，则可锻性好。

材料可锻性对锻造过程的影响主要表现为：材料可锻性好，容易变形，耗能低，从而锻压生产质量高；反之，材料可锻性不好，变形抗力大，导致工业生产耗能高，且易产生缺陷。

可锻性的影响因素主要有以下几点。

(1) 金属成分　碳含量降低，塑性增加，可锻性增加；金属越纯净，可锻性越好，反之，合金元素越多，可锻性越低。

(2) 金属的组织　固溶体的可锻性高，金属化合物的可锻性低；单晶体的可锻性高，多

晶体的可锻性低。

(3) 变形条件　① 变形温度:温度升高,但温度过高会产生热应力;过热会形成粗晶;过烧会使材料破碎。② 变形速度:不要过大,变形速度过大,会使变形抗力增大,可锻性变坏。③ 应力状况:在三向压应力下变形,对提高金属的塑性变形最为有利。

提高可锻性的措施主要有:① 合理选择材料与变形形式;② 合理选择变形温度,即锻压生产的起始温度 $T_{始}$ 在不产生缺陷的前提下应尽量高,锻压生产的终止温度 $T_{终}$ 在不产生缺陷的前提下应尽量低。

4.2　常见锻压设备

锻压设备主要用于金属成形。锻压机械是通过对金属施加压力使之成形的设备,其基本特点为压力大,故多为重型设备,设备上多有安全防护装置,以保障设备和人身安全。锻压机械主要包括各种锻锤、各种压力机和其他辅助机械。

锻锤是以重锤落下或强迫高速运动产生的动能对坯料做功,使之塑性变形的机械。锻锤是最常见、最悠久的锻压机械。它结构简单、工作灵活、使用面广、易于维修,适用于自由锻造和模型锻造。但锻锤振动较大,较难实现自动化生产。

压力机包括液压机、机械压力机、旋转压力机等压力设备。机械压力机是用曲柄连杆或肘杆机构、凸轮机构、螺杆机构传动,工作平稳、工作精度高、操作条件好、生产率高,易于实现机械化、自动化,适于在自动线上工作。机械压力机在数量上居各类锻压机械之首。

液压机是根据帕斯卡定理制成的利用液体压强传动的机械,是以高压液体(如水、油、乳化液等)传送工作压力的锻压机械。

旋转锻压机是锻造与轧制相结合的锻压机械。在旋转锻压机上,变形过程是由局部变形逐渐扩张而完成的,所以变形抗力小、机械质量小、工作平稳、无振动,易实现自动化生产。辊锻机、成形轧制机、卷板机、多辊矫直机、辗扩机、旋压机等都属于旋转锻压机。

锻压机械的规格大多以负载工作力计,但锻锤则以锻锤落下部分的质量计,对击锤以打击能量计。专用锻压机械多根据最大成形的材料直径、厚度或轧辊直径计。

4.2.1　空气锤

空气锤是自由锻造生产小型锻件的一个主要设备,主要用于延伸、锻粗、冲孔、弯曲、锻接、扭转和胎模锻造成形过程。空气锤基本上可以分成四个部分:工作部分、传动部分、操作部分和机身。空气锤的结构由电动机、减速机构、手柄、压缩缸、控制阀、工作缸、锤头、上砥铁、下砥铁、砧垫、砧座、踏杆等部分组成,如图 4-2 所示。

1. 空气锤四部分的主要组成

(1) 工作部分包括落下部分(活塞、锤杆和上砧铁)和锤砧(下砧铁、砧垫和砧座)。

(2) 传动部分由电动机、带和带轮、齿轮、曲柄连杆及压缩活塞等组成。

(3) 操作部分由上下旋阀、旋阀套和手柄等组成。

(4) 机身由工作缸、压缩缸、立柱和底座组成。

2. 空气锤的工作原理

空气锤启动前,压缩活塞在最上面的位置,工作活塞在最下面的位置,工作缸和压缩缸

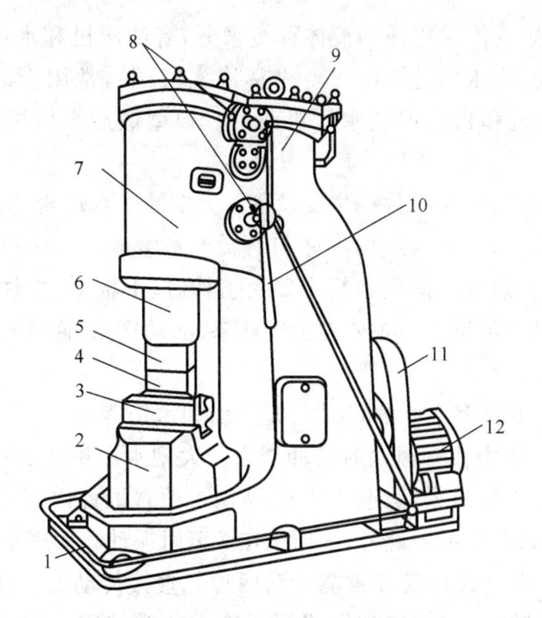

图 4-2 空气锤结构示意图

1—踏杆；2—砧座；3—砧垫；4—下砥铁；5—上砥铁；6—锤头；7—工作缸；
8—控制阀；9—压缩缸；10—手柄；11—减速机构；12—电动机

上、下腔分别连通。这是压缩缸的上、下腔通过压缩活塞和压缩杆的补气孔与大气连通，两缸上、下腔的压力均为大气压。当电动机通过传动系统带动减速机通过连杆使压缩活塞在压缩缸内上下往复运动时，下腔气体被压缩，压力升高，上腔气体膨胀，压力降低。当压缩活塞下行至某一位置，作用在工作活塞下部的压力大于工作活塞上部的压力、落下部分质量及其运动的摩擦力时，锤头开始上升。压缩活塞继续下行，由于压缩活塞向下运动的速度大于工作活塞向上运动的速度，使下腔压力继续升高，上腔压力继续下降，结果使锤头加速上升，压缩活塞下行过程中，下腔的最大压力一般可达 2.5×10^5 Pa，上腔压力可降至 0.5×10^5 Pa。压缩活塞继续下行至最下位置时，锤头大致处于向上行程的中间位置，这时压缩缸上腔通过补气孔与大气相通，以提高锤头的打击能量。当压缩活塞回程时，由于两个活塞均向上运动，两缸下腔容积不断增大，上腔容积不断减小，即下腔压力不断减小，上腔压力不断增高，作用在落下部分的合力的方向逐渐变为向下方向。自此，锤头向上运动进入减速阶段。锤头向上运动直至工作活塞把上腔通压缩缸的通道切断，进入缓冲腔，并且运动能全部被缓冲气垫吸收为止，此时压缩活塞上行了一段距离。压缩活塞继续上行，上腔压力继续升高，下腔压力继续下降，锤头在上腔气体压力（缓冲气垫压力及压缩缸上腔压力）和落下部分质量的作用下，加速下行，直至打击锻件。当压缩活塞接近行程的上极限位置时，锤头降至下极限位置。此后压缩活塞回至原始位置。由此可知，曲柄转一周，压缩活塞往复运动一次，则锤头打击一次，也就是锤头打击次数与曲柄转数一致。不断重复上述过程就可得到连续打击。

4.2.2 液压机

液压机是以液体为传力介质进行工作的机械。液压机行程是可变的，能够在任意位置发出最大的工作力。液压机工作平稳，没有振动，容易达到较大的锻造力，适合大锻件锻造和大规格板料的拉深、打包和压块等工作。

液压机种类很多，如按传递压强的液体种类来分，有油压机和水压机两大类。水压机产生的总压力较大(高压水的压力达 20～200 个标准大气压)，常用于锻造和冲压。锻造水压机又分为模型锻造水压机和自由锻造水压机两种。模型锻造水压机要用模具，而自由锻造水压机不用模具。

自由锻造水压机是锻造大型锻件的主要设备。大型锻造水压机的制造和拥有量是一个国家工业水平的重要标志。水压机主要由本体和附属设备组成。水压机的典型结构，主要由固定系统和活动系统两部分组成。固定系统主要由工作缸、上横梁、立柱、下横梁和回程缸等组成，下横梁固定在基础上。活动系统主要由工作柱塞、活动横梁、回程柱塞、回程横梁和回程拉杆等部分组成。

水压机的附属设备主要有水泵、蓄压器、充水罐和水箱等。

水压机锻造时，是以压力代替锤锻时的冲击力。大型水压机能够产生数千万牛甚至更大的锻造压力，坯料变形的下压量大，锻透深度大，从而可改善锻件内部的质量，这对于以钢锭为坯料击打大型锻件来说是必要的。此外，水压机在锻造时振动和噪声小，工作条件好。

液压机的传动形式有直接传动和蓄能传动两种。直接传动的液压机通常以液压油为工作介质，向下行程时通过卸压阀在回程缸或回程管道中维持着一定的剩余压力，因此，要在压力作用下强迫活动横梁向下。当完成压力机的锻造行程时，即当活动横梁达到预定位置或当压力达到一定值时，工作缸中的压力油溢流并换向，以提升活动横梁。

蓄能器传动的水压机通常用油-水乳化液作为工作介质，并用氮气、水蒸气或空气给蓄能器加载，以保持介质压力。除借助蓄能器中的油-水乳化液产生压力外，其工作过程基本上与直接传动的压力机相似。因此，下压速度并不直接取决于泵的特性，同时它还随蓄能器的压力、工作介质的压缩性和工件的变形抗力的变化而变化。

4.2.3　冲压设备

冲压设备主要是剪床和冲床。剪床又称剪板机，是对板料进行剪切的设备，主要用于下料。剪床的主要技术参数是指板料的厚度与宽度。如 Q113×1000 型剪床，表示剪板料的最大厚度为 2 mm，宽度为 1000 mm。

冲床是进行冲压加工的基本设备。常用的开式双柱冲床，冲模的上、下模分别装在滑块下端和工作台上，电动机通过 V 带带动带轮转动。踩下踏板后，离合器闭合并带动曲轴旋转，再经过连杆带动滑块沿导轨做上下往复运动，进行冲压加工。

如果踏板踩下后立即抬起，则离合器脱开，滑块在冲压一次后便在制动器的作用下停止在最高位置上。踏板不抬起，滑块就进行连续冲压。

4.3　锻坯的加热和锻件的冷却

4.3.1　锻坯的加热

锻坯在锻造前加热的目的是为了提高金属的塑性和降低变形抗力，以利于金属的变形，以期便于锻造及获得良好的锻后组织。一般地说，金属材料通过加热，随着温度的升高，其塑性提高，变形抗力降低，可锻性得到提高。

1. 金属的可锻性

金属的可锻性是用来衡量金属材料在受压力加工时获得优质制品难易程度的工艺性能。可锻性的含义就是用于锻造的金属材料在外力的作用下产生永久变形而不破坏其完整性的能力。金属材料应具有良好的可锻性，以便在锻造时能产生较大塑性变形而不受破坏。

金属可锻性的优劣与其化学成分组织、金属的变形条件和加热温度及受力状态有关。

2. 金属加热时易产生的缺陷

金属加热时产生的缺陷有氧化、脱碳、过热、过烧和开裂等五种。在一般加热条件下，氧化和脱碳是不可避免的，而过烧和开裂是无法挽救的缺陷。过热的金属在锻造时易产生裂纹，使力学性能变差，锻后晶粒较粗大。对于过热所造成的粗晶粒组织，可以采用再次锻造或热处理使之细化。

根据以上加热时产生的一些缺陷可知，在坯料加热时，一定要控制好加热温度的范围。

3. 锻造温度范围

各种金属材料在锻造时允许的最高加热温度，称为该材料的始锻温度。金属材料终止锻造的温度，称为该材料的终锻温度。从始锻温度到终锻温度的间隔，称为锻造温度范围，如表 4-1 所示。

表 4-1　锻造温度范围

金属材料	始锻温度/℃	终锻温度/℃	锻造温度范围/℃
低碳钢	1200～1250	800	400～450
中碳钢	1150～1200	800	350～400
合金钢	1100	900	200
铜合金	800～900	650～700	150～200
铝合金	450～500	350～380	100～150

加热温度过高会产生组织晶粒粗大和晶格低熔点物质熔化，导致过热和过烧现象。始锻温度应低于该金属材料的熔点 100～200 ℃。坯料在锻造过程中，随着热量的散失，温度不断下降。因此塑性越来越差，变形抗力就变得越来越大。温度下降到一定程度很难继续变形，而且易产生裂痕，所以必须停止锻造再重新加后热。在实际生产中，锻坯的加热温度可以通过仪表来测定，也可能通过观察被加工锻坯的颜色（火色）来判断，如表 4-2 所示。

表 4-2　碳素钢的加热温度与火色的对应关系

加热温度/℃	1300	1200	1100	1000	900	800	700
火色	黄白色	淡黄色	黄色	橘黄色	淡红色	樱红色	暗红色

4.3.2　锻件的冷却

锻件的冷却是保证锻件质量的重要环节，而且与冷加工作业有很重要的关系。锻件的冷却有三种方法。

(1) 空冷　是指在无风的空气中，锻件放在干燥的地面上冷却。

(2) 坑冷　是指在充填有砂子、炉灰或石棉灰等热材料的坑内以较慢的速度冷却。

(3) 炉冷　是指在 500～600 ℃的加热炉内随着炉温缓慢冷却。

4.4 自由锻造

自由锻造简称自由锻，是将加热好的金属坯料放在锻造设备的上、下砥铁之间施加压力或冲击力，使坯料产生塑性变形，从而获得所需锻件的一种加工方法。自由锻造由于锻件简单、操作灵活，适用于单件和小批量及大型锻件的生产。

自由锻造各种形状的锻件是通过一系列工序逐步完成的。自由锻造的工艺规程为：① 绘制锻件图；② 确定变形工艺；③ 计算坯料质量及尺寸；④ 选择锻造设备和工具，确定锻造温度范围并加热；⑤ 冷却及热处理；⑥ 提出锻件技术要求及验收要求；⑦ 填写工艺卡等。

4.4.1 自由锻造的工序

根据变形性质和变形程度的不同，自由锻造的工序可分为：基本工序、辅助工序、精整工序三类。

1. 基本工序

改变坯料的形状和尺寸，实现锻件基本成形的工序称为基本工序。自由锻造的基本工序包括：镦粗、拔长、冲孔、弯曲、切割、扭转、错移等。

1）镦粗

镦粗是使坯料横截面积增大、高度减小的锻造工序，主要用于饼块状锻件（如齿轮坯）；也用于空心锻件冲孔前的准备工序、拔长时为提高锻造比作准备工序等。其基本方法可分为完全镦粗、局部镦粗、带尾梢镦粗和展平镦粗四类，如图 4-3 所示。

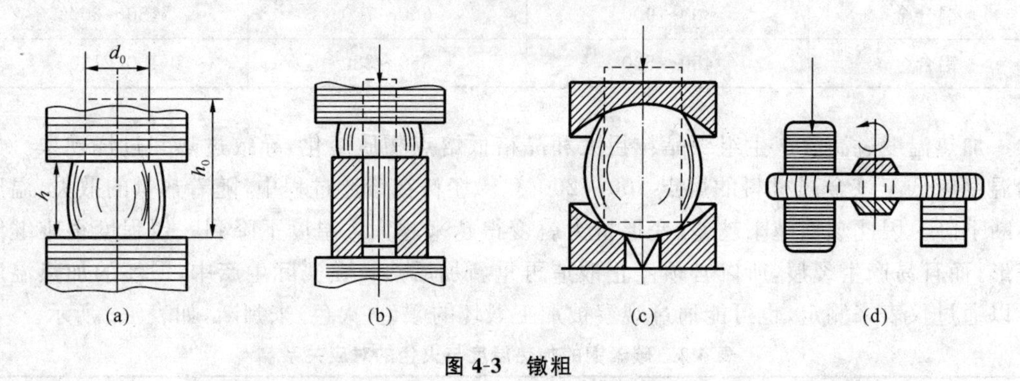

图 4-3 镦粗

（a）镦粗；（b）局部镦粗；（c）带尾梢镦粗；（d）展平镦粗

镦粗操作规则如下。

（1）镦粗时坯料的原始高度 h_0 与直径 d_0 之比应小于 2.5，如果长度与直径之比过大，则容易将坯料镦弯。

（2）镦粗面应垂直于轴线。

（3）坯料应绕其本身轴线经常旋转，使其均匀变形。

（4）当锤击力量不足时，还可能将坯料镦成双鼓形；如不及时矫正而继续锻打，则会产生折叠，使坯料报废。

镦粗主要应用于制造高度小、横截面积大的工件，如圆盘、齿轮等，此外可以用于增加后续拔长工序时的锻造比或者在冲孔工序前用于镦平坯料端面。

2）拔长

拔长：是使坯料的长度增加、横截面积减小的锻造工序，如图 4-4(a)所示。

芯棒拔长：减小空心坯料的壁厚和外径尺寸，增加长度的工序，如图 4-4(b)所示。

芯轴上扩孔：减小空心坯料的壁厚，增加内径和外径，以芯轴代替下砧铁的工序，如图 4-4(c)所示。

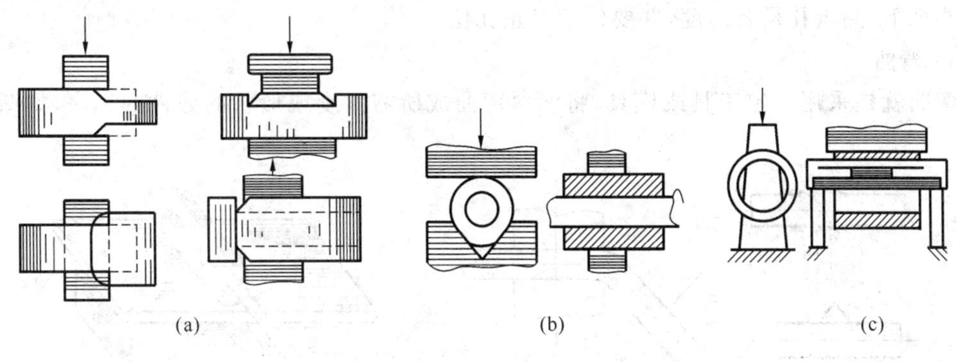

图 4-4　拔长

(a) 拔长；(b) 芯棒拔长；(c) 芯轴上扩孔

拔长时应注意以下要点。

(1) 锻打时，坯料每次的送进量应为砧铁宽度的 0.3～0.7，送进量太小容易产生夹层，送进量太大，金属主要向宽度方向流动，展宽多，延长少，降低拔长效率。

(2) 将圆截面的坯料拔长成直径较小的圆截面的锻件时，应先将坯料锻打成方形截面，当拔长到边长接近锻件直径时，再锻成八边形，然后再滚打成圆形。

(3) 拔长时应不断翻转锻件，可以用反复左右翻转 90°的方法顺序锻打，使其截面保持经常接近方形。拔长时，工件宽度与厚度之比应小于 2；否则，再次翻转继续锻打拔长，将容易产生折叠。

拔长主要应用于制造长而截面积小的工件，如曲轴、拉杆、轴等，以及制造长轴类空心件，如炮筒、圆环、套筒等。

3）冲孔

在坯料上锻出通孔或不通孔的锻造工序，称为冲孔，如图 4-5 所示。冲孔主要用于制造空心件，如齿轮毛坯、圆环等。对于锻件质量要求高的大工件，可用空心冲子去掉质量较小的铸锭中心部分。

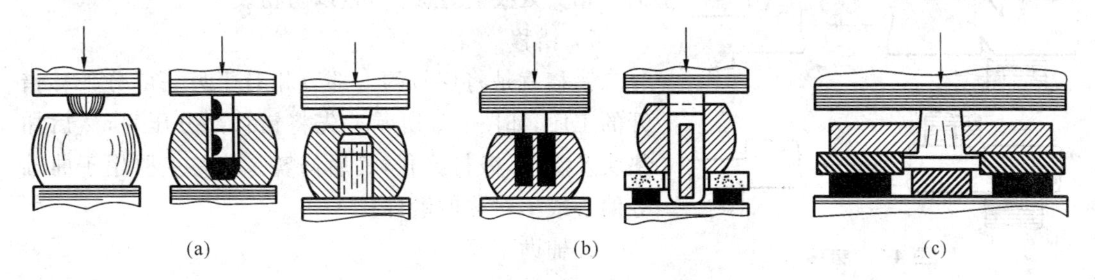

图 4-5　冲孔图

(a) 实心冲头冲孔；(b) 空心冲头冲孔；(c) 板料冲孔

冲孔注意以下操作要点。

(1) 坯料应均匀加热到始锻温度，以提高坯料的塑性及防止坯料冲裂。

(2) 冲孔前将坯料预先镦粗,尽量减少冲孔的深度,并使端面平整。

(3) 为保证孔位准确,要先便于冲头取出,深冲前可向凹痕内撒煤粉,检查孔位是否准确后方可深冲。

一般锻件采用双面冲孔,双面冲孔就是先将孔冲到坯料厚度的2/3,深度较大时,取出冲头,翻转坯料,然后从反面冲透。较薄的坯料可以采用单面冲孔的方法,单面冲孔时,应将冲头大头朝下,漏盘孔径要适度,并要仔细对正孔位。

4) 弯曲

弯曲就是采用一定工具或模具,将坯料弯曲成所需角度或形状的锻件的工序,如图4-6所示。

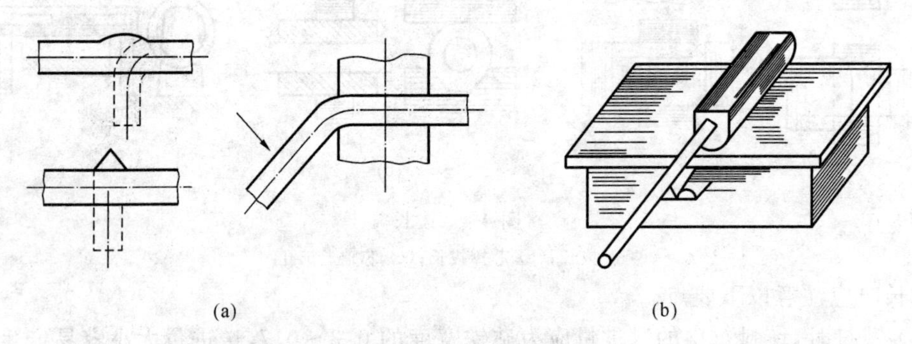

(a) (b)

图 4-6 弯曲

(a) 弯曲;(b) 胎膜中弯曲

弯曲处的坯料截面会略有缩小,同时截面形状也有变化,因此,如果锻件要保持截面积不变,则应在弯曲前预先进行局部镦粗。弯曲主要应用于锻制弯曲形零件,如V形板等。同时,弯曲可以使流线方向与锻件的外形改变,而不被割断,锻件质量好,如吊钩等。

5) 切割

切割就是分割坯料或切除锻件余料的工序。切割的方法有单面切割和双面切割两种。单面切割用于小尺寸截面的坯料切割,切割后截面比较平整,无毛刺。双面切割用于截面比较大的坯料。先将坯料切割到截面的2/3,然后翻转坯料,再切除剩余部分。

6) 扭转

扭转就是将坯料的一部分相对于另一部分旋转一定角度的工序。扭转时,应将坯料加热到始锻温度,受扭曲变形的部分必须表面光滑,面与面的相交处要有过渡圆角,以防扭裂。

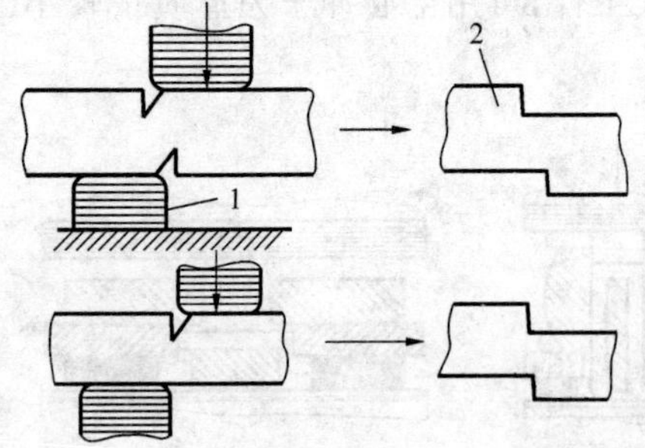

图 4-7 错移

1—垫板;2—错移后的毛坯

7) 错移

错移就是将坯料的一部分相对于另一部分平移错开的工序,如图4-7所示。先将错移部分压扁,然后加垫块及支承,锻打错开,最后修整。错移主要用于曲轴等偏心或不对称的锻件。

2. 辅助工序

为便于实现基本工序而使坯料预先产生某些局部位置小量变形的工序,称为辅助工序,如倒棱、压肩、分段等。

3. 精整工序

为修整锻件的形状和尺寸,清除表面不平,校正弯曲等,使锻件达到图样要求的工序,称为精整工序。精整工序一般在终锻温度以下进行，如滚圆、平整、校直等。

4.4.2　自由锻件分类及锻造的基本工序

常见自由锻件主要有圆截面轴类锻件、方截面杆类锻件、空心类锻件、饼块类锻件、曲轴类锻件等，其锻造的基本工序如表 4-3 所示。

表 4-3　自由锻件的分类及锻造的基本工序

类　别	图　列	锻造工艺方案	实　例
圆截面轴类		(1) 拔长； (2) 镦粗，拔长； (3) 局部镦粗，拔长	传动轴、齿轮轴等
方截面杆类		(1) 拔长； (2) 镦粗，拔长； (3) 局部镦粗，拔长	连杆等
空心类		(1) 镦粗，冲孔； (2) 镦粗，冲孔，扩孔； (3) 镦粗，冲孔，芯轴上拔长	空心轴、法兰、圆环、套筒、齿圈等
饼块类		镦粗或局部镦粗	齿轮、圆盘叶轮、模块轴头等
弯曲类		先进行轴杆类工序，再弯曲	吊钩、轴瓦、弯杆等
曲轴类		(1) 拔长，错移(单拐曲轴)； (2) 拔长，错移，扭转(多拐曲轴)	多拐曲轴等

4.5　模型锻造

利用模具使坯料在模膛内产生塑性变形，从而获得锻件的锻造方法，称为模型锻造(简称模锻)。模型锻造适用于中小型锻件的大批量生产。模型锻造与自由锻造相比有以下特点：可锻造形状比较复杂的锻件；锻件尺寸精度高，表面粗糙度小，节约材料；操作简单，生产效率高；锻模制作复杂，成本高、设备昂贵，能量消耗大，只限于大批量生产。

典型的模型锻造有锤上模锻、胎模锻等。

1. 锤上模锻

锤上模锻就是将模具固定在模锻锤上，使毛坯变形获得锻件的锻造方法。所使用的设备有蒸汽-空气模锻锤、无砧座锤、高速锤等，其中蒸汽-空气模锻锤应用最广泛。

1）锻模

根据锻件的复杂程度不同，锻模分为单膛锻模和多膛锻模。

2）锤上模锻的工艺过程

模锻生产工艺过程一般为：切断毛坯→加热坯料→模锻→切除飞边→校正锻件→锻件热处理→表面清理→检验→成堆存放。

2. 胎模锻

在自由锻造设备上使用可移动模具生产模锻件的一种锻造方法，称为胎模锻。常用胎模有摔模、扣模、垫模、套模、合模、弯曲模、跳模等。

4.6　板料冲压

板料冲压是利用装在冲床上的模具使板料分离或变形，从而获得所需形状和尺寸的毛坯或零件的加工方法。板料冲压多用于具有足够塑性和较低变形抗力的金属材料（如低碳钢和有色金属及合金钢等）薄板。板料厚度小于 6 mm，一般情况下，板料不需要加热，故也称冷冲压。

1. 板料冲压的特点

(1) 操作简单，工艺过程易实现机械化和自动化，生产效率高，材料消耗少，产品成本低。

(2) 冲压件具有质量较小、强度高、刚度好、尺寸精度高、表面光滑等优点。

(3) 冲模结构复杂，精度要求高，制作费用高，只限于大批量生产。

2. 板料冲压的基本工序

冲压的基本工序可分为分离和成形两大类。

1）分离工序

分离工序是指使板料的一部分与另一部分相互分离的工序，如剪切、落料、冲孔等。

剪切：指将材料沿不封闭轮廓分离的工序，通常都是在剪板机上进行的。

冲裁：指利用冲模将板料沿封闭的轮廓与坯料分离的一种冲压方法。冲模是指通过加压将金属、非金属板料分离、成形而得到制件的工艺装备。

落料和冲孔都属于冲裁工序。

2）变形工序（成形工序）

变形工序是指将板料的一部分相对于另一部分产生位移而不破裂的工序，如弯曲、拉深、成形（包括翻边、胀形、缩口及扩口）等工序。

弯曲：将板料、型材或管材在弯矩作用下弯成具有一定曲率和角度的成形方法。

拉深：指变形区在拉、压应力作用下，使板料（或浅的空心坯）成形为空心件（或深的空心件）的加工方法。

4.7　锻压新技术、新工艺

1. 精密模锻

精密模锻是在一般模锻设备上锻造形状复杂、尺寸精度要求高的锻件的一种先进模锻工艺方法，如精密模锻锥齿轮、叶片等。

精密模锻的工艺特点是：使用普通的模锻设备进行锻造，一般采用预锻和终锻两套锻模，对形状简单的锻件也可用一套锻模。

2. 高速锤锻造

高速锤锻造是利用高压气体（压力为 14 MPa 的空气或氮气）在极短时间内突然膨胀释放高能量，推动锤头和框架系统做高速相对运动，对坯料进行悬空对击的工艺方法。

高速锤可进行精密模锻、热挤压，如螺旋锥齿轮和发动机支架的精锻、叶片的挤压等。

3. 轧制

金属坯料在旋转轧辊的压力作用下，产生连续塑性变形，获得要求的截面形状并改变其性能的方法，称为轧制。轧制零件常用的方法有辊锻、辗环和斜轧等。

4. 挤压

坯料在三向不均匀压应力作用下，从模具孔口或缝隙挤出，使横截面积减小、长度增加，成为所需制品的加工方法，称为挤压。

5. 拉拔

坯料在牵引力作用下通过模孔拉出，产生塑性变形而得到截面缩小、长度增加的制品的加工方法，称为拉拔。

6. 超塑性成形

所谓超塑性是指金属在特定的组织、温度条件和变形速度下变形时，塑性比常态提高几倍到几百倍，而变形抗力降低到常态的几分之一甚至几十分之一的异乎寻常的性质。如钢的塑性超过 500%，纯钛的塑性超过 300%，锌铝合金的塑性超过 1000%等。

超塑性成形的工艺特点是：金属在拉伸过程中，不产生缩颈现象；锻件晶粒组织均匀细小，整体力学性能均匀一致；金属填充模膛性能好，锻件尺寸精度高，可少用或不用切削加工，降低了金属材料的消耗。

7. 液态模锻

液态模锻是将定量的液态金属直接浇入金属模内，然后在一定时间内以一定的压力作用在金属液（或半液态）上，经结晶、塑性流动使之成形的加工工艺。

液态模锻的一般工艺流程为：原材料配制→熔炼→浇注→加压成形→脱模→灰坑冷却→热处理→检验→入库。

4.8　训练案例：齿轮坯的锻造

（1）训练内容：齿轮坯的锻造。

（2）训练材料。

① 锻件材料:45 钢;② 坯料质量:19.5 kg;③ 坯料尺寸:ϕ120 mm×221 mm。

(3) 训练要求。

① 锻件质量:18.5 kg;② 每坯锻件数:1。

(4) 锻件工艺图如图 4-8 所示。

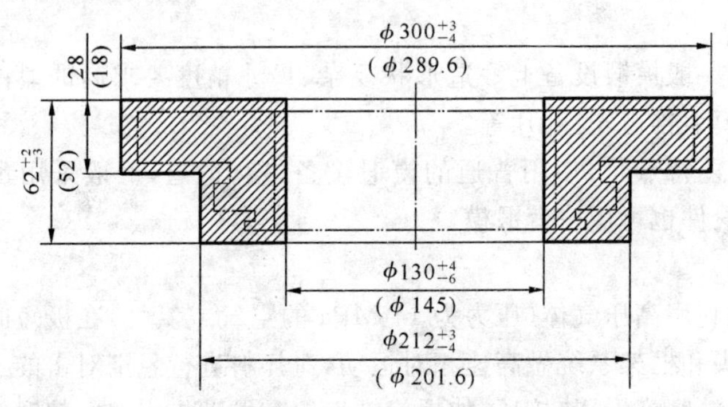

图 4-8　齿轮锻件图

(5) 锻件加工工艺温度及过程如表 4-4 所示。

表 4-4　锻件加工工艺温度及过程

火次	温度/℃	操作说明	变形过程简图	设备	工具
一	常温	下料加热	221；ϕ120	反射炉	—
1	1200～800	镦粗	ϕ280；40；ϕ154；镦粗；局部镦粗	750 kg,自由锻锤	普通漏盘
2	1200～800	局部镦粗			
3	1200～800	冲孔	冲孔；扩孔	750 kg,自由锻锤	冲头
4	1200～800	扩孔			
5	1100～800	修整	ϕ212；62；28；ϕ130；ϕ300；修整	750 kg,自由锻锤	—

复习思考题

1. 在锻造生产中,对金属坯料进行加热的目的是什么?

2. 始锻温度和终锻温度分别指什么?低碳钢和中碳钢的始锻温度和终锻温度范围分别

是多少？各呈现什么颜色？

3.锻件冷却的方法有哪几种？冷却速度过快对锻件有何影响？

4.什么是自由锻造？什么是机器自由锻造？机器自由锻造主要需要哪些设备？

5.空气锤由哪几部分组成？各部分的作用是什么？

6.空气锤可完成哪些动作？怎样实现上悬、下压和连续打击等动作？

7.自由锻造有哪些基本操作工序？各有何用途？

8.胎模锻与自由锻造有何不同？常用胎模有哪几种？

9.镦粗操作的方法有哪几种？对镦粗部分坯料的高度与直径之比有何要求？为什么？

10.拔长时加大进给量是否可以提高坯料的拔长效率？为什么？

11.镦粗、拔长、冲孔工序，各适合加工哪类锻件？

12.冲压的主要特点是什么？冲压的基本工序有哪些？

13.冲孔和落料有何异同？

14.锻压新技术、新工艺有哪些？

第5章 焊接工艺

焊接是通过加热或加压(或两者并用),并使用(或不用)填充材料,使工件形成原子间结合,从而实现永久(不可拆卸)连接的一种方法。焊接主要应用于制造金属结构件、制造机器零件和工具,以及工件修复等。与铆接相比,焊接具有节省金属材料、接头密封性好、设计和施工较易、生产率较高、劳动条件较好等优点。

在工业生产中应用的焊接方法种类很多,按焊接过程特点的不同可分为三大类:熔焊、压力焊、钎焊。其中最常用的是熔焊,如电弧焊、气焊等。

5.1 手工电弧焊

利用电弧作为焊接热源的熔焊方法,称为电弧焊。用手工操纵焊条进行焊接的电弧焊方法,称为手工电弧焊。

5.1.1 手工电弧焊的原理及特点

1. 焊缝形成

将焊条和焊件分别作为两个电极,电弧在焊条和焊件之间产生。焊条与工件在电弧热的高温下熔化形成共同熔池,随着焊接接头沿焊接方向不断前移,新的熔池不断产生,旧的熔池金属冷却后形成一条牢固的焊缝。其中,电弧是指两电极之间强烈而持久的气体放电现象。

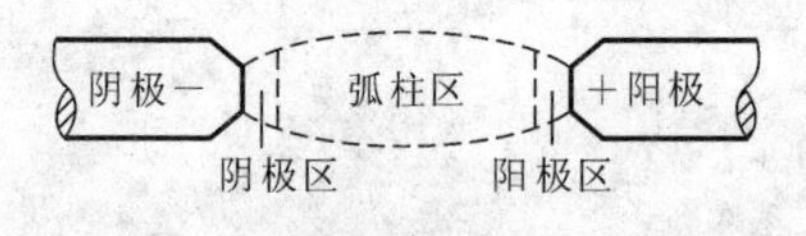

图5-1 电弧

电弧的三个区:阴极区、阳极区和弧柱区(见图5-1),焊接电弧的温度和热量分布如表5-1所示。

表5-1 焊接电弧的温度和热量分布

电弧的分区	温度/℃	热量分布/(%)
阳极区	2600	43
弧柱区	6000～8000	21
阴极区	2400	36

由于电弧产生的热量在阳极和阴极上有一定的差异,在使用直流电焊机焊接时,有以下两种接线方法。

(1) 直流正接 焊件接正极,焊条接负极(厚板、酸性焊条)。

(2) 直流负接　焊件接负极，焊条接正极(薄板、碱性低氢焊条、低合金钢和铝合金)。

2. 手工电弧焊的原理

手工电弧焊是用手工操纵焊条进行焊接的电弧焊方法。它利用焊条与焊件之间建立起来的稳定燃烧的电弧，使焊条和焊件熔化，从而获得牢固的焊接接头。

手工电弧焊的原理图如图 5-2 所示。

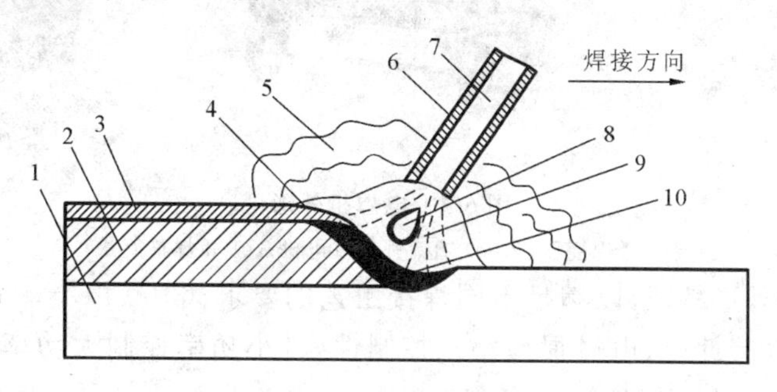

图 5-2　手工电弧焊原理图

1—焊件；2—焊缝；3—渣壳；4—熔渣；5—气体；6—药皮；7—焊芯；8—熔滴；9—电弧；10—熔池

3. 手工电弧焊的优点及应用

手工电弧焊最大的优点是设备简单，应用灵活、方便，适用面广，可焊接各种焊接位置和直缝、环缝及各种曲线焊缝，尤其适用于操作不变的场合和短小焊缝的焊接。

5.1.2　手工电弧焊所用的设备、工具及材料

手工电弧焊所用的设备主要为电焊机，所需工具主要为电焊钳，焊接材料为焊条。手工电弧焊设备连接原理如图 5-3 所示。

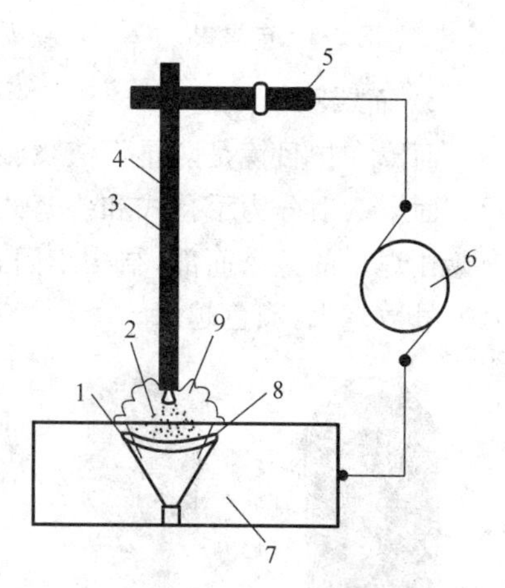

图 5-3　手工电弧焊设备连接原理图

1—焊缝金属；2—电弧；3—药皮；4—焊条；5—焊钳；6—电焊机；7—焊件；8—熔池；9—起保护作用的气体

1. 电焊机

目前，我国手工电焊机有弧焊变压器(见图 5-4(a))、直流弧焊发电机(见图 5-4(b))、弧焊整流器(见图 5-4(c))三大类。

(1) 弧焊变压器　是一类交流弧焊电源，在各类电源中它占的比例最大，应用最广，结构最简单，因而具有便于制造、使用可靠、易于维修、节约电能和价格低廉的优点。但采用弧焊变压器，因交流电弧需要重复引弧，不如直流电弧稳定，所以在弧焊技术发展的初期使用较少。随着焊接技术的发展，在提升交流电弧稳定性上有了新的突破，如适当提高弧焊变压器的空载电压，使焊接电路有一定电感，采用稳弧装置以及改善焊条药皮配方等。目前弧焊变压器已广泛用于手工电弧焊、埋弧焊、钨极氩弧焊等。

(2) 直流弧焊发电机　是由一台电动机和一台弧焊发电机组成的机组。其特点是耗电省、噪声小、体积小、质量小、直流电弧稳定、操作方便、热量分配平衡。

(3) 弧焊整流器　主要有硅弧焊整流器和晶闸管式弧焊整流器两种。硅弧焊整流器是一种直流弧焊电源，它以硅二极管作为整流元件，将交流电整流成直流电。硅弧焊整流器与直流弧焊发电机相比，具有如下优点：① 易造好修、节省材料、质量小、成本低、效率高；② 易

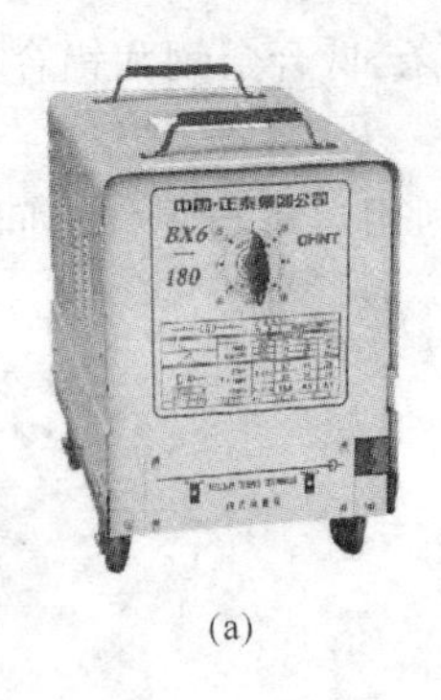
(a)

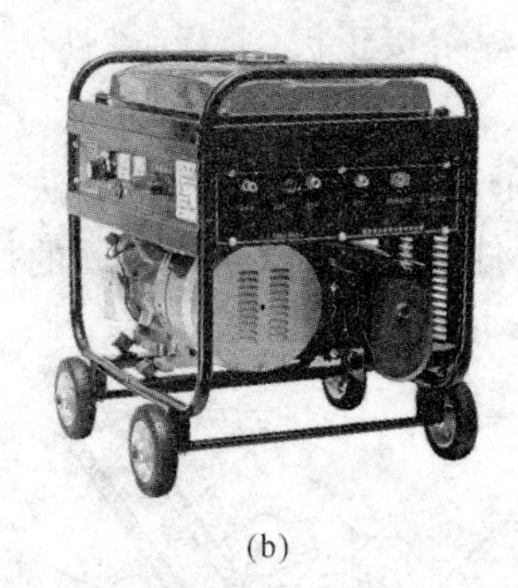
(b)

(c)

图 5-4 电焊机外形

(a) 弧焊变压器;(b) 直流弧焊发电机;(c) 弧焊整流器

于获得不同形状的外形特征,以满足不同焊接工艺的要求;③ 噪声小。晶闸管式弧焊整流器的主要特点有:动特性好(电磁惯性小)、控制性好(小功率控制大功率)、节能(空载电压低、无机械损耗)、省材料、噪声小、设备复杂。

图 5-5 电焊钳

2. 电焊工具

1) 电焊钳

电焊钳又称焊把,是用以夹持焊条、传导电流的工具,如图 5-5 所示。电焊钳有 300 A、500 A 两种规格,要求它具有良好的绝缘性与隔热能力。焊条位于水平(0°)、45°、90°等方向时,要求焊钳都能夹紧焊条,并保证更换焊条时安全方便、操作灵活。

2) 面罩和护目镜

面罩和护目镜是防止焊渣飞溅、弧光及高温对焊工面部及颈部灼伤的工具,如图 5-6 所示。面罩一般分为手持式和头盔式两种。面罩要求选用耐燃或不燃的绝缘材料制成,罩体应遮住焊工的整个面部,结构牢固,不漏光。护目镜按亮度的深浅不同分为 6 个型号(7～12 号),号数越大,颜色越深。

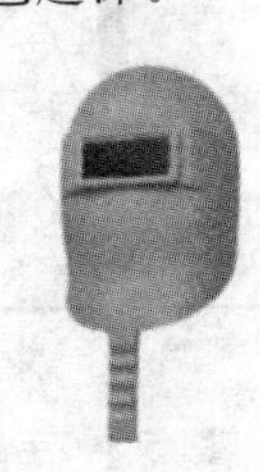

图 5-6 面罩和护目镜

3) 焊条保温筒

使用低氢型焊条焊接重要结构时,焊条必须先进烘箱烘焙,烘干温度和保温时间因材料和季节而异。焊条从烘箱内取出后,应储存在焊条保温筒内,在施工现场逐根取出使用。焊条保温筒外形如图 5-7 所示。

4) 焊缝接头尺寸检测器

焊缝接头尺寸检测器,用以测量坡口角度、间隙、错边以及余高、焊缝宽度、角焊缝厚度等尺寸,由直尺、探尺和角度规组成,如图 5-8 所示。焊缝接头尺寸检测器的使用方法如图 5-9 所示。

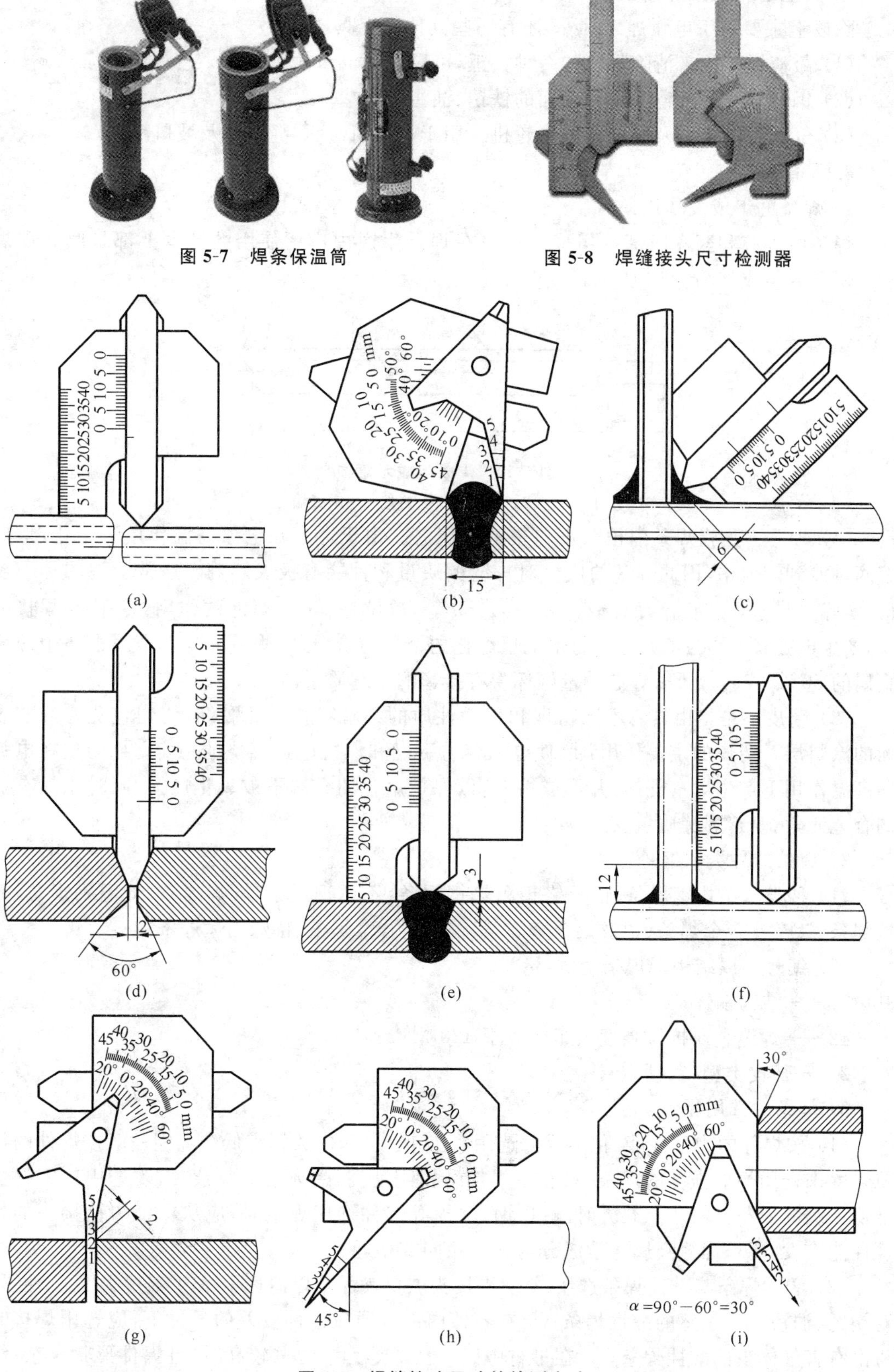

图 5-7　焊条保温筒

图 5-8　焊缝接头尺寸检测器

图 5-9　焊缝接头尺寸的检测方法

5）其他手工电弧焊工具

除以上主要手工电弧焊工具外，还有一些其他的工具，如：

(1) 敲渣锤　用来清除焊渣的一种尖锤，可以提高清渣效率；

(2) 钢丝刷　用来清除焊件表面的铁锈、油污等；

(3) 气动打渣工具及高速角向砂轮机　用于焊后清渣、焊缝修整及坡口准备。

3. 焊条

1）焊条的组成及作用

焊条由焊芯和药皮两部分组成。目前在焊接生产中广泛使用的基本上都是厚药皮焊条。焊条的组成如图 5-10 所示。

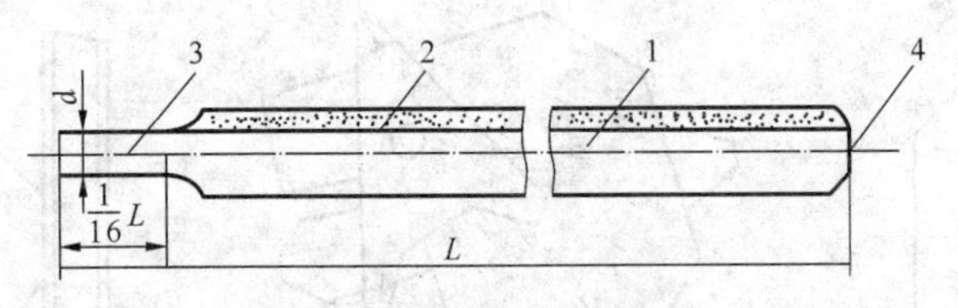

图 5-10　焊条组成示意图

1—焊芯；2—药皮；3—夹持端；4—引弧端

(1) 焊芯　是指焊条内被药皮包覆的金属芯。由于焊芯在电弧高温作用下熔化，形成熔滴过渡到熔池中，因此焊芯的成分对焊缝的质量和性能有极大影响。通常所说的焊条规格，实际上是指焊芯直径，如：$\phi 2$、$\phi 3.2$、$\phi 4$、$\phi 5$ 等，单位是 mm。焊芯的作用：① 传导焊接电流，产生电弧；② 作为填充金属与熔池里熔化的金属熔合，形成焊缝。焊芯金属占整个焊缝金属的 50%～70%，所以焊芯质量好坏将直接影响焊缝质量。

(2) 药皮　是指由具有不同物理和化学性质的细粒状物质经黏结，均匀包覆在焊芯表面的涂料层。药皮的主要作用：① 使电弧容易引燃和保持电弧燃烧的稳定；② 药皮在电弧的高温作用下产生大量气体，并形成熔渣，以保护熔化的金属不被氧化烧损，同时添加有益的合金元素，改善焊缝质量。

2）焊条的种类和编号

(1) 种类　结构钢焊条、钼及铬钼耐热钢焊条、不锈钢焊条、堆焊焊条、低温钢焊条、铸铁焊条、钛及钛合金焊条、铝及铝合金焊条、铜及铜合金焊条、特殊用途焊条。

(2) 编号　以结构钢焊条为例：J422。

其中：J——结构钢焊条；

42——焊缝金属抗拉强度大于或等于 420 MPa；

2——药皮类型(钛钙型)。

3）焊条的选用原则

(1) 按焊件的力学性能、化学成分选用　① 低碳钢、中碳钢和低合金钢一般按焊件的抗拉强度来选用相应强度的焊条，只有在焊接结构刚度高，受力情况复杂时，才选用比钢材强度低一级的焊条；② 对于不锈钢、耐热钢、堆焊等焊件选用焊条时，应从保证焊接接头的特殊性能出发，要求焊缝金属化学成分与母材相同或相近。

(2) 酸性焊条与碱性焊条选用　① 当接头坡口表面难以清理干净时，应采用氧化性强，对铁锈、油污等不敏感的酸性焊条；② 在容器内部或通风条件较差的条件下，应选用焊接时析出有害气体少的酸性焊条；③ 在母材中碳、硫、磷等元素含量较高时，且焊件形状复杂、结构刚度大和厚度大时，应选用抗裂性好的碱性焊条；④ 当焊件承受振动载荷或冲击载荷时，除保证抗拉强度外，应选用塑性和韧性较好的碱性焊条；⑤ 在酸性焊条和碱性焊条均能满足性能要求的前提下，应尽量选用工艺性能较好的酸性焊条。

(3) 按简化工艺、生产率和经济性来选用　① 薄板焊接或定位焊宜采用E4313焊条，焊件不易烧穿且易引弧；② 在满足焊件使用性能和焊条操作性能的前提下，应选用规格大、效率高的焊条；③ 在使用性能基本相同时，应尽量选用价格较低的焊条，降低焊接生产的成本。

5.1.3　手工电弧焊的工艺过程及参数选择

1. 手工电弧焊的工艺过程

1) 焊前准备

(1) 开坡口　工件厚度超过6 mm的焊件，为了保证能充分的焊透和得到优良的焊接质量，通常在焊接边缘开坡口。常见的坡口形式有：V形、K形、X形、U形等，薄工件不必开坡口。

(2) 焊件表面清理　通常在焊接前必须将焊接部位清理干净，去除油污、水分等表面杂质。

2) 焊接接头形式

常用的焊接接头形式有对接接头、搭接接头、角接接头和T形接头等，分别如图5-11(a)、(b)、(c)、(d)所示。

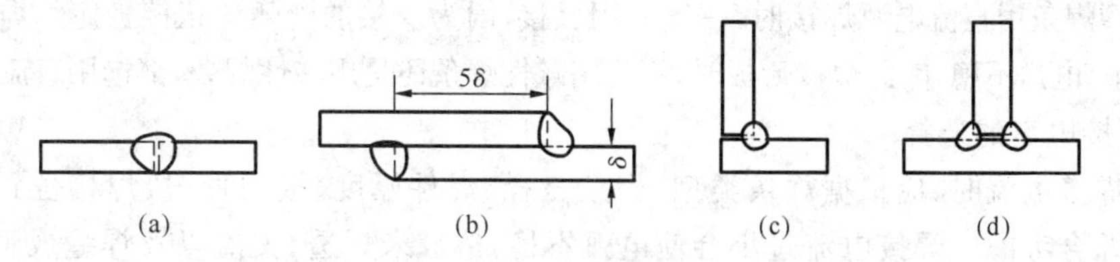

图5-11　常用焊接接头

(a) 对接；(b) 搭接；(c) 角接；(d) T形接

3) 焊接的空间位置

焊件接缝所处的空间位置称为焊接位置，有平焊、立焊、横焊和仰焊位置等，分别如图5-12(a)、(b)、(c)、(d)所示。平焊操作生产效率高，焊接质量容易保证，因此，应尽量放在平焊位置操作。

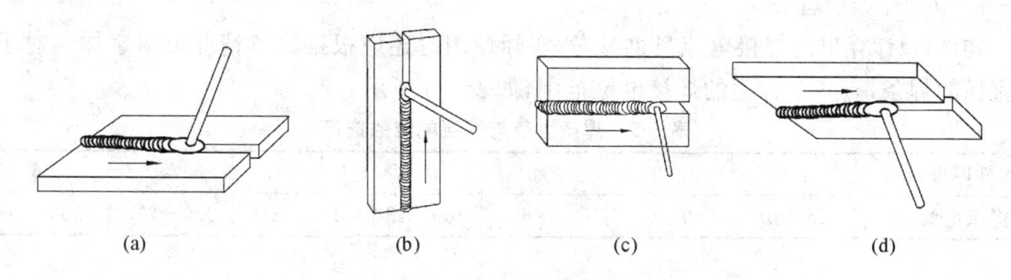

图5-12　焊接的空间位置

(a) 平焊；(b) 立焊；(c) 横焊；(d) 仰焊

2. 焊接工艺参数选择

焊条电弧焊的焊接工艺参数通常包括：焊条直径、焊接电流、电弧电压、焊接速度、电源种类和极性、焊接层数等。焊接工艺参数选择的正确与否，直接影响焊缝形状、尺寸、焊接质量和生产率，因此选择合适的焊接工艺参数是焊接生产中不可忽视的一个重要问题。

1）焊条直径的选择

焊条直径是指焊芯直径，它是保证焊接质量和效率的重要因素。

焊条直径一般根据焊件厚度选择，同时还要考虑接头形式、施焊位置和焊缝层数等因素，对于重要结构还要考虑焊接热输入量的要求。在一般情况下，焊条直径与焊件厚度之间关系的参考数据，如表 5-2 所示。

表 5-2　焊条直径与焊件厚度的关系

焊件厚度/mm	2	3	4～5	6～12	＞13
焊条直径/mm	2	3.2	3.2～4	4～5	4～6

在板厚相同的条件下，平焊位置的焊接所选用的焊条直径应比其他位置大一些，立焊、横焊和仰焊应选用较细的焊条，一般不超过 4.0 mm。第一层焊缝应选用小直径焊条焊接，以后各层可以根据焊件厚度选用较大直径的焊条；T 形接头、搭接接头都应选用较大直径的焊条。

2）焊接电源种类和极性的选择

用交流电源焊接时，电弧稳定性差。采用直流电源焊接时，电弧稳定、柔顺、飞溅少，但电弧磁偏吹较交流的严重。低氢型焊条稳弧性差，通常必须采用直流弧焊电源。用小电流焊接薄板时，也常用直流弧焊电源，因为引弧比较容易，电弧比较稳定。

低氢型焊条用直流电源焊接时，一般要用反接，因为反接的电弧比正接稳定。焊接薄板时，焊接电流小，电弧不稳，因此焊接薄板时，不论用碱性焊条还是用酸性焊条，都选用直流反接。

3）焊接电流的选择

选择焊接电流时，应根据焊条类型、焊条直径、焊件厚度、接头形式、焊接位置和焊缝层数等因素综合考虑。焊接电流过小会使电弧不稳，造成未焊透、夹渣以及焊缝成形不良等缺陷；反之，焊接电流过大易产生咬边、焊穿、增加焊件变形和金属飞溅量，也会使焊接接头的组织由于过热而发生变化。所以，焊接时要合理选择焊接电流。

焊接电流大小的主要选择依据一般是焊条直径，依下式估算。

$$I = (35 \sim 55)\, d \tag{5-1}$$

式中：I——焊接电流；

d——焊条直径。

式(5-1)计算出的焊接电流只供参考，实际使用时还应根据具体情况灵活掌握。对于一定直径的焊条，有一个合适的焊接电流范围，如表 5-3 所示。

表 5-3　焊条直径与焊接电流的选择

焊件厚度/mm	1.6	2.0	2.5	3.2	4	5	6
焊条电流/A	25～40	40～65	50～80	100～130	160～210	200～270	260～300

在相同焊条直径的条件下，平焊时焊接电流可大些，其他位置焊接电流应小些。在相同条件的情况下，碱性焊条使用的焊接电流一般可比酸性焊条的小 10%左右，否则焊缝中易产生气孔。总之，在保证不焊穿和成形良好的条件下，应尽量采用较大的焊接电流，并适当提高焊接速度，以提高焊接生产率。

4）焊缝层数的选择

在焊件厚度较大时，往往需要进行多层焊。对于低碳钢和强度等级较低的低合金钢的多层焊时，每层焊缝厚度过大时，对焊缝金属的塑性（主要表现在冷弯上）有不利影响。因此，对质量要求较高的焊缝，每层厚度最好不大于 5 mm。

焊缝层数主要根据焊件厚度、焊条直径、坡口形式和装配间隙等来确定，可按下式进行估算。

$$n=\frac{\delta}{d} \tag{5-2}$$

式中：n——焊缝层数；

δ——焊件厚度(mm)；

d——焊条直径(mm)。

3. 手工电弧焊操作要领

1) 引弧

电弧焊时，引燃焊接电弧的过程称为引弧。手工电弧焊通常采用接触引弧法，即将焊条末端与焊件表面瞬时接触，使电流短路，然后再迅速将焊条拉开一段距离(<5 mm)，电弧即被引燃。

根据操作手法不同可分为垂直引弧（敲击法）和划擦引弧两种。

(1) 垂直引弧（敲击法）　将焊条与焊件表面垂直地接触，当焊条的末端与焊件表面轻轻一碰后，便迅速提起焊条，并保持一定距离，将电弧引燃，如图 5-13(a)所示。

(2) 划擦引弧　与划火柴有些类似，先将焊条末端对准焊件，然后将焊条在焊件表面划擦一下，当电弧引燃后立即将焊条末端与被焊焊件表面距离保持在 2～4 mm 之间，电弧就能稳定地燃烧，如图 5-13(b)所示。

以上两种接触式引弧方法中，划擦法比较容易掌握，但在狭小工作面上或不允许焊件面有划痕时，应采用敲击法。在使用碱性焊条时，为防止引弧处出现气孔，宜采用划擦法。引弧的位置应选在焊缝起点前约 10 mm 处。引燃后将电弧适当拉长并迅速移到焊缝的起点，同时逐渐将电弧长度调到正常范围。其目的是对焊缝起点处起预热作用，以保证焊缝始端熔深正常，并有消除气孔的作用。

2) 运条

焊接过程中，焊条相对焊缝所做的各种动作称为运条。运条包括沿焊条轴线的送进、横向摆动、沿焊缝轴线方向的纵向移动三种方式，如图 5-14 所示。常用运条方法及适用范围如表 5-4 所示。

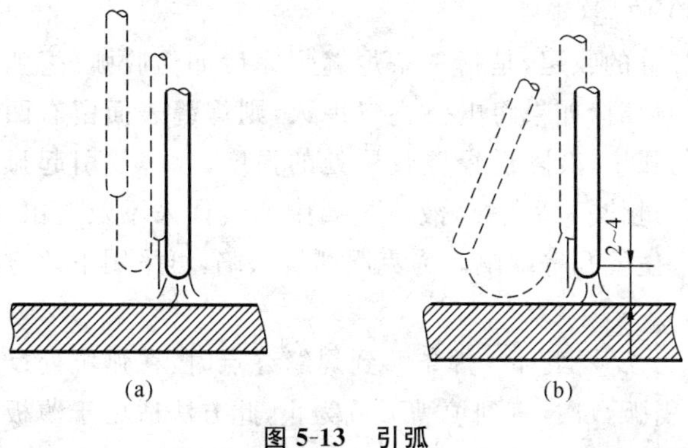

图 5-13　引弧

(a) 垂直引弧；(b) 划擦引弧

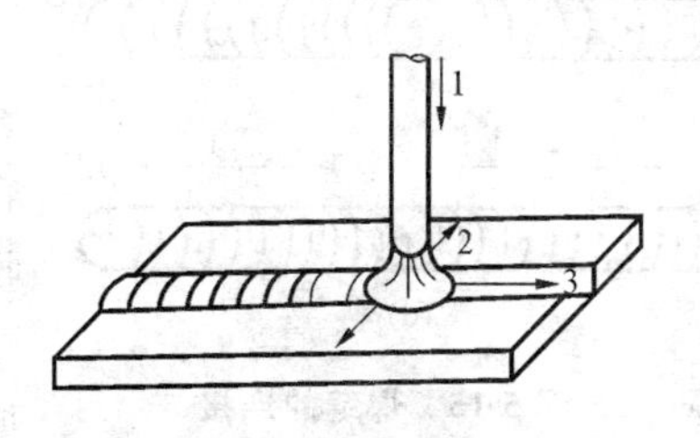

图 5-14　运条

1—沿焊条轴线的送进；2—横向摆动；3—沿焊缝轴线方向的纵向移动

表 5-4　常用运条方法及适用范围

运条方法		运条示意图	适用范围
直线形			(1) 3～5 mm 厚度,I 型坡口对接平焊; (2) 多层焊的第一层焊缝; (3) 多层多道焊
直线往返形			(1) 薄板焊; (2) 对接平焊(间隙较大)
锯齿形			(1) 对接接头(平焊、立焊、仰焊); (2) 角接接头(立焊)
月牙形			(1) 对接接头(平焊、立焊、仰焊); (2) 角接接头(立焊)
三角形	斜三角形		(1) 对接接头(开 V 形坡口横焊); (2) 角接接头(仰焊)
	正三角形		(1) 对接接头; (2) 角接接头(立焊)
圆圈形	斜圆圈形		(1) 对接接头(横焊); (2) 角接接头(平焊、仰焊)
	正圆圈形		对接接头(厚焊件平焊)
八字形			对接接头(厚焊件平焊)

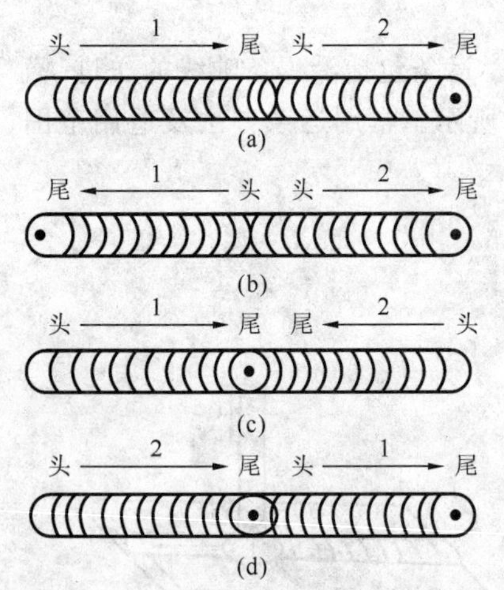

图 5-15　焊缝的连接

3) 焊缝的连接

焊缝的连接,如图 5-15 所示。由于受焊条长度的限制,焊缝前后两段出现连接接头是不可避免的,但焊缝接头应力求均匀,防止产生过高、脱节、宽窄不一致等缺陷。

4) 收尾(熄弧)

焊缝的收尾,是指一条焊缝焊完后如何收弧(熄弧)。焊接结束时,如果将电弧突然熄灭,则焊缝表面留有凹陷较深的弧坑,会降低焊缝收尾处的强度,并容易引起弧坑裂纹。过快拉断电弧,液体金属中的气体来不及逸出,还容易产生气孔等缺陷。为克服弧坑缺陷,可采用下述方法收尾。

(1) 反复填补　焊条移到焊缝终点时,在弧坑处反复熄弧、引弧数次,直到填满弧坑为止,此方法适用于薄板和多层焊的底层,不适用于碱性焊条。

(2) 划圈收尾　焊条移到焊缝终点时,在弧坑处做圆圈运动,直到填满弧坑再拉断电弧，此方法适用于厚板。

(3) 后移收尾　电弧在焊段收尾处停住，同时改变焊条倾斜方向，由后倾改变为前倾，然后慢慢拉断电弧，此法适用于碱性焊条。

5.2　气焊与气割

5.2.1　气焊与气割的原理

1. 气焊的原理

气焊是利用可燃气体与助燃气体混合燃烧后，产生的高温火焰对金属材料进行熔化焊的一种方法，如图5-16所示，将乙炔和氧气在焊炬（又称焊枪）中混合均匀后，在焊嘴处点燃形成燃烧火焰，将焊件和焊丝熔化后形成熔池，待冷却凝固后形成焊缝连接。

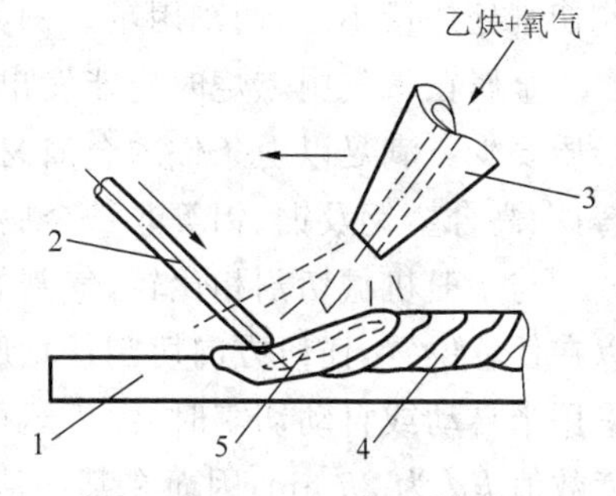

图5-16　气焊示意图

1—焊件；2—焊丝；3—焊嘴；4—焊缝；5—熔池

气焊所用的可燃气体很多，有乙炔、氢气、液化石油气、煤气等，而最常用的是乙炔气。乙炔气的发热量大，燃烧温度高，制造方便，使用安全，焊接时火焰对金属的影响最小，火焰温度高达3100～3300 ℃。氧气作为助燃气，其纯度越高，耗气越少。因此，气焊也称为氧-乙炔焊。气焊的特点及应用如下。

(1) 火焰对熔池的压力及对焊件的热输入量调节方便，故熔池温度、焊缝形状和尺寸、焊缝背面成形等容易控制。

(2) 设备简单，移动方便，操作易掌握，但设备占用生产面积较大。

(3) 焊炬尺寸小，使用灵活，由于气焊热源温度较低，加热缓慢，生产率低，热量分散，热影响区大，焊件有较大的变形，接头质量不高。

(4) 气焊适于各种位置的焊接。适用于厚度在3 mm以下的低碳钢、高碳钢薄板，铸铁焊补以及铜、铝等有色金属的焊接。在船上无电或电力不足的情况下，气焊则能发挥更大的作用，常用气焊火焰对工件、刀具进行淬火处理，对紫铜皮进行回火处理，并矫直金属材料和净化工件表面等。此外，由微型氧气瓶和微型熔解乙炔气瓶组成的手提式或肩背式气焊气割装置，在旷野、山顶、高空作业中的应用是十分简便的。

2. 气割的原理

气割即氧气切割，它是利用割炬喷出乙炔与氧气混合燃烧的预热火焰，将金属的待切割处预热到它的燃烧点（红热程度），并从割炬的另一喷孔高速喷出纯氧气流，使切割处的金属发生剧烈的氧化，成为熔融的金属氧化物，同时被高压氧气流吹走，从而形成一条狭小整齐的割缝使金属割开。气割包括预热、燃烧、吹渣三个过程。气割原理与气焊原理在本质上是完全不同的，气焊是熔化金属，而气割是金属在纯氧中的燃烧（剧烈的氧化），故气割的实质是“氧化”并非“熔化”。由于气割的所用设备与气焊基本相同，而操作也有近似之处，因此常把气割与气焊在使用上和场地上都放在一起。由气割的原理所致，气割的金属材料必须满足下列条件。

(1) 金属熔点应高于燃点(即先燃烧后熔化)。在铁碳合金中,碳的含量对燃点有很大影响,随着碳含量的增加,合金的熔点减低而燃点却提高,所以碳含量越大,气割愈困难。例如低碳钢熔点为1528 ℃,燃点为1050 ℃,易于气割。但碳含量为0.7%的碳钢,燃点与熔点差不多,都为1300 ℃;当碳含量大于0.7%时,燃点则高于熔点,故不易气割。铜、铝的燃点比熔点高,故不能气割。

(2) 氧化物的熔点应低于金属本身的熔点。否则所形成的高熔点的氧化物会阻碍下层金属与氧气流接触,使气割困难。有些金属由于形成氧化物的熔点比金属熔点高,故不易或不能气割。如高铬钢或铬镍不锈钢加热形成熔点为2000 ℃左右的Cr_2O_3,铝及铝合金形成熔点为2050 ℃的Al_2O_3,所以它们不能用氧-乙炔焰气割,但可用等离子气割法气割。

(3) 金属氧化物应易熔化和流动性好,否则不易被氧气流吹走,难以切割。例如铸铁气割生成很多SiO_2氧化物,不但难熔(熔点约为1750 ℃)而且熔渣黏度很大,所以铸铁不易气割。

(4) 金属的导热性不能太高,否则预热火焰的热量和切割中所发出的热量会迅速扩散,使切割处热量不足,切割困难。例如铜、铝及合金由于导热性高,不能用一般气割法切割。

金属在氧气中燃烧时应能发出大量的热量,足以预热周围的金属。此外金属中所含的杂质要少。满足以上条件的金属材料有纯铁、低碳钢、中碳钢和低合金结构钢。而高碳钢、铸铁、高合金钢及铜、铝等非铁金属及合金,均难以气割。

与一般机械切割相比较,气割的最大优点是设备简单,操作灵活、方便,适应性强。它可以在任意位置、任何方向切割任意形状和任意厚度的工件,生产效率高,切口质量也相当好。采用半自动或自动切割时,由于运行平稳,切口的尺寸精度误差在±0.5 mm以内,表面粗糙度数值Ra为25 μm,因而在某些地方可代替刨削加工,如厚钢板的开坡口。气割在造船工业中使用最普遍,特别适用于稍大的工件和特殊形状的材料,还可用来气割锈蚀的螺栓和铆钉等。气割的最大缺点是对金属材料的适用范围有一定的限制,但由于低碳钢和低合金钢是应用最广泛的材料,所以气割的应用非常普遍。

5.2.2　气焊与气割设备

1. 气焊设备

气焊所用的设备及气路连接如图5-17所示。

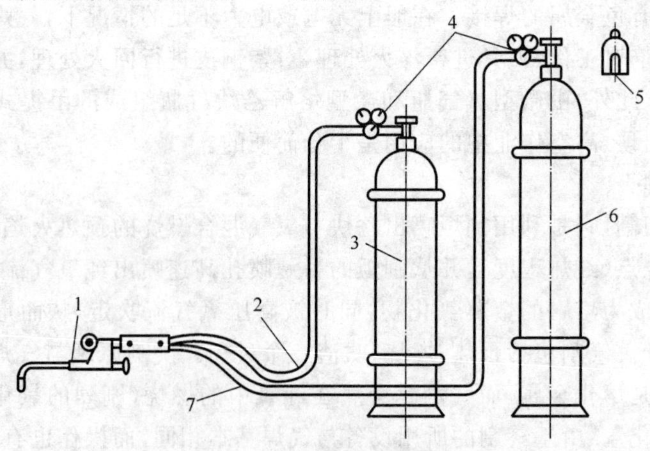

图5-17　气焊设备及其连接

1—焊炬;2—乙炔橡胶管(红色);3—乙炔瓶;4—减压器;5—瓶帽;6—氧气瓶;7—氧气橡胶管(黑色)

1）焊炬

焊炬俗称焊枪。焊炬是气焊中的主要设备，它的构造多种多样，但基本原理相同。焊炬是气焊时用于控制气体混合比、流量及火焰并进行焊接的手持工具。焊炬有射吸式和等压式两种，常用的是射吸式焊炬，如图 5-18 所示。它由手把、乙炔阀门、氧化阀门、喷嘴、射吸管、混合管、焊嘴等组成。它的工作原理是：打开氧气阀门，氧气经射吸管从喷嘴快速射出，并在喷嘴外围形成真空而造成负压（吸力）；再打开乙炔阀门，乙炔即聚集在喷嘴的外围；由于氧射流负压的作用，乙炔很快被吸入混合管，并从焊嘴喷出，形成了焊接火焰。

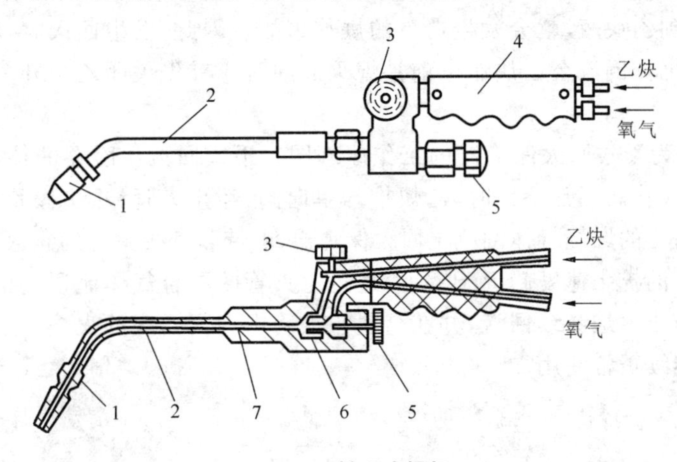

图 5-18　射吸式焊炬

1—焊嘴；2—混合管；3—乙炔阀门；4—手把；5—氧气阀门；6—喷嘴；7—射吸管

射吸式焊炬的型号有 H01-2 和 H01-6 等。各型号的焊炬均备有 5 个大小不同的焊嘴，可供焊接不同厚度的工件使用。表 5-5 所示为 H01 型焊炬的基本参数。

表 5-5　射吸式焊炬型号及其参数

型号	焊接低碳钢厚度/mm	氧气工作压力/MPa	乙炔使用压力/MPa	可换焊嘴个数	焊嘴直径/mm				
					1	2	3	4	5
H01-2	0.5～2	0.1～0.25	0.001～0.1	5	0.5	0.6	0.7	0.8	0.9
H01-6	2～6	0.2～0.4			0.9	1.0	1.1	1.2	1.3
H01-12	6～12	0.4～0.7			1.4	1.6	1.8	2.0	2.2
H01-20	12～20	0.6～0.8			2.4	2.6	2.8	3.0	3.2

2）乙炔瓶

乙炔瓶是储存溶解乙炔的钢瓶。在瓶的顶部装有瓶阀，供开闭气瓶和装减压器用，并套有瓶帽保护；在瓶内装有浸满丙酮的多孔性填充物（如活性碳、木屑、硅藻土等），丙酮对乙炔有良好的溶解能力，可使乙炔安全地储存于瓶内，当使用时，溶在丙酮内的乙炔分离出来，通过瓶阀输出，而丙酮仍留在瓶内，以便溶解再次灌入瓶中的乙炔；在瓶阀下面的填充物中心部位的长孔内放有石棉绳，其作用是促使乙炔与填充物分离。

乙炔瓶的外壳漆成白色，用红色写明“乙炔”字样和“火不可近”字样。乙炔瓶的容量为 40 L，乙炔瓶的工作压力为 1.5 MPa，而输给焊炬的压力很小，因此，乙炔瓶必须配备减压器，同时还必须配备回火安全器。乙炔瓶一定要竖立放稳，以免丙酮流出；乙炔瓶要远离火源，防止乙炔瓶受热，因为乙炔温度过高会降低丙酮对乙炔的溶解度，而使瓶内乙炔压力急剧增高，甚至发生爆炸；乙炔瓶在搬运、装卸、存放和使用时，要防止遭受剧烈的振荡和撞击，以免瓶内的多孔性填料下沉而形成空洞，从而影响乙炔的储存。

3）回火安全器

回火安全器又称回火防止器或回火保险器，它是装在乙炔减压器和焊炬之间，用来防止火焰沿乙炔橡胶管回烧的安全装置。正常气焊时，气体火焰在焊嘴外面燃烧。但当气体压力不足、焊嘴堵塞、焊嘴离焊件太近或焊嘴过热时，气体火焰会进入嘴内逆向燃烧，这种现象称为回火。发生回火时，焊嘴外面的火焰熄灭，同时伴有爆鸣声，随后有“吱、吱”的声音。如果回火火焰蔓延到乙炔瓶，就会发生严重的爆炸事故。因此，发生回火时，回火安全器的作用是使回流的火焰在倒流至乙炔瓶以前被熄灭。同时应首先关闭乙炔开关，然后再关闭氧气开关。

图 5-19 所示为干式回火保险器的工作原理图。干式回火保险器的核心部件是粉末冶金制造的金属止火管。正常工作时，乙炔推开单向阀，经止火管、乙炔橡胶管输往焊炬。产生回火时，高温高压的燃烧气体倒流至回火保险器，由带非直线微孔的止火管吸收了爆炸冲击波，使燃烧气体的扩张速度趋近于零，而透过止火管的混合气体流顶上单向阀，迅速切断乙炔源，有效地防止火焰继续回流，并在金属止火管中熄灭回火的火焰。发生回火后，不必人工复位，又能继续正常使用。

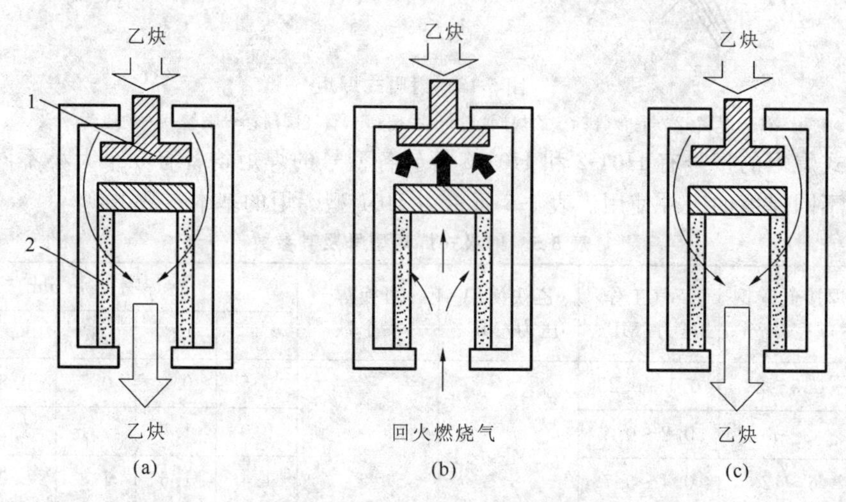

图 5-19　干式回火保险器的工作原理

(a) 正常工作；(b) 发生回火；(c) 恢复正常

1—单向阀；2—止火管

4）氧气瓶

氧气瓶是储存氧气的一种高压容器钢瓶。由于氧气瓶要经受搬运、滚动，甚至还要经受振动和冲击等，因此材质要求很高，产品质量要求十分严格，出厂前要经过严格检验，以确保氧气瓶的安全可靠。氧气瓶是一个圆柱形瓶体，瓶体上有防振圈，瓶体的上端有瓶口，瓶口的内壁和外壁均有螺纹，用来装设瓶阀和瓶帽。瓶体下端还套有一个增强用的钢圈瓶座，一般为正方形，便于立稳，卧放时也不至于滚动。为了避免腐蚀和发生火花，所有与高压氧气接触的零件都用黄铜制作。氧气瓶外表漆成天蓝色，用黑漆标明“氧气”字样。氧化瓶的容积为 40 L，储氧最大压力为 15 MPa，但提供给焊炬的氧气压力很小，因此氧气瓶必须配备减压器。由于氧气化学性质极为活泼，能与自然界中绝大多数元素化合，与油脂等易燃物接触会剧烈氧化，引起燃烧或爆炸，所以使用氧气时必须十分注意安全，要隔离火源，禁止撞击氧气瓶，严禁在瓶上沾染油脂，瓶内氧气不能用完，应留有余量等。

5）减压器

减压器是将高压气体降为低压气体的调节装置。因此，其作用是减压、调压、量压和稳压。气焊时所需的气体工作压力一般都比较低，如氧气压力通常为 0.2～0.4 MPa，乙炔压力最高不超过 0.15 MPa。因此，必须将氧气瓶和乙炔瓶输出的气体经减压器减压后才能使用，而且可以调节减压器的输出气体压力。

减压器的工作原理如图 5-20 所示：松开调压手柄（逆时针方向），活门弹簧闭合活门，高压气体就不能进入低压室，即减压器不工作，从气瓶来的高压气体停留在高压室的区域内，高压表量出高压气体的压力，也就是气瓶内气体的压力。拧紧调压手柄（顺时针方向），使调压弹簧压紧低压室内的薄膜，再通过传动件将高压室与低压室通道处的活门顶开，使高压室内的高压气体进入低压室，此时的高压气体进行体积膨胀，气体压力得以降低，低压表可量出低压气体的压力，并使低压气体从出气口通往焊炬。如果低压室气体压力高了，向下的总压力大于调压弹簧向上的力，即压迫薄膜和调压弹簧，使活门开启的程度逐渐减小，直至达到焊炬工作压力时，活门重新关闭；如果低压室的气体压力低了，向下的总压力小于调压弹簧向上的力，此时薄膜上鼓，使活门重新开启，高压气体又进入到低压室，从而增加低压室的气体压力；当活门的开启度恰好使流入低压室的高压气体流量与输出的低压气体流量相等时，即稳定地进行气焊工作。减压器能自动维持低压气体的压力，只要通过调压手柄的旋入程度来调节调压弹簧的压力，就能调整气焊所需的低压气体压力。

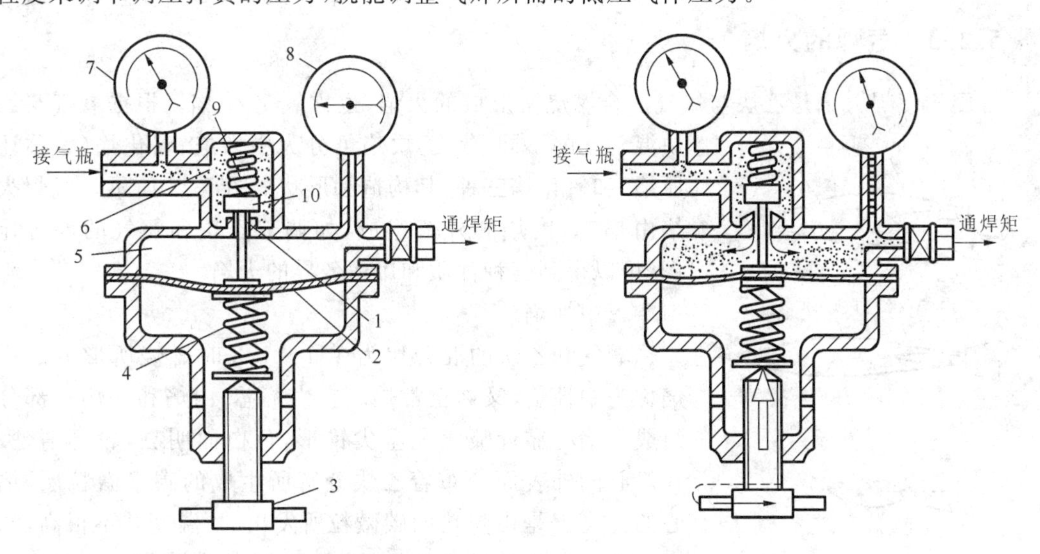

图 5-20　减压器的工作示意图

1—通道；2—薄膜；3—调压手柄；4—调压弹簧；5—低压室；6—高压室；
7—高压表；8—低压表；9—活门弹簧；10—活门

6）橡胶管

橡胶管是输送气体的管道，分氧气橡胶管和乙炔橡胶管，两者不能混用。国家标准规定：氧气橡胶管为黑色；乙炔橡胶管为红色。

氧气橡胶管和乙炔橡胶管不可有损伤和漏气发生，严禁明火检漏。特别要经常检查橡胶管的各接口处是否紧固，橡胶管有无老化现象。此外橡胶管不能沾有油污，等等。

2. 气割设备

气割所需的设备中，氧气瓶、乙炔瓶和减压器同气焊一样，所不同的是气焊用焊炬，而气割要用割炬（又称割枪），如图 5-21 所示。

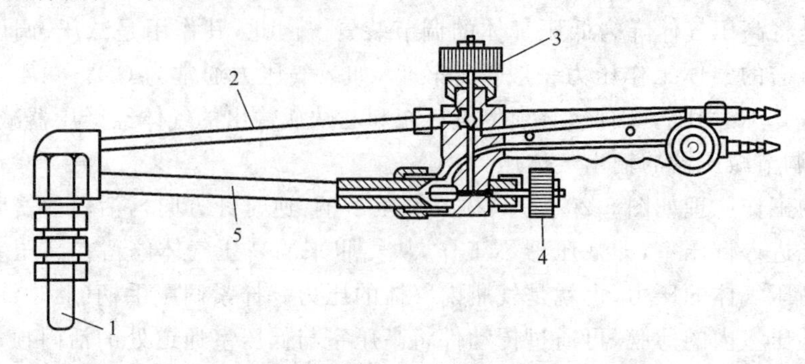

图 5-21　割炬

1—割嘴；2—切割氧管道；3—切割氧阀门；4—乙炔阀门；5—氧-乙炔混合管道

割炬有两根导管，一根是预热焰混合气体管道，另一根是切割氧管道。割炬比焊炬只多一根切割氧管道和一个切割氧阀门。此外，割嘴与焊嘴的构造也不同，割嘴的出口有两条通道，周围的一圈是乙炔与氧的混合气体出口，中间的通道为切割氧（即纯氧）的出口，二者互不相通。割嘴有梅花形和环形两种。常用的割炬型号有 G01-30、G01-100 和 G01-300 等。其中“G”表示割炬，“0”表示手工，“1”表示射吸式，“30”表示最大气割厚度为 30 mm。同焊炬一样，各种型号割炬均配备几个不同大小的割嘴。

5.2.3　气焊的火焰

常用的气焊火焰是乙炔与氧气混合燃烧所形成的火焰，也称氧-乙炔焰。根据氧气与乙炔混合比的不同，氧-乙炔焰可分为中性焰、碳化焰（也称还原焰）和氧化焰三种，其构造和形状如图 5-22 所示。气焊火焰由焰芯、内焰和外焰组成，如调节乙炔和氧气的混合比例，可以得到三种性质和用途各异的火焰。

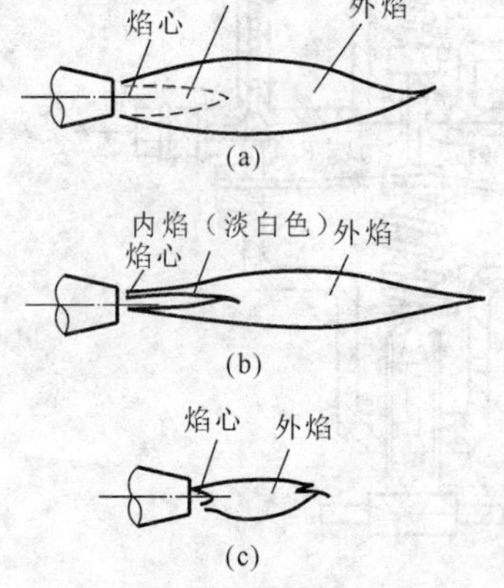

图 5-22　氧-乙炔焰

(a) 中性焰；(b) 碳化焰；(c) 氧化焰

1. 中性焰

氧气和乙炔的混合比为 1.1～1.2 时燃烧所形成的火焰称为中性焰，又称正常焰。它由焰芯、内焰和外焰三部分组成。焰心靠近喷嘴孔呈尖锥形，色白而明亮，轮廓清楚，在焰心的外表面分布着乙炔分解所生成的碳素微粒层，焰心的光亮就是由炽热的碳微粒所发出的，温度并不很高，约为 950 ℃。内焰呈蓝白色，轮廓不清，并带深蓝色线条而微微闪动，它与外焰无明显界限。外焰由里向外逐渐由淡紫色变为橙黄色。中性焰最高温度在焰心前 2～4 mm 处，为 3050～3150 ℃。用中性焰焊接时主要利用内焰这部分火焰加热焊件。中性焰燃烧完全，对红热或熔化了的金属没有碳化和氧化作用，所以称为中性焰。气焊一般都可以采用中性焰。它广泛用于低碳钢、低合金钢、中碳钢、不锈钢、紫铜、灰铸铁、锡青铜、铝及合金、铅锡、镁合金等的气焊。

2. 碳化焰（还原焰）

氧气和乙炔的混合比小于 1.1 时燃烧形成的火焰称为碳化焰。碳化焰的整个火焰比中性焰长而软，它也由焰芯、内焰和外焰组成，而且这三部分均很明显。焰心呈灰白色，并发生乙炔的氧化和分解反应；内焰有多余的碳，故呈淡白色；外焰呈橙黄色，除燃烧产物 CO_2 和水蒸气外，还有未燃烧的碳和氢。

碳化焰的最高温度为2700～3000 ℃，由于火焰中存在过剩的碳微粒和氢，碳会渗入熔池金属，使焊缝的碳含量增高，故称碳化焰，不能用于焊接低碳钢和合金钢，同时碳具有较强的还原作用，故又称还原焰。游离的氢也会透入焊缝，产生气孔和裂纹，造成硬而脆的焊接接头。因此，碳化焰只使用于高速钢、高碳钢、铸铁焊补、硬质合金堆焊、铬钢等。

3. 氧化焰

氧化焰是氧气与乙炔的混合比大于1.2时的火焰。氧化焰的整个火焰和焰心的长度都明显缩短，只能看到焰心和外焰两部分。氧化焰中有过剩的氧，整个火焰具有氧化作用，故称氧化焰。氧化焰的最高温度可达3100～3300 ℃。使用这种火焰焊接各种钢铁时，金属很容易被氧化而生成脆弱的焊接接头。在焊接高速钢或铬、镍、钨等优质合金钢时，会出现互不融合的现象。在焊接有色金属及其合金时，产生的氧化膜会更厚，甚至焊缝金属内有夹渣，形成不良的焊接接头。因此，氧化焰一般很少采用，仅适用于烧割工件和气焊黄铜、锰黄铜及镀锌铁皮，特别适合于黄铜类，因为黄铜中的锌在高温极易蒸发，采用氧化焰时，熔池表面会形成氧化锌和氧化铜的薄膜，起抑制锌蒸发的作用。

不论采用何种火焰气焊，喷射出来的火焰（焰芯）形状都应该整齐垂直，不允许有歪斜、分叉或发出“吱、吱”的声音。只有这样才能使焊缝两边的金属均匀加热，并正确形成熔池，从而保证焊缝质量。否则，不管焊接操作技术多好，焊接质量也要受到影响。所以，当发现火焰不正常时，要及时使用专用的通针把焊嘴口处附着的杂质消除掉，待火焰形状正常后再进行焊接。

5.2.4　气焊与气割的工艺

1. 气焊工艺与焊接规范

气焊的接头形式和焊接空间位置等工艺问题的考虑与手工电弧焊基本相同。气焊尽可能用对接接头，厚度大于5 mm的焊件需开坡口以便焊透。焊前接头处应清除铁锈、油污、水分等。气焊前需确定焊丝直径、焊嘴大小、焊接速度等。

焊丝直径由工件厚度、接头和坡口形式决定，焊开坡口时第一层应选较细的焊丝。焊丝直径的选用可参考表5-6。

表5-6　不同厚度工件配用焊丝的直径

工作厚度/mm	1.0～2.0	2.0～3.0	3.0～5.0	5.0～10	10～15
焊丝直径/mm	1.0～2.0	2.0～3.0	3.0～4.0	3.0～5.0	4.0～6.0

焊嘴大小影响生产率。导热性好、熔点高的焊件，在保证质量前提下应选较大号焊嘴（较大孔径的焊嘴）。在平焊时，焊件越厚，焊接速度应越慢。对熔点高、塑性差的工件，焊速应慢。在保证质量前提下，尽可能提高焊速，以提高生产效率。

2. 气焊基本工艺操作

1）点火

点火之前，先把氧气瓶和乙炔瓶上的总阀打开，然后转动减压器上的调压手柄（顺时针旋转），将氧气和乙炔调到工作压力。再打开焊枪上的乙炔调节阀，此时可以把氧气调节阀少开一点，使氧气助燃点火（用明火点燃），如果氧气开得大，点火时就会因为气流太大而出现“啪、啪”的响声，而且还容易点不着。如果不少开一点，使氧气助燃点火，虽然也可以点着，但是黑烟较大。点火时，手应放在焊嘴的侧面，不能对着焊嘴，以免点着后喷出的火焰烧伤手臂。

2）调节火焰

刚点火的火焰是碳化焰，然后逐渐开大氧气阀门，改变氧气和乙炔的比例，根据被焊材料性质及厚薄要求，调到所需的中性焰、氧化焰或碳化焰。需要大火焰时，应先把乙炔调节阀开大，再开大氧气阀门；需要小火焰时，应先把氧气阀门关小，再关小乙炔阀门。

3）焊接方向

气焊操作是右手握焊炬，左手拿焊丝，可以向右焊（右焊法），也可向左焊（左焊法），分别如图 5-23(a)、(b)所示。

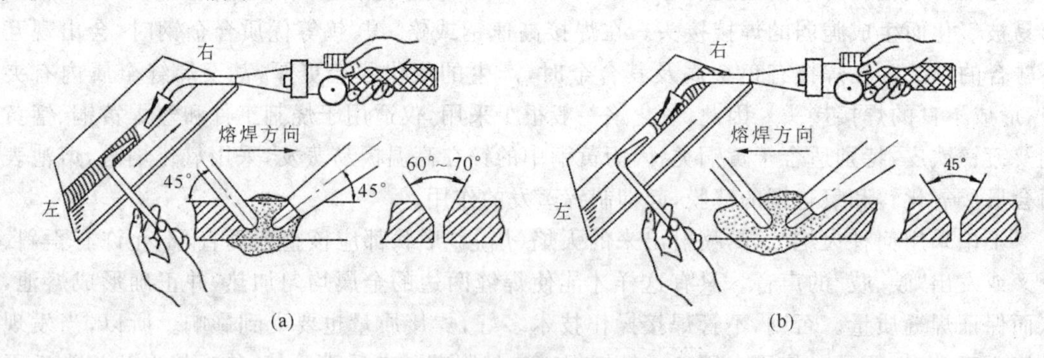

图 5-23 气焊的焊接方向

(a) 右焊法；(b) 左焊法

右焊法是焊炬在前，焊丝在后。这种方法是焊接火焰指向已焊好的焊缝，加热集中，熔深较大，火焰对焊缝有保护作用，容易避免气孔和夹渣，但较难掌握。此种方法适用于较厚工件的焊接，而一般厚度较大的工件均采用电弧焊，因此右焊法很少使用。

左焊法是焊丝在前，焊炬在后。这种方法是焊接火焰指向未焊金属，有预热作用，焊接速度较快，可减少熔深和防止烧穿，操作方便，适宜焊接薄板。用左焊法，还可以看清熔池，分清熔池中铁水与氧化铁的界线，因此左焊法在气焊中被普遍采用。

4）施焊方法

施焊时，要使焊嘴轴线的投影与焊缝重合，同时要掌握好焊炬与工件的倾角 α。工件越厚，倾角越大；金属的熔点越高，导热性越大，倾角就越大。在开始焊接时，工件温度尚低，为了较快地加热工件和迅速形成熔池，α 应该大一些（80°～90°），喷嘴与工件近于垂直，使火焰的热量集中，尽快使接头表面熔化。正常焊接时，一般保持 α 为 30°～50°。焊接将结束时，倾角可减至 20°，并使焊炬做上下摆动，以便连续地对焊丝和熔池加热，这样能更好地填满焊缝和避免烧穿。焊嘴倾角与工件厚度的关系分别如图 5-24 所示。

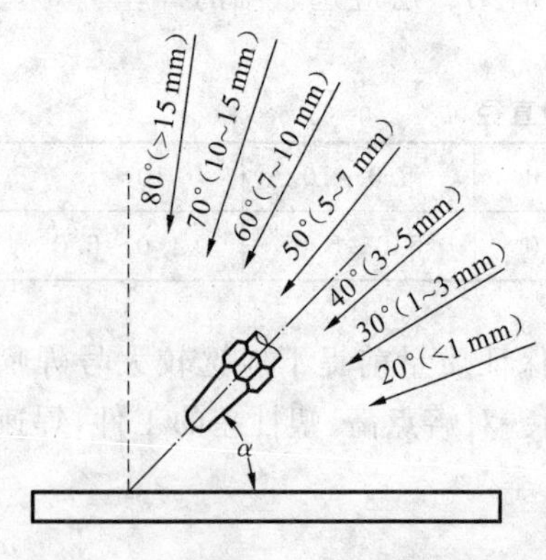

图 5-24 焊嘴倾角与工件厚度的关系

焊接时，还应注意送进焊丝的方法，焊接开始时，焊丝端部放在焰心附近预热。待接头形成熔池后，才把焊丝端部浸入熔池。焊丝熔化一定数量之后，应退出熔池，焊炬随即向前移动，形成新的熔池。注意焊丝不能经常处在火焰前面，以免阻碍工件受热；也不能使焊丝在熔池上面熔化后滴入熔池；更不能在接头表面尚未熔化时就送入焊丝。焊接时，火焰内层焰芯的尖端要距离熔池表面 2～4 mm，形成的熔池要尽量保持瓜子形、扁圆形或椭圆形。

5）熄火

焊接结束时应熄火。熄火之前一般应先把氧气阀门关小，再将乙炔阀门关闭，最后再关闭氧气阀门，火即熄灭。如果将氧气全部关闭后再关闭乙炔，就会有余火窝在焊嘴里，不容易熄火，这是很不安全的（特别是当乙炔关闭不严时，更应注意）。此外，这样的熄火黑烟也比较大，如果不调小氧气而直接关闭乙炔，熄火时就会产生很响的爆裂声。

6）回火的处理

在焊接操作中有时焊嘴头会出现爆响声，随着火焰自动熄灭，焊炬中会有“吱、吱”响声，这种现象称为回火。由于可燃混合气会在焊炬内发生燃烧，并很快扩散在导管里而产生回火，如果不及时消除，不仅会使焊枪和橡胶管烧坏，而且会使乙炔瓶发生爆炸。所以当遇到回火时，不要紧张，应迅速在焊炬上关闭乙炔调节阀，同时关闭氧气调节阀，等回火熄灭后，再打开氧气调节阀，吹除焊炬内的余焰和烟灰，并将焊炬的手柄前部放入水中冷却。

3. 气割基本工艺操作

气割的过程是预热—氧化—吹渣的过程。气割过程中，例如切割低碳钢工件时，先开预热的氧气及乙炔阀门，点燃预热火焰，调成中性焰，将工件割口的开始处加热到高温（达到橘红色至亮黄色，约为 1300 ℃）。然后打开切割氧阀门，高压的切割氧与割口处的高温金属发生作用，产生激烈燃烧反应，将铁烧成氧化铁，氧化铁被燃烧热熔化后，迅速被氧气流吹走，这时下一层碳钢也已被加热到高温，与氧接触后继续燃烧和被吹走，因此氧气可将金属自表面烧到底部，随着割炬以一定速度向前移动即可形成割口。

1）气割必须满足的条件

（1）金属材料的燃点必须低于其熔点。

（2）燃烧生成的金属氧化物的熔点应低于金属本身的熔点，同时流动性要好。

（3）金属燃烧时能放出大量的热，而金属本身的导热性要低。

一般碳含量小于 40％的碳钢才能气割。

2）气割的工艺参数

气割的工艺参数主要有割炬、割嘴大小和氧气压力等。工艺参数的选择也根据要切割的金属工件厚度而定，如表 5-7 所示。

表 5-7　普通割炬及其技术参数

割炬型号	切割厚度/mm	氧气压力/Pa	可换割嘴数	割嘴孔径/mm
G01-30	2～30	$(2\sim3)\times10^5$	3	0.6～1.0
G01-100	10～100	$(2\sim5)\times10^5$	3	1.0～1.6
G01-300	100～300	$(5\sim10)\times10^5$	4	1.8～3.0

气割不同厚度的钢时，割嘴的选择和氧气工作压力的调整，对气割质量和工作效率都有重要的影响。例如，使用太小的割嘴来割厚钢，由于得不到充足的氧气燃烧和喷射能力，切割工作就无法顺利进行，即使勉强一次又一次地割下来，质量既差，工作效率也低。反之，如果使用太大的割嘴来割薄钢，不但要浪费大量的氧气和乙炔，而且气割的质量也不好。因此

要选择好割嘴的大小。切割氧的压力与金属厚度的关系:压力不足,不但切割速度缓慢,而且熔渣不易吹掉,切口不平,甚至有时会切不透;压力过大时,除了氧气消耗量增加外,金属也容易冷却,从而使切割速度降低,切口加宽,表面也粗糙。

无论气割多厚的钢料,为了得到整齐的割口和光洁的断面,除熟练的技巧外,割嘴喷射出来的火焰应该形状整齐,喷射出来的纯氧气流风线应该成为一条笔直而清晰的直线,在火焰的中心没有歪斜和开叉现象,喷射出来的风线周围和全长上都应粗细均匀,只有这样才能符合标准,否则会严重影响切割质量和工作效率,并且要浪费大量的氧气和乙炔。当发现纯氧气流质量不良时,绝不能将就使用,必须用专用通针把附着在嘴孔处的杂质毛刺清除掉,直到喷射出标准的纯氧气流风线时,再进行切割。

3) 气割的基本操作技术

(1) 气割前的准备。

气割前,应根据工件厚度选择好氧气的工作压力和割嘴的大小,把工件割缝处的铁锈和油污清理干净,划好割线,平放好。在割缝的背面应有一定的空间,以便切割气流冲出来时不致遇到阻碍,同时还可散放氧化物。

握割炬的姿势与气焊时一样,右手臂抵住炬柄,大拇指和食指控制调节氧气阀门,左手扶在割炬的高压管子上,同时大拇指和食指控制高压氧气阀门。右手臂紧靠右腿,在切割时随着腿部从右向左移动进行操作,这样切割起来比较稳当,特别是没有熟练掌握切割时更应该注意到这一点。

点火动作与气焊时一样,首先把乙炔阀门打开,氧气阀门可以稍开一点。点着后将火焰调至中性焰(割嘴头部是一蓝白色圆圈),然后把高压氧气阀门打开,看原来的加热火焰是否在氧气压力下变成碳化焰。同时还要观察,在打开高压氧气阀门时割嘴中心喷出的风线是否笔直清晰,然后方可切割。

(2) 气割操作要点。

气割一般从工件的边缘开始。如果要在工件中部或内部切割时,应在中间处先钻一个直径大于 5 mm 的孔,或开出一孔,然后从孔处开始切割。

开始气割时,先用预热火焰加热开始点(此时高压氧气阀门是关闭的),预热时间应视金属温度情况而定,一般加热到工件表面接近熔化(表面呈橘红色)。这时轻轻打开高压氧气阀门,开始气割。如果预热的地方切割不掉,说明预热温度太低,应关闭高压氧气阀门继续预热,预热火焰的焰芯前端应离工件表面 2～4 mm,同时要注意割炬与工件间应有一定的角度,如图 5-25 所示。当气割 5～30 mm 厚的工件时,割炬应垂直于工件;当厚度小于 5 mm 时,割炬可向后倾斜 5°～10°;若厚度超过 30 mm,在气割开始时割炬可向前倾斜 5°～10°,切割过程中,割炬可垂直于工件,直到气割完毕时,可向后倾斜 5°～10°。如果预热的地方被切割掉,则继续加大高压氧气量,使切口深度加大,直至全部切透。

气割速度与工件厚度有关。一般而言,工件越薄,气割的速度要越快;反之则越慢。气割速度还要根据切割中出现的一些问题加以调整:当看到氧化物熔渣直往下冲或听到割缝背面发出“喳、喳”的气流声时,便可将割炬匀速地向前移动;如果在气割过程中发现熔渣往上冲,就说明未打穿,这往往是金属表面不纯、红热金属散热和切割速度不均匀所致,这种现象很容易使燃烧中断,所以必须继续供给预热的火焰,并将速度稍为减慢些,待打穿正常起来后再保持原有的速度前进;如发现割炬在前面走,后面的割缝又逐渐熔结起来,则说明切割移动速度太慢或供给的预热火焰太大,必须将速度和火焰加以调整再往下割。

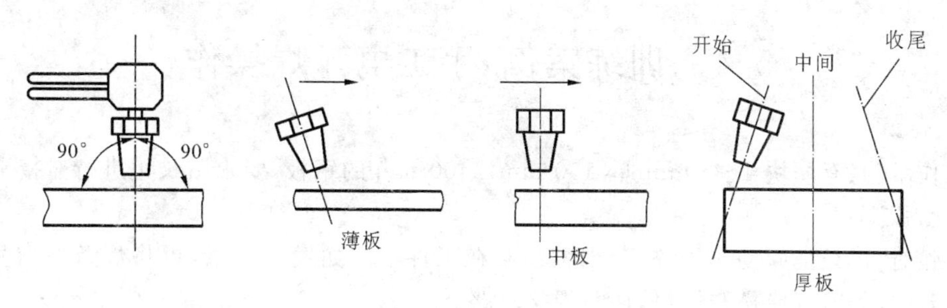

图 5-25　割炬与工件之间的角度

5.3　特种焊接简介

特种焊接包括电子束焊接、激光焊接、超声波焊接、电阻焊、摩擦焊、高频焊等。

1. 电子束焊接

真空电子束钎焊(VEBB)是用能量密度及扫描路径均可精密控制的电子束作为加热源进行真空钎焊，就是用电子束高速扫描，使电子束由点热源转化为面热源，实现零件的局部高速均匀加热。该工艺具有普通真空钎焊无法比拟的优越性，如高温停留时间短，大大减少钎料对母材的熔蚀，输入能量精密可控，对能量输入路径可任意编辑等。

2. 激光焊接

激光焊接属于熔融焊接，以激光束为能源，冲击在焊件接头上。激光束可由平面光学元件(如镜子)导引，随后再以反射聚焦元件或镜片将光束投射在焊缝上。激光焊接属非接触式焊接，作业过程不需加压，但需使用惰性气体以防熔池氧化。

3. 超声波焊接

超声波金属焊接是将高频振动波传递到两个需焊接的金属表面，在加压的情况下，使两个金属表面相互摩擦而形成分子层之间的熔合。其优点在于快速、节能、熔合强度高、导电性好、无火花、接近冷态加工，其缺点是所焊接金属件不能太厚(一般小于或等于 5 mm)、焊点面积不能太大、需要加压。

4. 电阻焊

电阻焊是将被焊工件压紧于两电极之间，并施以电流，利用电流流经工件接触面及邻近区域产生的电阻热效应将其加热到熔化或塑性状态，使之形成金属结合的一种方法。电阻焊方法主要有四种，即点焊、缝焊、凸焊、对焊。

5. 摩擦焊

摩擦焊是在压力作用下，通过待焊工件的摩擦界面及其附近温度升高，材料的变形抗力降低、塑性提高，界面氧化膜破碎，伴随着材料产生塑性流变，通过界面的分子扩散和再结晶而实现焊接的固态焊接方法。

6. 高频焊

高频焊利用流经焊件连接面的高频电流所产生的电阻热作为热源，使焊件待焊区表层被加热到熔化或塑性状态，同时通过施加(或不加)顶锻力，使焊件达到金属间结合的一种焊接方法。

5.4 训练案例：手工电弧焊操作

操作示例：有两块 4～6 mm 厚、150 mm×400 mm 的钢板，要求沿长边进行对接平焊。

1. 引弧

引弧时，焊条提起动作要快，否则容易黏在工件上。如发生黏条，可将焊条左右晃动后拉开。若拉不开，则应松开焊钳，切断焊接电路。

引弧的方法有敲击法和划擦法两种，分别如图 5-26(a)、(b)所示。划擦法不易黏条，适合初学者使用。

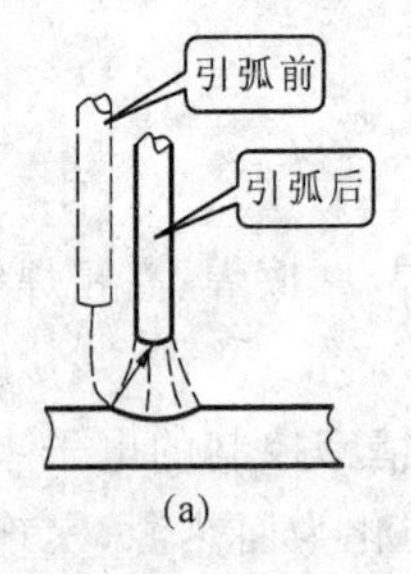

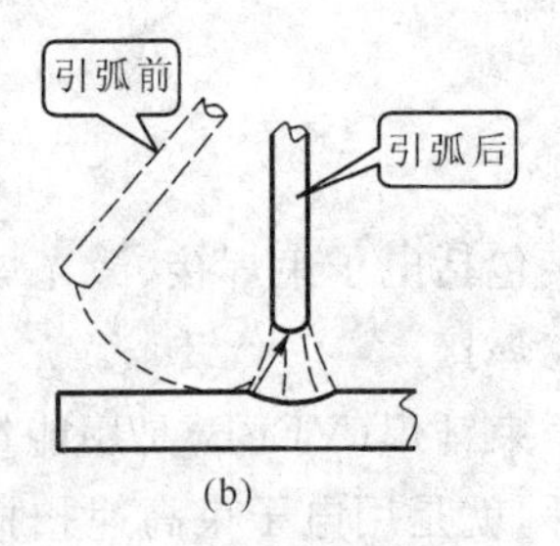

图 5-26 引弧方法

2. 运条三个基本动作

运条三个基本动作为向下运动、向前运动、横向摆动，如图 5-27 所示。

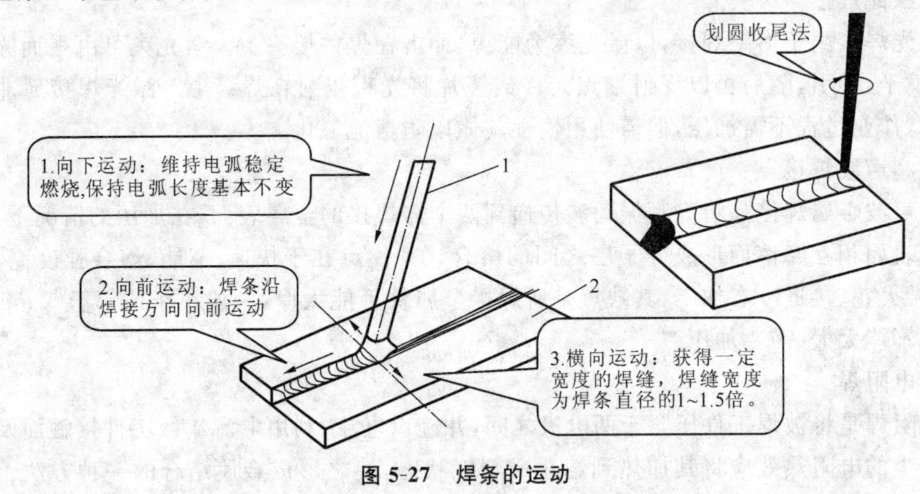

图 5-27 焊条的运动

1—焊条；2—工件

焊条横向摆动动作形式及用途，如图 5-28 所示。

3. 焊缝收尾方法

(1) 划圈收尾法　在焊缝结尾处，焊条停止向前移动，同时划圈，直到填满弧坑时，再慢慢提起焊条熄弧。此方法仅适用于厚板焊接，容易烧穿。

(2) 反复断弧收尾法　当焊条移至焊缝结尾处时，应在较短的时间内，熄灭和点燃电弧数次，直到填满弧坑为止。此法适合于酸性焊条对薄板的焊接。

焊前点固。为牢固两工件的相对位置，焊前需进行定位焊，称为点固(见图 5-29)。

焊后清理。用清渣锤、钢丝刷把焊渣和飞溅物等清理干净。

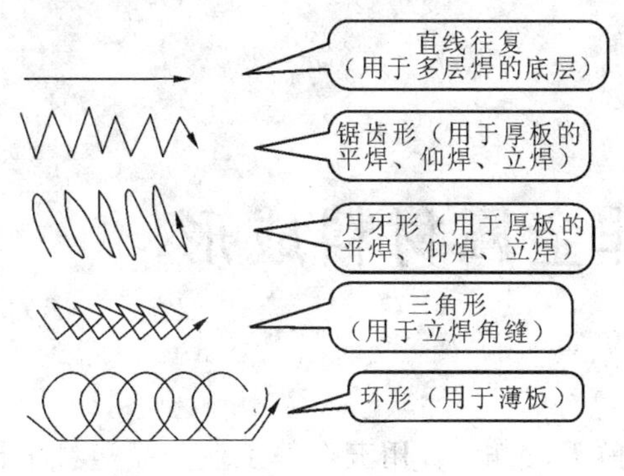

图 5-28　焊条横向摆动形式及用途

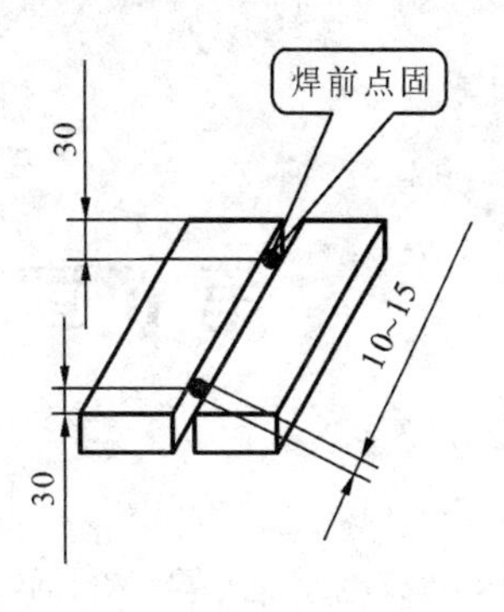

图 5-29　点固示意图

复习思考题

1.什么是焊接？焊接有什么特点？

2.焊接方法如何分类？常用的焊接方法有哪些？

3.什么是手工电弧焊？其简要的焊接过程是什么，具有什么特点？

4.焊接电弧的构造及温度分布如何？何谓正接？何谓反接？

5.焊接工具主要有哪些？各焊接工具使用中要注意什么？

6.焊芯与药皮各起什么作用？

7.常见的焊接规范主要包括哪些内容？

8.常见的焊接接头形式有哪些？坡口的作用是什么？

9.手工电弧焊如何引弧？有哪几种方法？需要注意什么？

10.焊条的操作运动（运条）是由哪些运动组成的？各有什么作用？

11.什么是气焊？简述气焊的原理、特点及应用。

12.什么是气焊的回火？回火防止器的作用是什么？如何防止回火？

13.气焊时氧-乙炔火焰有哪几种？其特征与反应如何？

14.气焊时点火、调节火焰、熄火需要注意什么？

15.什么是左焊法和右焊法？气焊常用哪一种？

16.气割的原理是什么？有什么特点？气割对材质条件有什么要求？

17.特种焊接工艺有哪些？有什么特点？

第6章　非金属材料成形

随着机械、电子、汽车、摩托车、航空、航天、家电、日用五金等工业产品塑料化趋势的不断增强及塑料、橡胶制品的广泛应用与发展，对塑料、橡胶制品的成形技术的发展与其模具在数量、品质、精度和复杂程度等方面都提出了更高的要求，这就要求从事机械设计和加工、汽车设计与制造等专业的人员掌握塑料、橡胶制品设计、成形过程及模具设计等方面的知识。

6.1　塑料成形

6.1.1　塑料的概念及成形过程

1. 塑料的概念及分类

塑料，是以合成树脂或天然树脂为原料，在一定温度和压力条件下，用模具使其成形为具有一定形状和尺寸的塑料制件，当外力解除后，在常温下其形状保持不变。多数以合成树脂为基本成分，一般含有添加剂，如稳定剂、增塑剂、色料或润滑剂等。

塑料的主要特点如下：① 密度小、比强度大；② 耐腐蚀、耐磨、绝缘、减磨、消声、减振；③ 易成形、易复合等优良的综合性能。

塑料的种类较多，按受热后形态性能可分为：① 热塑性塑料，受热时呈熔融状态，冷却时凝固，可反复成形加工；② 热固性塑料，成形后成为不熔、不溶的材料，如 PF、MF、EP 等。按使用范围分可分为：① 通用塑料，其原料来源丰富，产量大，应用面广，价格便宜，如 PVC、PE、PP、PS 等；② 工程塑料，具有较优良的力学性能，应用于工程技术领域的塑料，如 PA、PC、POM、PPO、PSF、PTFE 等。

2. 塑料的成形过程

塑料通常采用注射、挤压、压制、浇注等方法制成。塑料产品在成形的同时，还获得了最终性能，所以塑料的成形是生产的关键工艺。

塑料制品成形过程主要包括成形、机械加工和修饰三个步骤。成形，是将原材料制成具有一定形状和尺寸的制品生产过程。机械加工，指成形后的制品采用机械加工的方法以获得更高的精度和更低的表面粗糙度或更复杂的形状。修饰，是指采用喷涂、浸渍、镀金属等方法改变塑料零件的表面性质。

6.1.2　注射成形

注射成形也称注塑成形，是利用注塑机（又称注射机）将熔化的塑料快速注入模具中，并固化得到各种塑料制品的方法。几乎所有的热塑性塑料(氟塑料除外)均可采用此法,也可用于某些热固性塑料的成形。注射成形具有生产周期短,能一次成形外形复杂、尺寸精确和带有金属嵌件的塑料制品,生产率高,易于实现自动化操作,加工适应性强等优点,占塑料件生产的30%左右,但设备和模具费用较高,主要用于大批量塑料件的生产。

1. 注塑机

注塑机按其外形可以分为立式、卧式、角式三种,其中卧式注塑机用的最为广泛,卧式注塑机外形如图6-1所示。

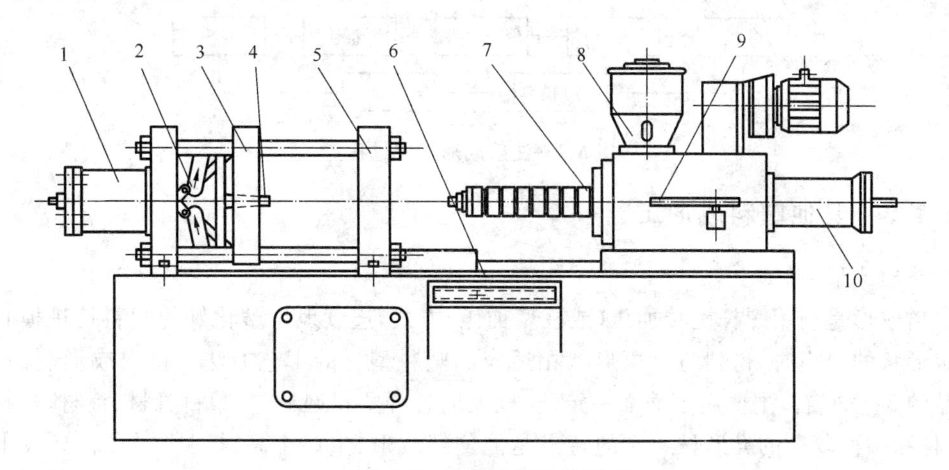

图6-1　卧式注塑机外形

1—锁模液压缸;2—合模机构;3—移动模板;4—顶杆;5—固定模板;6—控制台;
7—料筒及加热器;8—料斗;9—定量供料装置;10—注射缸

各种注塑机尽管外形不同,但基本都由下列三部分组成。

(1) 注塑系统　由加料装置(料斗)、定量供料装置、料筒及加热器、注射缸等组成,其作用是使塑料塑化和均匀化,并提供一定的注射压力,通过柱塞或螺杆将塑料注入模具型腔内。

(2) 合模、锁模系统　由固定模板、移动模板、顶杆、锁模机构和锁模液压缸等组成,其作用是将模具的定模部分固定在固定模板上,模具的动模部分固定在移动模板上,通过合模机构提供足够的合模力使模具闭合。完成注射后,打开模具顶出塑件。

(3) 操作控制系统　安装在注塑机上的各种动力及传动装置都是通过电气系统和各种仪表控制的,操作者通过控制系统来控制各种工艺量(如注射量、注射压力、温度、合模力、时间等)完成注射工作,较先进的注塑机可用计算机控制,实现自动化操作。

2. 注射成形原理

注射成形原理,是将粒状原料在注塑机的料筒内加热熔融塑化,在柱塞或螺杆加压下,压缩熔融物料并向前移动,然后通过料筒前端的喷嘴以很高的速度注入温度较低的闭合模具内,冷却定型后,开模就得到制品。

注射成形有柱塞式和螺杆式两种,图6-2所示为柱塞式注射成形示意图。柱塞式注射成形原理为:将粒状原料从料斗加入料筒,柱塞推进时,原料被推入加热区,继而经过分流梭,通过喷嘴将熔融塑料注入模腔中,冷却后开模即得塑料制品。

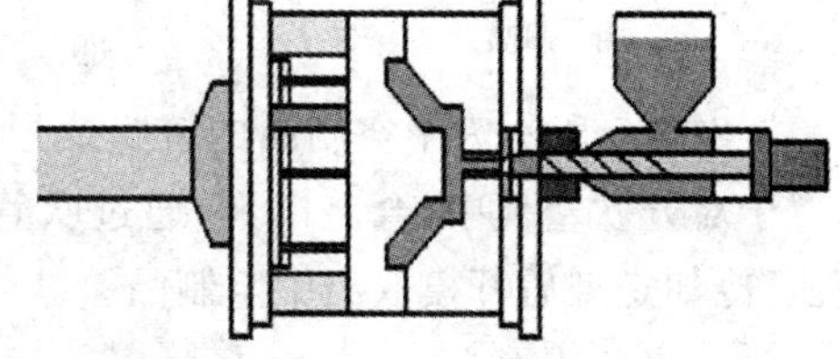

图6-2　柱塞式注射成形示意图

塑料制品从模腔中取出后通常需进行适当的后处理，以消除塑料制品在成形时产生的应力，稳定尺寸和性能。此外，还有切除毛边和浇口、抛光、表面涂饰等。

3. 注射成形工艺

注射成形工艺过程包括：成形前准备、注射成形过程和塑料制品的后处理三个阶段，如图 6-3 所示。注射成形过程分为加料、塑料熔融、注射、制品冷却和制品脱模等五个工序。

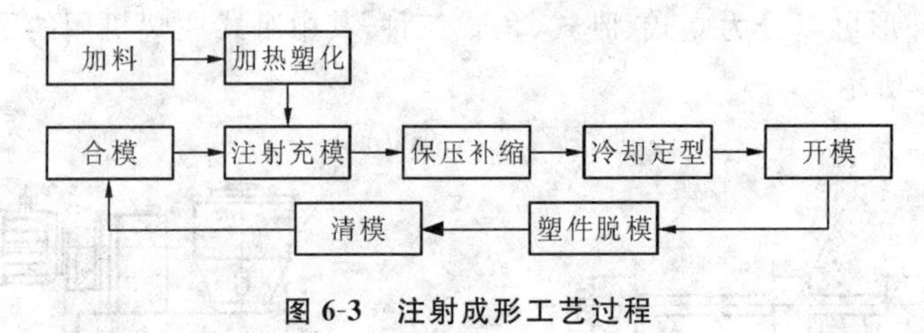

图 6-3 注射成形工艺过程

6.1.3 其他塑料成形工艺

1. 挤出成形

挤出成形是利用螺杆旋转加压（或柱塞加压）方式，连续地将塑化好的塑料挤进模具，通过一定形状的口模时，得到与口模形状相适应的塑料型材的工艺方法。挤出成形制品占塑料制品的 30%左右，主要用于截面一定、长度大的各种塑料型材，如塑料管材、板材、棒材、片材、带材和截面复杂的异形材。它的特点是能连续成形、生产率高、模具结构简单、成本低、组织紧密等。除氟塑料外，几乎所有的热塑性塑料都能挤出成形，部分热固性塑料也可挤出成形。

2. 压制成形

压制成形又称压缩成形、压塑成形、模压成形等，是将固态的粒料或预制的片料加入模具中，通过加热和加压方法，使其软化熔融，并在压力的作用下充满模腔，固化后得到塑料制品的方法。压制成形主要用于热固性塑料，如酚醛树脂、环氧树脂、有机硅等；也能用于压制热塑性塑料，聚四氟乙烯制品和聚氯乙烯（PVC）唱片。与注射成形相比，压制成形设备及其模具简单，能生产大型制品，但生产周期长、效率低，较难实现自动化，难以生产厚壁制品及形状复杂的制品。

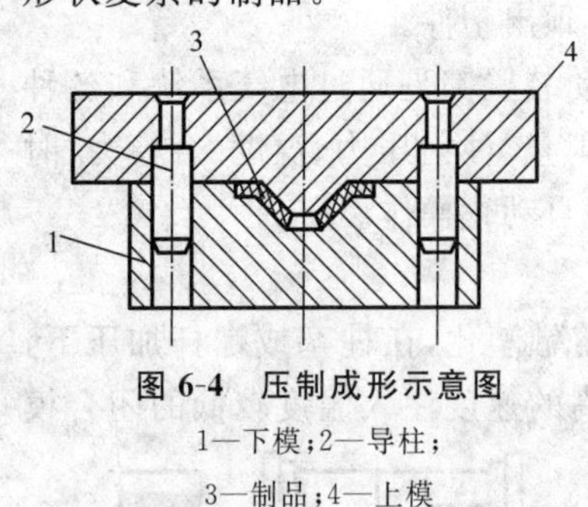

图 6-4 压制成形示意图

1—下模；2—导柱；3—制品；4—上模

图 6-4 所示为压制成形示意图，一般压制成形过程可以分为加料、合模、排气、固化和脱模几个阶段。塑料制品脱模后应进行后处理，处理方法与注射成形塑料制品方法相同。

3. 吹塑成形

吹塑成形（属于塑料的二次加工）是借助压缩空气使空心塑料型坯吹胀变形，并经冷却定型后获得塑料制品的加工方法。其方法主要有中空吹塑成形和薄膜吹塑成形。图 6-5 所示为中空制品的挤吹成形示意图，将具有一定温度的挤出或注射的管状型坯置于对开吹塑模中，合上模具，通过吹管吹入压缩空气，将型坯吹胀后使之紧贴模壁，经保压、冷却定型后开模取出中空制品。

4. 浇铸成形

塑料的浇铸成形类似于金属的铸造成形，即将处于流动状态的高分子材料或单体材料

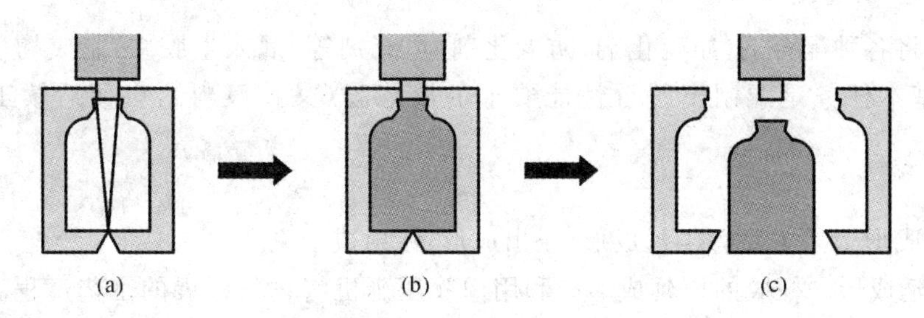

图 6-5　中空制品挤吹成形示意图

注入特定的模具中,在一定条件下使之反应、固化,并成形得到与模具形腔相一致的塑料制品的加工方法。这种成形方法设备简单,不需或稍许加压,对模具强度要求低,生产投资少,可适用于各种尺寸的热塑性和热固性塑料制件。但塑料制品精度低,生产率低,成形周期长。

5. 气体辅助注射成形

气体辅助注塑成形(简称气辅成形)是塑料加工领域的一种新方法。气辅成形工艺大致可分为三种方式:① 中空成形,即将塑料熔体射入模具型腔,充填到型腔体积的 60%～70% 时,停止注射,开始注入气体,直至保压冷却定型,这种工艺主要适用于类似把手、手柄之类的厚壁塑料制品;② 短射,即将塑料熔体充填到型腔体积的 90%～98%时,开始进气,该方法主要用于较大平面的厚壁制品;③ 满射,即将塑料熔体充填至完全充满型腔时才注入气体,由气体填充因熔体体积收缩而产生的空间,并将气体保压和熔体保压配合使用,使制品翘曲变形大大降低,用于较大平面的薄壁制品成形,其工艺控制较复杂。前两种方法也称为缺料气辅注射法,后者称为满料气辅注射法。

气辅工艺包括如下四个阶段。第一阶段,塑料注射。熔体进入型腔,遇到温度较低的模壁,形成一个较薄的凝固层。第二阶段,气体入射。惰性气体进入熔融的塑料,推动中心未凝固的塑料进入尚未充满的型腔。第三阶段,气体入射。气体继续推动塑料熔体流动直到熔体充满整个型腔。第四阶段,气体保压。在保压状态下,气道中的气体压缩熔体,进行补料,确保制件的外观质量。

气辅成形具有如下优点:消除产品表面缩痕,改善产品表面质量;减少翘曲变形,减少流动条痕;降低产品内应力,提高产品强度;节省塑料原料,减轻制品质量(一般可减小 20%～40%);改善材料在制品断面上的分布,改善制品的刚度;缩短成形时间,提高生产率;延长模具使用寿命。

6.2　橡胶制品成形

橡胶制品的生产工艺主要包括塑炼、混炼和成形三个阶段。

1. 塑炼

塑炼是使弹性生胶转变为可塑状态的加工工艺过程,从而增加其可塑性,获得适当的流动性,以满足混炼和成形的工艺要求。塑炼有两种方法,即机械塑炼法和化学塑炼法,前者通过机械作用,后者通过化学作用,使橡胶的大分子断裂成相对较小的分子,从而使黏度下降,可塑性增加。

2. 混炼

混炼是将各种配合剂(如硫化剂、防老化剂、填充剂等)混入生胶中,制成均匀的混炼胶的过程,其基本任务是配制出符合性能要求的混炼胶(又称胶料),以便后续工序的正常进行。

3. 成形

橡胶的成形工艺主要有压延成形、压出成形、注射成形。

(1) 压延成形　橡胶的压延成形是利用橡胶压延机将物料延展的工艺过程。物料通过压延机的两个辊筒间隙时,在压力作用下延展成为具有一定断面形状的橡胶制品。这种方法主要用于胶料的压片、压型,纺织物和钢丝帘等的贴胶、擦胶,胶片与胶片的贴合等。

(2) 压出工艺　橡胶的压出工艺是利用压出机,使胶料在压出机的机筒壁和螺杆顶尖的作用下,通过螺杆的旋转,使胶料不断前进,达到挤压并初步造型的目的。可借助压型压出各种复杂形状的半成品,如轮胎的胎面胶、内胎胎筒、电线电缆外皮等。

(3) 注射工艺　橡胶的注射成形是将胶料直接从料筒注入模型进行硫化的生产方法,与塑料的注射成形相类似。

6.3　复合材料成形

复合材料按基体不同,可分为聚合物基复合材料、金属基复合材料、陶瓷基复合材料等。

6.3.1　聚合物基复合材料的成形

聚合物基复合材料是目前结构复合材料中发展最早、研究最多、应用最广的一类,其基体可以是热塑性塑料和热固性塑料,增强物可以是纤维、晶须、粒子等。聚合物基复合材料的成形工艺有如下几种。

1. 预浸料及预混料成形

预浸料通常是指定向排列的连续纤维等浸渍树脂后形成的厚度均匀的薄片状半成品。预混料是指由不连续纤维浸渍树脂或与树脂混合后所形成的较厚的片状、团状或粒状半成品。预浸料和预混料半成品还可通过其他成形工艺制成最终产品。

2. 手糊成形

手糊成形工艺是用于制造热固性树脂复合材料的一种最原始、最简单的成形工艺。在模具上涂一层脱模剂,再涂上表面胶后,将增强材料铺放在模具中或模具上,然后通过浇、刷或喷的方法加上树脂,用橡胶辊或涂刷的方法赶出空气,如此反复添加增强剂和树脂,直到获得所需厚度,经固化成为产品。

3. 袋压成形

将预浸料铺放在模具中,盖上柔软的隔离膜,在热压下固化,经过所需的固化周期后,材料形成具有一定结构的构件。根据加压方式不同,袋压成形又有真空袋压法、加压袋压法、高压釜压法等。

4. 缠绕成形

缠绕成形是将浸渍了树脂的纤维缠绕在回转芯模上,在常压及室温下固化成形的一种工艺。缠绕成形工艺是一种生产各种回转体的简单有效的方法。

5. 拉挤成形

拉挤成形是将浸渍了树脂的连续纤维通过一定截面形状的模具成形并固化，拉挤成制品的工艺。拉挤成形的主要工序有纤维输送、纤维浸渍、成形与固化、拉拔、切割。拉挤成形可生产各种杆棒、平板、空心板等型材。

6. 模压成形

模压工艺是将浸渍料或预混料先做成制品的形状，然后放入模具中压制成制品的工艺。

6.3.2 金属基复合材料的成形工艺

金属基复合材料是以金属或合金为基体，与一种或几种金属与非金属增强材料结合成的复合材料。金属基可以是铝、钛、镁、铜、钢等，增强材料有陶瓷、碳化物、硼化物等，金属基复合材料制备工艺主要有以下几种。

1. 固态法

固态法主要包括扩散法和粉末冶金法两种。扩散法结合工艺是在一定温度和压力下，通过互相扩散的方式使金属基体与增强材料结合在一起。图 6-6 所示为硼纤维增强铝的扩散结合过程示意图。粉末冶金法是将金属基制成粉末，并与增强材料混合，再经热压或冷压后烧结等工序制得复合材料的工艺。

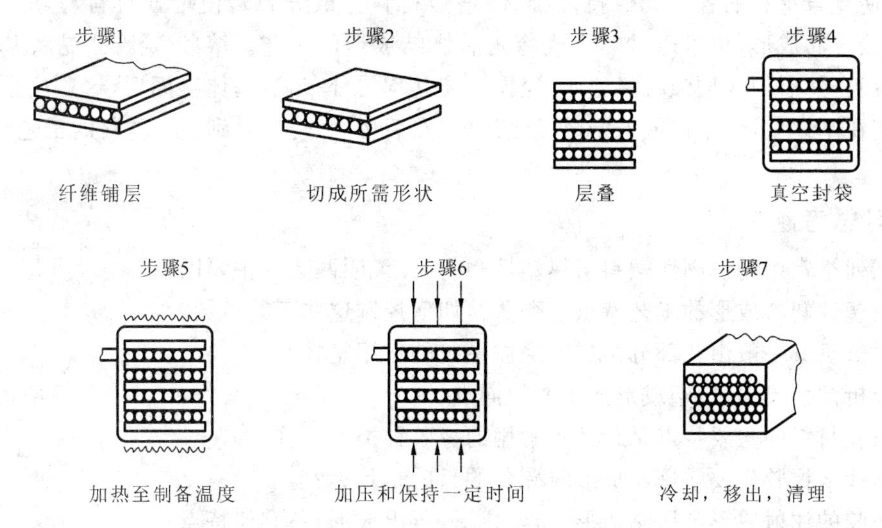

图 6-6　硼纤维增强铝的扩散结合工艺流程

2. 液态法

液态法包括压铸、半固态复合铸造、液态渗透等。压铸成形是指在压力作用下，将液态或半液态金属基复合材料以一定的速度填充压铸模型腔，在压力下凝固成形的工艺方法。图 6-7 所示为金属基复合材料压铸成形工艺流程示意图。半固态复合铸造是指将颗粒加入处于半固态的金属基体中，通过搅拌使颗粒在金属基体中均匀分布，然后浇注成形。

3. 喷涂沉积法

其原理是以等离子体或电弧加热金属粉末或金属线、丝，或者增强材料，然后通过喷涂气体喷涂到沉积基板上。首先将增强的纤维缠绕在已经包覆一层金属基体并可以转动的滚筒上，金属基体粉末、线、丝通过电弧喷涂枪或等离子喷涂枪加热形成液滴，金属基体熔滴直接喷涂在沉积滚筒上与纤维相结合并快速凝固。

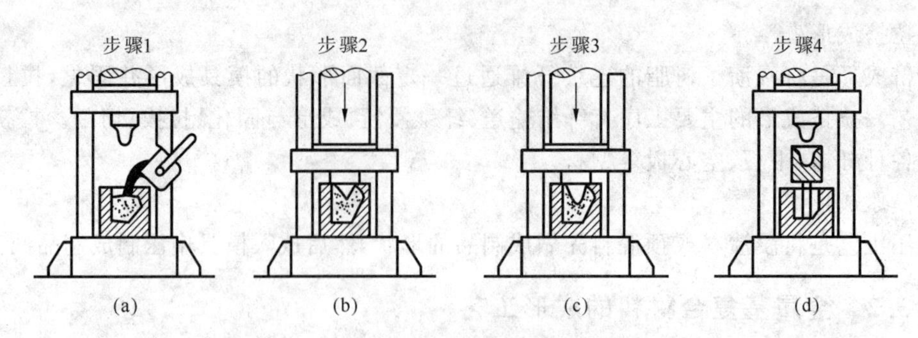

图 6-7　金属基复合材料压铸成形工艺示意图

(a) 注入复合材料；(b) 加压；(c) 固化；(d) 顶出

6.3.3　陶瓷基复合材料的成形

用陶瓷作为基体，以纤维或晶须作为增强材料所形成的复合材料称为陶瓷基复合材料。通常陶瓷基体有玻璃陶瓷、氧化铝、氮化硅、碳化硅等。陶瓷基复合材料制备工艺有粉末冶金法、浆体法、溶胶-凝胶法等。

陶瓷基复合材料的粉末冶金法与金属基复合材料的粉末冶金法相似。浆体法是采用浆体形式，使复合材料的各组元保持散凝状（增强材料弥散分布），使增强材料与基体混合均匀，可直接浇注成形，也可通过热压或冷压后烧结成形的工艺。溶胶-凝胶法是将基体形成溶液或溶胶，然后加入增强材料组元，经搅拌使其均匀分布，当基体凝固后，这些增强材料组元则固定在基体中，经干燥或一定温度热处理，然后压制、烧结得到复合材料的工艺。

复习思考题

1. 试列举常用的热固性塑料与热塑性塑料，并说明两者的主要区别。
2. 热塑性塑料成形的工艺特点有哪些？如何控制这些工艺参数？
3. 注塑机具一般由几部分组成？浇注系统的作用是什么？
4. 分析注射成形、压塑成形的主要异同点。
5. 橡胶材料的主要特点是什么？常用的橡胶种类有哪些？
6. 为什么橡胶先要塑炼？成形时硫化的目的是什么？
7. 橡胶的注射成形与压制成形（压延成形、压出成形）各有何特点？
8. 复合材料成形工艺有什么特点？

第三部分　机械切削加工技术

第 7 章　切削加工基础知识

机械产品都是由各种形状的零件组成的，由铸造、锻压和焊接方法制造出的零件一般都只能是零件毛坯，毛坯表面大都比较粗糙，精度也较低，大都不能满足零件的要求，于是就必须对毛坯进行切削加工，以使毛坯达到零件要求。

切削加工是利用切削刃具从毛坯上切除掉多余部分，以获得形状、尺寸、表面粗糙度等方面都符合设计图样要求的加工方法。

切削加工分为钳工和机械加工两大类。钳工是操作者手持工具对工件进行切削加工，包括锯削、锉削、錾削、刮削、钻孔、铰孔、攻螺纹、套扣等。零件的划线和机器的装配及维修也属钳工范畴。机械加工是由操作者操纵各类切削机床对工件进行切削加工，包括车削、铣削、刨削、磨削、钻削等。通常所说的切削加工就是指机械加工。

7.1　切削运动与切削用量

7.1.1　切削运动

各种机床在进行切削加工时，都是刀具与工件产生相对运动从而形成工件表面形状，这种运动即切削运动。依据其在切削过程中所起的作用，切削运动可分为主运动与进给运动。

1. 主运动

在切削过程中，主运动是提供切削可能性的运动。也就是说，没有这个运动就无法切削。它的特点是在切削过程中速度最高、消耗机床动力最多。

2. 进给运动

在切削过程中，进给运动是提供连续切削可能性的运动，是使工件的被加工表面不断投入切削以获得完整加工表面的运动。也就是说，没有这个运动就不能连续切削。

切削加工中主运动只有一个，进给运动则可能是一个或几个。

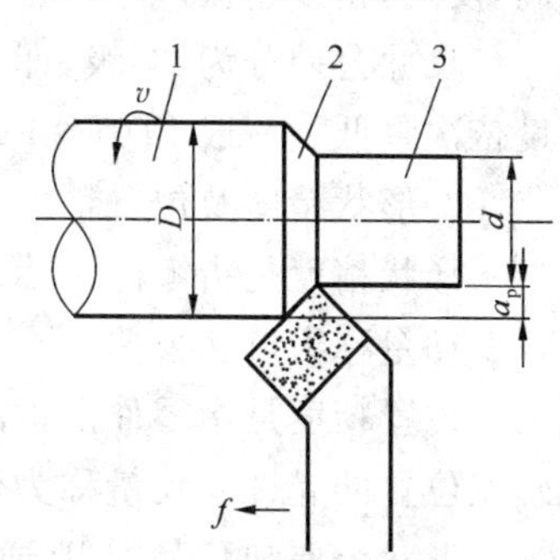

图 7-1　切削用量三要素

1—待加工表面；2—加工表面；3—已加工表面

7.1.2　切削用量三要素

切削用量是衡量运动大小的参数，它包括切削速度、进给量和切削深度，如图 7-1 所示。

1. 切削速度 v

单位时间内工件与刀具沿主运动方向相对移动的距离称为切削速度，其计算公式为

$$v=\frac{\pi Dn}{1000} \tag{7-1}$$

式中： v——切削速度，m/min；

D——工件待加工面直径，mm；

n——主轴转速，r/min。

2. 进给量 f

进给量是在主运动的一个循环内，刀具和工件沿进给运动方向相对移动的距离。对于车削加工，就是工件每转一圈，刀具沿纵向或横向导轨所移动的距离。进给量 f 的单位是mm/r。

3. 切削深度 a_p

切削深度是指零件待加工面与已加工面的垂直距离，其计算公式为

$$a_p=\frac{D-d}{2} \tag{7-2}$$

式中： D——工件待加工面的直径，mm；

d——工件已加工面的直径，mm。

7.2 零件技术要求

为了保证机器的使用性能和质量，对组成机器的各部分零件的制造，要依据其在机器中所起的作用，提出合理的制造要求，即零件技术要求。零件技术要求包括表面粗糙度、尺寸精度、形状精度、位置精度等。尺寸精度、形状精度、位置精度统称加工精度。

7.2.1 加工精度

1. 尺寸精度

零件在加工过程中，由于机床精度、刀具磨损等因素的影响，零件实际尺寸的准确程度即尺寸精度。尺寸精度是由尺寸公差控制的。公差是尺寸的允许变动量，公差越小，精度越高，反之，精度越低。

尺寸公差分为20级，即IT01、IT0、IT1……T18。IT01公差最小，精度最高，至IT18精度依次降低。一般IT01～IT12用于配合尺寸，IT13～IT18用于非配合尺寸。

2. 形状精度及位置精度

形状精度是指零件实际表面形状相对于理想形状的准确度。实际形状与理想形状的允许变动量称为形状公差。

位置精度是指零件上被测量要素相对于公称位置的准确度。零件被测的实际位置对其理想位置的允许变动量称为位置公差。

形状公差和位置公差通常并称为形位公差。形位公差的分类、项目及符号如表7-1所示。

表 7-1　形位公差的分类、项目及符号

分类	项目	符号	分类		项目	符号
形状公差	直线度	—	位置公差	定向	平行度	//
					垂直度	⊥
	平面度	⏥			倾斜度	∠
	圆度	○		定位	同轴度	◎
	圆柱度	⌭			对称度	⌯
	线轮廓度	⌒		跳动	圆跳动	↗
	面轮廓度	⌓			全跳动	⌰

7.2.2　表面粗糙度

表面粗糙度是指在切削加工过程中，由于刀具的振动、摩擦等原因，会使工件已加工表面产生细微的峰谷，这些微小峰谷的高低及间距状况即为表面粗糙度。

常用的表面粗糙度评定参数为轮廓算术平均偏差 Ra，轮廓算术平均偏差 Ra 是在取样长度 l 内，被测轮廓上各点至中线偏距绝对值的平均值，单位为 μm，分为 14 个等级。

表面粗糙度 Ra 值越大，零件表面越显粗糙；Ra 值越小，零件表面越平滑。

7.3　切削刀具与量具

在切削过程中，直接承担切削任务的是刀具的切削部分。零件的加工精度、刀具的耐用度等，在很大程度上取决于刀具材料及切削部分的几何参数。

7.3.1　切削刀具的基本知识

1. 刀具切削部分的组成要素

切削刀具的种类繁多，无论是铣刀、钻头等多刃刀具，还是车刀、刨刀等单刃刀具，尽管形状各异，但就其切削部分的几何形状而言，都是在单刃刀具的基础上演变而来的。

外圆车刀刀头是单刃刀具的典型代表，如图 7-2 所示。

刀头由前刀面、主后刀面、副后刀面、主切削刃、副切削刃和刀尖组成。

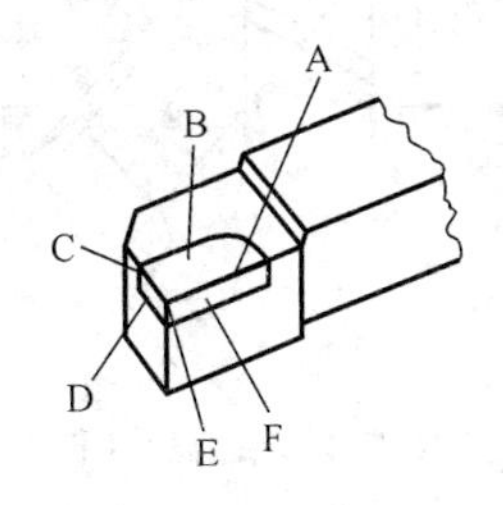

图 7-2　车刀的组成

A：主切削刃——前刀面和主后刀面之间的交线。

B：前刀面——切屑流经的表面。

C：副切削刃——前刀面和副后刀面之间的交线。

D：副后刀面——与工件已加工面相对的面。

E：刀尖——主切削刃与副切削刃的交点。

F：主后刀面——与工件切削面相对的面。

为了确定车刀刃口在空间的位置，必须建立一个坐标系，该坐标系由三个基准平面构成。下面以外圆车刀为例，介绍车刀的几何角度。

基面：过主切削刃选定点的平面，此平面在主切削刃为水平时包含主切削刃并与车刀安装底面即水平面平行,此平面主要作为度量前刀面在空间位置的基准平面。

切削平面:过主切削刃选定点与主切削刃相切,并与基面相垂直的平面。此平面主要作为度量主后刀面在空间位置的基准平面。

主剖面:过主切削刃选定点并同时垂直于基面和切削平面的平面。

(1) 前角 γ_0　前刀面与基面的夹角,在主剖面中测量。前角的大小影响切削刃锋利程度及强度。增大前角可使刃口锋利,切削力减小,切削温度降低,但过大的前角会使刃口强度降低,容易造成刃口损坏。取值范围为$-8°\sim+15°$。

选择前角的一般原则是:前角数值的大小与刀具切削部分材料、被加工工件材料、工作条件等都有关系。刀具切削部分材料性脆、强度低时,前角应取小值。工件材料强度和硬度低时,可选取较大前角。在重切削和有冲击的工作条件时,前角只能取较小值,有时甚至取负值。一般是在保证刀具刃口强度的条件下,尽量选用大前角。如硬质合金车刀加工钢材料时前角值可选 5°~15°。

(2) 主后角 α_0　主后刀面与切削平面间的夹角,在主剖面中测量。其作用为减小主后刀面与工件之间的摩擦。它也和前角一样影响刃口的强度和锋利程度。选择原则与前角相似,一般为 0°~8°。

(3) 主偏角 κ_r　主切削刃与进给方向间的夹角,在基面中测量。其作用体现在可影响切削刃工作长度、吃刀抗力、刀尖强度和散热条件。主偏角越小,吃刀抗力越大,切削刃工作长度越长,散热条件越好。

选择原则是:工件粗大、刚度好时,可取小值;车细长轴时为了减少径向吃刀抗力,以免工件弯曲,宜选取较大的值。一般在 15°~90°之间。

(4) 副偏角 κ_r'　副切削刃与进给反方向间的夹角,在基面中测量。其作用是影响已加工表面的粗糙度,减小副偏角,可使被加工表面光洁。

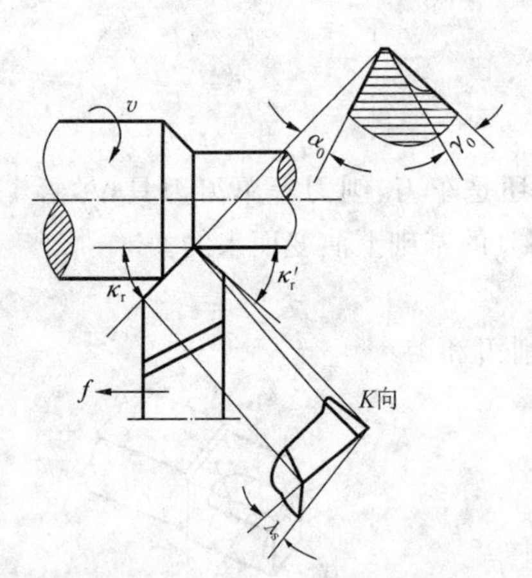

图 7-3　车刀的几何角度测量

选择原则是:精加工时,为提高已加工表面的质量,应选取较小的值,一般为 5°~10°。

(5) 刃倾角 λ_s　主切削刃与基面间的夹角,在切削平面中测量。主要作用是影响切屑流动方向和刀尖的强度。以刀柄底面为基准,主切削刃与刀柄底面平行时,$\lambda_s=0$,切屑沿垂直于主切削刃的方向流出。当刀尖为主切削刃最低点时,λ_s 为负值,切屑流向已加工表面。当刀尖为主切削刃最高点时,λ_s 为正值,切屑流向待加工表面。

一般刃倾角 λ_s 取$-5°\sim+10°$。精加工时,为避免切屑划伤已加工表面,应取正值或零。粗加工或切削较硬的材料时,为提高刀头强度可取负值。

车刀的几何角度测量如图 7-3 所示。

7.3.2　刀具材料

1. 刀具材料的基本性能

在切削过程中,刀具的切削部分要承受很大的压力、摩擦、冲击和很高的切削热,因此刀具切削部分的材料应具备如下的性能。

1）高的硬度

硬度是指材料抵抗其他材料压入其表面的能力。刀具材料只有具备高硬度，才能切入工件。刀具材料的硬度必须高于工件材料的硬度，刀具材料的常温硬度一般要求在60 HRC以上。

2）高耐磨性

耐磨性是指材料抵抗磨损的能力。为了能承受切削过程中剧烈的摩擦，刀具材料需要有很高的耐磨性。一般来说，材料的硬度越高，耐磨性也越好。

3）足够的强度和韧度

常用抗弯强度和冲击韧度值来评定刀具材料的强度和韧度。刀具材料只有具备足够的强度和韧度，才能承受切削力以及切削时产生的冲击和振动，以免刀具脆断和崩刃。

4）高耐热性

耐热性是指刀具材料在高温下仍能保持其硬度、强度、韧度和耐磨性能的性能，常用其能维持切削性能的最高温度（又称为红硬温度）来评定。

5）良好的工艺性能

刀具必须具有一定的几何形状，为便于刀具本身的制造，刀具材料应有较好的锻压、焊接、切削性能及热处理性能等。

2. 最常用的刀具材料

1）硬质合金

硬质合金YG——适用于加工脆性材料，如铸铁。

硬质合金YT——适用于加工塑性材料，如各种钢材。

特点：耐高温和高速切削，其红硬温度可达800～1000 ℃；不耐冲击，韧度低，刃磨困难。

2）高速钢（白钢）

高速钢韧度高，刃磨方便，可制作各种复杂的刀具，如铣刀、中心钻、螺纹刀等。其缺点是不耐高温，强度差，不能高速切削，红硬温度为550～600 ℃。

7.3.3　常用量具

量具是机械制造中保证零件加工质量及加工精度必不可少的工具。量具种类很多，下面仅介绍常用的几种。

1. 游标卡尺

游标卡尺是一种测量精度较高、使用方便、应用广泛的量具，可直接测量工件的外径、内径、宽度、长度、深度尺寸等（见图7-4），其读数准确度有0.1 mm、0.05 mm和0.02 mm三种。

在使用游标卡尺前先擦净卡脚，然后合拢两卡脚使之贴合，检查主、副尺零线是否对齐。若未对齐，应在测量后根据原始误差修正读数。

测量时，方法要正确，读数时要垂直于尺面，否则测量不正确。

当卡脚与被测工件接触后，用力不能过大，以免卡脚变形或磨损，降低测量的准确度。

不得用卡尺测量毛坯表面。使用完毕后需擦拭干净，放入盒内。

游标卡尺的种类很多，除了上述普通游标卡尺外，还有专门用于测量深度和高度的深度游标卡尺和高度游标卡尺。

2. 百分尺

百分尺是一种测量精度比游标卡尺的精度更高的量具，可测量工件外径和厚度，其测量

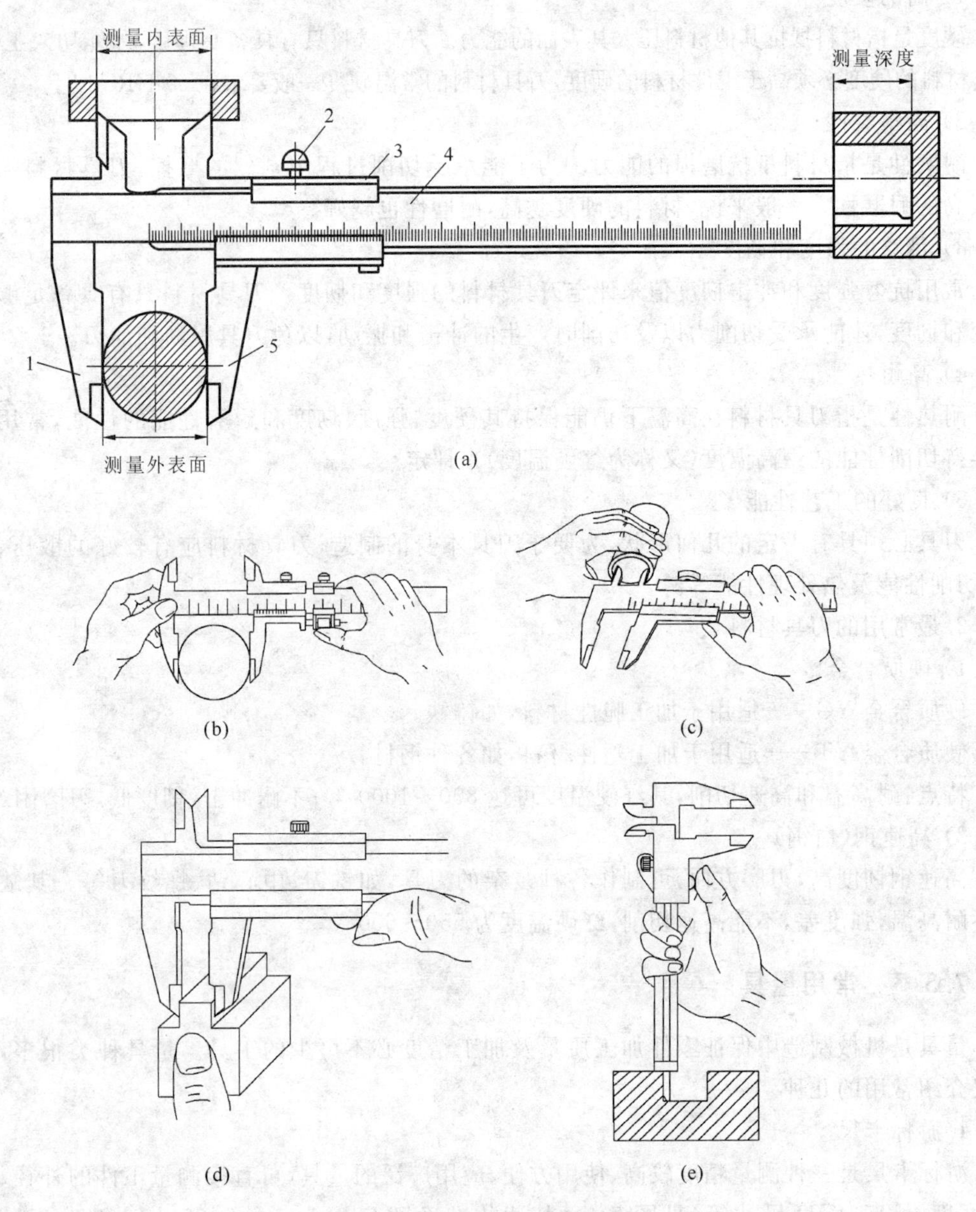

图 7-4 游标卡尺的测量方法

1—固定卡脚;2—制动螺钉;3—副尺;4—主尺;5—活动卡脚

准确度为 0.01 mm。种类有外径百分尺、内径百分尺、深度百分尺三种。外径百分尺如图 7-5 所示。测量螺杆和活动套筒连在一起,当转动活动套筒时,测量螺杆和活动套筒一起向左或向右移动。

测量方法:百分尺的使用方法如图 7-6 所示,其中图 7-6(a)是测量小型零件外径的方法,图 7-6(b)是在机床上测量工件的方法。

使用百分尺的注意事项基本上与使用游标卡尺相同,只有一点特别要注意,当测量螺杆快要接触工件时,必须使用其端部棘轮(此时严禁使用活动套筒,以防用力测量不准),当棘轮发出“嘎嘎”的打滑声时,表示压力合适,停止拧动,即可读数。

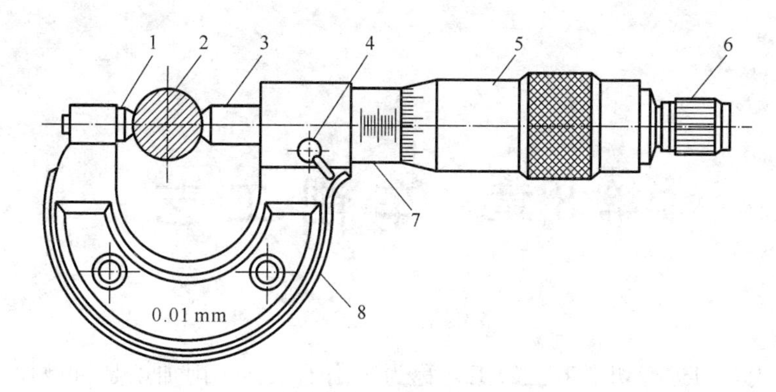

图 7-5　外径百分尺

1—砧座；2—工件；3—测量螺杆；4—止动器；5—活动套筒；6—棘轮；7—固定套筒；8—弓架

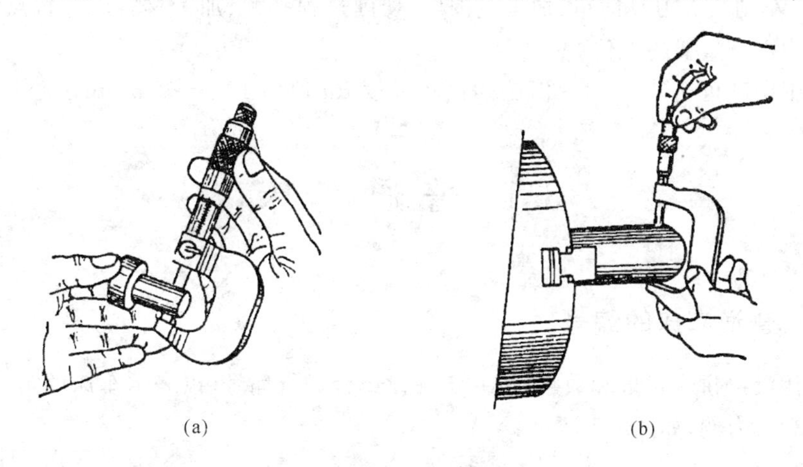

图 7-6　百分尺使用方法

复习思考题

1. 简述切削运动的主运动与进给运动的区别。
2. 切削用量三要素指的是什么？
3. 形位公差包含哪几个项目？
4. 表面粗糙度常用什么参数来评定？其含义是什么？
5. 刀具的切削部分由哪几个要素组成？
6. 刀具前角的大小对切削有何影响？选择刀具前角的原则是什么？
7. 常用的刀具材料有哪些？各有何特点？
8. 机械制造中常用量具有哪几种？各有何特点？

第8章　车削工艺

在车床上用车刀进行切削加工的工艺称为车削加工。车削加工是机械加工中最基本、最常用的工艺。车床可以加工各种零件上的回转表面，应用十分广泛。车床一般约占机床总数的50%，车削具有刀具简单、加工范围广、切削过程平衡、加工材料广等特点，所以车床在机械制造中占有重要的地位。

车床加工精度可达到IT11～IT6，表面粗糙度 Ra 值为12.5～0.8 μm。

8.1　普通车床

8.1.1　普通车床的编号

车床均用汉语拼音字母和数字，按一定规律组合进行编号，以表示车床的类型和主要规格。以C6132A为例，如图8-1所示。

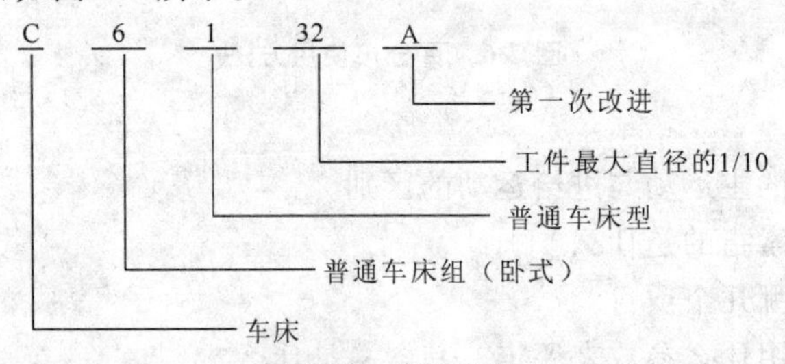

图8-1　C6132A

8.1.2　车床的各组成部分及其作用

车床的组成部分如图8-2所示。

(1) 床身　用以支承和连接车床的各个部件，并保证各部件间有相对的正确位置。

(2) 床头箱　又称主轴箱，内装主轴及部分传动齿轮，它的作用是传动与变速。

(3) 进给箱　内装做进给运动的变速齿轮，可调整进给量和螺距，并将运动传至光杠或丝杠。

(4) 光杠　自动走刀时将进给箱内的运动传递给溜板箱。

(5) 丝杠　车削螺纹时将进给箱内的主运动传递给溜板箱。

(6) 溜板箱　与刀架相连，是车床进给运动的操纵箱。

(7) 方刀架　安装车刀，最多可装夹四把车刀。

(8) 小拖板　可沿转盘导轨做短距离进给。

(9) 中拖板　可带动车刀沿大拖板上的导轨做横向运动。

(10) 大拖板　与溜板箱连接，可带动车刀沿床身导轨做纵向运动。

(11) 尾座　可安装钻头或活动顶尖。

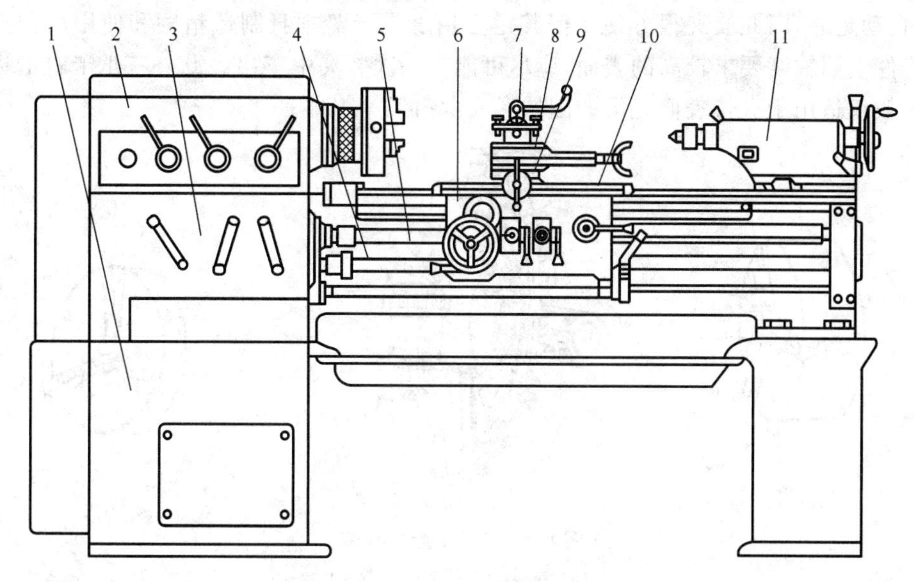

图 8-2　普通车床

1—床身；2—床头箱；3—进给箱；4—光杠；5—丝杠；6—溜板箱；7—方刀架；8—小拖板；9—中拖板；10—大拖板；11—尾座

8.1.3　车床的加工范围

车床的加工范围较广，就其基本的工作内容来讲，可以加工以回旋表面为主的工件，即内外圆柱面、内外圆锥面、钻孔、铰孔、车成形面、镗孔、切槽、切断，车削各种螺纹、滚花等，如图 8-3 所示。

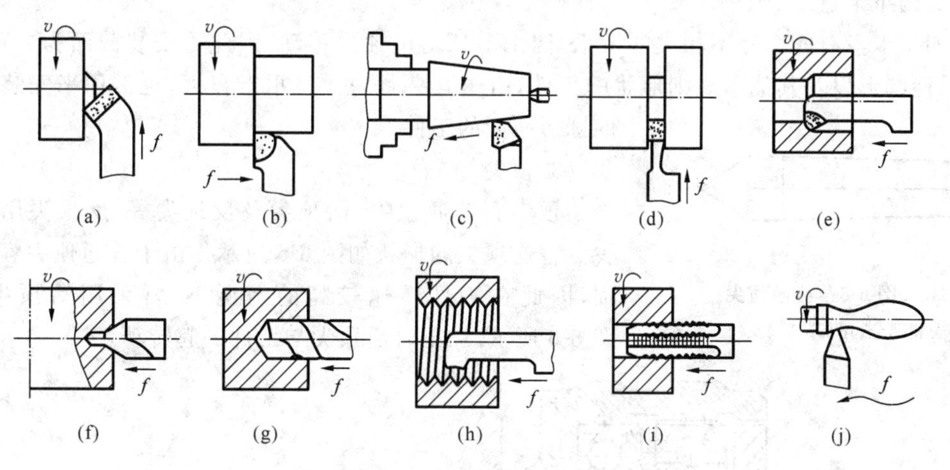

图 8-3　车床的加工范围

(a) 车端面；(b) 车外圆；(c) 车外锥面；(d) 切槽、切断；(e) 车孔；
(f) 钻中心孔；(g) 钻孔；(h) 车螺纹；(i) 攻螺纹；(j) 车成形面

8.1.4　车床附件

车床附件包括三爪卡盘、四爪卡盘、顶尖、心轴、中心架、跟刀架、花盘、冷却液(或切削液)系统、照明等。

1. 三爪卡盘

三爪卡盘是车床上应用最广的通用夹具(见图 8-4),适于安装短棒料或盘类工件。三爪卡盘能自动定心,因此装夹很方便。但其定心精度受卡盘本身制造精度和使用后磨损的影响,故工件上同轴度要求较高的表面,应尽可能在一次装夹中车出。此外三爪卡盘的夹紧力较小,一般仅适用于夹持表面光滑的圆柱形或六角形等工件。

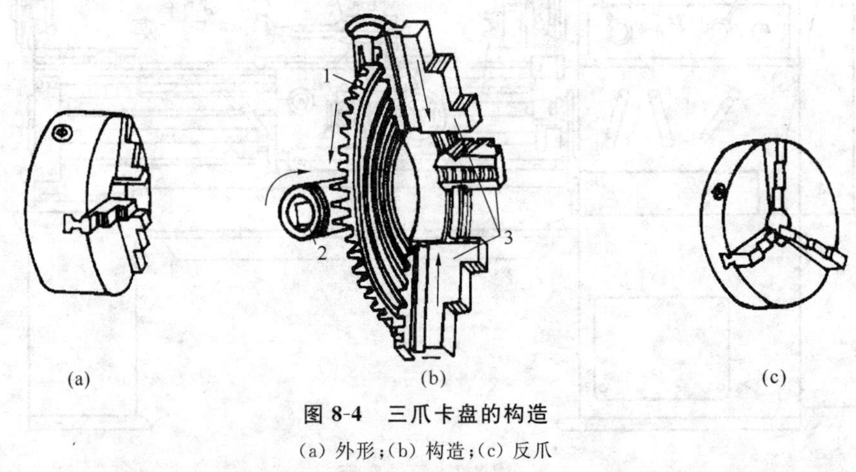

图 8-4 三爪卡盘的构造

(a) 外形;(b) 构造;(c) 反爪

1—大伞齿轮(背面有平面螺纹);2—小伞齿轮;3—三个卡爪同时向中心移动

用三爪卡盘安装工件时可按下列步骤进行。

(1) 首先把工件在卡爪间放正,然后轻轻夹紧。

(2) 开动机床,使主轴低速旋转,检查工件有无偏摆,若有偏摆应停车用小锤轻敲校正,然后紧固工件。注意必须及时取下扳手,以免开车时飞出,击伤人或设备。

(3) 移动车刀至车削行程的左端,用手旋转卡盘,检查刀架等是否与卡盘或工件碰撞。

2. 四爪卡盘

四爪卡盘有四个互不相关的卡爪,四个卡爪均可独立移动,因此可安装截面为方形、长方形、椭圆形以及其他不规则形状的工件,由于其夹紧力比三爪卡盘大,也常用来安装较大的圆形截面的工件。

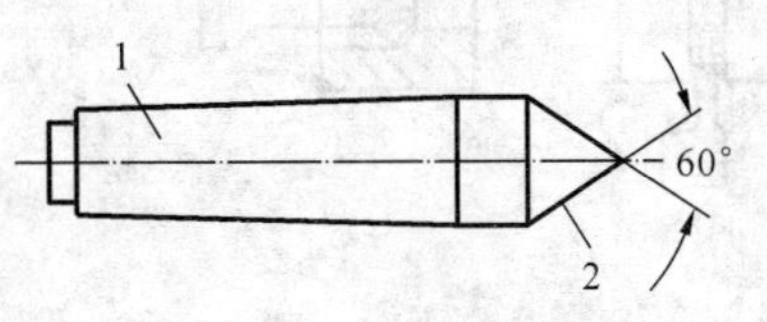

图 8-5 普通顶尖

1—安装部分(尾部);2—支持工件部分

3. 顶尖

顶尖有普通顶尖、活顶尖及反顶尖等,反顶尖用得较少。普通顶尖的形状如图 8-5 所示。由于普通顶尖容易磨损,因此在工件转速较高的情况下,常采用活顶尖,如图 8-6 所示。加工时活顶尖与工件一起转动。

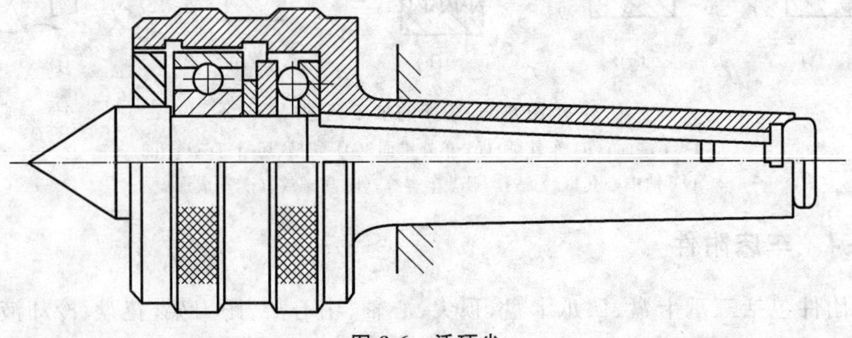

图 8-6 活顶尖

4. 心轴

有些形状复杂和同心度要求较高的套筒类零件，如果有关表面无法在三爪卡盘的一次装夹中与孔同时精加工，则需用心轴安装进行加工。这时先加工孔，然后以孔定位，安装在心轴上加工外圆。常用心轴有锥度心轴、圆柱心轴等。

应根据工件的形状、尺寸、精度要求及加工数量的不同采用不同结构的心轴。当工件长度大于工件孔径时，可采用锥度心轴装夹，其锥度一般为1/5000～1/2000。图8-7所示为用锥度心轴安装工件。工件推入心轴后靠摩擦力与心轴固紧，这种心轴装卸方便，对中准确，但由于其切削力是靠配合面的摩擦力传递的，故切削深度不能太大，多用于精加工盘套类零件。

当工件长度比孔径小时，则应做成带螺母压紧的心轴。如图8-8所示，工件左端紧靠心轴的轴肩，由螺母及垫圈压紧在心轴上。为了保证内外圆同心，孔与心轴之间的配合间隙应尽可能小。这种心轴夹紧力较大，但内外圆同心度较差，多用于盘套类零件的粗加工、半精加工。

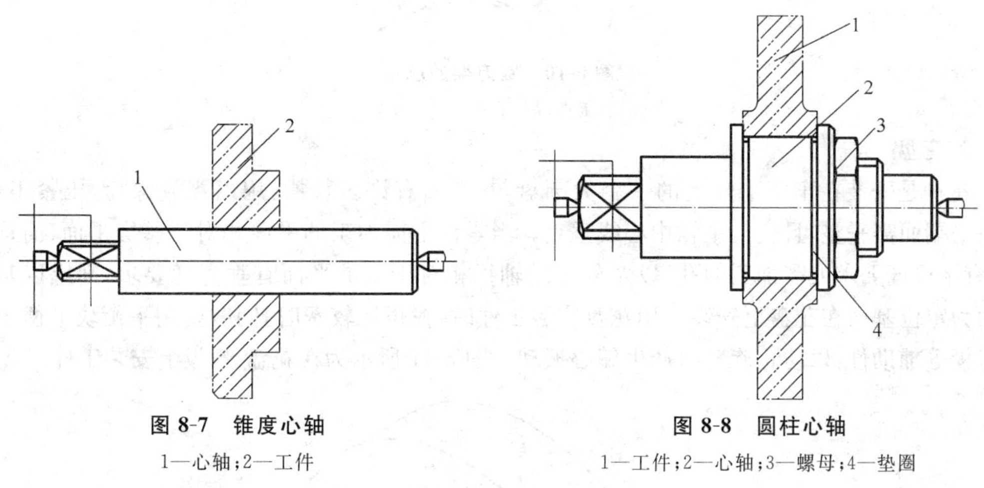

图8-7　锥度心轴

1—心轴；2—工件

图8-8　圆柱心轴

1—工件；2—心轴；3—螺母；4—垫圈

5. 中心架、跟刀架

加工细长轴时，为防止工件受径向切削分力的作用而产生弯曲变形，常用中心架或跟刀架作为辅助支承。中心架固定在床身导轨上，它有三个可独立伸缩的支承爪，且均由紧固螺钉予以锁紧。使用时，先在工件支承部位精车一段光滑表面作为工件支承面，再将中心架紧固于车床导轨的适当位置，最后调整三个支承爪，使之与工件支承面接触，由于加工时工件支承面与中心架支承爪有相对运动，故松紧需适当。图8-9所示为中心架的应用。

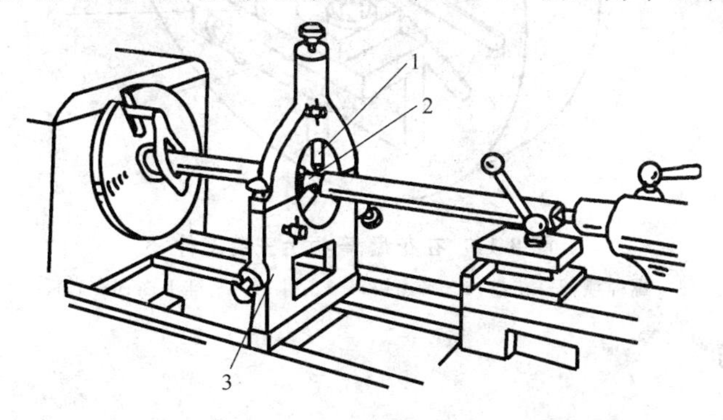

图8-9　中心架的应用

1—可调节支承爪；2—预先车削出的外圆面；3—中心架

跟刀架主要用于车削细长的光轴，它装在车床刀架的大拖板上，与整个刀架一起移动。两个支承爪安装在车刀的对面，用以抵住工件。车削时，在工件右端头上先车出一段外圆，然后使支承爪与其接触，并调整至松紧适宜。工作时支承处要加油润滑，如图 8-10 所示。

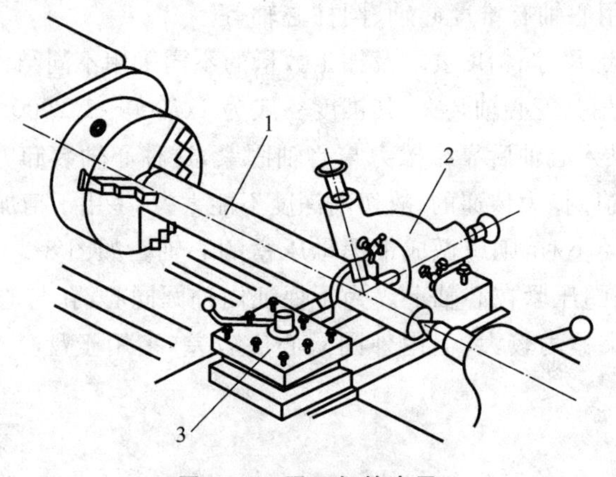

图 8-10　跟刀架的应用

1—工件；2—跟刀架；3—刀架

6. 花盘

花盘是安装在车床主轴上的一个大圆盘，其端面有许多长槽，用以穿放螺栓，压紧工件。花盘的端面需平整，且应与主轴中心线垂直。当零件上需加工的平面相对于基准平面（简称基面）有平行度要求或需加工的孔，以及外圆的轴线相对于基准平面有垂直度要求，则应以基准平面为定位基面在花盘上安装。用花盘安装工件时，找正比较费时，同时要用平衡块平衡工件和弯板等辅助件，以防止旋转时产生偏心振动。图 8-11 所示为在花盘-弯板上安装工件。

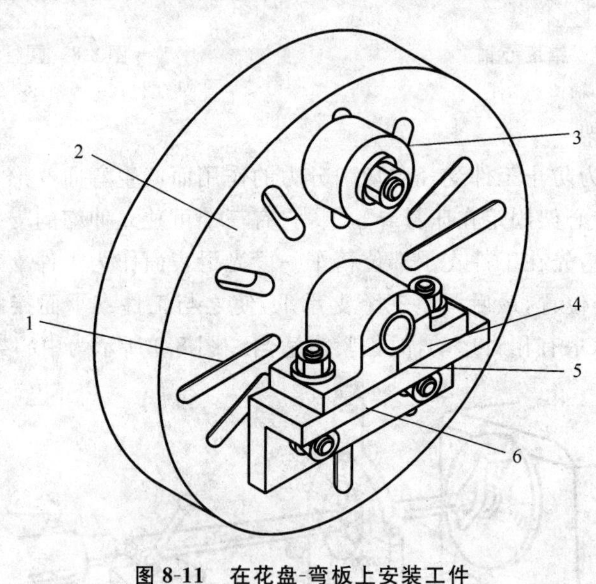

图 8-11　在花盘-弯板上安装工件

1—螺栓槽；2—花盘；3—平衡块；4—工件；5—基准平面；6—弯板

8.1.5　车刀

1. 车刀的种类

车刀由刀头、刀杆两部分组成。刀头用来切削，刀杆用于夹持。在车削加工中，为了加工各种不同表面,或加工不同的工件,需要采用各种不同加工用途的车刀。常用的有外圆车刀、尖头外圆车刀、弯头外圆车刀、切断刀、偏刀、车孔刀、螺纹车刀、成形车刀等,如图 8-12 所示。车刀按材质分可分为高速钢车刀、硬质合金车刀、陶瓷车刀、立方氮化硼车刀等。

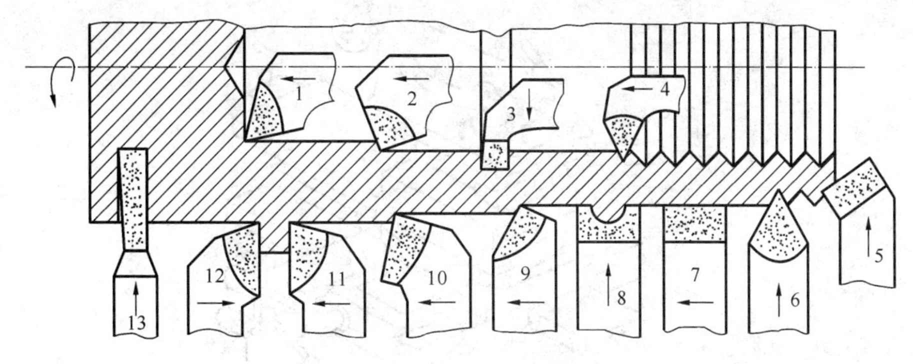

图 8-12　常用车刀类型

1—盲孔车刀;2—通孔车刀;3—内槽车刀;4—内螺纹车刀;5—端面车刀;6—外螺纹车刀;7—宽刃精车刀;8—成形车刀;9—直头车刀;10—弯头外圆车刀;11—90°右偏刀;12—90°左偏刀;13—切断刀

2. 车刀的刃磨

未经过使用或用钝后的车刀,必须进行刃磨,以得到应用的形状和角度,才能顺利地车削和保证加工质量。车刀的刃磨一般在砂轮机上进行。刃磨硬质合金车刀时应选用碳化硅砂轮(一般为浅绿色);刃磨高速钢车刀时应选用氧化铝砂轮(一般为白色)。

车刀的几何角度是通过刃磨三个刀面得到的。外圆车刀的刃磨步骤为:先刃磨前刀面,再刃磨主后刀面,再刃磨副后刀面,最后修磨刀尖圆弧。如图 8-13 所示。

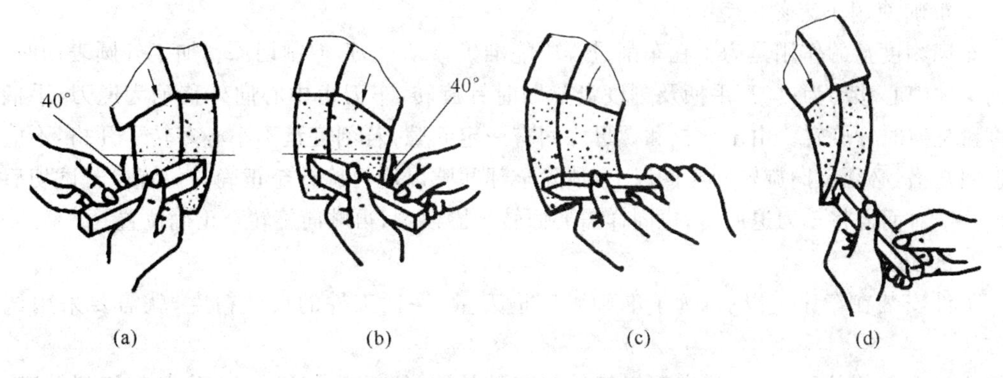

图 8-13　刃磨外圆车刀一般步骤

刃磨车刀时应注意下列事项:① 砂轮机启动后,操作者应站在砂轮侧面,以防砂轮碎裂时沿切线方向飞出造成人身事故;② 刃磨刀具时要握稳刀具,用力均匀,刀柄靠近支架,使受磨面轻贴砂轮,切忌用力太大或冲击砂轮,以免使砂轮碎裂;③ 刀具应在砂轮圆周上左右移动,使砂轮磨耗均匀,避免产生沟槽,禁止在砂轮侧面用力粗磨刀具,致使砂轮偏摆,甚至破碎;④ 刃磨时会产生摩擦热。刃磨高速钢车刀时,应沾水使之冷却,防止其回火软化。但刃磨硬质合金刀时,则不应沾水,以免产生裂纹。

3. 车刀的安装

装夹车刀应注意下列事项:① 车刀刀尖应与车床的主轴轴线等高,可根据尾座顶尖增减垫片厚度进行调整;② 车刀刀柄应与车床主轴轴线相垂直;③ 车刀应尽可能伸出短些,伸出长度一般不超过刀柄厚度的两倍,否则刀柄刚度减弱,易产生振动;④ 刀柄下面的垫片应平整并与刀架对齐，一般不得超过两片；⑤ 车刀装夹应稳固，压紧螺钉应交替拧紧；⑥ 装夹好车刀后，应手动检查在工作行程中有无相互干涉或碰撞的可能，如图 8-14 所示。

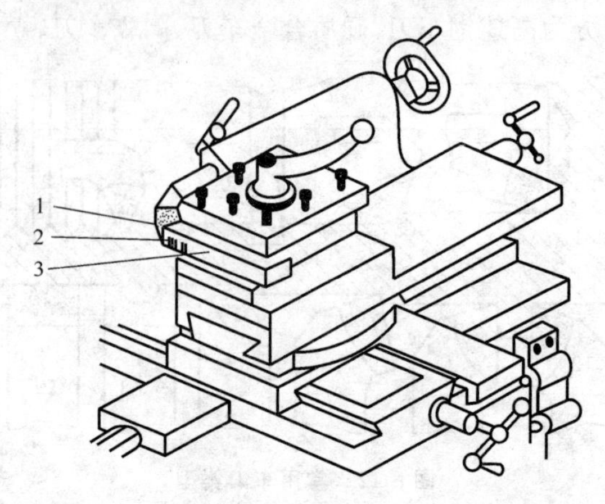

图 8-14　车刀的安装

1—刀尖对准顶尖；2—刀头伸出长度小于两倍刀柄厚度；3—刀柄与工件轴线垂直

8.2　基本车削工作

8.2.1　车床操作要点

1. 正确使用车床刻度盘

车床刻度盘的作用是为了在车削过程中能准确移动车刀，控制切深。加工外圆表面时，车刀向工件中心移动为进刀，手柄及刻度盘是顺时针旋转，车刀由中心向外移动为退刀，手柄及刻度盘是逆时针旋转。由于丝杠和螺母之间有一定间隙，若刻度盘不小心多转了几格，不能直接退回几格，必须反向旋转回半圈以上，消除全部间隙以后再旋转至正确的位置。若试切后发现尺寸不对而需将车刀退回时，也同样需要回转半圈以上，再顺向旋转至正确位置。

2. 试切

工件安装在车床上以后，为了准确确定进刀量，保证工件的尺寸精度，就需要采用试切的方法。

比如在车削外圆时，先将车刀轻轻接触工件外圆，然后纵向向右退刀，调整切削深度，试切一刀，然后纵向向右退刀，停车测量直径，再依此尺寸为基准进行合理进刀切削，直至尺寸合格为止。

3. 车削基本步骤

为了提高生产率和保证加工精度，车削加工应分为粗车和精车两阶段。

1）粗车

粗车的目的是尽快地从工件上切去大部分加工余量，使工件接近最后的形状和尺寸。粗车要给精车留有合适的加工余量，而精度和表面粗糙度要求都较低。在生产中，加大切深对提高生产率最有利，而对车刀的寿命影响又最小。因此，粗车时要优先选用较大的切深。其次根据需要，适当加大进给量，最后确定切削速度。切削速度一般采用中等或中等偏低的数值。

粗车的切削用量推荐如下。

切削深度(简称切深)a_p:取 2～4 mm。

进给量 f:取 0.15～0.4 mm/r。

切削速度(简称切速)v:硬质合金车刀切钢可取 50～70 m/min,切铸铁可取 40～60 m/min。

粗车铸件时,因工件表面有硬皮,如切深很小,刀尖反而容易被硬皮碰坏或磨损,因此,第一刀切深应大于硬皮厚度。

选择切削用量时,还要看工件安装是否牢靠。若工件的长度小,或表面凹凸不平,切削用量也不宜过大。

2) 精车

粗车给精车(或半精车)留的加工余量一般为 0.5～2 mm,加大切深对精车来说并不重要。精车的目的是要保证零件的尺寸精度和表面粗糙度,一般精车的精度为 IT8～IT7,表面粗糙度 Ra 值为 6.3～1.6 μm。

精车时,突出的问题是要注意保证工件的表面粗糙度。降低表面粗糙度的措施主要有以下几点。

(1) 选择合适的车刀几何形状。当采用较小的主偏角或副偏角,或刀尖磨有小圆弧,都有利于降低表面粗糙度。

(2) 如果车刀选用较大的前角 γ_0,并把刀刃磨得锋利些,用油石把前面和后面打磨得光一些,亦可降低表面粗糙度。

(3) 合理选择精车时的切削用量。

生产实践证明,较高的切速($v \geqslant 100$ m/mim)或较低的切速($v < 6$ m/mim)都可获得较低的表面粗糙度,但采用低速切削,生产率低,一般只有在精车小直径的工件时应用。

选用较小的切深可使切削变形减小,对降低表面粗糙度有利,但切深过小(如为 0.03～0.05 mm),工件上原来凹凸不平的表面可能没有完全切掉,也得不到满意的表面粗糙度。

采用较小的进给量也可以降低表面粗糙度。

在选择精车的切削用量时,应将切削速度放在第一位,进给量放在第二位,最后根据工件尺寸来确定切深。

切深 a_p:高速精车取 0.3～0.5 mm,低速精车取 0.05～0.10 mm。

进给量 f:取 0.05～0.2 mm/r。

切速 v:硬质合金车刀高速切钢可取 100～200 m/min,切铸铁可取 60～100 m/min。

(4) 合理地使用冷却液(又称切削液)也有助于降低表面粗糙度。低速精车钢件时用乳化液作为冷却液,而低速精车铸铁零件时,常用煤油作为冷却液。

8.2.2　车端面

对工件的端面进行车削的方法称为车端面,如图 8-15 所示。车端面时刀具做横向进给,车刀在端面上的轨迹是螺旋线。车刀越接近工件中心,切削速度越小,刀尖在工件中心时,车削速度为零。因此,刀尖与工件轴线一定要等高(特别是无孔的端面),否则工件中心余料难以切除。

车削端面时,常采用弯头车刀(见图 8-15(a))和右偏刀(见图 8-15(b))。弯头车刀车端面时,中心凸台是逐步去掉的,刀尖不易损坏,适用于车削大的端面。使用右偏刀车削时,凸台是瞬间去掉的,容易损坏刀尖,此时若吃刀量较大,在切削力的作用下,易出现打刀,工件产生凹心。但精车端面时可用偏刀由中心向外进给,能提高端面的加工质量,如图 8-15(c)所示。

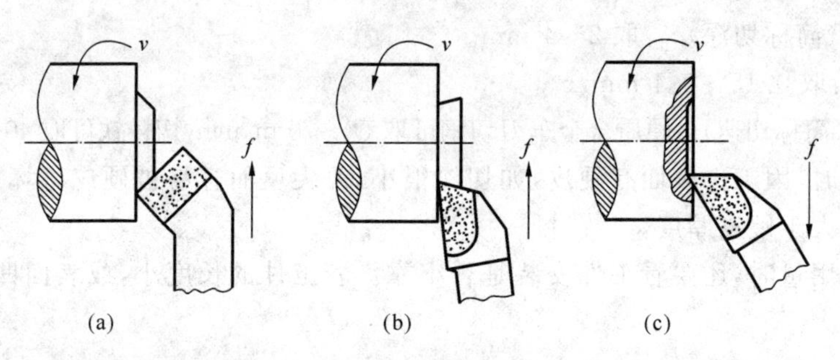

图 8-15 车端面

(a) 用弯头刀车端面；(b) 用右偏刀车端面；(c) 用偏刀精车端面

车削直径较大的端面，若出现凹心或凸面时，应检查车刀和刀架是否未锁紧，以及中拖板的松紧程度。为避免车刀纵向移动，应将大拖板固定在床身上，用小拖板进给和调整切深。

8.2.3 钻中心孔

根据零件加工工艺要求，在车削加工中很多零件需要在一端或两端钻中心孔，以用于辅助加工。比如各种长轴、精度较高或同心度要求较高的零件等。中心孔是轴类零件在顶尖上安装的定位基准。

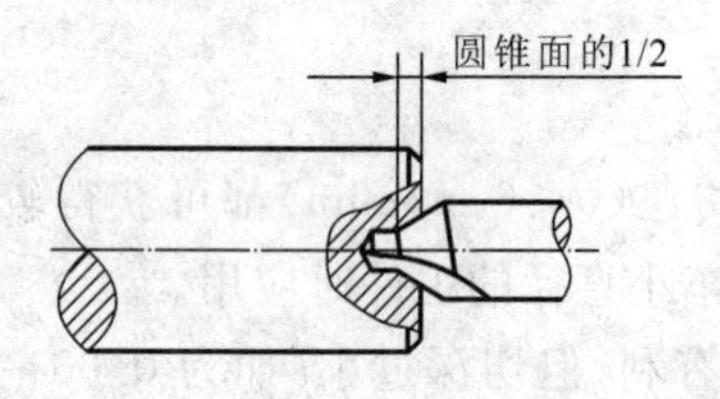

图 8-16 钻中心孔

钻中心孔时，由于中心钻切削部分的直径较小，承受不住过大的钻削力，稍不注意就可能使中心钻折断，所以在钻中心孔时应选择较高的转速、较小的进给量，一般选择主轴转速在 600～900 r/min 之间，钻削时双手缓慢匀速的转动尾座手轮，并反复多次进退中心钻，以便于中心钻散热及切屑的排出，以避免切屑填满排屑槽将中心钻挤断。将孔深钻至中心钻圆锥面的 1/2 处即可。如图 8-16 所示。

8.2.4 车外圆和台阶

车削加工外圆柱面称为车外圆。在工件上车削出不同直径圆柱面的过程称为车台阶。通常把两个相邻圆柱面的直径差小于 5 mm 的称为低台阶，大于 5 mm 的称为高台阶。车台阶实际上是车外圆和端面的组合加工，车削时需兼顾二者的尺寸精度。

车台阶一般使用尖头刀、45°弯头刀和 90°偏刀。前两者主要用于车削（轴径不变的）外圆，以及粗加工和半精加工。90°偏刀主要用于加工台阶处为直角的阶梯轴，以及车削细长轴和精加工。常见的外圆车削如图 8-17 所示。

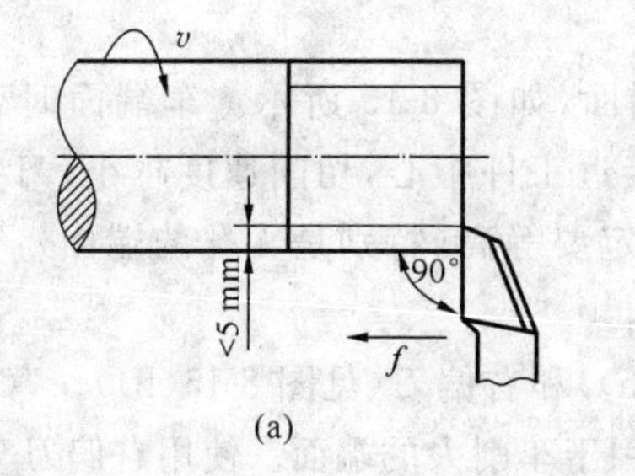

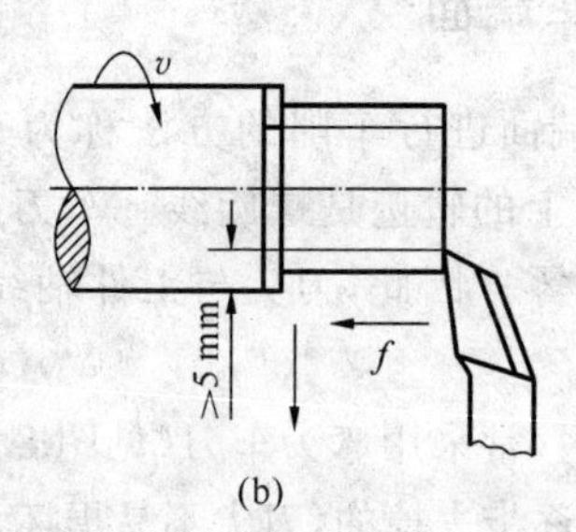

图 8-17 车外圆

(a) 一次走刀；(b) 多次走刀

车外圆常须经过粗车和精车两个步骤。粗车和精车开始前,均需进行试车。

车削台阶时,外圆先分层切除,当外径符合要求后对台阶面进行精车。如图 8-18 所示。

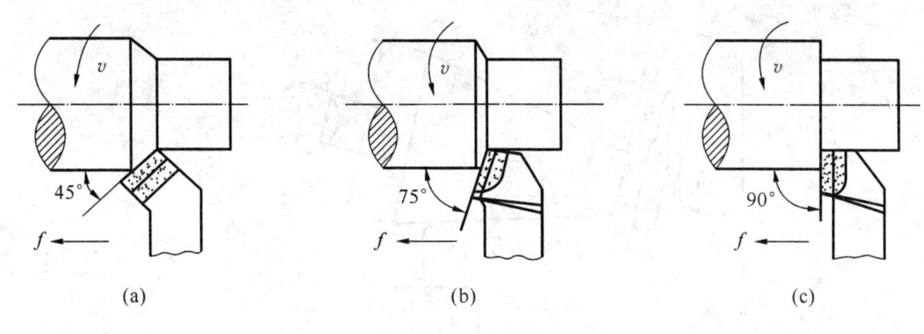

图 8-18　车台阶

为使台阶长度符合要求,可用刀尖预先刻出线痕,作为加工的界限。

8.2.5　车圆锥面

常用车削圆锥面的方法有以下几种:宽刀法、转动小拖板法、偏移尾架法和靠模法。

1. 宽刀法

图 8-19 所示为用宽刀车削圆锥面。这种方法仅适用于车削较短的内外圆锥面。其优点是加工迅速,能加工任意角度的圆锥面。其缺点是加工的圆锥面不能太长,切削面积大,要求机床与工件有较好的刚度。

2. 转动小拖板法

图 8-20 所示为转动小拖板车削圆锥面。此法是将小拖板绕转盘轴线转过 1/2 圆锥角(见转盘刻度),然后紧固。加工时,转动小拖板手柄,使车刀沿圆锥面的母线移动,从而加工出所需的圆锥面。

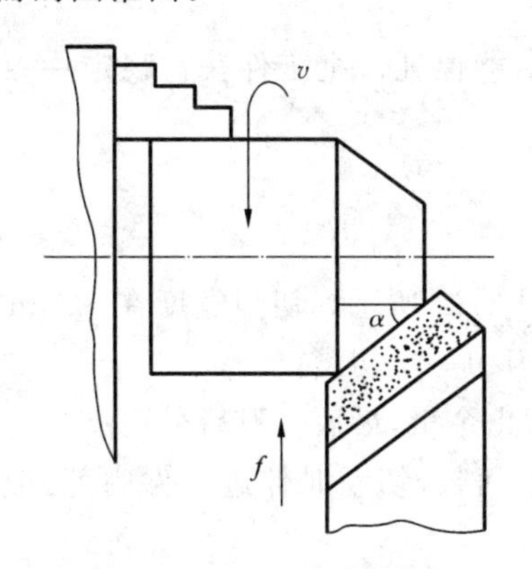

图 8-19　用宽刀车削圆锥面

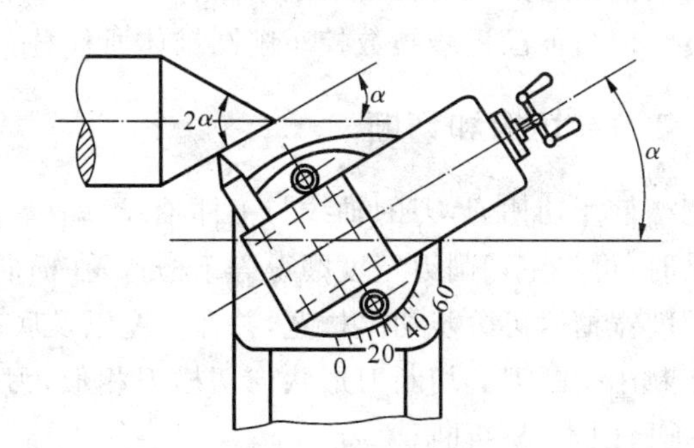

图 8-20　转动小拖板车削圆锥面

这种方法的优点是调整方便,操作简单,可以加工圆锥角为任意大小的内外圆锥面,因此应用广泛。缺点是所加工圆锥面的长度受小拖板行程长度的限制,只能加工短锥面,且多为手动进给,故车削时进给量不均匀,表面质量较差。

3. 偏移尾架法

图 8-21 所示为偏移尾架车削圆锥面。方法是把尾架顶尖偏移一个距离 s,使工件的旋转轴线与机床主轴轴线相交一个角度(1/2 圆锥角),利用车刀的纵向进给,车出所需的圆锥面。

这种方法的优点是能自动进给车削较长的圆锥面。其缺点是尾架可偏移距离 s 较小,

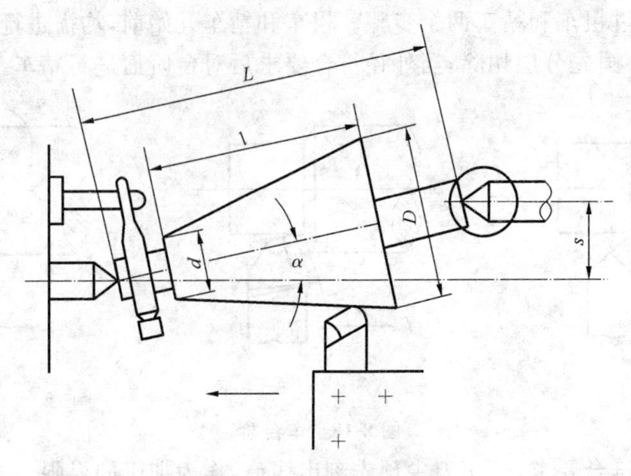

图 8-21　尾架偏移车削圆锥面

中心孔与顶尖配合不良，特别是当半圆锥角大于 6° 后误差较大，尾架偏移量较大，使中心孔与顶尖的配合变坏，装夹不可靠。故一般用于车削小锥度的长锥面，且精确调整尾架偏移量较费时，也不能加工圆锥孔。

4. 靠模法

对于某些较长的圆锥面和圆锥孔，当其精度要求较高而批量又较大时常用靠模法。

靠模板是车床加工圆锥面的附件。一般将靠模板装置底座固定在车床床身的后面，底座上面装有锥度靠模板，它可以绕中心轴线旋转到与工件轴线相交成 1/2 圆锥角的角度。滑板可自由地沿着靠模板滑动，滑板又用固定螺钉与中拖板连接在一起。为了使中拖板能自由滑动，必须把中拖板上的横向进给丝杠与螺母脱开。为了便于调整切削深度，小拖板必须转过 90°。当大拖板做纵向自动进给时，滑板就沿着靠模板滑动，从而使车刀的运动平行于靠模板，车出所需的圆锥面。

靠模法的优点是可在自动进给条件下车削圆锥体，能保证一批工件获得稳定一致的合格锥度。但目前已逐步被数控车削圆锥体所代替。

8.2.6　切槽和切断

切槽使用切槽刀，刀的轴线与工件轴线垂直。如图 8-22 所示。切削宽度在 5 mm 以下的窄槽时，可将主切削刃宽度磨得等于槽宽，在横向进刀中一次切出。

切削宽槽时可分步切出槽宽，并在槽宽以及底径留出余量，最后一刀精车到位。

切断用切断刀。切断刀形状与切槽刀相似，刀头窄而长，切断时伸进工件内部，散热条件差，排屑困难，易折断。

切断时应注意下列事项。

(1) 工件用卡盘夹持。工件的切断处应尽可能距卡盘近些，以避免工件振动。

(2) 刀尖与工件的轴线应等高，刀尖过高过低，切断处均将剩有凸起部分，且刀头易折断，如图 8-23 所示。

(3) 保证切断时刀架不碰卡盘，在此前提下车刀不应伸出刀架太长。有时可采用分段切断。

(4) 切断时应降低切削速度和进给速度，以降低切削热，切钢件时应加冷却液。即将切断时，需放慢进给速度，以免刀头折断。

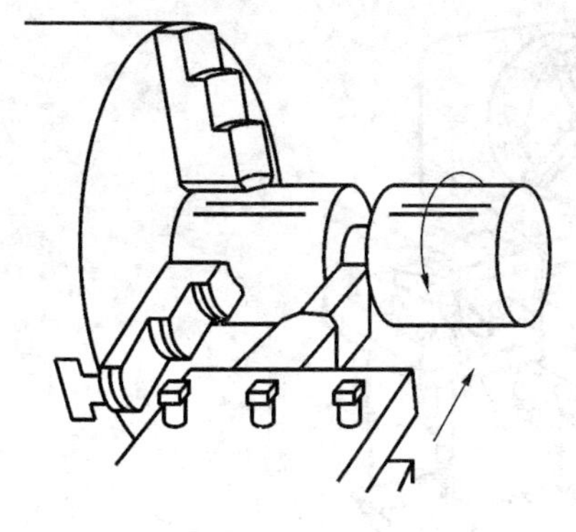

图 8-22　切槽

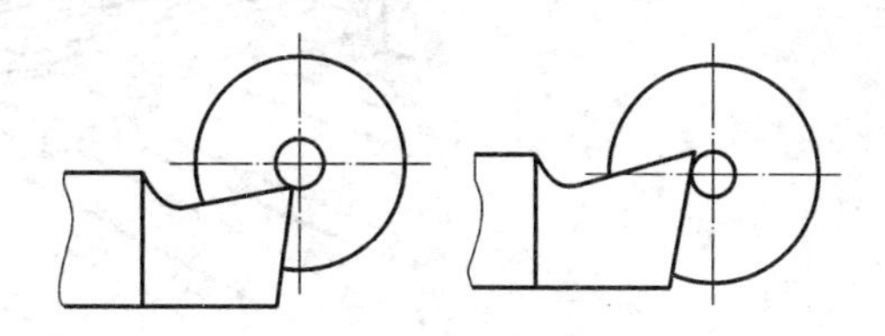

图 8-23　切断刀刀尖与工件轴心的位置

8.2.7　车成形面

机械零件中有的表面轮廓不是直线，而是一种曲线，如手柄、球面等。这种带有曲线轮廓的表面称为成形面。车削加工成形面一般可用以下方法。

1. 双手控制法

如图 8-24 所示，双手控制法是利用双手同时摇动中拖板和小拖板的手柄，控制车刀刀尖运行的轨迹与所需加工成形面的曲线相符，从而车削出成形面。

双手控制法的优点是简单易行，其缺点是精确性差，生产效率低，需要较高的操作技能。因此一般用在加工工件数量较少、精度要求不太高的情况。

2. 成形刀法

如图 8-25 所示，成形刀法是利用刀刃形状与成形面轮廓相对应的成形刀进行成形面的车削加工。

图 8-24　双手控制法车削成形面

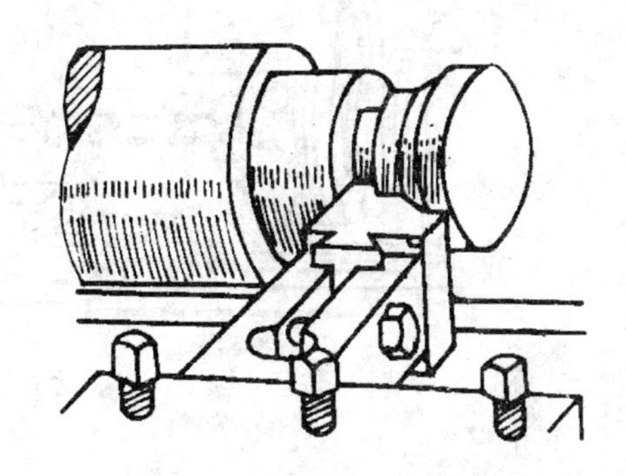

图 8-25　成形刀法车削成形面

用成形刀车削加工成形面时，车刀只做横向进给。由于切削面积较大，易引起振动，故切削时切削用量必须要小，并保持良好的冷却润滑条件。此法的优点是操作方便，能获得准确的表面形状，生产效率高。其缺点是受表面形状和尺寸的限制，刀具制备和刃磨困难，所以多在成批加工较短的成形面时使用。

3. 靠模法

如图 8-26 所示，用靠模法车削成形面的原理和方法与用靠模法车圆锥面相似。只是要把滑板换成滚柱，把锥度靠模板换成带有所需曲线的靠模板。这种方法克服了成形刀法的缺点，且加工质量高，生产效率高，广泛地应用于大批量工件的加工生产之中。

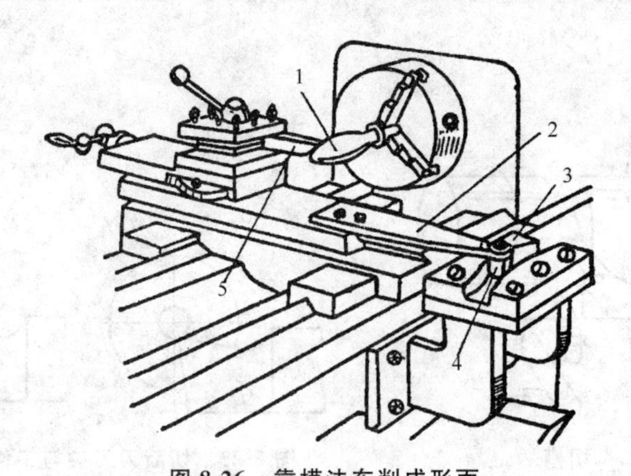

图 8-26　靠模法车削成形面

1—工件；2—拉杆；3—靠模板；4—滚柱；5—车刀

8.2.8　孔加工

1.钻孔

用钻头加工内孔称为钻孔。用镗刀加工内孔称为镗孔。钻孔的方法步骤如下。

(1) 车平端面。

(2) 装夹钻头，锥柄钻头直接装在尾座套筒的锥孔内，直柄钻头用钻夹头夹持。

(3) 调整尾座位置使钻头能进给到所需长度，固定尾座。

(4) 开车进行钻削。开始时进给要慢，使钻头准确地钻入。钻削时切削速度不宜过大。钻削过程中应经常退出钻头以利于排屑。孔将钻穿时，应减慢进给速度，以防折断钻头。孔钻通后，先退钻头，后停车。如图 8-27 所示。

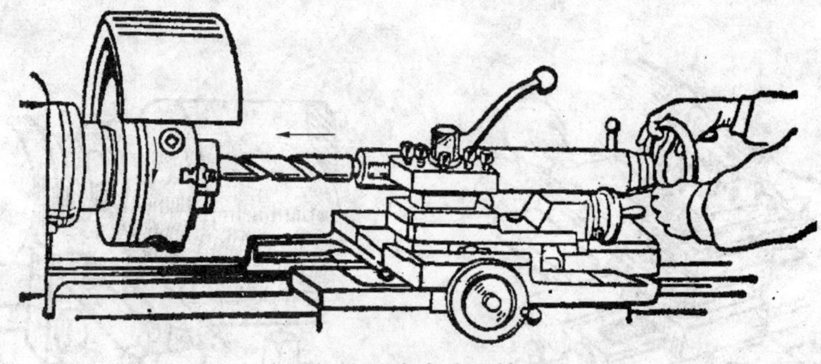

图 8-27　在车床上钻孔

2.车孔

车孔也称镗孔，是对铸出、锻出或钻出的孔做进一步加工，车孔时车孔刀伸进孔内进行切削。如图 8-28 所示。车孔能较好地纠正原孔轴线的偏斜度，保证同轴度。车孔的方法步骤如下。

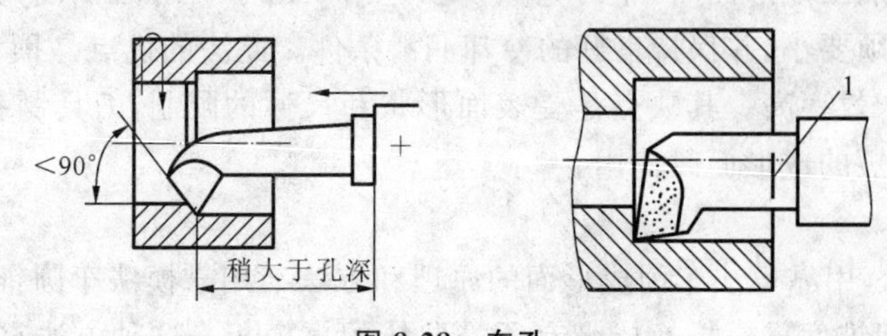

图 8-28　车孔

1—刀杆上所划的线

(1) 选择和安装车孔刀。

(2) 选择切削用量和调整车床,车孔时切削用量应比车外圆时小。

(3) 粗车,先试切,调整切深,注意车孔刀横向进给方向与外圆车削时方向相反。

(4) 精车,精车孔时切深和进给量应更小。当孔径接近最后尺寸时,应以很小的切深重复车几次,保证孔的精度。

8.2.9　车削螺纹

车床能加工各种螺纹。螺纹的种类很多,其中以普通螺纹应用最广。

1. 车削螺纹的传动原理

车削螺纹时必须用丝杠带动刀架进给,使工件每转一周,刀具移动的距离等于螺纹的螺距。通常在具体操作时,可按车床进给箱表牌上表示的数值调整交换齿轮齿数及工件的螺距值,调整相关的调速手柄位置或更换交换齿轮,使丝杠的转速符合要求,从而车出不同螺距的螺纹。

2. 车削螺纹基本操作方法

车削螺纹时吃刀量要小,总吃刀量以牙型的高度为准,用中拖板刻度盘或测量工具进行控制。螺纹的牙型是经过多次走刀而形成的。走刀方式有两种:一是正反走刀法,即工件正转进刀,工件反转退刀,开合螺母不提起,此法适用于各种螺纹;另一种是抬闸法,即利用开合螺母的压下和提起完成车削和退刀,此法的特点是,车刀车至终点时,不需反向退刀,而是提起开合螺母,手动退回,再进刀车削,此法操作简单,但只适用于工件螺距与丝杠螺距成整数倍的情况。

3. 螺纹车削注意事项

(1) 为保证每次走刀时刀尖都正确落在前次车削好的螺纹槽内,应保持主轴至刀架的传动系统不变,车刀在刀架上的位置不变,工件与主轴的相对位置不变。

(2) 每次进刀要牢记刻度,作为下次进刀的基数。

(3) 吃刀量要选择合适,过大会造成刀尖崩刃或工件被顶弯。

(4) 无退刀槽时,应注意及时退刀,退刀过早,则螺纹有效长度不够,退刀过迟,则车刀会撞上工件,使车刀和工件损坏或报废。

(5) 车削内螺纹时,车刀横向进退的方向与车外螺纹相反。

对公称直径很小的内螺纹和外螺纹,也可以在车床上用丝锥攻螺纹或用板牙套丝进行加工。

8.2.10　滚花

在车削加工中,常常会遇到零件的滚花加工,滚花是用滚花刀来挤压工件,使工件表面产生塑性变形而形成花纹。

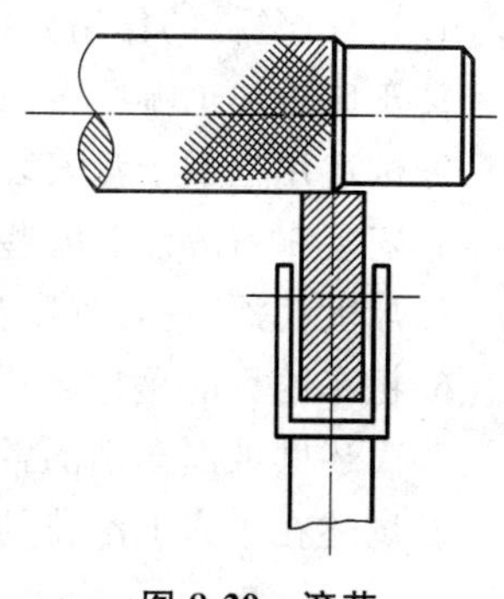
图 8-29　滚花

滚花花纹有多种,大致为直纹、斜纹、网纹三种。其中网纹有菱形与方形。滚花操作需要用滚花刀,也就是装有滚花轮的刀柄。滚花刀一般有单轮式、复轮式和六轮式几种。

在车床上滚花,受力相当大,工件必须装夹牢固。安装滚花刀时,刀面要与工件垂直,同时滚花轮中心要对准工件的轴心。滚花开始时,起头很重要,将滚花轮厚度的一半对准工件需滚花的部位(见图 8-29),慢慢手动用力将滚花刀径向挤压入工件，不能有停顿，使工件一下子就压出花纹。等花纹滚得很清晰后再开始走刀，进行走花。否则容易产生破头，即花纹滚乱。在滚花时要保证有充分的切削液，可用机油进行润滑。还要经常清除铁屑，花纹才能滚得清楚。

8.3　训练案例：车削

训练加工要求：加工如图 8-30 所示的小榔头手柄。

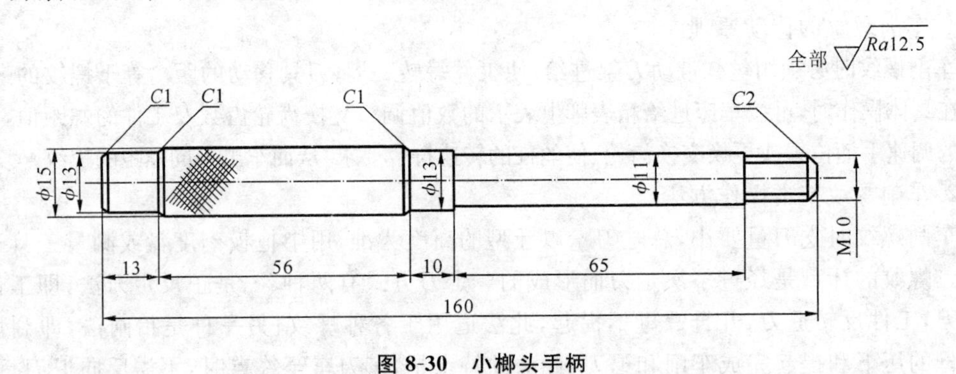

图 8-30　小榔头手柄

加工工艺如下。

(1) 车两端面。工件伸出 30 mm，并保证总长度为 160 mm，转速 n=180～200 r/min。

(2) 两端钻中心孔。孔深钻至中心钻头圆锥面 1/2 处，工件伸出长度为 30 mm，转速 n=400～700 r/min。

(3) 工件伸出长度为 100 mm，用顶尖顶住中心孔并夹紧工件，车削外圆 ϕ15 mm×56 mm及 ϕ13 mm×13 mm，转速 n=180～200 r/min，切削深度 a_p=1 mm。

(4) 用滚花刀滚花，转速 n=40～50 r/min，倒角 C1。

(5) 调头夹 ϕ13 mm 处，同样是先顶后夹紧，刻出长度线 56 mm，车直径 ϕ13 mm×10 mm和 ϕ11 mm×65 mm 两处，转速 n=230～300 r/min。

(6) 松开卡爪，将工件伸出 30 mm，夹 ϕ11 mm 处，车削 ϕ10 mm×16 mm，倒角 C2。

(7) 检查各尺寸合格后，用 M10 板牙套丝。

复习思考题

1. 光杠、丝杠的作用分别是什么？

2. 车床可加工哪些表面？

3. 试述用三爪卡盘安装工件的步骤。

4. 安装车刀应注意哪些事项？

5. 加大切深时，若刻度盘多转了 3 格，能否直接退回 3 格？为什么？应如何处理？

6. 粗车的目的是什么？如何正确选择精车的切削用量？

7. 简述圆锥面车削的常见方法。

8. 试述在车床上滚花的操作要领。

第9章 铣削工艺

在铣床上用铣刀对工件进行切削加工的过程称为铣削。铣削可用来加工平面、台阶、斜面、沟槽、齿轮和切断等，还可以进行钻孔和镗孔加工。

铣削加工的尺寸公差等级一般可达IT9～IT7，表面粗糙度Ra值一般为6.3～1.6 μm。铣刀是旋转使用的多齿刀具。铣削时，每个刀齿是间歇地进行切削，刀刃的散热条件好，可以采用较大的切削用量，是一种高生产率的加工方法，特别适用于加工平面和沟槽。

铣削的主运动是铣刀的旋转运动，进给运动是工件的移动。

9.1 常用铣床

铣床的种类繁多，同学们在训练中主要以卧式和立式为主。

9.1.1 万能卧式铣床

在卧式铣床中，万能卧式铣床用得最多。图9-1所示为X6132型万能卧式铣床。

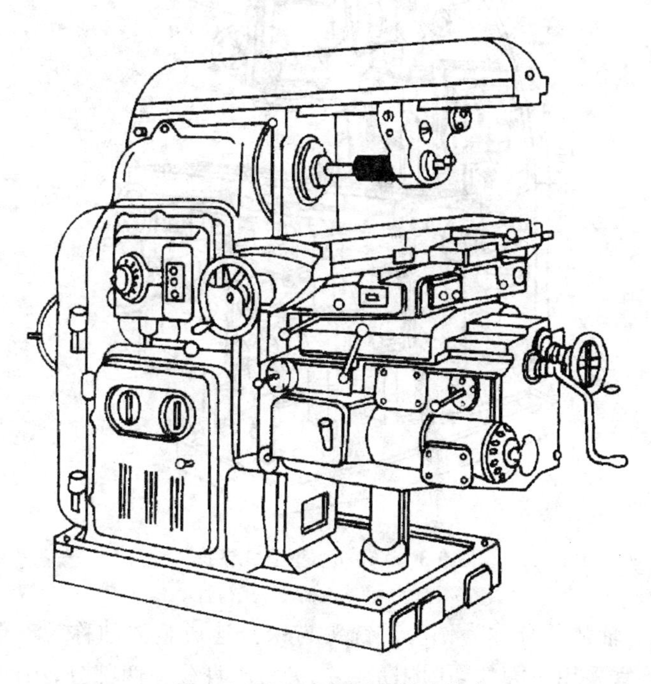

图9-1 X6132型万能卧式铣床

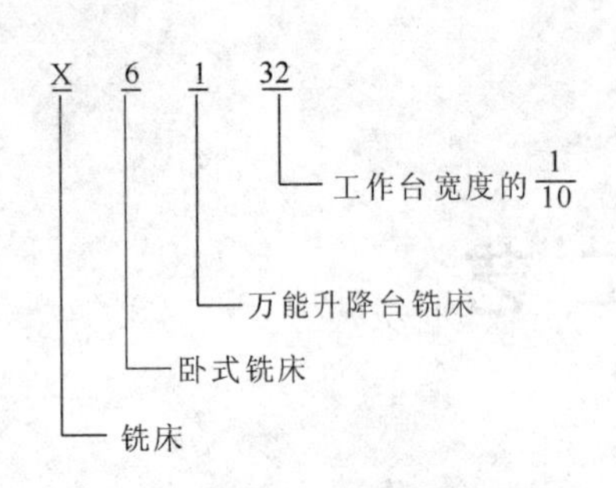

图 9-2　X6132 型万能卧式铣床字母与数字的含义

1. 万能卧式铣床的编号

在 X6132 中，字母与数字的含义如图 9-2 所示。

2. 万能卧式铣床的主要组成部分及其作用

(1) 横梁　可沿床身的水平导轨前后移动，以延长其伸出的长度。上面可安装吊架。

(2) 主轴　主轴用来带动刀杆旋转，前端有锥孔，用来安装刀杆或直接安装带柄铣刀。

(3) 吊架　用来支承刀杆，以增强刀杆的刚度。

(4) 纵向工作台　可带动工件做左右移动，手柄每转一圈，工作台移动 6 mm。

(5) 转台　可使纵向工作台水平面内正负扳转 45°，以便加工螺旋槽等。

(6) 横向工作台　可带动转台及纵向工作台做前后移动，手柄每转一圈，工作台移动 6 mm。

(7) 升降台　可沿床身的垂直导轨做升降运动。

(8) 床身　用来固定和支承铣床上的所有部件。

9.1.2　立式铣床

立式铣床与卧式铣床的主要区别在于立式铣床主轴与工作台台面垂直，卧式铣床主轴与工作台台面平行。图 9-3 所示为 X5025A 型立式铣床。

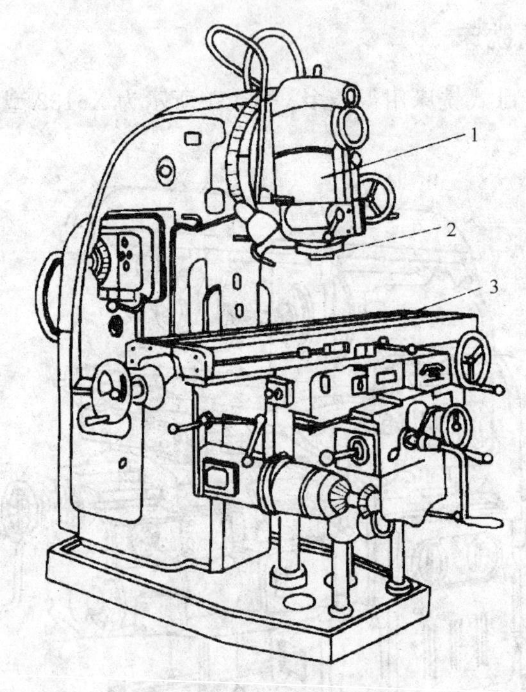

图 9-3　X5025A 型立式铣床

1—立铣头；2—主轴；3—工作台

立式铣床安装主轴的部分称为铣头。铣头与床身连成整体的称为整体式立式铣床，其主要特点是刚度好，宜采用较大的切削用量。铣头与床身分为两部分，中间靠转盘相连的称为回转式立式铣床，其主要特点是根据加工需要，可将铣头主轴相对于工作台台面扳转一定的角度，使用灵活方便，生产中应用较多。立式铣床的其他部分结构与万能卧式铣床基本相同。

9.2　铣床的加工范围

铣床加工范围比较广，图9-4所示为铣床典型零件的加工。其中图9-4(a)～(o)分别为圆柱铣刀铣平面、套式铣刀铣台阶面、三面刃铣刀铣直角槽、端铣刀铣平面、立铣刀铣凹平面、锯片铣刀切断、凸半圆铣刀铣凹圆弧面、凹半圆铣刀铣凸圆弧面、齿轮铣刀铣齿轮、角度铣刀铣V形槽、燕尾槽铣刀铣燕尾槽、T形槽铣刀铣T形槽、键槽铣刀铣键槽、半圆键槽铣刀铣半圆键槽、角度铣刀铣螺旋槽。

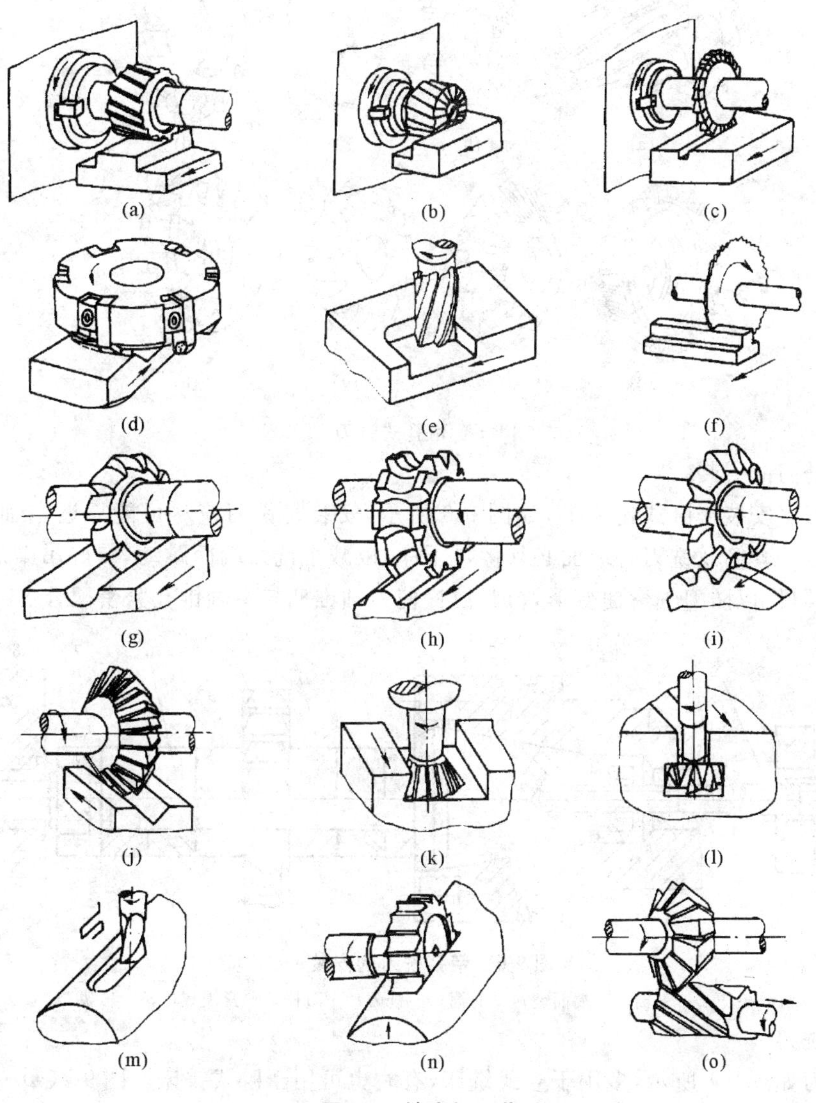

图9-4　铣床加工范围

9.3 铣刀及其安装

铣刀实质上是一种由单刃刀具组成的多刃刀具,其刀齿分布在圆柱铣刀的外回转表面或端铣刀的端面上。铣刀从形状来分,可分为带孔铣刀和带柄铣刀两大类。

1.带孔铣刀

圆盘式铣刀是带孔盘状铣刀的统称,根据切削刃形状及用途不同有三面刃铣刀、成形铣刀、齿轮铣刀、角度铣刀、锯片铣刀等。图 9-5(a)~(h)分别为圆柱铣刀、三面刃铣刀、锯片铣刀、齿轮铣刀、单角度铣刀、双角度铣刀、凸圆弧铣刀和凹圆弧铣刀。

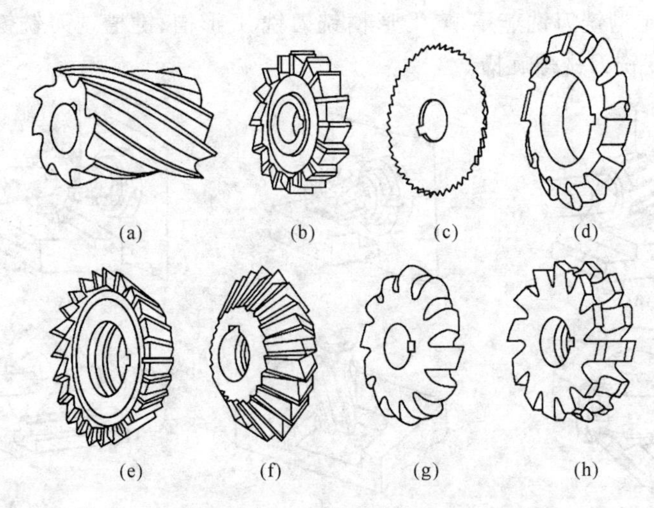

图 9-5 带孔式铣刀

2.带孔铣刀的安装

带孔铣刀多安装于卧式铣床上,如图 9-6 所示,安装时铣刀应尽可能靠近主轴或吊架,以增强其刚度。套筒及铣刀各端面必须擦拭干净,以减小铣刀端面跳动,装好吊架后再拧紧刀轴的紧固螺母,以防刀轴弯曲变形,拉紧拉杆使刀轴锥柄与主轴锥孔紧密配合。

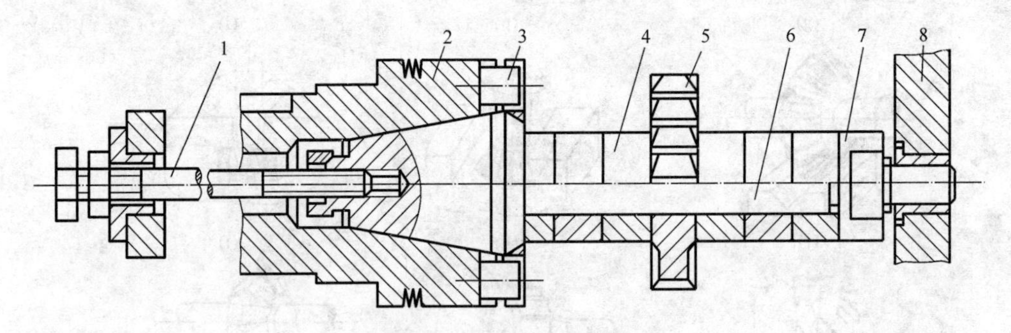

图 9-6 带孔铣刀的安装

1—拉杆;2—主轴;3—端面键;4—套筒;5—铣刀;6—刀杆;7—紧固螺母;8—吊架

3.带柄铣刀

带柄铣刀如图 9-7 所示,多用于立式铣床,有时也可用于卧式铣床。图 9-7(a)~(e)分别为镶齿端铣刀、直柄立铣刀、锥柄键槽铣刀、T 形槽铣刀和燕尾槽铣刀。

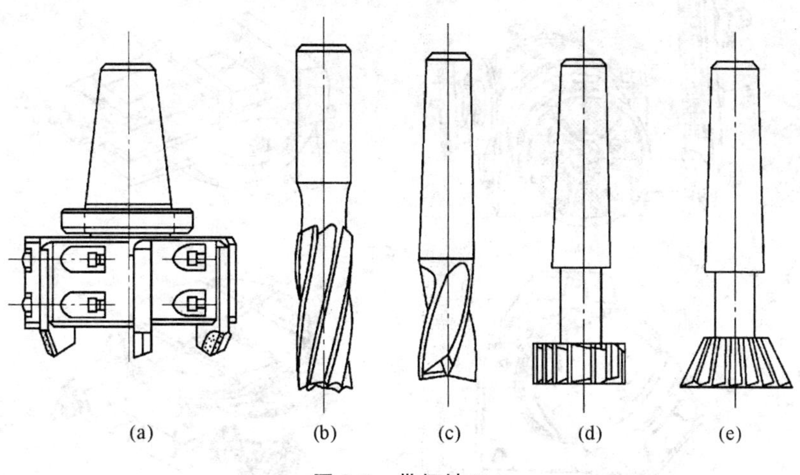

图 9-7　带柄铣刀

4. 带柄铣刀的安装

锥柄铣刀可通过变锥套安装在刀轴上，再将刀轴安装在主轴上。直柄铣刀多用专用弹性夹头进行安装。直柄铣刀的直径一般不大于 20 mm，如图 9-8 所示。

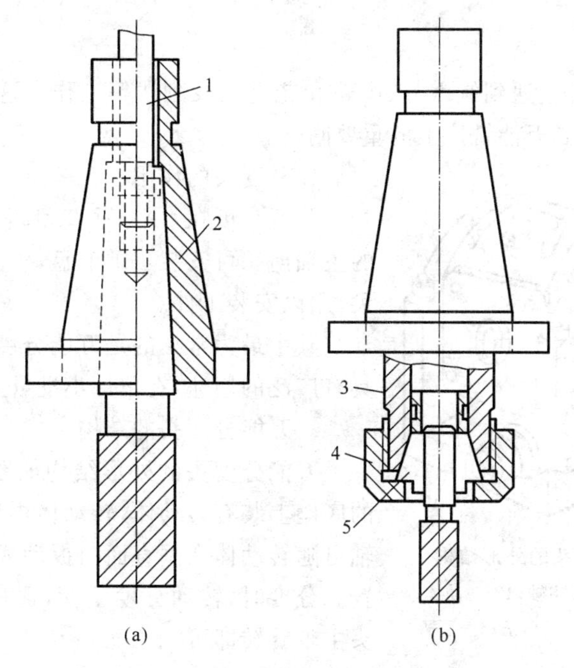

图 9-8　带柄铣刀的安装

1—拉杆；2—变锥套；3—夹头体；4—螺母；5—弹簧套

9.4　铣床的主要附件与应用

铣床的主要附件有分度头、平口钳、万能铣头和回转工作台，如图 9-9 所示。

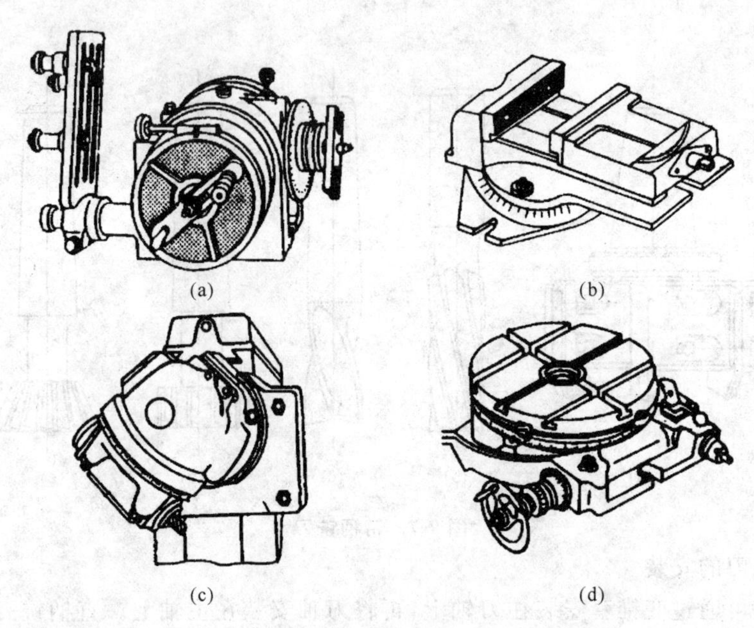

图 9-9 常用铣床附件

9.4.1 分度头

在铣削加工中，常会遇到铣六方、齿轮和花键以及刻线等工作。这时，就需要利用分度头进行分度。分度头是万能铣床上的重要附件。

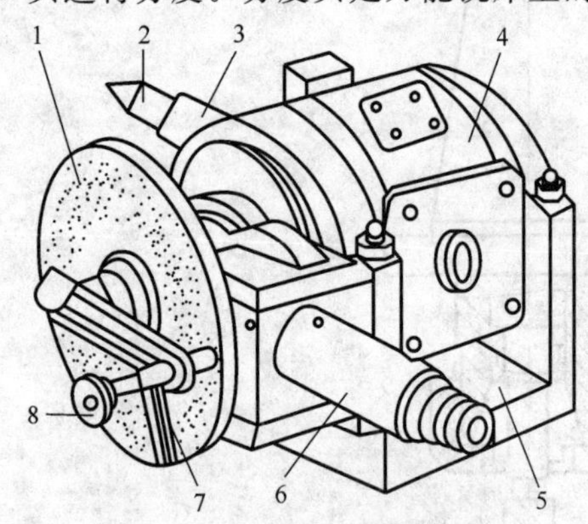

图 9-10 万能分度头的外形结构

1—分度盘；2—顶尖；3—主轴；4—转动体；5—底座；6—挂轮轴；7—扇形条；8—手柄

1. 分度头的作用

分度头可在水平、垂直和倾斜位置工作。分度头的主轴前端可安装三爪卡盘，主轴的锥孔内可安放顶尖，用以安装工件。

其中最为常见的是万能分度头，万能分度头由于具有广泛的用途，在单件小批量生产中应用较多。

2. 万能分度头的结构

万能分度头的外形结构如图 9-10 所示。分度头的底座上装有转动体，转动体内装有主轴。分度头主轴可随转动体在垂直面内扳动成水平、垂直或倾斜位置。分度时，转动分度手柄，通过蜗轮蜗杆带动分度头主轴旋转即可。

3. 简单分度方法

分度头内部的传动系统如图 9-11 所示，分度头的传动比 $i=1/40$。分度时转动分度手柄，通过速比为 1∶1 的一对直齿轮带动蜗杆转动一周，蜗轮只能带动主轴转过 1/40 圈。

如果要将工件的圆周等分为 z 等分，则每次分度工件应转过 $1/z$ 圈。这时分度手柄所需转的圈数（简称转数）n 可由下式算出

$$1:40=(1:z):n$$

即

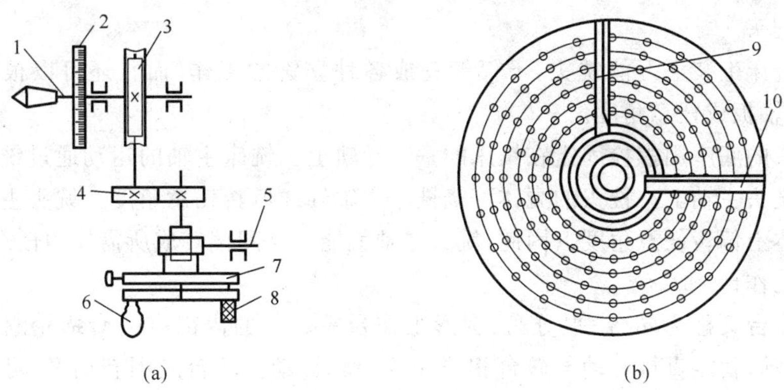

图 9-11　分度头的传动

1—主轴；2—刻度盘；3—1∶40 蜗轮传动；4—1∶1 直齿轮传动；5—挂轮轴；6—手柄；7—分度盘；8—定位销；9—扇形条 a；10—扇形条 b

$$n = \frac{40}{z}$$

式中：n——手柄每次分度时的转数；

z——工件的等分数；

40——分度头定数。

分度头分度的方法有直接分度法、简单分度法、角度分度法和差动分度法等。这里仅介绍常用的简单分度法。例如：铣齿数 $z=35$ 的齿轮，需对齿轮毛坯的圆周做 35 等分，每一次分度时，手柄转数为

$$n = \frac{40}{z} = \frac{40}{35} = 1\frac{1}{7}(\text{圈})$$

分度时，如果求出的手柄转数不是整数，可利用分度盘上的等分孔距来确定。一般备有两块分度盘。分度盘的两面各钻有许多圈孔，各圈孔数均不相等，然而同一圈上的孔距是相等的。

分度头第一块分度盘正面各圈孔数依次为 24、25、28、30、34、37，反面各圈孔数依次为 38、39、41、42、43。

第二块分度盘正面各圈孔数依次为 46、47、49、51、53、54，反面各圈孔数依次为 57、58、59、62、66。

按上例计算结果，即每分一齿，手柄需转过 $1\frac{1}{7}$ 圈，其中 $\frac{1}{7}$ 圈需通过分度盘来控制。分度时将分度手柄上的定位销调整到孔数为 7 的倍数(如 28、42、49) 的孔圈上，如在孔数为 28 的孔圈上。此时分度手柄转过一整圈后，再沿孔数为 28 的孔圈转过 4 个孔距($n=1\frac{1}{7}=1\frac{4}{28}$)。

为了确保手柄转过的孔距数可靠，可调整分度盘上的扇形条 a、b 间的夹角，使之正好等于手柄转数分子的孔距数，这样依次进行分度时就可准确无误。

9.4.2　其他附件

1. 机用平口钳

机用平口钳是一种通用夹具，经常用其安装小型较规则的工件。如板块类零件、盘套类零件和小型支架等。

2. 万能铣头

在卧式铣床上装上万能铣头，不仅能完成各种立铣的工作，而且还可以根据铣削的需要，把铣头主轴扳成任意角度。

万能铣头的底座用螺栓固定在铣床的垂直导轨上。铣床主轴的运动通过铣头内的两对锥齿轮传到铣头主轴上。铣头的壳体可绕铣床主轴轴线偏转任意角度。铣头主轴的壳体还能在铣头壳体上偏转任意角度。因此，铣头主轴就能在空间偏转成所需要的任意角度。

3. 回转工作台

回转工作台又称为转台、平分盘、圆形工作台等。它的内部有一套蜗轮蜗杆。摇动手轮，通过蜗杆轴，就能直接带动与转台相连接的蜗轮转动。转台周围有刻度，可以用来观察和确定转台位置。回转工作台一般用于较大零件的分度工作和非整圆弧面的加工。铣圆弧槽时，工件安装在回转工作台上，铣刀旋转，用手均匀缓慢地摇动回转工作台而使工件铣出圆弧槽。

9.5 基本铣削工作

9.5.1 铣平面

铣平面可以用圆柱铣刀、立铣刀、端铣刀或三面刃盘铣刀在卧式铣床或立式铣床上进行铣削。

1. 用圆柱铣刀铣平面

圆柱铣刀一般用于卧式铣床铣平面。铣平面用的圆柱铣刀，一般为螺旋齿圆柱铣刀。

铣削时，根据工艺卡的规定调整机床的转速和进给量，再根据加工余量的多少来调整铣削深度，然后开始铣削。用圆柱铣刀进行加工时，有两种不同的铣削方式，即逆铣和顺铣，分别如图 9-12(a)、(b)所示。

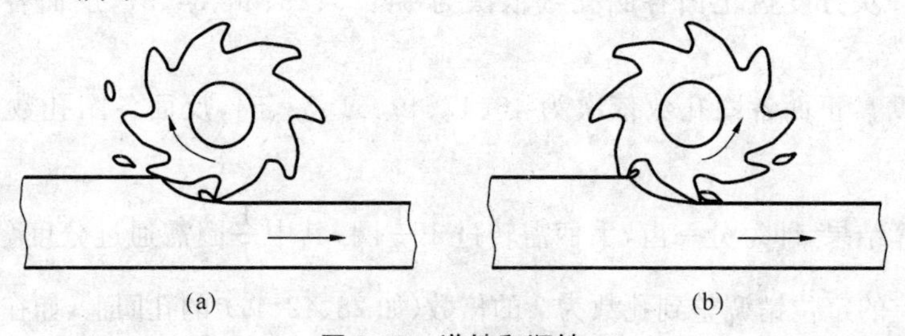

图 9-12 逆铣和顺铣

(a) 逆铣；(b) 顺铣

逆铣是指铣刀的旋转方向和工件的进给方向相反，而顺铣则方向相同。两者相比，顺铣更有利于高速切削，更能提高工件表面的加工质量，并有助于工件的夹持，但顺铣对消除工作台进给丝杠和螺母之间的间隙要求较高，并要求工件没有硬皮。因此，在一般情况下，大多采用逆铣进行加工。

用螺旋齿圆柱铣刀铣削时，同时参加切削的刀齿数较多，每个刀齿工作时都是沿螺旋线方向逐渐地切入和脱离工作表面，切削比较平稳。圆柱铣刀一般只用于铣削水平面，在单件小批量生产的条件下，用圆柱铣刀在卧式铣床上铣平面仍是常用的方法。

2. 用端铣刀铣平面

端铣刀一般用于立式铣床(见图 9-13(a))上铣平面,有时也用于卧式铣床(见图 9-13(b))上铣侧面。

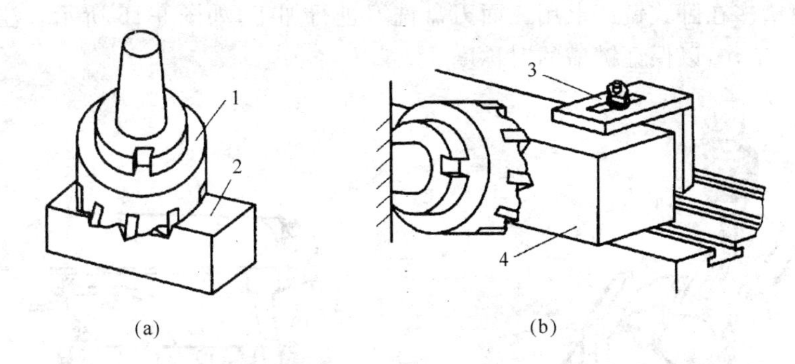

图 9-13　端铣刀铣平面

(a) 立式铣床;(b) 卧式铣床

1—端铣刀;2,4—工件;3—压板

端铣刀铣平面切削厚度变化较小,同时切削的刀齿较多,因此切削比较平稳,再则端铣刀的主切削刃担负着主要的切削工作,而副切削刃又有修光作用,所以表面光整。因此,端铣已成为加工平面的主要方式之一。

3. 立铣刀铣水平面和垂直面

对于工件体积较小的凸台面和台阶面,常用立铣刀铣削。

9.5.2　铣斜面

铣削斜面的方法主要有三种,如图 9-14 所示。

(1) 在立式铣床上把铣刀转成所需的角度进行铣削,或在装有立铣头的卧式铣床上使用该方法。

(2) 工件转成所需的角度进行铣削。先在工件上将要加工的斜面进行划线,然后按照划线在平口钳或工作台上校平工件,夹紧工件即可进行铣削。也可利用分度头或可转动的夹持附件使工件转成所需的角度进行铣削。

(3) 角度铣刀直接铣削斜面。条件是必须有角度符合的角度铣刀。

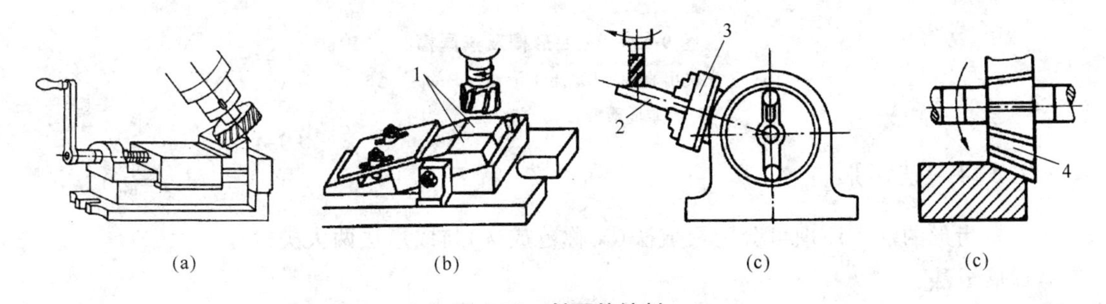

图 9-14　斜面的铣削

1,2—工件;3—卡盘;4—铣刀

9.5.3　铣沟槽

在铣床上能加工的沟槽种类很多,如直槽、角度槽、V 形槽、T 形槽、燕尾槽和键槽等。

1. 铣键槽

常见的键槽有封闭式和敞开式两种。在轴上铣封闭式键槽，一般用键槽铣刀加工，如图 9-15 所示。用键槽铣刀铣键槽时，每次轴向进给不能太大，切削时要注意逐层切下。

敞开式键槽多在卧式铣床上用三面刃盘铣刀进行加工，如图 9-16 所示。注意在铣削键槽前，做好对刀工作，以保证键槽的对称度。

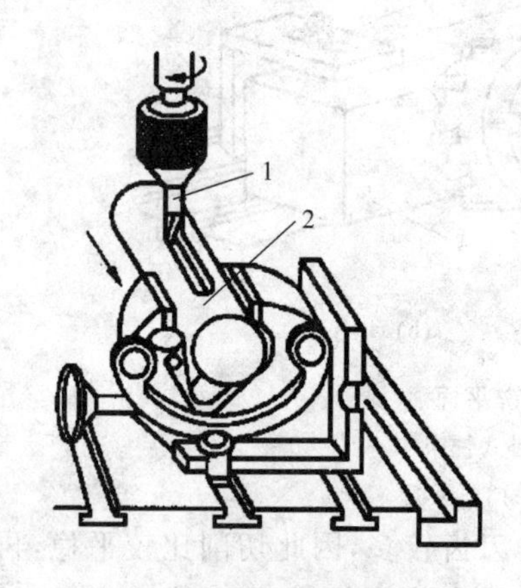

图 9-15 铣封闭式键槽

1—键槽铣刀；2—轴

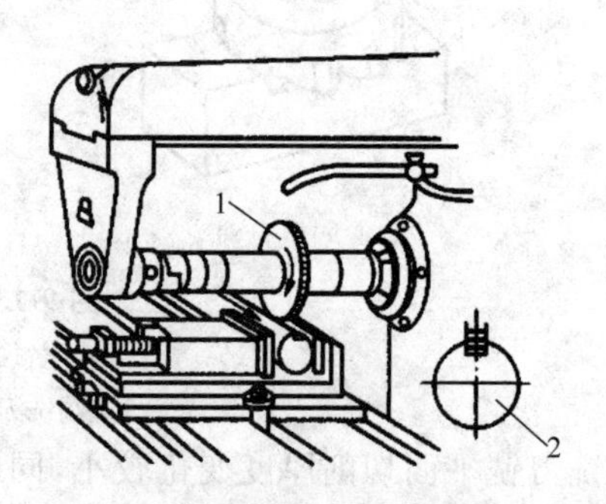

图 9-16 铣敞开式键槽

1—铣刀；2—轴

2. 铣 T 形槽及燕尾槽

要加工 T 形槽及燕尾槽，必须首先用立铣刀或三面刃盘铣刀铣出直角槽，然后在立式铣床上用 T 形槽铣刀铣削 T 形槽和用燕尾槽铣刀铣削成形。但由于 T 形槽铣刀工作时排屑困难，因此切削用量应选得小些，同时应多加冷却液，最后再用角度铣刀铣出倒角。如图 9-17 所示。

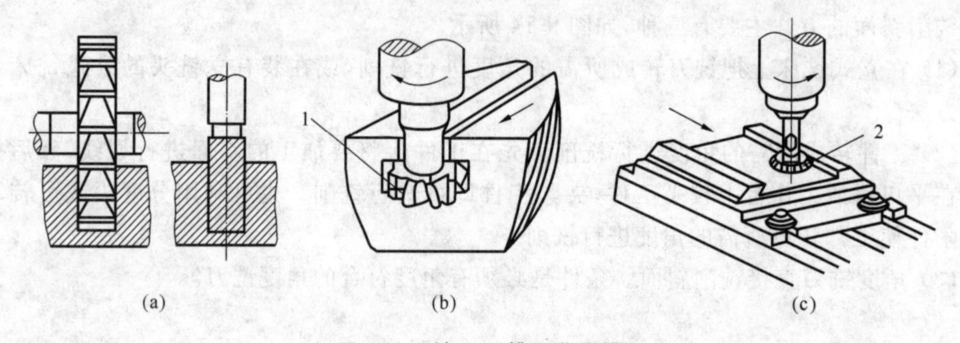

图 9-17 铣 T 形槽及燕尾槽

(a) 先铣出直槽；(b) 铣 T 形槽；(c) 铣燕尾槽

1—T 形槽铣刀；2—燕尾槽铣刀

9.5.4 铣齿形

齿轮齿形的加工原理可分为展成法(又称范成法)与成形法两大类。

1. 展成法

展成法是利用齿轮刀具与被切齿轮的互相啮合运转而切出齿形的方法，如滚齿和插齿加工等。

1) 滚齿加工

滚齿加工的精度一般为 8～7 级，表面粗糙度 Ra 为 3.2～1.6 μm。

滚齿加工是在滚齿机上进行的，图9-18所示为滚齿机外形图。滚刀安装在刀架上的滚刀杆上，刀架可沿着立柱竖直导轨上下移动。工件则安装在心轴上。

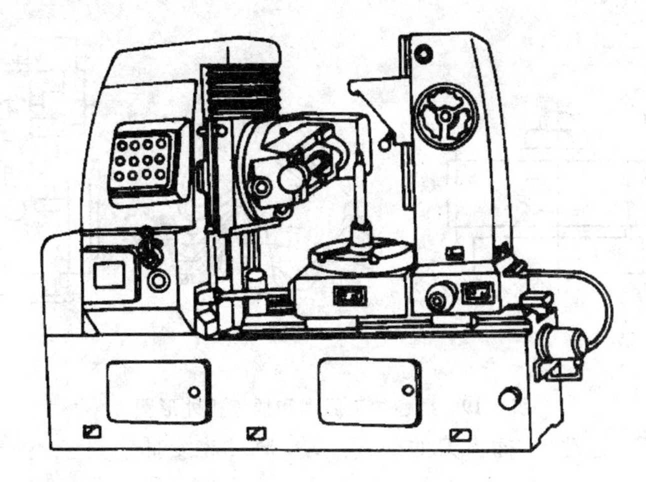

图9-18　滚齿机外形图

滚齿时滚齿机必须有以下几个运动。

(1) 切削运动(主运动)　即滚刀的旋转运动。

(2) 分齿运动　即工件的旋转运动，其运动的速度必须和滚刀的旋转速度保持齿轮与齿条的啮合关系。其运动关系由分齿挂轮的传动比来实现。对于单线滚刀，当滚刀每转一转时，齿坯需转过一个齿的分度角度，即$1/z$转(z为被加工齿轮的齿数)。

(3) 竖直进给运动　即滚刀沿工件轴线自上而下的竖直移动，这是保证切出整个齿宽所必需的运动，由进给挂轮的传动比再通过与滚刀架相连接的丝杠螺母来实现。

在滚齿时，必须保持滚刀刀齿的运动方向与被切齿轮的齿向一致，然而由于滚刀刀齿排列在一条螺旋线上，刀齿的方向与滚刀轴线并不垂直。所以，必须把刀架扳转一个角度，使之与齿轮的齿向协调。滚切直齿轮时，扳转的角度就是滚刀的螺旋升角。滚切斜齿轮时，还要根据斜齿轮的螺旋方向，以及螺旋角的大小来决定扳转角度的大小及扳转方向。

齿轮滚刀是一种专用刀具，每把滚刀可以加工模数相同而齿数不等的各种大小不同的直齿或斜齿渐开线外圆柱齿轮。

在滚齿机上除加工直齿、斜齿渐开线外圆柱齿轮外，也可以加工蜗轮、链轮。

2) 插齿加工

插齿加工的精度一般为8～7级，表面粗糙度值Ra约为1.6 μm。插齿加工是在插齿机上进行的，如图9-19(b)所示为插齿机外形示意图。

插齿过程相当于一对齿轮强制对滚。插齿刀的外形像一个齿轮，在每一个齿上磨出前角和后角以形成刀刃，切削时刀具做上下往复运动，如图9-19(a)所示，从工件上切下切屑。为了保证在齿坯上切出渐开线的齿形，在刀具做上下往复运动时，通过机床内部的传动系统，强制要求刀具和被加工齿轮之间保持着一对渐开线齿轮的啮合传动关系。在刀具的切削运动和刀具与工件之间的啮合运动的共同作用下，工件齿槽部位的金属被逐步切去而形成渐开线齿形。

在插齿加工中，一种模数的插齿刀可以加工出模数相同而齿数不同的各种齿轮。插齿多用于内齿轮、双联齿轮、三联齿轮等其他齿轮加工机床难于加工的齿轮加工工作。插削圆柱直齿轮时，插齿机必须有以下几个运动。

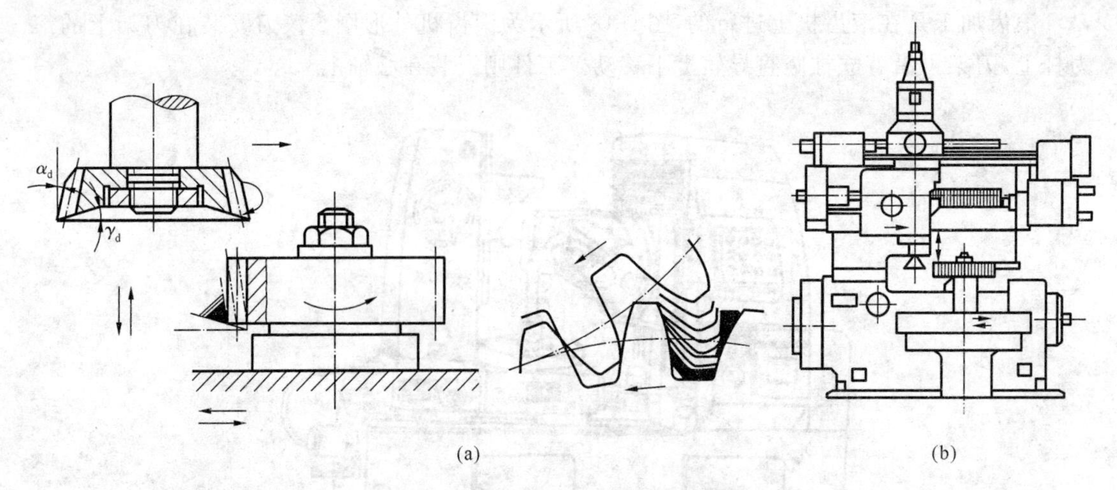

图 9-19　插齿加工原理和插齿机外形图

(1) 切削运动(主运动)　插齿刀的往复运动,通过改变插齿机上不同齿轮的搭配获得不同的切削速度。

(2) 周向进给运动　又称圆周进给运动,它控制插齿刀转动的速度。

(3) 分齿运动　保证刀具转过一齿时工件也相应转过一齿的展成运动,它是实现渐开线啮合原理的关键。

如插齿刀的齿数为 z_1,被切齿轮的齿数为 z_2;插齿刀的转速为 n_1(r/min),被切齿轮的转速为 n_2,则它们之间应保证如下的传动关系

$$\frac{n_2}{n_1}=\frac{z_1}{z_2}$$

(4) 径向进给运动　插齿时,插齿刀不能一开始就切至齿全深,需要逐步地切入,因此在分齿运动的同时,插齿刀需沿工件的半径方向做进给运动,径向进给运动由专用凸轮来控制。

(5) 退刀运动　为了避免插齿刀在回程中与工件的齿面发生摩擦,由工作台带动工件做水平退让运动,在插齿刀工作行程开始前,工作台又带动工件进行复位运动。

2. 成形法

成形法是指用与被切齿轮齿槽形状相符的盘状铣刀(见图 9-20(a))或指状铣刀(见图 9-20(b))加工出齿形的方法,如图 9-20 所示。在铣床上加工齿形的方法属于成形法。

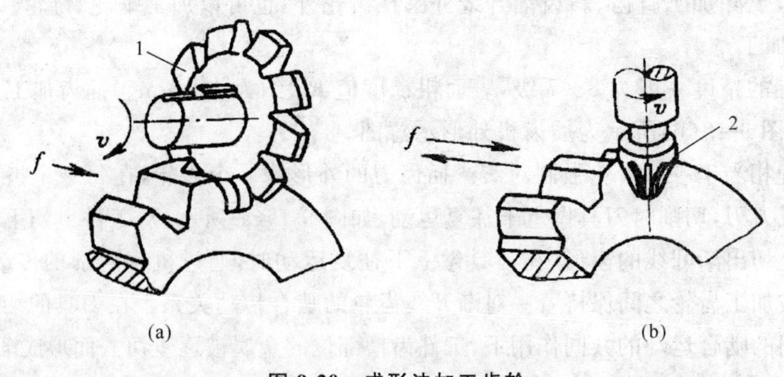

图 9-20　成形法加工齿轮

(a) 盘状铣刀铣齿轮;(b) 指状铣刀铣齿轮

1—盘状铣刀;2—指状铣刀

成形法加工齿轮的特点如下。

(1) 设备简单，只用普通铣床即可，刀具成本低。

(2) 由于铣刀每切一齿槽都要重复消耗一段切入、退刀和分度的辅助时间，因此生产率较低。

(3) 加工出的齿轮精度较低，只能达到 11～9 级。

根据以上特点，成形法加工齿轮一般多用于修配或单件制造某些转速低、精度要求不高的齿轮。大批量生产或精度要求较高的齿轮，都在专门的齿轮加工机床上加工。

9.6　训练案例：铣削

训练要求：在立式铣床上，加工图 9-21 所示的长方体上的 15 mm 宽开口直槽。

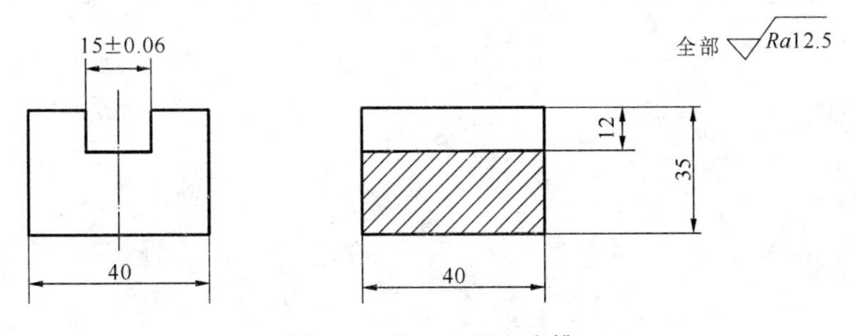

图 9-21　加工宽开口直槽

加工工艺步骤如下。

(1) 用百分表校正机用虎钳钳口，安装 ϕ14 mm 立铣刀。

(2) 选择合适垫铁垫于虎钳钳口内，用机用虎钳夹持工件（工件直槽方向与机床纵向一致），轻敲工件上平面以保证工件底面与垫铁完全贴合。

(3) 调整铣床工作台使铣刀中心与工件直槽中心线重合。

(4) 开机，工作台纵向往右移动，手动对刀，调整切深为 6 mm，缓慢手动纵向从左往右试切约 8 mm 长后，退回 2 mm，启动自动走刀开始铣削，直至开口直槽完全铣穿（刀具转速为 400 r/min，纵向走刀速度为 24 mm/min）。

(5) 停机，测量槽深，计算槽深加工量，开机，上升工作台调整槽深（留 1 mm 精铣余量），从右往左铣削，方法同步骤(4)。

(6) 停机，测量槽的宽度、对称度及深度，计算槽靠里侧的加工余量及深度加工余量。

(7) 开机，工作台上升调整直槽的深度，横向工作台往外移动调整直槽的宽度，启动纵向自动走刀从左往右铣削，直至铣穿（刀具转速为 560 r/min，纵向走刀速度为 17 mm/min）。

(8) 停机，测量槽宽，计算直槽外侧加工量，开机，工作台横向往里移动调整槽宽切削量，启动纵向自动走刀，从右往左铣削，方法同步骤(7)。

(9) 停机，测量，用平锉去除毛刺，打扫机床。

复习思考题

1. X6132 型万能卧式铣床主要由哪几部分组成？各部分的作用是什么？

2. 铣床的主运动是什么？进给运动是什么？

3.铣床的主要加工范围有哪些？

4.铣床的主要附件有哪些？其主要作用是什么？

5.分度头的主要功能是什么？主要用于加工何种零件？

6.欲铣一齿数 $z=36$ 的齿轮，试用简单分度法计算每铣一齿分度头，手柄应当摇几圈零几个孔？（分度头上分度盘的各圈孔数为 24、30、37、51、53、54。）

7.铣床加工为何多采用逆铣？

8.在轴上铣削封闭式键槽和开口直槽可选用什么铣床及刀具？

第10章 刨削工艺

在刨床上用刨刀对工件进行切削加工的工艺称为刨削加工。刨削加工的尺寸公差等级可达IT9～IT8，表面粗糙度值 Ra 可达3.2～1.6 μm。

刨削由于一般只用单刃刀具进行切削，返回时为空程，切削速度又较低，因此生产率较低。刨削由于刀具简单、生产准备容易，加工调整灵活，故在单件小批生产及修配工件中，应用较为广泛。

刨床主要加工范围包括水平面、竖直面、斜面、直槽、T形槽曲面、内孔表面、复合表面等，如图10-1所示。

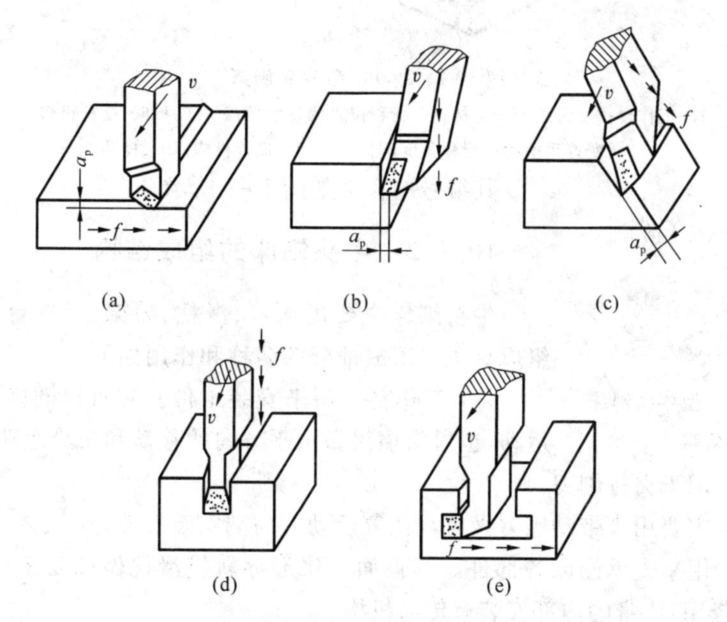

图10-1 刨削加工

常见的刨削设备有牛头刨床、龙门刨床、插床和拉床，其中最常用的是牛头刨床。牛头刨床的主运动是滑枕的直线往复运动，进给运动是工作台的横向移动。

10.1 牛头刨床及其调整

10.1.1 牛头刨床的编号

图10-2所示为B6065型牛头刨床。

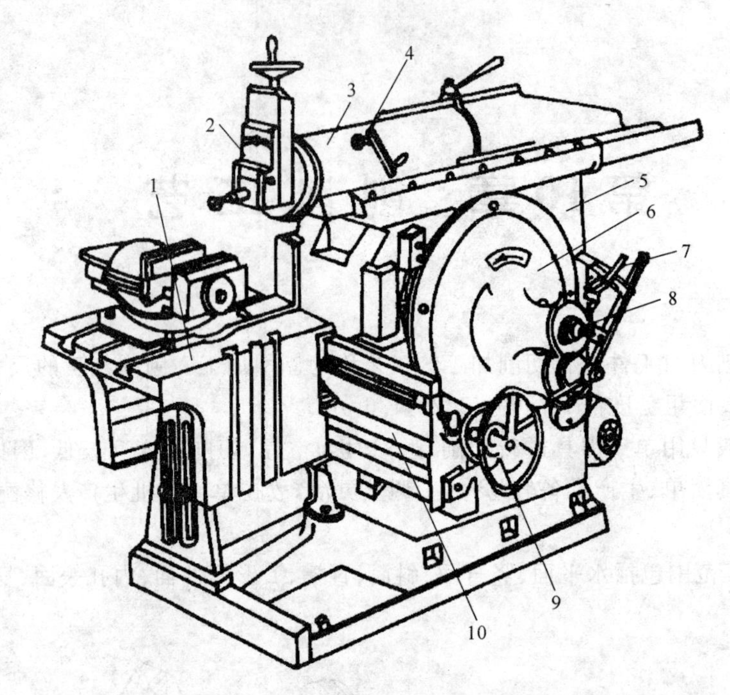

图 10-2　B6065 型牛头刨床

1—工作台；2—刀架；3—滑枕；4—行程位置调整手柄；5—床身；6—摆杆机构；
7—变速手柄；8—行程长度调整方榫；9—进给机构；10—横梁

其编号的含义如图 10-3 所示。

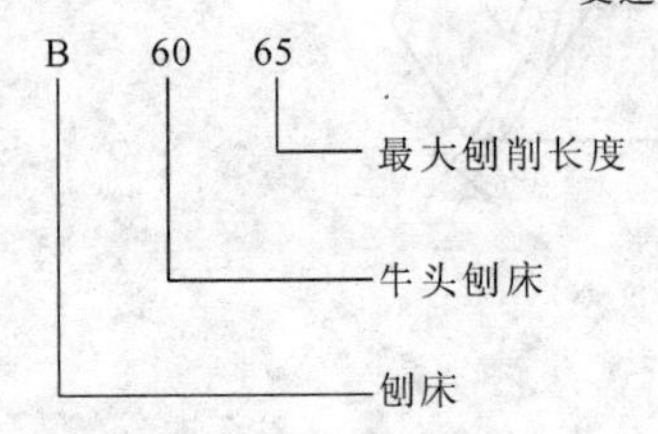

图 10-3　B6065 型牛头刨床编号含义

10.1.2　牛头刨床的组成结构

牛头刨床主要由床身、滑枕、刀架、工作台、横梁、底座等组成。主要组成部分的名称和作用如下。

（1）工作台　用来安装工件。它可以随横梁做上下调整运动，也可沿横梁做水平方向的移动和进给运动。

（2）刀架　用于夹持刨刀。

（3）滑枕　主要用来带动刨刀做直线往复运动。前端安装刀架。

（4）床身　用来支承刨床各部件。其顶面燕尾形导轨供滑枕做往复运动用，垂直面导轨供工作台升降用，床身的内部安装有传动机构。

（5）摆杆机构　将电动机的旋转运动变为滑枕的往复直线运动。

（6）变速手柄　改变滑枕运动速度。

（7）进给机构　实现工作台横向进给。

（8）横梁　连接工作台及装配部分进给构件。

10.1.3　牛头刨床的调整

（1）滑枕行程长度的调整。

松开行程长度调整方榫上的螺母，用摇柄转动方榫，顺时针转动则行程加长，反之，则缩短。

（2）滑枕起始位置的调整。

松开滑枕锁紧手柄，转动行程位置调节手柄，顺时针转动则起始位置前移，反之，则后移。

(3) 工作台横向进给量及进给方向的调整。

工作台横向进给量的大小取决于滑枕每往复一次时棘爪所能拨动的棘轮齿数。因此调整横向进给量,实际是调整棘轮护盖的位置,露出来的棘轮齿数越多,进给量越大,反之,进给量越小。

工作台横向进给的方向调整,只需将棘爪提起转动180°,再放回棘轮齿槽中,工作台即可实现反向进给。

10.2　基本刨削工作

10.2.1　刨水平面

刨水平面可按下列步骤进行:① 装夹工件;② 装夹刨刀;③ 调整工作台位置;④ 调整滑枕行程长度及位置;⑤ 调整滑枕的往复次数和进给量;⑥ 开机,先手动试切,停机测量尺寸后,利用刀架上的刻度盘调整切削深度。切削量较大时,可分几次进行切削。

当工件表面质量要求较高时,粗刨后还要精刨。精刨的切削深度和进给量应比粗刨小,切削速度可高些。为使工件表面光整,在刨刀返回时,可用手掀起刀座上的抬刀板,使刀尖不与工件摩擦。刨削时一般不用切削液。

一般在牛头刨床上加工工件的切削用量:切削速度为0.2～0.5 m/s;进给量为0.33～1 mm/r;切削深度为0.5～2 mm。

10.2.2　刨竖直面

刨竖直面,如图10-4所示,需采用偏刀进行加工。注意安装偏刀时,刨刀的伸出长度应大于整个刨削面的高度。刨削时,刀架转盘位置应对准零线,使滑板(刨刀)能准确地沿竖直方向移动。刀座必须偏转一定的角度,以使刨刀在返回行程时能自由地离开工件表面,减少刀具的磨损和避免擦伤已加工表面。安装工件时,注意保证待加工表面与工作台台面垂直,并与切削方向平行。

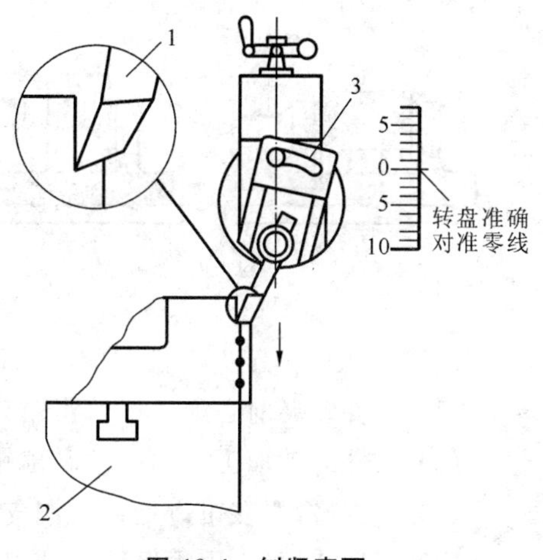

图10-4　刨竖直面

1—偏刀;2—工作台;3—刀座上部转离加工面

10.2.3　刨沟槽

刨直槽时,可用切槽刀以垂直进给来完成。如图10-5所示。

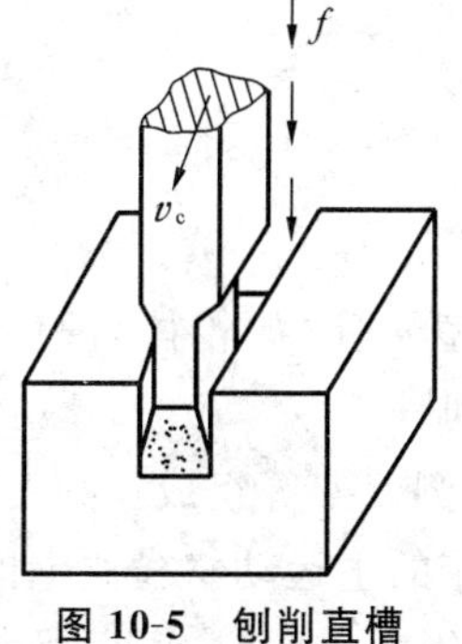

图10-5　刨削直槽

刨T形槽时,要先用切槽刀以竖直进给的方式刨出直槽,然后用左、右两把弯刀分别加工两侧凹槽,最后用45°刨刀倒角。刨燕尾槽(见图10-6(b))的过程和刨T形槽(见图10-6(a))的相似,但在用偏刀刨燕尾槽时,刀架转盘要偏转一定的角度。

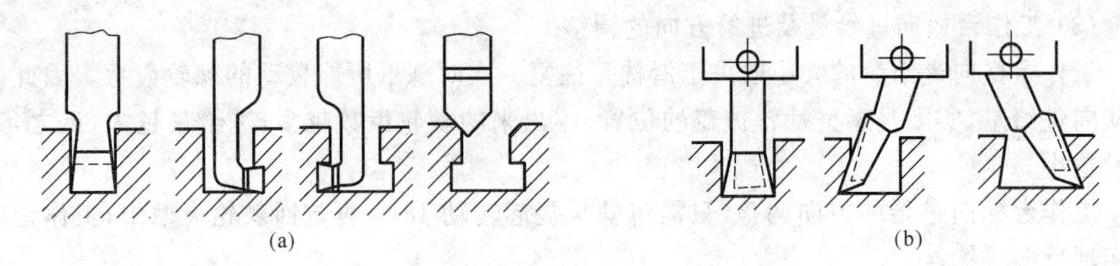

图 10-6　刨 T 形槽和燕尾槽

10.2.4　刨削六面体

1. 正确刨削六面体的步骤

第一步：一般是先刨出大面 1，作为基准面（见图 10-7(a)）。

第二步：将已加工的大面 1 作为基准面贴紧固定钳口。在活动钳口与工件之间的中部垫一个圆棒后夹紧，然后加工相邻的面 2（见图 10-7(b)）。面 2 对面 1 的垂直度取决于固定钳口与水平走刀的垂直度。在活动钳口与工件之间垫一个圆棒，是为了使夹紧力集中在钳口中部，以利于面 1 与固定钳口可靠地贴紧。

第三步：把加工过的面 2 朝下，同样按上述方法，使基准面 1 紧贴固定钳口。夹紧时，用手锤轻轻敲打工件，使面 2 贴紧平口钳，就可以加工面 4（见图 10-7(c)）。

第四步：加工面 3（见图 10-7(d)），把面 1 放在平行垫铁上，工件直接夹在两个钳口之间。夹紧时要求用手锤轻轻敲打，使面 1 与垫铁贴实。

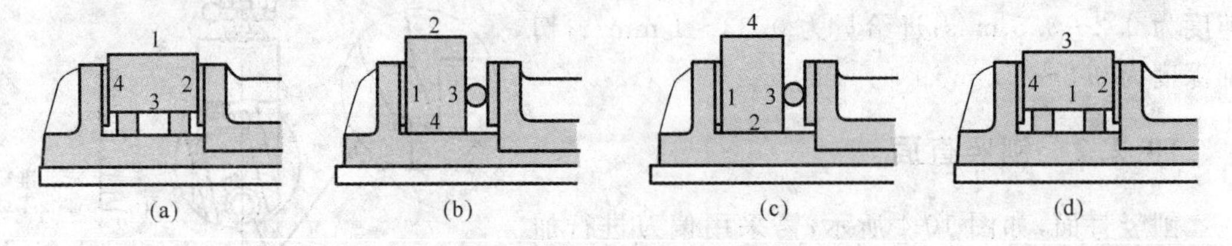

图 10-7　刨削六面体

2. 刨削六面体装夹工件时的注意事项

(1) 工件装夹前必须对平口钳钳口进行调校，即划线找正钳口（或用百分表找正）。

(2) 工件的被加工表面必须高出钳口，工件低于钳口时，用平行垫铁垫高工件。

(3) 精刨时，要在钳口处垫上铜皮来夹紧工件，以免损伤已加工表面。

(4) 工件装好后，用手轻轻挪动工件，检查工件是否与垫铁贴实。

10.3　其他刨削设备

1. 龙门刨床及其工作

图 10-8 所示为龙门刨床的外形图。龙门刨床是用来刨削大型零件（如箱体）的刨床。对中小型零件，也可以一次装夹几个零件，用几把刨刀同时进行刨削。

龙门刨床主要由床身、立柱、横梁、工作台、两个垂直刀架、两个侧刀架等组成。加工时，工件装在工作台上，工作台沿床身导轨做直线往复运动，为龙门刨床的主运动。横梁上的垂直刀架和立柱上的侧刀架都可以做竖（或垂）直或水平进给运动。刨削斜面时，可以将垂直刀架转动一定的角度。当刨削高度不同的工件时，可调整横梁在立柱上的高低位置。龙门刨床的工作台由一套复杂的电气控制系统控制，可进行无级调速。

2. 插床

图 10-9 所示为插床的外形图。

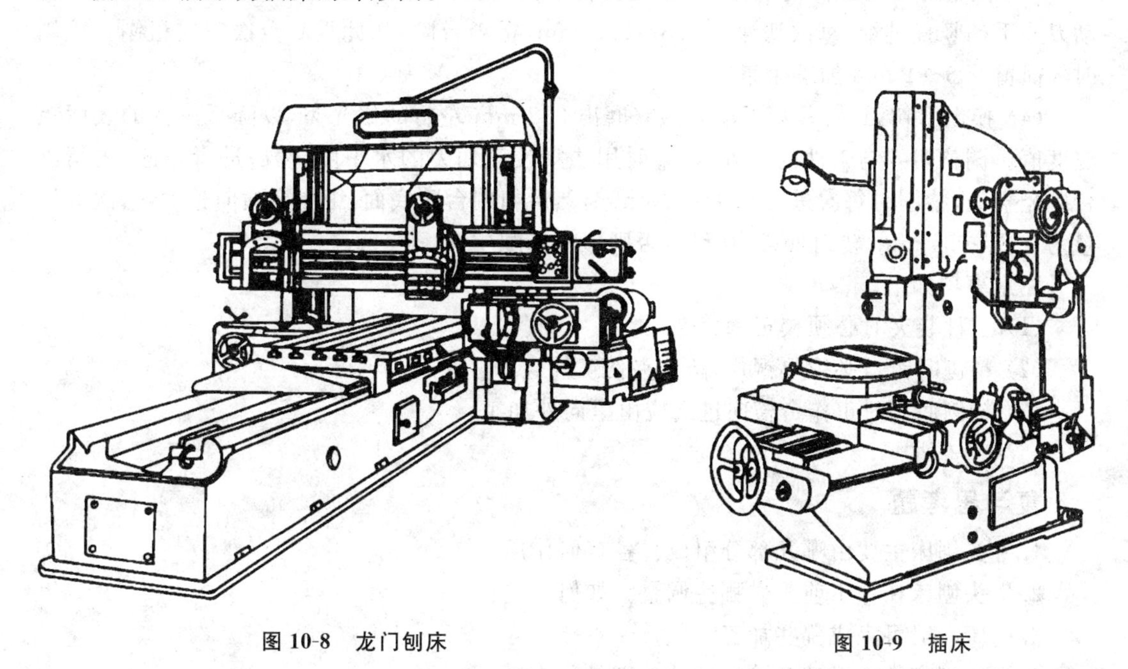

图 10-8　龙门刨床　　　图 10-9　插床

插床主要由床身、底座、工作台、滑枕等组成。加工时，插刀安装在滑枕的刀架上，其主运动是滑枕的上下直线往复运动。工件安装在工作台上，可根据需要做纵向、横向和圆周进给运动。工作台的旋转运动可由分度盘控制进行分度，如加工花键等。

10.4　训练案例：刨削

训练要求：在牛头刨床上加工如图 10-10 所示的台阶块。

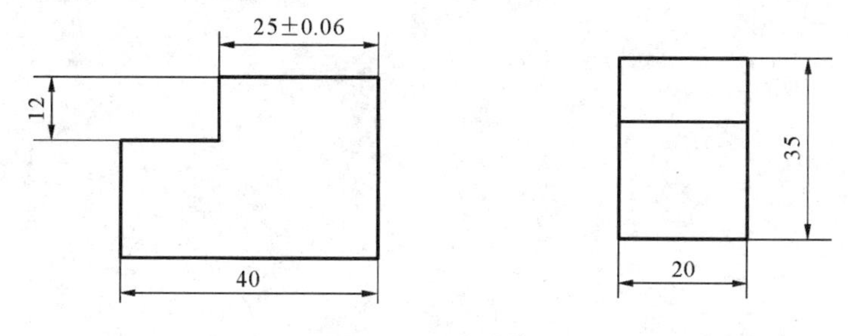

图 10-10　台阶块

其加工工艺如下。

(1) 用平口钳装夹工件，装夹时找正平口钳(用百分表校正)，先用平面刨刀刨削平行面、关联面。然后将工件平放在平板上，划出工件台阶深度尺寸线和工件厚度尺寸线，并在线段上打样冲眼。

(2) 将工件重新装夹在平口钳上，换上偏刀。加工前，刀架转盘的刻线对准零线。刀座上端需偏离加工面 10°～15°，使抬刀板回程时，能带动刨刀抬离工件的竖直面，以减少刨刀磨损和避免划伤已加工面。

(3) 调整刀具与工件的位置，准备粗刨台阶，刨削时工作台横向进给 2～3 mm，然后转动刀架手柄竖直进给，每次切深为 0.3～0.5 mm，粗刨台阶，如此重复数次完成粗刨。粗刨时各面留 0.5～1 mm 加工余量。

(4) 换上窄切刀，安装切刀前必须修磨出 0.2 mm 左右的修光刃，以降低工件的表面粗糙度值。调整切刀与工件的位置，调整时用块规校正切刀的水平度，然后进行精刨，先精刨台阶竖直面，精刨时每次进刀 0.1～0.3 mm，然后精刨台阶底面，工作台横向移动，每次进给量为 0.3～0.5 mm，转角处必须清根，否则影响装配质量。

注意事项如下。

(1) 工件装夹时必须校正垂直度。

(2) 精刨时钳口必须垫铜片，防止夹伤工件。

(3) 精刨底面时工作台横向进给应由里向外加工。

复习思考题

1. 牛头刨床主要由哪几部分组成？各有何作用？

2. 牛头刨床在加工前需做哪些调整？如何调整？

3. 刨床一般可完成哪些加工？

4. 牛头刨床的主运动和进给运动分别是什么？

5. 牛头刨床刨削竖直面一般采用何种刨刀？刨削竖直面有哪些注意事项？

6. 刨削六面体有哪些步骤？

7. 牛头刨床是由什么机构实现进刀慢、退刀快的？

8. 牛头刨床、龙门刨床和插床在应用方面有何不同？

第 11 章　磨削工艺

磨削加工是指利用砂轮作为切削工具，对工件的表面进行加工的过程。磨削是零件精密加工的主要方法之一，磨削加工的精度可达到 IT7～IT5，表面粗糙度值 Ra 为 0.8～0.2 μm，精磨后还可获得更小的表面粗糙度值，并可对淬火钢、硬质合金等普通金属刀具难以加工的高硬度材料进行加工。

磨削加工时，砂轮高速旋转是磨床的主运动，工作台的横向往复运动是磨床的进给运动。由于砂轮高速旋转，切削速度很高，会产生大量的切削热，温度可高达 800～1000 ℃，高温的磨屑在空气中迅速氧化产生火花。为减少摩擦和散热，降低切削温度，及时冲走屑末，保证工件的加工质量，磨削时需要使用大量的切削液。

磨削加工的用途很多，利用不同类型的磨床可以分别对外圆、内孔、平面、沟槽成形面（如齿形、螺纹等）和各种刀具进行磨削加工。此外，还可用于毛坯的预加工和清理工作。图 11-1 所示为常见的磨削加工。

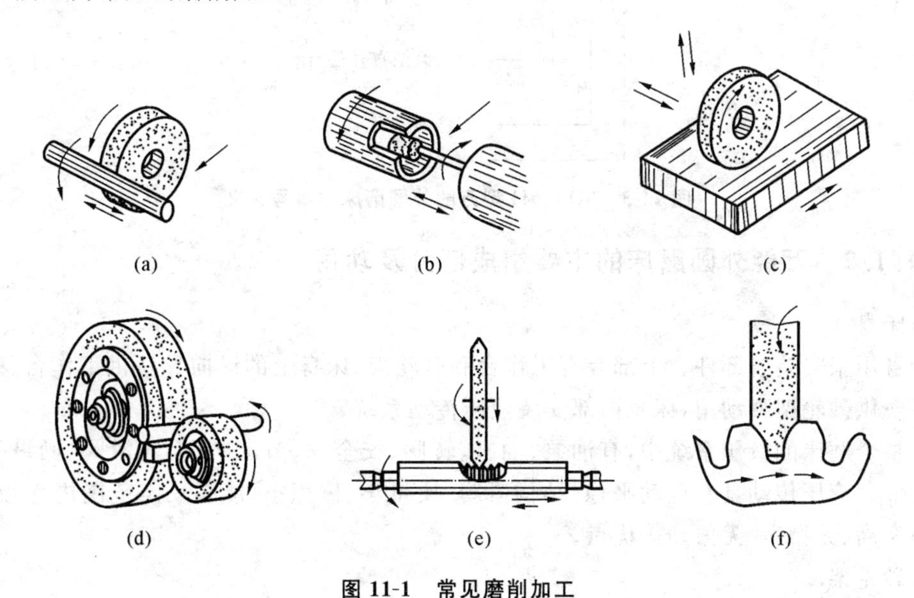

图 11-1　常见磨削加工

(a) 外圆磨削；(b) 内圆磨削；(c) 平面磨削；(d) 无心磨削；(e) 螺纹磨削；(f) 齿轮磨削

11.1　磨床的种类

磨床根据用途的不同分为万能外圆磨床、普通外圆磨床、内圆磨床、平面磨床、无心磨床、工具磨床、齿轮磨床和螺纹磨床等多种类型。

11.1.1 外圆磨床的编号

下面以较常见的 M1420H 型万能外圆磨床(见图 11-2) 为例进行介绍,其编号的含义如图 11-3 所示。

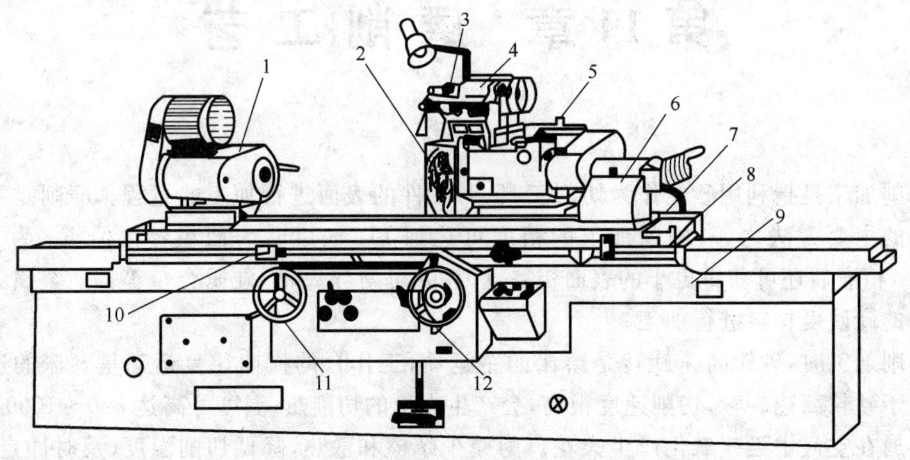

图 11-2 M1420H **型万能外圆磨床**

1—头架;2—砂轮;3—内圆磨头;4—磨架;5—砂轮架;6—尾架;7—上工作台;8—下工作台;9—床身;10—换向挡块;11—纵向进给手轮;12—横向进给手轮

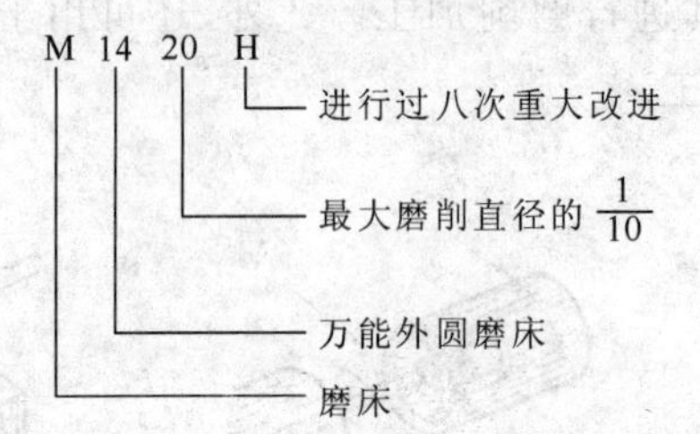

图 11-3 M1420H **型万能外圆磨床的编号含义**

11.1.2 万能外圆磨床的主要组成部分及功用

1.床身

床身用来安装各部件。上部装有工作台和砂轮架,床身上的纵向导轨供工作台移动用,横向导轨供砂轮架移动用,床身内部安装液压传动系统。

在整个磨床的液压系统中,有油泵、油缸、转阀、安全阀、节流阀、换向滑阀、操纵手柄等组成元件。液压传动具有运动平稳、结构紧凑、质量小、体积小、能在一定范围内无级变速、换向频率高、无噪声、无振动等优点。

2.砂轮架

砂轮架用来安装砂轮,由单独的电动机通过带传动带动砂轮高速旋转。砂轮架可在床身后部的导轨上做横向移动,砂轮架可绕垂直轴旋转一定角度。

3.头架

头架上有主轴,主轴端部可以安装顶尖、拨盘或卡盘,以便装夹工件。头架可在水平面内偏转一定的角度。

4.尾架

尾架的套筒内有顶尖,用来支承工件的另一端。尾架可在纵向导轨上移动位置,以适应工件的不同长度。扳动尾架上的杠杆，顶尖套筒可伸缩，方便装卸工件。

5.工作台

工作台由液压驱动沿着床身的纵向导轨做直线往复运动，使工件实现纵向进给。工作台可进行手动或自动进给。在工作台前侧面的T形槽内，装有两个换向挡块，用以操纵工作台自动换向。工作台有上、下两层，上层可在水平面内偏转一个不大的角度（±8°），以便磨削圆锥面。

6.内圆磨头

内圆磨头是磨削内圆表面用的，在它的主轴上可装上内圆磨削砂轮，由另一个电动机带动。内圆磨头绕支架旋转，使用时翻下，不用时翻向砂轮架上方。

11.2　平面磨床

对工件平面的磨削一般在平面磨床上进行。平面磨床的工作台内部装有电磁线圈，通电后对工作台上的导磁体产生吸附作用。所以，对导磁体（如钢、铸铁等）工件，可直接安装在工作台上，对非导磁体（如铜、铝等）工件，则要用精密平口钳进行装夹，如图11-4所示。

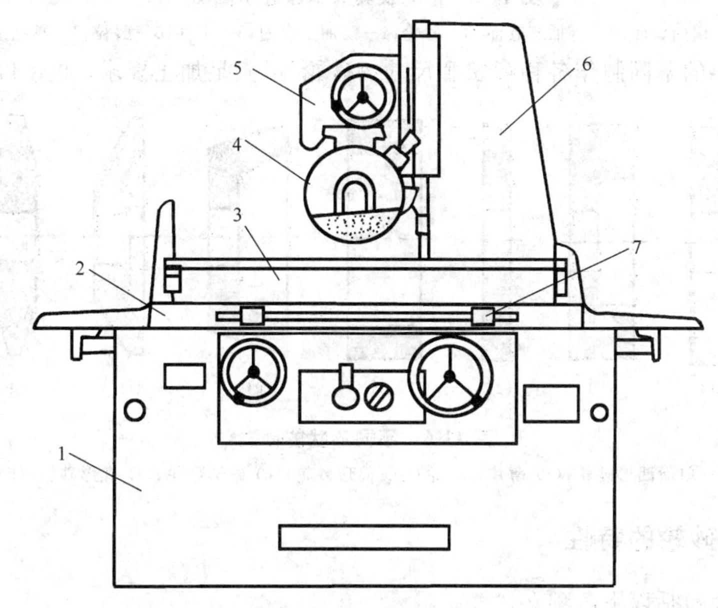

图11-4　M7120**型平面磨床**

1—床身；2—工作台；3—电磁吸盘；4—砂轮箱；5—滑座；6—立柱；7—撞块

无论是平面磨床，还是外圆磨床或内圆磨床，其传动系统一般都采用液压传动。液压传动的特点是运动平稳，操作简便，可在较大范围内进行无级调速。

11.3　砂　　轮

砂轮是磨削加工的主要切削工具。它是把磨粒（砂粒）用黏结剂黏结在一起进行焙烧而形成的疏松多孔体，可以说砂轮是由磨料、空隙和黏结剂组成的。将砂轮表面放大，可以看到砂轮表面上随机地布满很多尖菱形多角的颗粒即磨粒。磨削就是依靠这些锋利的小磨粒，像微型铣刀刀刃一样，在砂轮高速旋转下，切入工件表面。所以砂轮磨削的实质是一种多刀、多刃的超高速铣削过程，如图 11-5 所示。由于砂轮磨粒的硬度极高，因此磨削不仅可以加工一般硬度的金属材料，如碳钢、铸铁等，而且还可以加工硬度很高的材料，如淬火钢、各种切削刀具以及硬质合金等。这些材料用普通刀具很难加工，有的甚至根本加工不了。这是磨削加工的一个显著特点。

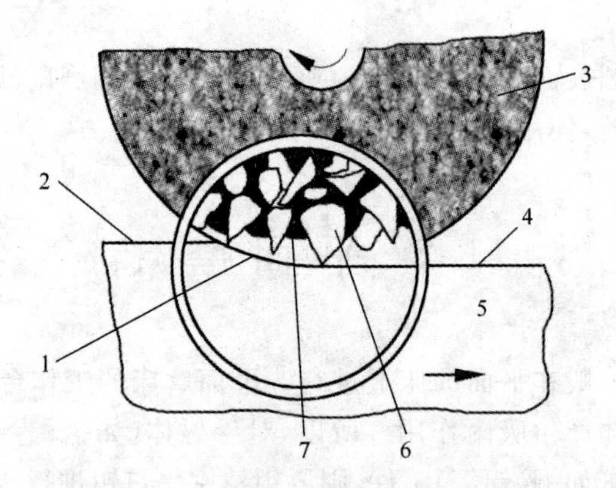

图 11-5　砂轮及其磨削原理示意图

1—切削表面；2—待加工表面；3—砂轮；4—已加工表面；5—工件；6—磨粒；7—黏结剂

可根据需要的不同制作各种形状和尺寸的砂轮，以满足加工要求，如图 11-6 所示。

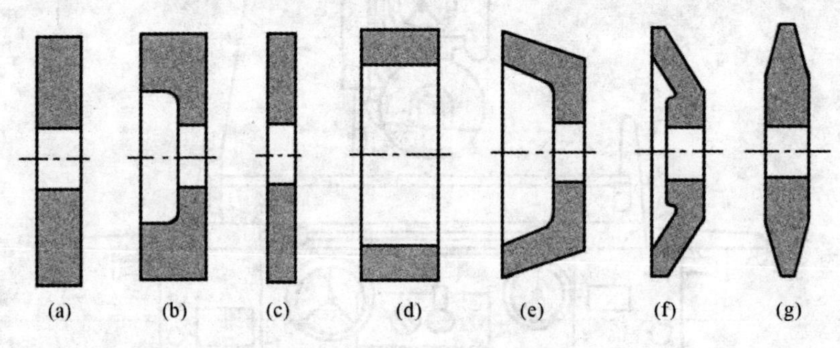

图 11-6　不同形状的砂轮

(a) 平形砂轮；(b) 单面凹形砂轮；(c) 薄片形砂轮；(d) 筒形砂轮；(e) 碗形砂轮；(f) 碟形砂轮；(g) 双斜边形砂轮

11.3.1　砂轮的特性

砂轮的特性包括以下各项。

(1) 磨粒　在磨削加工中磨粒直接担负切削任务，因此需要磨粒具有一定的刚度和强度。常用的磨粒有两类：刚玉类和碳化硅类。刚玉类韧性好，适用于磨削钢料及一般刀具；碳化硅类硬度高但性脆，适用于磨削铸铁、青铜等脆性材料及硬质合金。

(2) 粒度　磨粒的大小用粒度表示，粒度越大，磨粒越粗。粗磨粒用于粗加工，细磨粒则用于精加工。

(3) 硬度　硬度是指磨粒在磨削力的作用下，从砂轮上脱落下来的难易程度，与磨粒本身的硬度无关。磨硬金属材料时，选用较软的砂轮；磨软金属材料时，选用较硬的砂轮。

(4) 黏结剂　把磨粒黏结在一起而构成砂轮的材料。

(5) 组织　砂轮中磨粒、黏结剂、空隙三者体积的比例关系称为砂轮的组织，磨粒所占的体积越大，砂轮的组织越紧密；反之，砂轮的组织越疏松。粗磨时，选用组织较疏松的砂轮；精磨时，选用组织较紧密的砂轮。

(6) 形状　砂轮的形状有蝶形、碗形、筒形、杯形等。

(7) 尺寸　是指砂轮外径、内径、轮宽等。

11.3.2　砂轮的安装与修整

砂轮的安装如图11-7所示。由于砂轮工作转速较高，在安装砂轮前要进行外观检查，并用轻轻敲击的声音是否清脆来判断砂轮是否有裂痕，确保砂轮在工作时不因有裂纹而破裂。此外还要对砂轮进行静平衡，以保证砂轮能平稳工作。

砂轮经过一段时间的工作后，砂轮工作表面的磨粒会逐渐变钝，表面的孔隙被堵塞，切削能力降低，同时砂轮的正确几何形状也被破坏。这时就必须对砂轮进行修整。修整的方法是用金刚石将砂轮表面变钝了的磨粒切去，以恢复砂轮的切削能力和正确的几何形状，如图11-8所示。

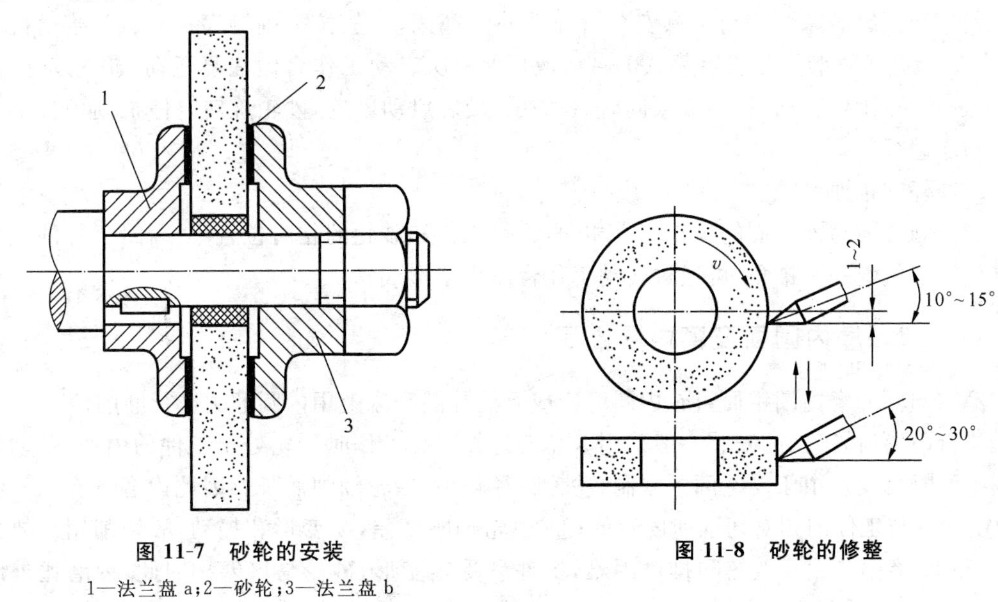

图11-7　砂轮的安装

1—法兰盘a；2—砂轮；3—法兰盘b

图11-8　砂轮的修整

11.4　基本磨削工作

11.4.1　磨外圆及外圆锥面

工件外圆表面的磨削一般在普通外圆磨床或万能外圆磨床上进行。

1. 磨外圆时工件的安装

磨外圆时工件的安装与车削外圆时相类似，最常用的方法是用两顶尖支承工件，或一端用卡盘夹持，另一端用顶尖支承工件。为减小安装的误差，在磨床上使用的顶尖都是死顶尖。对内外孔同心度要求较高的工件，常安装在心轴上进行磨削加工。

2. 磨削方法

外圆磨削的常用方法有纵磨法和横磨法两种。

1）纵磨法

纵磨法用于磨削长度与直径之比较大的工件。磨削时，砂轮高速旋转，工件低速旋转并随工作台做轴向移动。在工作台改变移动方向时，砂轮做径向进给。纵磨法的特点是可磨削长度不同的各种工件，加工质量较高，常常用于单件、小批量的生产和精磨加工。

2）横磨法

横磨法又称径向磨削法，用于工件刚度较好、磨削表面的长度较短的情况。

磨削时，选用宽度大于待加工表面长度的砂轮，工件不进行轴向的移动，砂轮以较慢的速度做连续径向进给或断续的径向进给。横磨法的优点是充分发挥了砂轮的磨削能力，生产效率高，特别适用于较短磨削面和阶梯轴的磨削，其缺点是砂轮与工件的接触面积大，工件易发生变形和表面烧伤。

另外，为了提高生产效率和质量，可采取分段横磨和纵磨结合的方法进行加工，此法称为综合磨削法。使用时，横磨各段之间应有 5～15 mm 的间隔并保留 0.01～0.03 mm 的加工余量。

使用和操纵磨床要特别注意安全。开动外圆磨床，一般按下列顺序进行：① 接通机床电源；② 检查工件装夹是否可靠；③ 启动液压泵；④ 启动工作台做往复运动；⑤ 启动砂轮架，引进砂轮，工件转动，切削液泵同时启动；⑥ 最后启动砂轮，砂轮旋转。停机则可按上述相反顺序进行。

3. 磨外圆锥面

磨外圆锥面与外圆面的操作基本相同，只是工件和砂轮的相对位置不一样，工件的轴线与砂轮轴线偏斜一个锥角，可通过转动工作台或头架形成。

11.4.2 磨内圆面及磨内圆锥面

磨内圆面和磨内圆锥面可在内圆磨床或万能外圆磨床上用内圆磨头进行磨削。

进行内磨时，工件的安装一般采用卡盘夹持外圆。工作时砂轮处于工件的内部，转动方向与外磨时相反。由于受空间的限制，砂轮直径较小，砂轮轴细而长。因此内磨具有以下特点：① 砂轮与工件的相对切削速度较低；② 砂轮轴刚度差，易变形和振动，故切削用量要低于外磨；③ 磨削热大且散热和排屑困难，工件易受热变形，砂轮易堵塞。因此，内磨比外磨生产率低，加工质量也不如外磨高。

11.4.3 磨平面

对工件平面的磨削一般在平面磨床上进行。平面磨床的工作台内部装有电磁线圈，通电后对工作台上的导磁体产生吸附作用。所以，对导磁体（如钢、铸铁等）工件，可直接安装在工作台上；对非导磁体（如铜、铝等）工件，则要用精密平口钳进行装夹。

根据磨削时砂轮的工作表面不同，平面磨削的方式分为两种，即周磨法和端磨法。周磨法是用砂轮的圆周面进行磨削，砂轮与工件的接触面积小，排屑和散热条件好，能获得较好的加工质量，但磨削效率较低，常用于小加工面和易翘曲变形的薄片工件的磨削。

端磨法是用砂轮的端面进行磨削，砂轮与工件的接触面积大，砂轮轴刚度较好，能采用较大的磨削用量，因此磨削效率高，但发热量大，不易排屑和冷却，加工质量较周磨法低，多用于磨削面积较大且要求不太高的磨削加工。

开动平面磨床一般按下列顺序进行：① 接通机床电源；② 启动电磁吸盘吸牢工件；

③ 启动工作台往复移动；④ 启动砂轮转动，一般使用低速挡；⑤ 启动切削液泵。停机一般先停工作台，后总停。

11.5　训练案例：平面磨削

训练要求：在平面磨床磨削如图 11-9 所示平板。

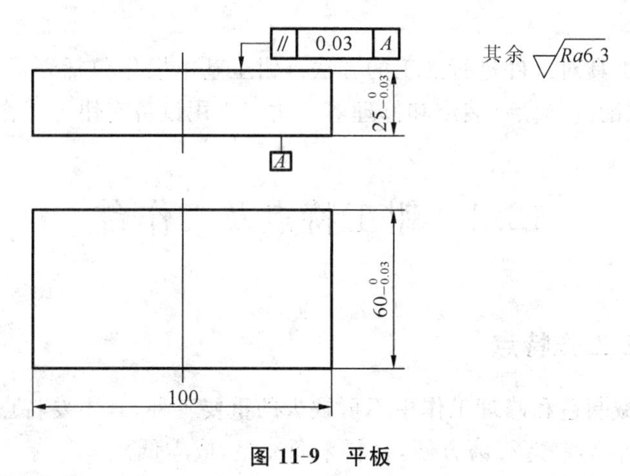

图 11-9　平板

具体操作步骤如下。

(1) 去除基面毛刺，擦净电磁吸盘表面和工件基面。

(2) 将工件基面朝下吸附于电磁吸盘中间。

(3) 调整砂轮与工件的相对位置、调整工作台行程，以保证砂轮行程均超越工件的长度和宽度，并且超越的行程要合适。

(4) 启动砂轮，启动泵，手动控制砂轮架垂直向下慢慢移动，直至砂轮与工件轻轻接触。

(5) 当砂轮退出到工件以外时，迅速手动控制砂轮架向下移动进刀，粗磨时每次进刀控制在 0.02 mm 以下，工作台往复移动速度为 12 m/min，砂轮架每次横向移动 2 mm。

(6) 加工完毕后，测量工件尺寸，消磁，打扫机床。

复习思考题

1. 磨削加工与其他加工比较有何特点？

2. 万能外圆磨床主要由哪几部分组成？各有何作用？

3. 何谓砂轮硬度？应该怎样选择砂轮硬度？

4. 砂轮都有哪些特性？

5. 磨削平面时，工件和砂轮需做哪些运动？

6. 电磁吸盘能安装一切工件吗？若电磁吸盘不能安装的工件，如需磨削平面该如何处理？

7. 磨床工作台几乎都是液压传动的，液压传动有何特点？

第12章 钳工工艺

钳工是指手持工具对工件进行加工的方法。钳工基本操作包括划线、錾削、锯削、锉削、钻孔、攻螺纹、套扣、刮削、研磨、装配和修理等。钳工常用设备有钳工工作台、台虎钳等。

12.1 钳工特点及工作台

12.1.1 钳工工作特点

钳工是目前机械制造和修理工作中不可缺少的重要工种，其主要特点如下。

(1) 钳工工具简单，制造刃磨方便，材料来源充足，成本低。

(2) 钳工大部分是手持工具进行操作，加工灵活、方便。能够加工形状复杂、质量要求较高的零件。

(3) 钳工劳动强度大，生产率低，对工人技术水平要求高。

(4) 因其自身特点，即使现在各种先进机床不断出现，在机器制造过程中，钳工加工仍然是不可缺少的。

钳工的种类繁多，应用范围很广，钳工有明显的专业分工，如普通钳工、划线钳工、模具钳工、装配钳工、修理钳工等。钳工的应用范围如下。

(1) 在单件小批生产中加工前的准备工作，如毛坯表面的清理，工件上的划线等。

(2) 零件装配成机器之前进行的钻孔、铰孔、攻螺纹和套扣等工作；装配时互相配合零件的修整；整台机器的组装、试用和调整等。

(3) 精密零件的加工，如锉制样板、刮削机器和量具的配合表面，以及夹具、模具的精加工等。

(4) 机器设备的维修等。

12.1.2 钳工工作台和台虎钳

钳工大多数操作是在钳工工作台和台虎钳(又称虎钳)上进行的。

钳工工作台一般用固定的木材或铸铁制成，要求牢固平稳，台面高度一般为 800～900 mm。为了安全，台面前方装有防护网。

台虎钳是夹持工件的主要工具，它有固定式台虎钳和回转式台虎钳两种，台虎钳夹持工件时，尽可能夹在钳口中部，使钳口受力均匀。夹持工件的光洁表面时，应垫铜皮或铝皮加以保护。

12.2 划　　线

12.2.1 划线的作用与分类

根据图样要求，在毛坯或半成品的工件表面上划出加工界线的一种操作称为划线。

1. 划线的作用

(1) 划好的线能明确标出加工余量、加工位置等。

(2) 作为加工或安装工件时的依据。

(3) 在单件小批生产中，通过划线检查毛坯的形状和尺寸是否符合图样要求，避免不合格的毛坯投入机械加工而造成浪费。

(4) 通过划线合理分配加工余量，从而保证少出或不出废品。

2. 划线的种类

根据工件的形状不同，划线可分为平面划线和立体划线两种。

平面划线即在工件的一个平面上划线，如图 12-1(a)所示。立体划线即在工件的几个表面上划线，即在长、宽、高三个方向上划出相关线条，如图 12-1(b)所示。

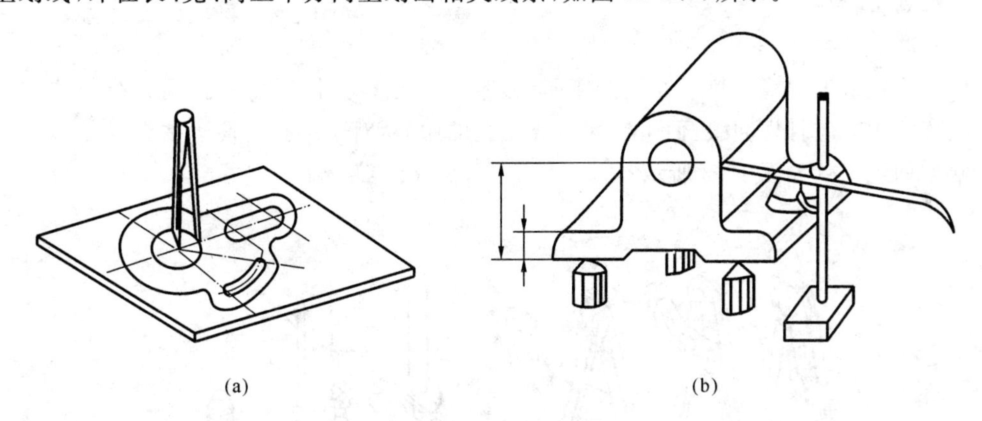

(a)　(b)

图 12-1　划线的种类

(a) 平面划线；(b) 立体划线

在整个机械加工过程中，划线是不可缺少的重要环节，是机械加工的依据。因此所划线条要求清晰，尺寸准确，划线精度一般为 0.25～0.5 mm。

12.2.2 划线工具

1. 划线平板

划线平板由铸铁制成，其基准平面平直、光滑，结构牢固。它是划线的基准工具。

2. 千斤顶和 V 形铁

当需划线的工件较大时，通常用三个千斤顶来支承工件，其高度可以调整，以便找正工件。

V 形铁由碳素钢制成，其相邻两边相互垂直，V 形槽呈 90°，用于划线时支承圆柱形工件，使工件轴线与平板平行。

3. 方箱

方箱是由铸铁制成的空心立方体。各面都经过精加工，相邻平面相互垂直，相对平面相互平行。其上有V形槽和压紧装置。V形槽用来安装轴、套筒、圆盘等圆形工件，以便找中心或划中心线，方箱用于夹持尺寸较小而加工面较多的工件。通过翻转方箱，便可在工件表面上划出相互垂直的线来。

4. 划针、划针盘

划针是在工件上划线的基本工具。划针盘是立体划线和校正工件时常用的工具。调节划针到一定的高度并在平板上移动划针盘，即可在工件上划出与平板平行的线。

5. 高度游标尺

高度游标尺是精密工具，既可测量高度，也可用于半成品的精密划线。但不可对毛坯划线，以防损坏硬质合金划线脚。

6. 直角尺

直角尺两边之间呈精确的直角，分扁直角尺和宽度直角尺，扁直角尺用于平面划线中划垂直线。宽度直角尺用于立体划线中划垂直线或找正垂直面。

7. 划规、划卡

划规可用于划圆、量取尺寸和等分线段。划卡又称单脚规，用以确定轴及孔中心位置，也可用来划平行线。

8. 样冲

样冲是在所划的线上打样冲眼的工具，以便在所划线模糊后仍能找到原线的位置。钻孔前在孔的中心应打样冲眼，便于钻孔时寻找孔的中心，对于小孔还便于钻头定心。

常见划线工具如图12-2所示。

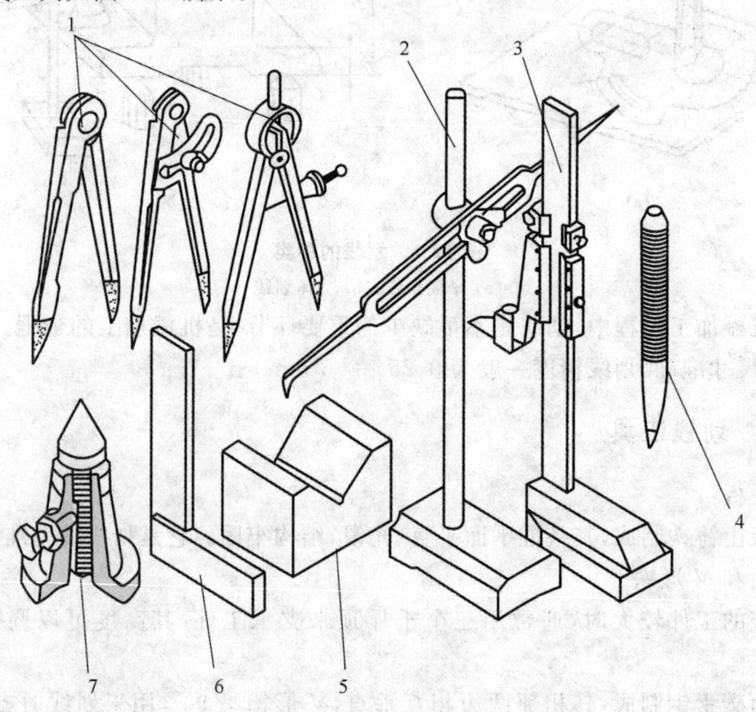

图 12-2　常用划线工具

1—划规；2—划针盘；3—高度游标尺；4—样冲；5—V形铁；6—直角尺；7—千斤顶

12.2.3　划线前的准备工作

工件在划线前需做一些前期准备工作。

(1) 工件的清理　划线前要将工件表面上影响划线的浇口、型砂、飞边、氧化皮、毛刺等都清除干净。

(2) 工件涂色　在需划线的部位涂上颜色，以便使划出的线条能更清晰的显现。涂料可以是粉笔或硫酸铜溶液等。

(3) 对带孔的工件要把孔用木块或铅块填起来，以保证圆心的准确定位。

12.2.4　划线基准及其选择

划线时应在工件上选择一个或几个面或线作为划线的依据，以确定工件的几何形状和各部分的相对位置，这样的面或线称为划线基准。

基准的选用应以保证零件的精度、合理分配加工余量、简化划线工作为原则。在选用划线基准时要考虑如下几点。

(1) 为保证不加工面之间各点的距离相等，应以不加工面为基准。

(2) 毛基准面应以面积大且平整的表面，或者毛坯孔轮廓等作为毛基准。

(3) 零件上一旦有了已加工表面，应以已加工面作为划线基准。

12.2.5　平面划线

平面划线与机械制图相似，图12-3所示为在小锤上划螺纹孔的示例。

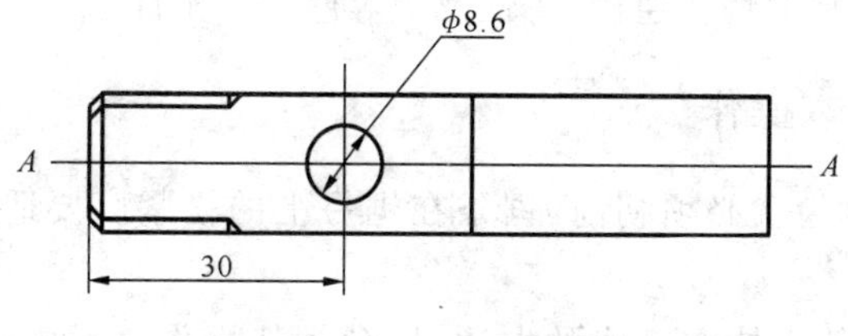

图12-3　平面划线

(1) 先划出基准线 $A—A$。

(2) 量取尺寸30 mm，划出垂直基准线。

(3) 将圆规在钢尺上调好半径4.3 mm，以十字交点为圆心划直径为8.6 mm的圆。

(4) 校对尺寸无误后打样冲眼。

12.2.6　立体划线

划线的准备工作及注意事项如下。

(1) 清理毛坯，去除毛刺等。

(2) 检查毛坯尺寸，确定划线基准。

(3) 划线部位均匀涂上涂料。

(4) 用铅块或木块堵孔，以便确定孔的中心。

(5) 划线时工件支承要牢固、稳定。

(6) 支承好后，应把所有需要划出的平行线划全，以免造成误差及耗时耗工。

12.3 锯　　削

锯削是指用手锯锯断材料或在工件上锯出沟槽的操作。

12.3.1 手锯的构造

手锯由锯弓和锯条两部分组成。

1. 锯弓

锯弓用来安装并张紧锯条。锯弓分固定式和可调式两种，固定式锯弓只能安装一种长度的锯条，可调式锯弓通过调整可安装几种长度的锯条。

锯弓的两端各有一个拉紧螺钉，上面各有一个销钉，当锯条上的孔装入销钉后，旋转螺母就可以把锯条拉紧。

2. 锯条

锯条用碳素工具钢制成，并经淬火处理。常用的手工锯条长 300 mm、宽 12 mm、厚 0.8 mm。锯齿的排列多为波形，以减少工件锯口两侧与锯条的摩擦。

锯条按齿锯大小分粗齿、中齿、细齿三种，由每 25 mm 长度内的齿数来表示，14～16 齿为粗齿，18～22 齿为中齿，24～32 齿为细齿。锯齿的粗细应根据材料的硬度和厚薄来进行选择。粗齿锯条适宜锯切铜、铝等软金属及较厚的工件，因粗齿锯条齿锯较大，锯屑不易堵塞齿间。细齿锯条适宜锯切硬钢、板料及薄壁管子，可使锯条参加切削时的齿数较多，锯齿不易崩裂。中齿锯条适宜锯切普通钢、铸铁及中等厚度的工件。

12.3.2 锯削基本操作

(1) 安装锯条时，锯齿尖必须朝前，锯条在锯弓上的松紧度要适当，过紧或过松都易使锯条折断。

(2) 工件装夹尽可能夹持在虎钳的左边，以免锯切操作过程中碰伤左手。工件悬伸部分要尽可能短，以增加工件刚度，避免锯切时颤动。锯割线尽量与虎钳口垂直。

(3) 起锯时锯条垂直于工件加工表面，并以左手拇指靠稳锯条，起限位作用，使锯条落在所需要的位置上，右手稳推锯柄，起锯角 α 一般略小于 15°，α 太小不易切入，太大易被工件卡住和损坏锯齿。锯弓往复行程要短，压力要轻。锯出锯口后，锯弓逐渐改变到水平方向。

(4) 当锯条切入工件后，两手可进行正常锯割，站立的姿势是右手握住锯柄，左手压住锯弓前部，自然舒展，左脚中心线与虎钳中心线成 75°左右的夹角，右脚中心线与虎钳中心线成 25°左右的夹角。锯切时锯条前推进行切削，应施加适当压力，返回不切削时，不必施加压力，使锯条从工件上轻轻滑过以减少磨损。锯条应直线往复移动，不要左右摆动。应保持锯条全长的 2/3～3/4 参加工作，以免锯条局部磨钝而降低其使用寿命。临近锯断时，用力要轻，以免碰伤手臂或折断锯条。锯削速度通常以每分钟往复 60 次左右为宜，锯切硬材料速度可慢些，软材料可快些。锯切钢件可加机油润滑。

锯切扁钢时，为了得到整齐的锯缝，应在较宽的面上锯。锯切圆管时，不可从上至下一次锯断，而应每锯到内壁后工件向推锯方向转一定角度再继续锯切。锯切薄板时，应用木板夹住薄板两侧，或多片重叠锯切。

12.4　锉　　削

锉削是用锉刀对工件表面进行切削加工的操作。它可以加工平面、型孔、曲面、沟槽及各种形状复杂的表面。其加工表面粗糙度 Ra 值可达 1.6～0.8 μm，是钳工最基本的操作之一。

12.4.1　锉刀

锉刀是锉削所使用的刀具，它由碳素工具钢制成，并经过淬火处理。

1. 锉刀的构造和种类

锉刀由锉面、锉边和锉柄等组成。锉刀的齿纹多制成双纹，双纹锉刀的齿刃是间断的，即在全宽齿刃上有许多分屑槽，使锉屑碎断，不易堵塞锉面，锉削省力，使用较普遍。如图 12-4 所示。

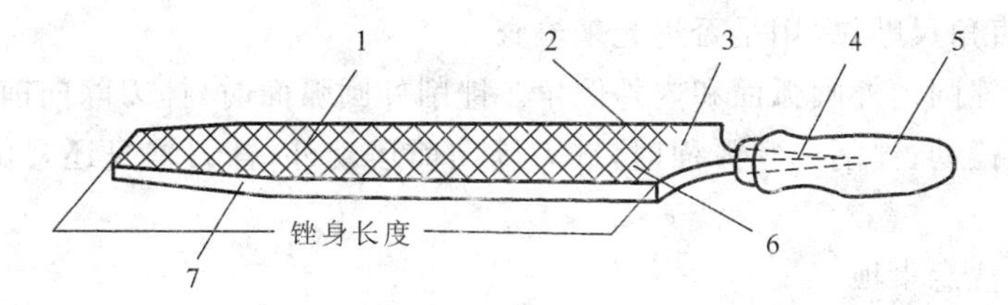

图 12-4　锉刀的构造

1—锉面；2—底齿；3—锉尾；4—锉舌；5—锉柄；6—面齿；7—锉边

锉刀按其断面形状可分为平锉、半圆锉、方锉、三角锉和圆锉等；按其长度又可分为 100 mm、150 mm……400 mm 等；按其齿纹的粗细又可分为粗齿（齿距为 0.83～2.3 mm）、中齿（齿距为 0.42～0.77 mm）、细齿（齿距为 0.25～0.33 mm）和最细齿等。

2. 锉刀的选用

锉刀的长度按工件加工表面的大小选用；锉刀的断面形状按工件加工表面的形状选用；锉刀齿纹粗细的选用要根据工件材料、加工余量、加工精度和加工表面粗糙度等情况综合考虑。粗加工和锉削铜、铝等软金属多选用粗齿锉刀；半精加工和锉削钢、铸铁多选用中齿锉刀；细齿和最细齿锉刀只用于表面最后修光。

12.4.2　锉削基本操作

1. 装夹工件

锉削时工件夹持在虎钳的钳口中部，并略高于钳口 5～10 mm。夹持已加工表面时，应在钳口与工件之间加垫铜皮或铝皮等。

2. 锉刀的使用

锉削时应正确掌握锉刀的握法及施力的变化。锉削时人站立的位置应和虎钳成 45°角，左脚在前，右脚在后，身体略微前倾 15°，左腿略弯，右腿站直，姿势自然、放松。

在使用大的锉刀时，右手握住锉柄，左手压在锉刀前端，使其保持水平；使用中型锉刀时，因用力较小，可用左手的拇指和食指握住锉刀的前端，以引导锉刀水平移动。

锉削时应始终保持锉刀水平移动，因此要特别注意两手的施力变化。开始推进锉刀时，左手压力大，右手压力小；锉刀推到中间位置时，两手的压力大致相等；再继续推进锉刀，左手的压力逐渐减小，右手压力逐渐增大。返回时不加压力，以免磨钝锉齿和损伤已加工表面。

锉削的速率一般为30～50次/分。

3.锉削方法

常用的锉削方法有顺向锉、交叉锉、推锉和滚锉。前三种锉法用于平面锉削，后一种用于弧面锉削。

顺向锉是最基本的锉法，适用于平面较小且加工余量也较小的锉削。顺向锉可得到平直的锉纹，使锉削的平面较为整齐美观。

交叉锉适用于粗锉较大的平面。由于锉刀与工件接触面增大，锉刀易掌握平稳，因此交叉锉易锉出较平整的平面。交叉锉之后要转用顺向锉法进行修光。

推锉仅用于修光，尤其适宜窄长平面或用顺锉法受阻的情况。推锉时两手横握锉刀，沿工件表面平稳地推拉锉刀，可得到平整光洁的表面。

锉削平面时，工件的尺寸可用钢尺或游标卡尺测量。工件平面的平直及两平面之间的垂直情况，可用直角尺贴靠，用是否透光来检查。

滚锉法用于锉削内外圆弧面和内外倒角。锉削外圆弧面时，锉刀除向前运动外，还要沿工件被加工圆弧摆动；锉削内圆弧面时，锉刀除向前运动外，锉刀本身还要做一定的旋转运动和向左移动。

4.锉削操作注意事项

锉削操作时，锉刀必须装柄使用，以免刺伤手心。由于虎钳钳口淬火处理过，不要锉到钳口上，以免磨钝锉刀和损坏钳口。不要用手去摸锉面或工件，以防被锐棱刺伤等，同时防止手上油污沾上锉刀或工件表面，使锉刀打滑，造成事故。锉下来的屑末要用毛刷清除，不要用嘴吹，以免屑末进入眼内。锉面堵塞后，用钢丝刷顺着锉纹方向刷去屑末。锉刀放置时，不要伸出工作台之外，以免碰落摔断或砸伤脚背。

12.5 孔 加 工

钳工加工中用钻削加工孔，根据孔的精度和粗糙度要求不同，加工方法及所用刀具也不同，主要有钻孔、扩孔、铰孔等。钻孔也是攻螺纹前的准备工序。

12.5.1 钻床

1.台式钻床

台式钻床简称台钻(见图12-5)，它是一种放在台桌上使用的小型钻床，钻孔直径一般在13 mm以下。台钻使用方便、灵活，其主轴转速可通过改变V带在塔轮上的位置来调节。主轴的向下进给是手动的。台钻主要用于加工小型工件上的小孔。

2.立式钻床

立式钻床简称立钻。其钻孔直径有25 mm、35 mm、40 mm、50 mm等几种。主轴向下进给既可手动，又可自动。立钻主要用于加工中小型工件上的中小孔。除钻孔外还可进行锪孔、扩孔、铰孔、攻螺纹等加工。

3. 摇臂钻床

摇臂钻床如图12-6所示，由工作台、立柱、主轴变速箱、摇臂等组成。摇臂带着主轴变速箱可沿立柱上下移动，也可绕立柱左右回转，主轴变速箱可沿摇臂上的导轨做横向移动。因此主轴能较便捷地对准工件上孔的中心，在很大范围内进行孔的加工。摇臂钻床主要用于较大工件及多孔工件的孔加工。除钻孔外，还可完成扩孔、锪孔、铰孔、镗孔、攻螺纹等工作。

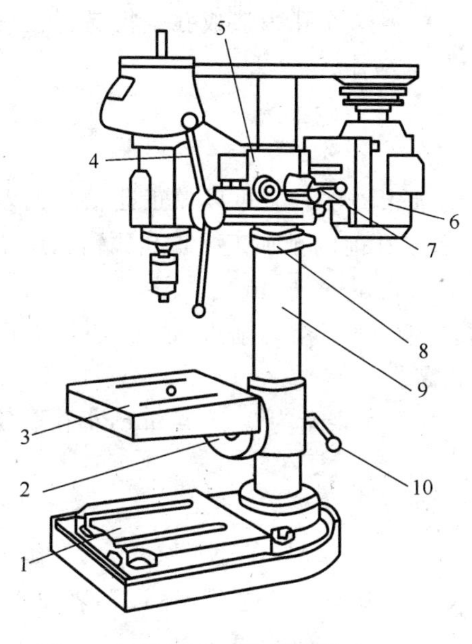

图 12-5　台式钻床

1—机座；2—锁紧螺钉；3—工作台；4—钻头进给手柄；5—主轴架；6—电动机；7,10—锁紧手柄；8—定位环；9—立柱；

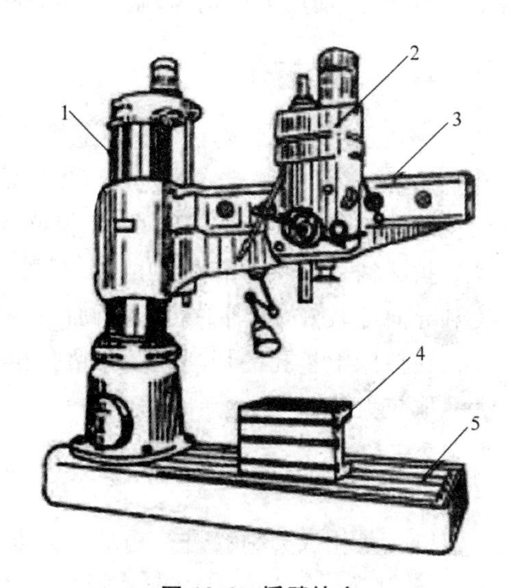

图 12-6　摇臂钻床

1—立柱；2—主轴变速箱；3—摇臂；4—工作台；5—底座

12.5.2　钻孔

钻孔是用钻头在实体材料上加工孔的方法。在钻床上钻孔，工件固定不动，钻头一边旋转(主运动)，一边主轴向下做进给运动。钻孔属于粗加工，尺寸公差等级一般为IT14～IT11，表面粗糙度 Ra 值为50～12.5 μm。如要进一步提高加工精度，可根据要求选择扩孔、铰孔或镗孔等加工方法。

1. 麻花钻

麻花钻是钻孔的主要刀具，其组成部分如图12-7所示。

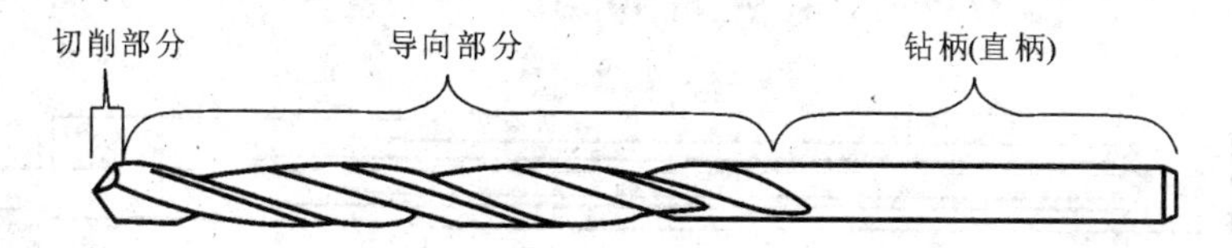

图 12-7　麻花钻

直径小于12 mm时一般为直柄钻头，大于12 mm时为锥柄钻头。麻花钻的前端为切削部分，有两个主切削刃。顶部有横刃，横刃的存在使钻削时轴向拉力增加。麻花钻有两条螺旋槽和两条刃带，螺旋槽的作用是形成切削刃和向孔外排屑，刃带的作用是减少钻头与孔壁的摩擦和导向。麻花钻头的结构决定了它的刚度和导向性均比较差。

麻花钻的装夹方法按其柄部的形状不同而异。锥柄钻头可直接装入钻床主轴孔内，较小的钻头可用过渡套筒安装。直柄钻头则用钻夹头安装。

2. 钻孔方法

钻孔时工件固定不动，小型工件一般用台虎钳装夹，大型工件一般用螺栓压板直接压紧在工作台上。钻孔时钻头做旋转运动，并沿轴线向下做进给运动。若孔较深，则应在钻孔过程中经常将钻头提出孔外，以帮助排除钻屑，防止钻屑卡在孔内造成孔壁粗糙，甚至折断钻头，钻孔时施加压力要均匀，临近钻透时，压力要逐渐减小。

12.5.3 扩孔

扩孔是用扩孔钻对已有的孔进行扩大孔径的加工方法。它可以校正孔轴线偏差，提高孔的质量，属半精加工。扩孔也可作为最终加工和铰孔前的预加工。扩孔比钻孔质量高，尺寸公差等级可达 IT10～IT9，表面粗糙度值 Ra 可达 6.3～3.2 μm。

扩孔钻的形状与麻花钻相似，不同的是扩孔钻有 3～4 个切削刃，钻心较粗，无横刃，刚度和导向性较好，切削平稳，因而加工质量比钻孔高。

在钻床上扩孔的切削运动与钻孔相同。扩孔的加工余量为 0.5～4 mm，小孔取较小值，大孔取较大值。

12.5.4 铰孔

铰孔是用铰刀对孔进行精加工的方法。其尺寸公差等级可达 IT8～IT7，表面粗糙度值 Ra 可达 1.6～0.8 μm。

铰刀的结构如图 12-8 所示，其中图 12-8(a)所示为机铰刀，图 12-8(b)所示为手铰刀。机铰刀工作部分较短，多为锥柄，装夹在钻床或车床上进行铰孔。手铰刀工作部分较长，导向性较好。手铰孔时，将铰刀沿原孔放正，然后用手转动铰杠（手铰刀用的铰杠与攻螺纹用的铰杠相同，并轻压向下进给）。

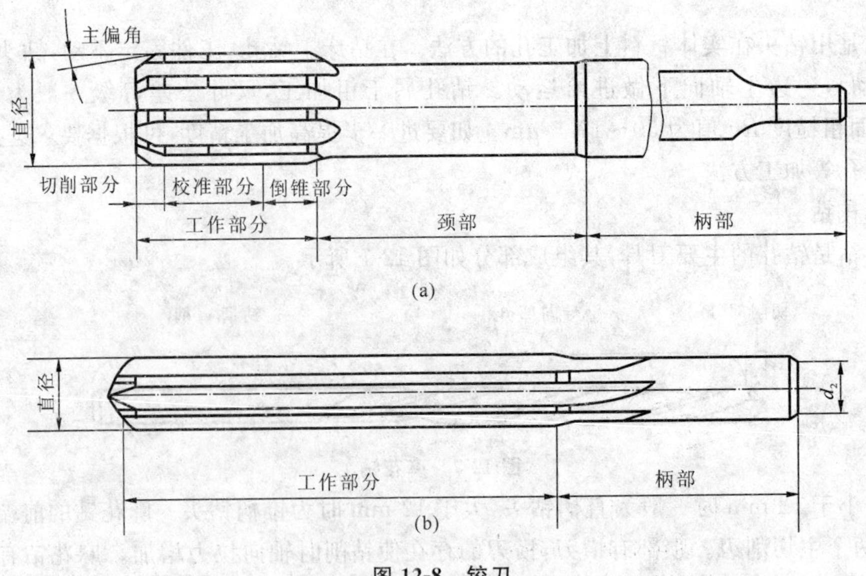

图 12-8 铰刀

在钻床上铰孔时铰刀不能反转，以免崩刃和损坏加工表面，还要选用适当的切削液，以冷却、润滑铰刀，提高孔的加工质量。铰孔的加工余量一般为 0.05～0.25 mm。

12.6　螺纹加工

12.6.1　攻螺纹

用丝锥在工件内孔中加工螺纹的过程称为攻螺纹，如图 12-9 所示。

1. 丝锥

丝锥是攻螺纹的专用刀具。它由工作部分和柄部构成，如图 12-10 所示。

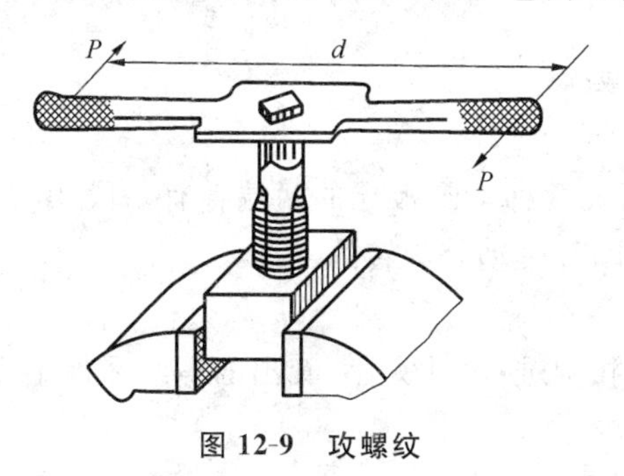

图 12-9　攻螺纹

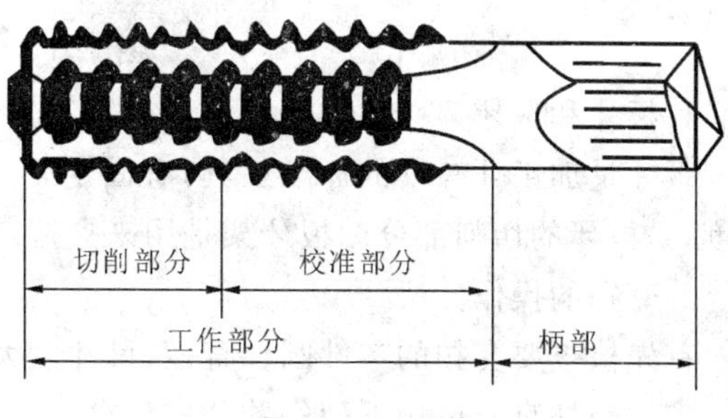

图 12-10　丝锥

柄部装入铰杠传递扭矩，便于攻螺纹。工作部分由切削、校准两部分组成。对于 M6～M24 的手用丝锥，通常制成两支一套，称为头锥和二锥。它们的主要区别在于切削部分的锥度不同。对于小于 M6 或大于 M24 的一般制成三支一套，分别称为头锥、二锥和三锥。主要是小直径丝锥强度小，容易折断，大直径丝锥切削余量大，需要分多次切削。丝锥校准部分的作用主要是引导丝锥和校准螺纹牙型。

2. 攻螺纹操作

攻螺纹前需要钻底孔，因为攻螺纹时丝锥的切削刃除对金属有切削作用外，对工件材料还产生挤压作用，挤压结果可能造成丝锥被挤住，发生崩刃、折断及工件乱扣现象，所以要根据不同材料首先确定螺纹底孔的直径（即钻底孔所用钻头的直径）和深度。

攻盲孔（即不通孔）螺纹时，因丝锥不能攻到底，所以钻底孔的深度要大于螺纹长度。

底孔钻好后，要对孔口进行倒角，若是通孔，两端均要倒角。倒角有利于丝锥开始切削时切入，且可避免孔口螺纹牙齿崩裂。

先用头锥攻螺纹。开始时，将丝锥垂直插入孔内，然后用铰杠轻压旋入 1～2 圈，目测或用直角尺在两个方向上检查丝锥与孔端面的垂直情况。丝锥切入 3～4 圈后，只转动，不加压，每转 1～2 圈后再反转 1/4～1/2 圈，以便断屑。攻钢件螺纹时应加机油润滑，攻铸铁件可加煤油润滑。

最后用二锥攻螺纹。先将丝锥用手旋入孔内，当旋不动时再用铰杠转动，此时不要加压力。

12.6.2　套螺纹

用板牙加工外螺纹的方法称为套扣，如图 12-11 所示。套扣又称套螺纹。

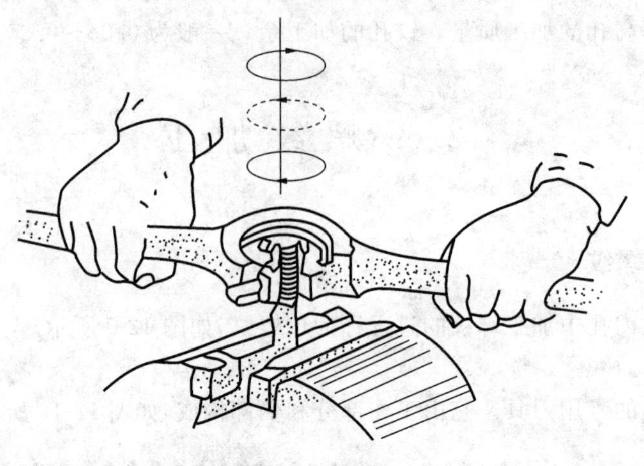

图 12-11　套螺纹

1. 板牙和板牙架

板牙是加工外螺纹的标准工具，有固定式、可调式两种。圆板牙的两端各有一段 40°的锥度，是板牙的切削部分。板牙架是用来夹持圆板牙，并带动其旋转的工具。

2. 套扣的操作方法

首先检查要套扣的零件圆柱直径，尺寸太大，套扣困难；尺寸太小，套出的螺纹牙齿不完整。零件圆柱直径可用下列经验公式计算

$$d_0 = d - 0.13P$$

式中：d_0——圆柱直径；

d——螺纹大径；

P——螺距。

圆柱端部必须倒角，然后进行套扣。套扣时板牙端面必须与工件轴线严格保持垂直，开始可用手掌按住板牙中心，适当施加压力并转动板牙架。转动不要太快，切入 1～2 圈后，目测检查，校正板牙位置，切入 3～4 圈后就不必加压，只需转动，以免损坏螺纹和板牙，而且要经常反转，以便断屑。套扣时可加机油润滑。

12.7　装　　配

任何一台机器都是由多个零件组成的，例如一台中等复杂程度的减速箱就是由几十个零件组成，将其按装配工艺过程组装起来，并经过调试，使之成为合格产品的过程称为装配。装配是产品制造过程中的最后环节。产品质量好坏，不仅取决于零件的加工质量，而且取决于装配质量。装配是一项重要而细致的工作，在机械制造业中占有很重要的地位。

12.7.1　装配的组合形式

装配过程分为组件装配、部件装配和总装配。

1. 组件装配

组件装配是将若干个零件安装在一个基础零件上而构成组件的过程。例如齿轮减速箱

中的大轴组件就是由大轴及其轴上的各个零件构成的一个组件。组件可作为基本单元进入装配。

2. 部件装配

部件装配是将若干个零件、组件安装在另一个基础零件上而构成部件的过程。部件是装配中比较独立的部分。

3. 总装配

总装配是将若干个零件、组件、部件安装在产品的基础零件上而构成产品的过程。例如一台中等复杂程度的圆柱齿轮减速箱，可以把轴、齿轮、键、左右轴承、垫套、透盖、毡圈的组合视为大轴组装；而整台减速箱则可视为若干其他零件、组件安装在箱体这个基础零件上的部件装配。减速箱经过调试合格后，再和其他部件、组件和零件组合后装配在一起，就组成了一台完整机器，这就是总装配。

12.7.2　产品装配的步骤

1. 装配前的准备

(1) 熟悉研究装配图的技术条件，了解产品的结构和零件的作用，及其相互连接关系。

(2) 确定装配方法、装配程序和所需的工具。

(3) 整理和清洗零件，去除毛刺及整形。

(4) 某些零件还需进行修刮和静、动平衡，以及密封等工作。

2. 装配

首先进行组件装配，再进行部件装配，部件装配完以后再进行总装配。

3. 调试

对装配好的机器进行调试、调整、精度检验和试车，使产品达到合格要求。

12.7.3　几种典型装配工作

1. 轴、键、传动轮的装配

传动轮与轴一般采用键连接，其中常用普通平键连接。在进行装配时要注意以下几点：① 清理键及键槽上的毛刺；② 用键的头部与键槽试配，使键能较紧地嵌入键槽中；③ 锉配键长，使键与键槽在轴向有 0.1 mm 左右的间隙；④ 在配合处加机油，用铜棒将键慢慢敲入键槽中，并与槽底接触良好；⑤ 试配并安装传动轮，注意键与轮上键槽的底部应留有间隙。

2. 销钉的装配

销钉在机器中多用于定位和连接，常用的销钉有圆柱销和圆锥销。

圆柱销的装配对销孔尺寸、形状和表面粗糙度要求较高。被连接件的两孔应一起配钻、配铰出来。装配时，销钉表面可涂机油，用铜棒轻轻敲入。圆柱销不宜多次拆装，否则会降低定位精度和连接的可靠性。如图 12-12 所示。

圆锥销装配时，两连接件的销孔也应一起配钻、配铰出来。钻、铰时按圆锥销小头直径选用钻头，铰刀用 1∶50 的锥度铰刀。铰孔时用试装法控制孔径，以圆锥销能自由插入 80%～85%为宜。最后用手锤敲入，销钉的大头可稍微露出，或与被连接件表面平齐。如图 12-13 所示。

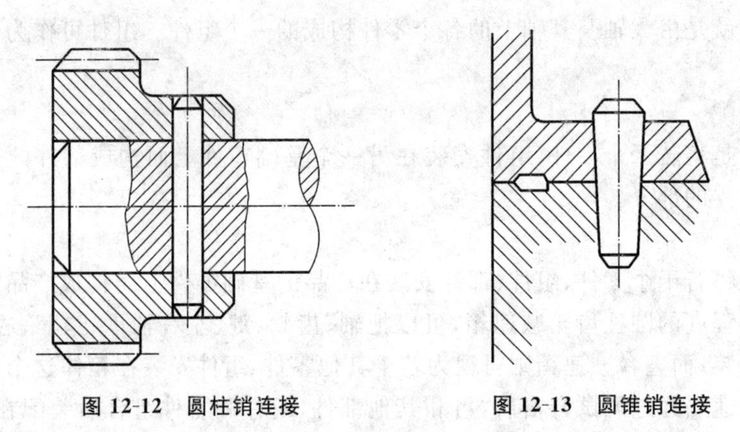

图 12-12　圆柱销连接　　图 12-13　圆锥销连接

3. 滚动轴承的装配

滚动轴承一般由外圈、内圈、滚动体和保持架组成，如图 12-14 所示。在内、外圈上有光滑的凹形滚道，滚动体可沿滚道滚动。滚动体的形状有球形、短圆柱形、圆锥形等。保持架的作用是使滚动体沿滚道均匀分布，并将相邻的滚动体隔开。

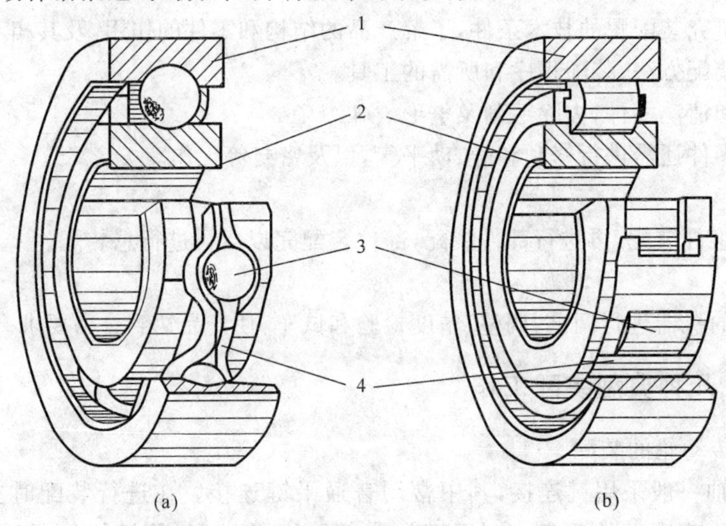

图 12-14　滚动轴承

(a) 深沟球轴承；(b) 圆柱滚子轴承

1—外圈；2—内圈；3—滚动体；4—保持架

在一般情况下，滚动轴承的内圈随轴转动，其外圈固定不动，因此内圈与轴的配合比外圈与轴承座支承孔的配合要紧一些。滚动轴承的装配常用铜锤或压力机压装。为了使轴承圈压力均匀，需垫套之后加压。轴承压到轴上，通过垫套施力于内圈端面，轴承压到支承孔中，施力于外圈端面，若同时压到轴上和支承孔内，则应同时施力于内、外圈端面。

4. 螺钉、螺母的装配

螺纹连接是一种可拆卸的固定连接。在装配工作中要碰到大量的螺钉、螺母的装配，装配时要注意如下事项。

(1) 内外螺纹的配合应做到能用手自由旋入，既不能过紧，也不能过松。

(2) 螺钉、螺母端面应与螺纹轴线垂直，零件与螺钉、螺母的贴合面应平整光洁。为了提高贴合质量和在一定程度上防松，一般应加垫圈。

(3) 装配一组螺钉、螺母时，为了保持零件贴合面受力均匀，应按一定顺序拧紧，且不要一次完全拧紧，而要按顺序分两次或三次逐步拧紧。

(4) 螺纹连接在很多情况下要有防松措施，以免在机器的使用过程中螺母回转松动，常用的防松措施有采用双螺母、弹簧垫圈、开口销、止动垫圈、锁片和串联钢丝等。

12.7.4　拆卸工作

机器使用一段时间后，要进行检查和修理，这里要对机器进行拆卸。拆卸时要注意如下事项。

(1) 机器拆卸前，要拟定好操作程序。初次拆卸还应熟悉装配图，了解机器的结构。

(2) 拆卸顺序一般与装配相反，后装的先拆。

(3) 拆卸时要记住每个零件原来的位置，防止以后装错。零件拆下后，要摆放整齐，做好记录备查，严防丢失。配合件要做好记号，以免搞乱。

(4) 拆卸配合紧密的零部件，要用专用工具(如各种拉出器、固定扳手、铜锤、铜棒等)，以免损伤零部件。

(5) 紧固件上的防松装置，在拆卸后一般要更换，避免这些零件再次使用时折断而造成事故。

12.8　训练案例：立体划线

训练内容：对如图12-15所示蜗轮箱进行加工前的立体划线。

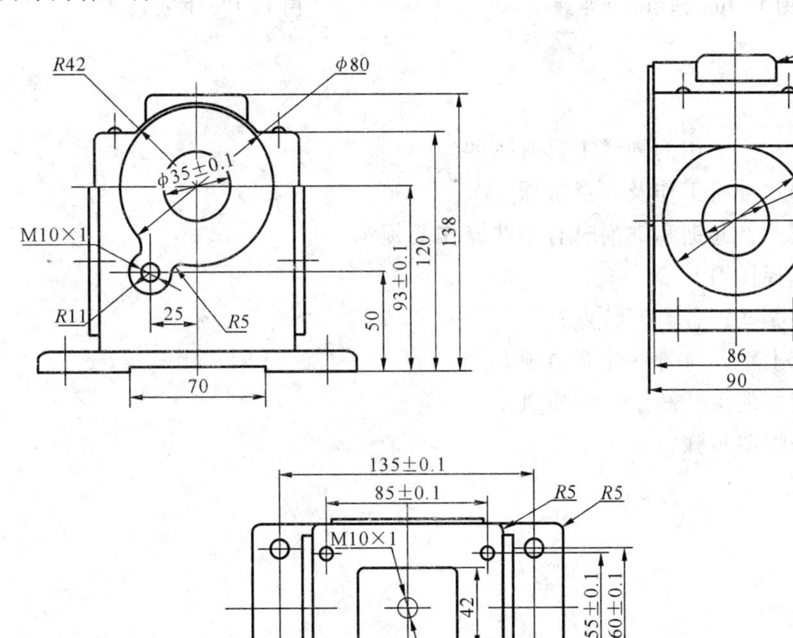

图12-15　蜗轮箱立体划线

划线步骤如下。

(1) 清理工件,将铅块塞入涡轮箱各孔,在划线部位涂上涂料。

(2) 将涡轮箱放置于划线平台,以加工过的底平面为基面,用高度游标尺划出所有孔的中心水平线,如图 12-16 所示。

(3) 将涡轮箱翻转 90°,用三个千斤顶支承与底面垂直的面,并以此面为基准,通过调整千斤顶,校正该基准的水平度和底面的垂直度。校正好后用高度游标尺划出大面的中心线及油位孔的中心线,如图 12-17 所示。

(4) 用同样方法划出涡轮箱侧面孔的中心线。

(5) 用圆规划出所有孔的孔径,并打好样冲眼。

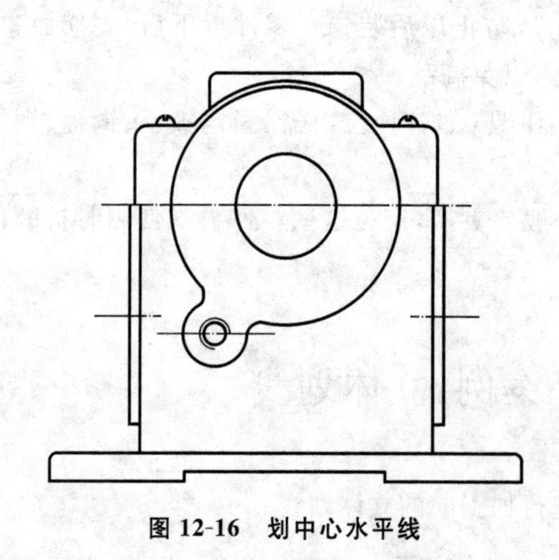

图 12-16　划中心水平线

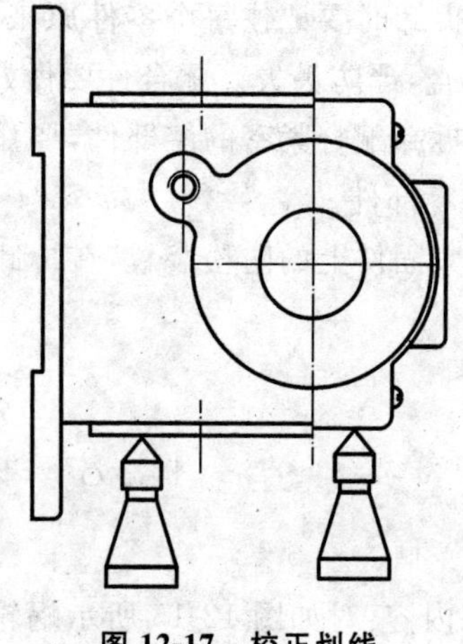

图 12-17　校正划线

复习思考题

1. 划线有何作用? 常用的划线工具有哪些?
2. 划线前有哪些准备工作及注意事项?
3. 怎样选择锯条? 起锯和锯削时有哪些操作要领?
4. 应该怎样选择锉刀?
5. 锉削方法有哪些? 各有何特点?
6. 在台式钻床上钻孔有哪些注意事项?
7. 攻螺纹时应如何保证螺纹孔的质量?
8. 产品装配有哪些步骤?

第四部分　先进机械加工技术

第 13 章　数控基础知识

13.1　数控机床概述

13.1.1　数控机床的产生和发展

数控是数字控制(numerical control,NC)的简称,是指用数字化信号对机床的运行过程及加工过程实现控制的自动化技术。数字控制机床是具有数字程序控制系统的机床,简称数控机床,也称 NC 机床。机床数字控制技术是把零件的加工尺寸和各种要求用代码化的数字表示后输入数控装置,再经过处理与计算后发出各种控制信号,使机床的运动及加工过程在程序控制下有步骤地进行,并将零件自动加工出来的技术。

1952 年,美国帕森兹公司与麻省理工学院伺服机构实验室合作,成功研制出一套三坐标联动、利用脉冲乘法器原理的试验性数字控制系统,并将它装在一台立式铣床上,这就是世界上第一台数控机床,也是数控机床的第一代。

1953 年,美国空军与麻省理工学院协作,开始从事计算机自动编程的研究,这就是研制刀具控制程序自动编制系统(automatically programmed tools,APT)的开始。

1959 年,随着晶体管元件的问世,数控系统中广泛应用晶体管与印制电路板。1959 年 3 月,美国可耐杜列克公司开发了带有自动换刀装置的数控机床,称为加工中心。这就是数控机床的第二代。

1965 年,出现了小规模的集成电路,数控系统的可靠性得到进一步的提高,使数控技术发展到了第三代。以上三代都采用专用的硬件控制逻辑数控系统,称为普通数控系统,即 NC 系统。

由于当时控制计算机的价格十分昂贵,1967 年,英国首先把几台数控机床连接成柔性的加工系统,这就是最初的柔性制造系统(flexible manufacturing system,FMS)。随着计算机技术的发展,小型计算机的价格急剧下降,小型计算机开始取代 NC 系统,数字控制的许多功能由软件程序实现,出现了由计算机作为控制单元的数控系统(computerized numerical control,CNC),即数控机床的第四代。

1970 年前后,美国英特尔公司首先开发和使用了微处理器。1974 年,美国、日本等国首先研制出以微处理器为核心的数控系统。由于中大规模集成电路的集成度和可靠性高、价格低廉,因此,20 多年来,拥有微处理器数控系统的数控机床得到飞速发展和广泛应用,这就是微机数控系统,从而使数控机床进入了第五代。后来人们将微机数控系统也称为 CNC

系统。

20 世纪 80 年代初，国际上又出现了柔性制造单元（flexible manufacturing cell，FMC），FMC 和 FMS 被认为是实现计算机集成制造系统（computerized integrated manufacturing system，CIMS）的必经阶段和基础。

13.1.2 数控机床的基本组成与工作原理

1. 数控机床的组成

数控机床是一种利用信息处理技术进行自动加工的机床。熟悉数控机床的组成，不仅要掌握数控机床的工作原理，同时还要掌握数控技术在其他行业的应用。

数控机床主要由编制加工程序、输入装置、数控系统、伺服系统、辅助控制装置、测量反馈装置及机床本体等几个部分组成，如图 13-1 所示。

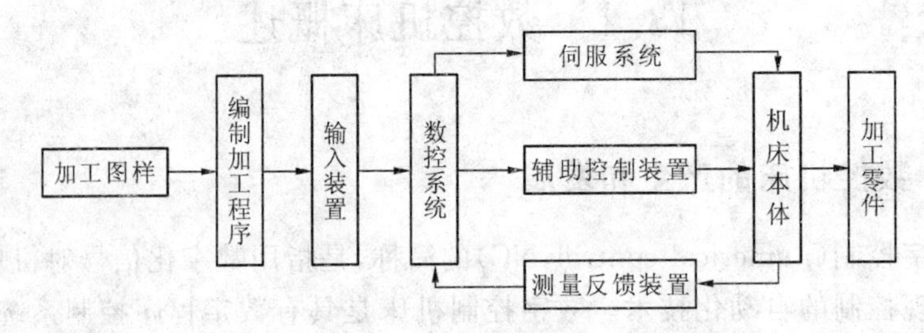

图 13-1 数控机床的基本组成

1）编制加工程序

数控加工程序是数控机床自动加工零件的工作指令。数控机床是按输入的工件加工程序自动走刀运行的。工件（或零件）加工程序中，包括机床上刀具和工件的相对运动轨迹、工艺参数（如进给量、主轴转速等）和辅助运动等加工所需的全部信息。加工程序可存储在控制介质（也称信息载体、程序载体）上。数控机床中，常用的控制介质有穿孔带、磁带和磁盘等，采用哪一种储存载体，取决于数控装置的设计类型。编制程序的工作可手工进行，对于形状复杂的零件，则要在专门的编程机或计算机辅助制造（computer assistant manufacture，CAM）软件上进行自动编程。

2）输入装置

输入装置的作用是将控制介质（信息载体、程序载体）上的有关加工信息传递并存入控制系统内。根据控制介质的不同，相应有不同的输入装置。如对应穿孔带，有光电阅读机；对应磁带，有录放机；对应磁盘，有磁盘驱动器等。现代数控机床，可以通过键盘用手动方式（manual data input，MDI）将程序直接输入数控系统，还可由编程计算机用 RS232 或采用网络通信方式传送到数控系统中。零件加工程序输入过程有两种不同的方式：一种是边读入边加工（数控系统内存较小时）；另一种是一次性将零件加工程序全部读入数控装置内部的储存器，加工时再从内部储存器中逐段调出进行加工。

3）数控系统

数控装置是数控机床的核心，包括微型计算机、各种接口电路、显示器等硬件及相应的软件，它能完成信息的输入、存储、变换、插补运算以及各种控制功能。

4）伺服系统

伺服系统是数控装置的执行部分。它接收数控装置的指令信息，经功率放大后，严格按照指令信息的要求驱动机床的运动部件，完成指令规定的运动，加工出合格的零件。一般来说数控机床的伺服驱动系统，要有好的快速响应性能和高的伺服精度。伺服系统包括驱动装置和执行机构两大部分，目前大都采用直流或交流伺服电动机作为执行机构。

5）辅助控制(强电控制)装置

辅助控制装置的主要作用是接收数控装置输出的主运动换向、变速、起停、刀具的选择和交换，以及其他辅助装置等指令信息，经过必要的编译、逻辑判别和运算，经功率放大后直接驱动相应的电器，带动机床机械部件、液压气动等辅助装置完成指令规定的动作。现在由于可编程逻辑控制器(programmable logic controller，PLC)具有响应快，性能可靠，易于使用、编程和修改，并可直接驱动机床电器的特点，已被广泛用为数控机床的辅助控制装置。

6）测量反馈装置

测量反馈装置的作用是将数控机床各坐标轴的位移指令检测并反馈到机床的数控装置中，数控装置将反馈回来的实际位移值与设定值进行比较后，向伺服系统发出指令，纠正所产生的误差。

7）机床本体

与普通机床相比，数控机床主体结构虽然还是由主传动装置、进给传动装置、床身及工作台和辅助装置组成，但其传动系统更为简单。并且数控机床的静态和动态刚度要求更高，如传动装置的间隙要求尽可能的小，滑动面的摩擦因数要小，但有恰当的阻尼，以适应对数控机床高定位精度和良好的控制性能的要求。

2. 数控机床的工作原理

数控机床是一种高度自动化的机床，它在加工工艺与加工表面成形方法上与普通机床基本相同，最根本的不同在于实现自动化控制的原理与方法上：数控机床是用数字化的信息来实现自动化的。

在数控机床上加工零件尺寸，首先要将被加工零件图的几何信息和工艺信息数字化。先根据零件加工图样的要求确定零件加工的工艺过程、工艺参数、刀具参数，再按数控机床规定采用的代码和程序格式，将与加工零件有关的信息，如工件的尺寸、刀具运动中心轨迹、位移量、切削参数(如主轴转数、切削进给量、背吃刀量等)以及辅助操作(如换刀、主轴的正反转、切削液的开关)等编制成数控加工程序，然后将程序输入到数控装置中，经数控装置分析处理后，发出指令控制机床进行自动加工。

13.1.3　数控机床的分类

数控机床五花八门，种类繁多，据不完全统计，已有 400 多个品种。当前数控机床究竟如何分类，国内外尚无统一的规定。为了便于分析和研究，通常按以下四种方法来分类。

1. 按控制系统的功能分类

按控制系统的功能特点可以将数控机床分为点位控制、点位直线控制、轮廓控制三种数控机床。

1）点位控制数控机床

点位控制数控机床的特点是刀具在相对工件的移动过程中，不进行切削加工，对定位过程中的运动轨迹没有严格要求，仅要求实现从一坐标点到另一坐标点的精确定位。为了尽可能地减少刀具的运动时间并提高定位精度，刀具先是快速移动到接近终点的位置，然后降低移动速度，使之慢速趋近定位点，以确保定位精度。这类数控机床主要有数控坐标镗床、数控钻床、数控冲床、数控测量机、数控点焊机、数控弯管机等。

2）点位直线控制数控机床

点位直线控制数控机床的特点是不仅要控制从一坐标系到另一坐标系的精确定位，还要控制两相关点之间的运动速度和轨迹，其轨迹是平行机床各坐标轴的直线，或两轴同时移动形成的45°斜线。点位直线控制数控机床的工艺范围广，但在实用中仍受到很大的限制。这类数控机床主要有经济型数控车床、数控镗铣床、数控加工中心等。

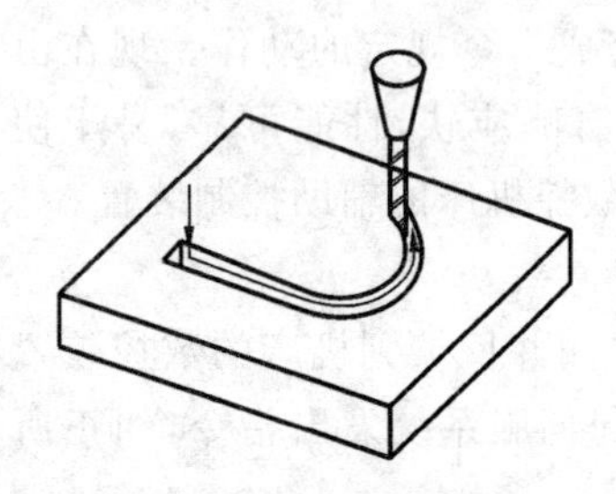

图 13-2 轮廓控制铣削加工示意图

3）轮廓控制数控机床

轮廓控制数控机床的特点是能够同时对两个或两个以上的坐标轴进行加工控制。加工时不仅能控制起点和终点的坐标，而且要控制整个加工过程中每一个点的坐标和速度，即控制刀具运动轨迹，将工件加工成一定的轮廓形状。图 13-2 所示为轮廓控制铣削加工示意图。

这类机床主要有数控车床、数控铣床、数控线切割机床、加工中心等，其相应的数控装置称为轮廓控制数控系统。根据它所控制的联动坐标轴数不同，又可分为下面几种形式。

（1）二轴联动　主要用于数控车床加工旋转曲面或数控铣床加工曲线柱面。

（2）二轴半联动　主要用于三轴以上机床的控制，其中两根轴可以联动，而另外一根轴可以做周期性进给。图 13-3 所示就是采用这种方式用行切法加工三维空间曲面。

（3）三轴联动　一般分为两类。一类就是 X、Y、Z 三个直线坐标轴联动，比较多的用于数控铣床、加工中心等，如图 13-4 所示为球头铣刀铣切三维空间曲面。另一类除了同时控制 X、Y、Z 其中两个直线坐标轴外，还同时控制围绕其中某一直线坐标轴旋转的旋转坐标轴。如车削加工中心，它除了纵向（Z 轴）、横向（X 轴）两根直线坐标轴联动外，还需同时控制围绕 Z 轴旋转的主轴（C 轴）联动。

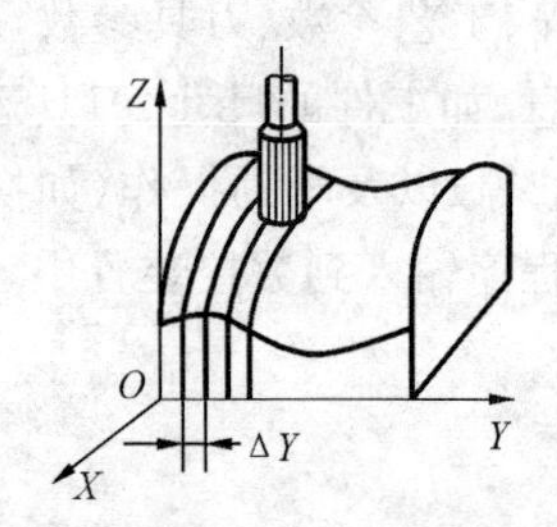

图 13-3 二轴半联动的曲面加工

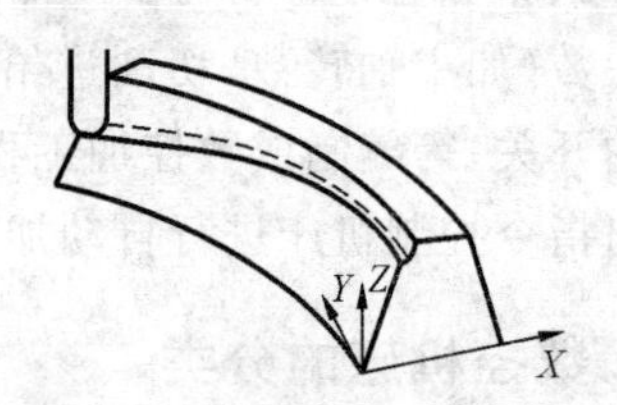

图 13-4 三轴联动的加工曲面

（4）四轴联动　同时控制 X、Y、Z 三个直线坐标轴与某一旋转坐标轴联动，图 13-5 所示为同时控制 X、Y、Z 三个直线坐标轴与一个工作台回转轴联动的数控铣床。

（5）五轴联动　除同时控制 X、Y、Z 三个直线坐标轴联动外，还同时控制围绕这些直线坐标轴旋转的 A、B、C 坐标轴中的两个坐标轴，形成同时控制五个轴联动。这时刀具可以被定在空间的任意方向，如图 13-6 所示。比如控制刀具同时围绕 X 轴和 Y 轴两个方向摆动，使刀具在其切削点上始终保持与被加工的轮廓曲面成法线方向，以保证被加工曲面的光滑性，提高其加工精度和加工效率，减少被加工的表面粗糙度。

2. 按加工方法分类

大多数数控机床制造厂家都使用这种分类方法，它给厂家的宣传和用户订货选型带来了很大的便利。按加工方式的不同，常将数控机床分为一般数控机床和加工中心两种。

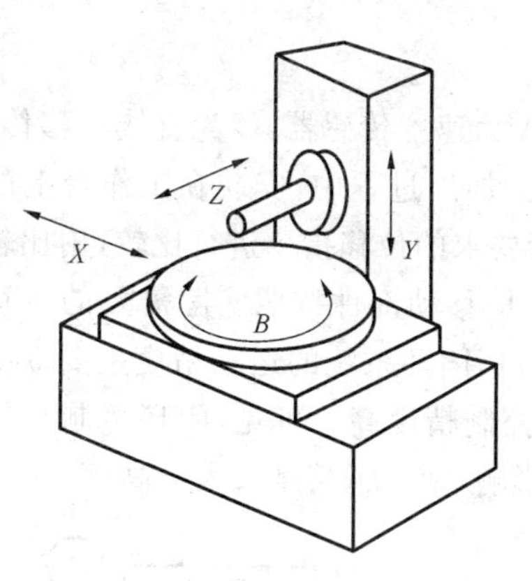

图 13-5　四轴联动的数控铣床

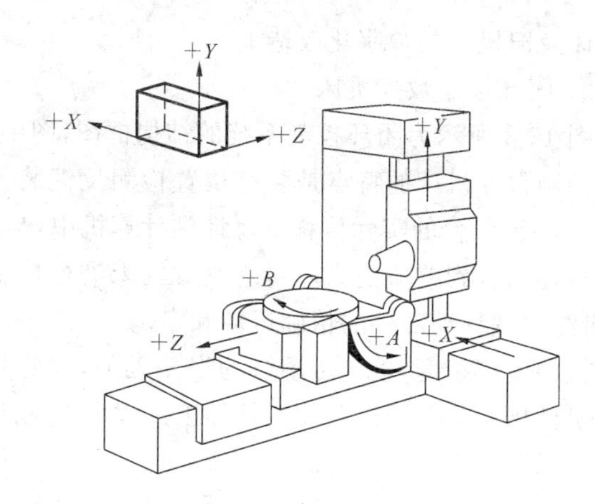

图 13-6　五轴联动的加工中心

1）一般数控机床

最常见的有数控车床、数控钻床、数控铣床、数控镗床、数控磨床、数控齿轮加工机床等。这类数控机床的特点与传统机床相似，但具有很高的精度、较高的生产率和自动化程度，适合于加工单件、小批量和复杂形状的工件。由于它不带刀库，只能实现一道工序中的自动化。当工序不同时，仍需人工完成刀具的更换等工作，阻碍了生产率的进一步提高。

2）加工中心（带刀库的数控机床）

在普通数控机床上加装一个刀库和自动换刀装置就成了加工中心。加工中心实现了一次装夹完成多个工种的加工。如铣、钻、镗、加工中心，在工件一次装夹后，可以对大部分加工面进行铣、钻、镗、铰、扩、攻螺纹等多个工序加工，特别适合箱体类零件的加工。

加工中心一次安装定位后可完成多工序加工，避免了因多次安装造成的误差，减少了机床的台数和占地面积，缩短了辅助时间，大大地提高了生产效率和加工质量，降低了生产成本。

3. 按伺服控制方法分类

数控机床按照伺服控制方法可分为开环控制和闭环控制两种。在闭环系统中，根据检测反馈装置安放的部位可分为全闭环控制（简称闭环控制）和半闭环控制两种。

1）开环控制数控机床

开环控制数控机床的特点是不带检测反馈装置，这类数控机床主要使用步进电动机。图 13-7所示为典型的开环数控系统，数控装置将工件（或零件）加工程序处理后，输出数字指令脉冲信号，通过驱动电路将功率放大后，驱动步进电动机转动，再经减速器带动丝杠转动，从而使工作台移动。改变进给脉冲的数量和频率，就可以控制工作台的移动量和速度。指令信息单方向传送，并且指令发出后，不再反馈回来，故称开环控制。

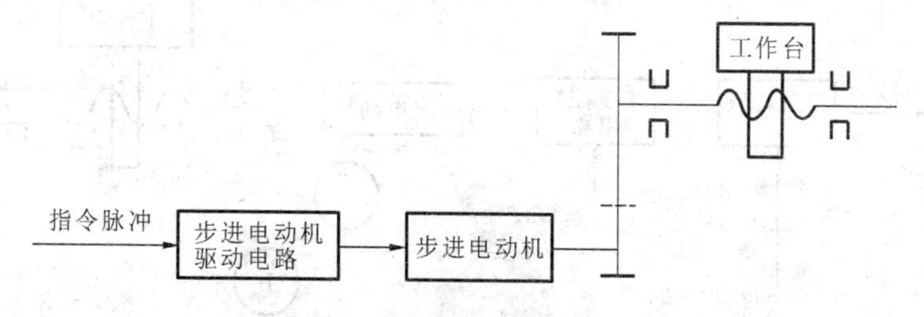

图 13-7　开环数控系统的结构框图

开环控制系统由于没有检测装置，也就没有纠正偏差的能力，因此它的控制精度较低。但由于其具有结构简单、调试方便、维修容易、造价低廉等优点，现仍被广泛应用于经济型数控机床及旧机床的数字化改造上。

2）闭环控制数控机床

图 13-8 所示为闭环控制系统的结构框图，图中 A 为速度传感器，C 为直线位移传感器。闭环控制数控机床的特点是装有位置检测反馈装置。加工过程中，安装在工作台上的检测元件 C 将工作台的实际位移量反馈到计算机中，与所要求的位移指令进行比较，用比较的差值进行控制直到差值消除。用差值对机床进行控制，使移动部件按照实际需要的位移量运动，最终实现移动部件的精确运动和定位。从理论上讲，闭环系统的运动精度主要取决于检测装置的检测精度，也与传动链的误差无关，因此其控制精度高。可见，闭环控制系统可以消除机械传动的各种误差及工件加工过程中干扰的影响，使加工精度大大提高。

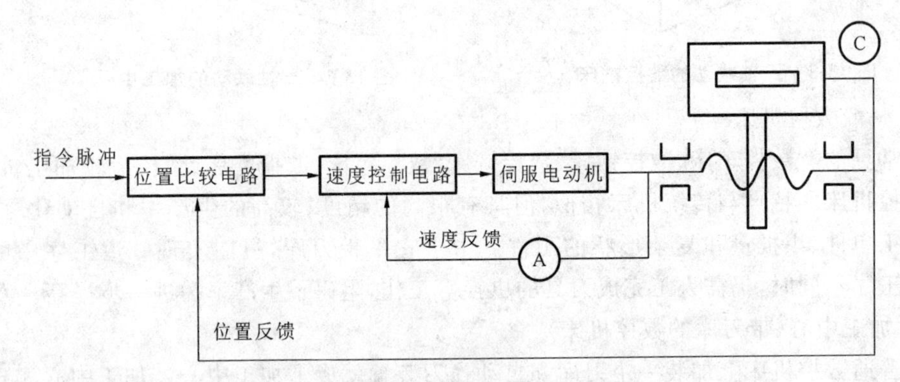

图 13-8　闭环数控系统的结构框图

闭环控制系统的加工精度高、速度快。这类数控机床常采用直流伺服电动机或交流伺服电动机作为驱动元件，电动机的控制电路比较复杂，检测元件价格昂贵，调试维修复杂，成本高。闭环控制数控机床主要用于一些要求很高的镗铣床、超精车床、超精铣床和大型的精密加工中心等。

3）半闭环控制数控机床

图 13-9 所示为半闭环控制数控系统框图。与闭环控制系统的控制方式类似，它们之间的主要区别在于半闭环控制系统不是直接监测工作台的位移量，而是在伺服电动机的轴或数控机床的传动丝杠上装有角位移电流检测装置（如光电编码器等），通过检测丝杠的转角间接地检测位移部件的实际位移，然后反馈到数控装置中去，并对误差进行修正。图中的 A 为速度传感器，B 为角度传感器。通过测速元件 A 和光电编码器 B 可间检测出伺服电动机的转速，从而推算出工作台的实际位移量，将此值与指令值进行比较，用差值来实现控制。由于工作台没有包括在控制回路中，因而称为半闭环控制数控机床。

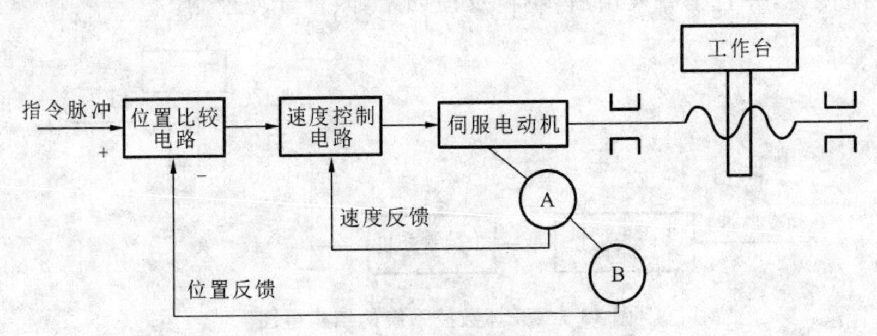

图 13-9　半闭环控制数控系统框图

目前，已将角位移检测装置与伺服电动机设计成为一个部件，使系统的结构简单，安装调试都比较方便。半闭环控制精度比闭环控制差，但稳定性好、成本较低、调试维修也比较容易，兼顾了开环控制和闭环控制两者的特点，因此应用比较普遍。

4. 按数控技术的功能水平分类

按数控系统的功能水平来分，有两种分法，一种是把数控机床分为高、中、低挡（经济型）数控机床，这种分类方法在我国应用较普遍，高、中、低挡数控系统功能水平界定指标如表 13-1 所示。

表 13-1　高、中、低挡数控系统功能水平界定指标

功　能	低　挡	中　挡	高　挡
系统分辨率/μm	10	1	0.1
G00 速度/(m/min)	3～8	10～24	24～100
伺服类型	开环及步进电动机	半闭环及直、交流伺服	闭环及直、交流伺服
联动轴数	2～3	2～4	≥5
通信功能	无	RS232 或 DNC	RS232、DND、MAP
显示功能	数码管显示	CRT：图形、人机对话	CRT：三维图形、自诊断
内装 PLC	无	有	功能强大的内装 PLC
主 CPU	8 位、16 位	16 位、32 位	32 位以上
结构	单片机或单板机	单微处理器或多微处理器	分布式多微处理器

另一种分法是将数控机床分为经济型（简易）、普及型（全功能型）和高挡型。全功能型并不追求过多功能，以实用为准。经济型数控机床的目的是根据实际机床的使用要求，合理地简化系统，降低价格。

13.1.4　数控技术的发展趋势

从发明第一台数控机床到现在的几十年中，数控技术迅猛发展。当前，数控技术的发展呈现以下的趋势。

1. 高速、高效、高精度、高可靠性

(1) 高速、高效　机床向高速化方向发展，可充分发挥现代刀具材料的性能，不但可大幅度提高加工效率，降低加工成本，而且还可提高零件的表面加工质量和精度。超高速加工技术对制造业实现高效、优质、低成本生产有广泛的适用性。

(2) 高精度　从精密加工发展到超精密加工，是世界各工业强国发展的方向。其精度从微米级到亚微米级，乃至纳米级，其应用范围日趋广泛。

(3) 高可靠性　是指数控系统的可靠性要比被控设备的可靠性高一个数量级以上，但也不是可靠性越高越好，仍然要求适度可靠，且受性能价格比的约束。

2. 模块化、专门化与个性化、智能化、柔性化

(1) 模块化、专门化与个性化　机床结构模块化，数控功能专门化，机床性能价格比显著提高并加快优化，以及个性化是近几年来特别明显的发展趋势。

(2) 智能化　智能化的内容包括在数控系统中的各个方面：一是为追求加工效率和加工质量方面的智能化；二是为提高驱动性能及使用连接方便方面的智能化；三是简化编程、简化操作方面的智能化；四是智能诊断、智能监控方面的内容，便于系统的诊断及维修等。

(3) 柔性化　柔性自动化技术是制造业适应动态市场需求及产品迅速更新的主要手段，是各国制造业发展的主流趋势，是先进制造领域的基础知识。

3. 出现新一代数控加工工艺与装备

为适应制造自动化的发展，向FMC、FMS和CIMS提供基础设备，要求数字控制制造系统不仅能完成通常的加工功能，而且还要具备自动测量，自动上、下料，自动换刀，自动更新主轴头，自动补偿误差，自动诊断，进线和联网等功能。

13.2　数控编程技术基础

13.2.1　数控编程的内容和步骤

数控编程的主要内容包括：零件图样分析、工艺处理、数学处理、程序编制、控制介质制备、程序校验和试切削。具体步骤如图13-10所示。

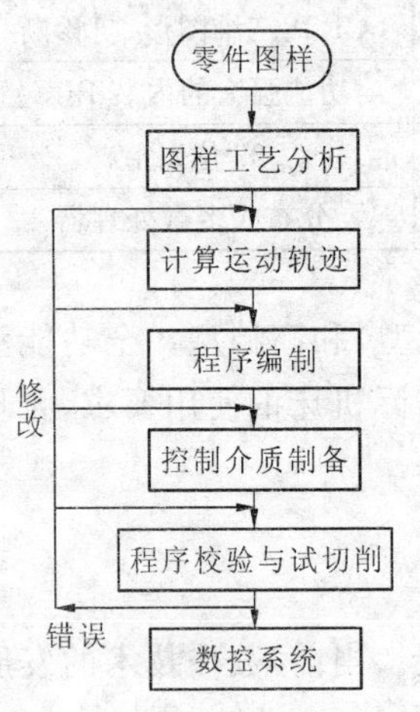

图13-10　数控编程内容

1. 零件图样分析

拿到零件图样后首先要进行数控加工工艺性分析，根据零件的材料、毛坯种类、形状、尺寸、精度、表面质量和热处理要求确定合理的加工方案，并选择合适的数控机床。

2. 工艺处理

工艺处理涉及内容较多，主要有以下几点。

(1) 加工方法和工艺路线的确定　按照能充分发挥数控机床功能的原则，确定合理的加工方法和工艺路线。

(2) 刀具、夹具的设计和选择　数控加工刀具确定时要综合考虑加工方法、切削用量、工件材料等因素，满足调整方便、刚度好、精度高、耐用度好等要求。数控加工夹具设计和选用时，应能迅速完成工件的定位和夹紧过程，以减少辅助时间，并尽量使用组合夹具，以缩短生产准备周期。此外，所用夹具应便于安装在机床上，便于协调工件和机床坐标系的尺寸关系。

(3) 对刀点的选择　对刀点是程序执行的起点，选择时应以简化程序编制、容易找正、在加工过程中便于检查、减小加工误差为原则。对刀点可以设置在被加工工件上，也可以设置在夹具或机床上。为了提高零件的加工精度，对刀点应尽量设置在零件的设计基准或工艺基准上。

(4) 加工路线的确定　加工路线确定时要保证被加工零件的精度和表面粗糙度的要求；尽量缩短走刀路线，减少空走刀行程；有利于简化数值计算，减少程序段的数目和编程工作量。

(5) 切削用量的确定　切削用量包括切削深度、主轴转速及进给速度。切削用量的具体数值应根据数控机床使用说明书的规定、被加工工件材料、加工内容以及其他工艺要求，并结合经验数据综合考虑。

3. 数学处理

数学处理就是根据零件的几何尺寸和确定的加工路线，计算数控加工所需的输入数据。一般数控系统都具有直线插补、圆弧插补和刀具补偿功能。因此对于加工由直线和圆弧组成的较简单的二维轮廓零件，只需计算出零件轮廓上相邻几何元素的交点或切点(称为基点)坐标值。对于较复杂的零件或零件的几何形状与数控系统的插补功能不一致时，就需要进行较复杂的数值计算。例如，对于非圆曲线，需要用直线段或圆弧段做逼近处理，在满足精度的条件下，计算出相邻逼近线段或圆弧段的交点或切点(称为节点)坐标值。对于自由曲线、自由曲面和组合曲面的程序编制，其数学处理更为复杂，一般需通过自动编程软件进行拟合和逼近处理，最终获得直线或圆弧坐标值。

4. 程序编制

在完成工艺处理和数学处理工作后，应根据所使用机床的数控系统的指令、程序段格式，逐段编写零件加工程序。编程前，编程人员要了解数控机床的性能、功能以及程序指令，才能编写出正确的数控加工程序。

5. 控制介质制备

程序编完后，需制作控制介质，作为数控系统输入信息的载体。目前主要有磁盘、U盘等。早期使用的穿孔带、磁带等，现已基本淘汰。数控加工程序还可直接通过数控系统操作键盘手动输入到存储器，或通过RS232、DNC接口输入。

6. 程序校验和试切削

数控加工程序一般应经过校验和试切削才能用于正式加工。可以采用空走刀、空运转画图等方式以检查机床运动轨迹与动作的正确性。在具有图形显示功能和动态模拟功能的数控机床上或CAD/CAM软件中，用图形模拟刀具切削工件的方法进行检验更为方便。但这些方法只能检验出运动轨迹是否正确，不能检查被加工零件的加工精度。因此，在正式加工前一般还需进行零件的试切削。当发现有加工误差时，应分析误差产生的原因，及时采取措施加以纠正。

13.2.2　编程方法

1. 手工编程

从零件图分析、工艺处理、数值计算、编写程序单、键盘输入程序直至程序校验等各步骤均由人工完成，称为手工编程。目前，大部分采用ISO标准代码书写。手工编程适于点位加工或几何形状不太复杂的零件，即二维或不太复杂的三维加工，程序编制坐标计算较为简单、程序段不多、程序编制易于实现的场合。这时，手工编程显得经济而且及时。对于几何形状复杂，尤其是需用三轴以上联动加工的空间曲面组成的零件，编程时数值计算烦琐，所需时间长，且易出错，程序校验困难，用手工编程难以完成，必须想办法提高编程的效率，即采用计算辅助编程。

2. 计算机辅助编程

对于三维以上的复杂零件程序，由于数学运算处理复杂，只能借助于计算机进行辅助编程，也称为自动编程。计算机辅助编程的分类，如图13-11所示。

1) 数控语言编程

它是由编程员根据零件图和有关加工工艺要求，用一种专用的数控编程语言来描述整个零件加工过程，即零件加工源程序。然后将源程序输入计算机中，由计算机进行编译(也称为前置处理)，计算刀具轨迹，最后再由与所用数控机床相对应的后置处理程序处理后，自动生成相应的数控加工程序，并同时制作程序纸带或打印出程序清单。数控语言是由字母、数字及规定好的一套基本符号，按一定的词法及语法规则组成的语言，用来描述加工零件的

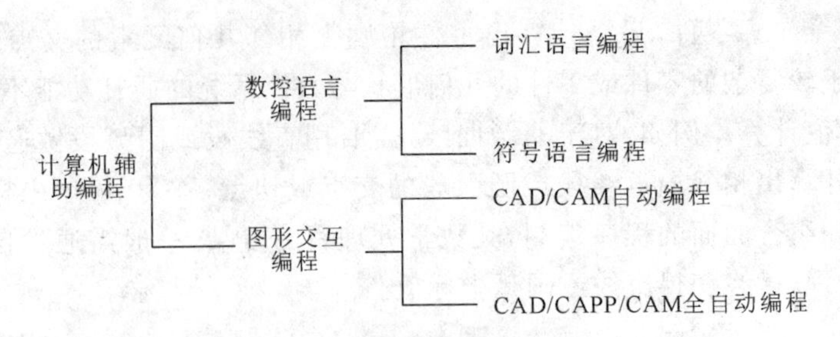

图 13-11 计算机辅助编程的分类

几何形状、几何元素间的相互关系及加工过程、工艺参数等。

按数控语言所表达的形式不同，又可分为词汇语言和符号语言。

2）图形交互编程

图形交互编程是利用计算机辅助设计(CAD)软件的图形编程功能，将零件的几何图形绘制到计算机上，形成零件的图形文件，或者直接调用由 CAD 系统完成的产品设计文件中的零件图形文件，然后再直接调用计算机内相应的数控编程模块，进行刀具轨迹处理，由计算机自动对零件加工轨迹的每一节点上进行运算和数学处理，从而生成刀位文件后，再经相应的后置处理，自动生成数控加工程序，并同时在计算机上动态地显示其刀具的加工轨迹图形。

图形交互式编程极大地提高了数控编程的效率，它使从设计到编程的信息流成为连续，可实现 CAD/CAM 集成，为实现计算机辅助设计(CAD)和计算机辅助制造(CAM)一体化，建立了必要的桥梁作用。因此，图形互交式编程是目前国内外在实施 CAD/CAM 集成中普遍采用的数控编程方法，由此，它也习惯地被称为 CAD/CAM 自动编程。CAD/CAM 编程是目前计算机辅助编程中最流行的方法，CAD/CAM 编程典型的软件有 Mastercam、Pro/E、UG、CAXA 等。

随着计算机辅助工艺过程设计(computer aided process planning，CAPP)技术的发展，在先进制造技术领域中，对数控编程又提出了 CAD/CAPP/CAM 集成的全自动编程。CAD/CAPP/CAM 全自动编程与 CAD/CAM 系统编程的最大区别是其编程所需的加工工艺参数，不必由编程人员通过键盘手工输入，而是直接从系统内部的 CAPP 数据库获得。这样不仅使计算机编程过程中减少了许多人工干预，并且使所编程序更加合理、工艺性好、可靠性高。

13.2.3 数控机床的坐标系

1. 工件坐标系的定义及各坐标轴方向的判定

为了简化编制程序的方法和保证记录数据的互换性。对数控机床的坐标和方向的命名国际上很早就制定有统一标准，我国于 1982 年制定了 JB/T 3051-1999《数控机床 坐标系和运动方向的命名》标准。

在标准中统一规定采用右手直角笛卡儿坐标系对机床的坐标系进行命名。用 X、Y、Z 表示直线进给坐标轴，X、Y、Z 坐标轴的相互关系由右手法则决定，如图 13-12 所示。

围绕 X、Y、Z 轴旋转的圆周进给坐标轴分别用 A、B、C 表示，根据右手螺旋定则确定 $+A$、$+B$、$+C$ 的方向。

数控机床的进给运动，有的由主轴带动刀具运动来实现，有的由工作台带运工件运动来实现。通常在编程时，不论机床在加工中是刀具移动，还是被加工工件移动，都一律假定被

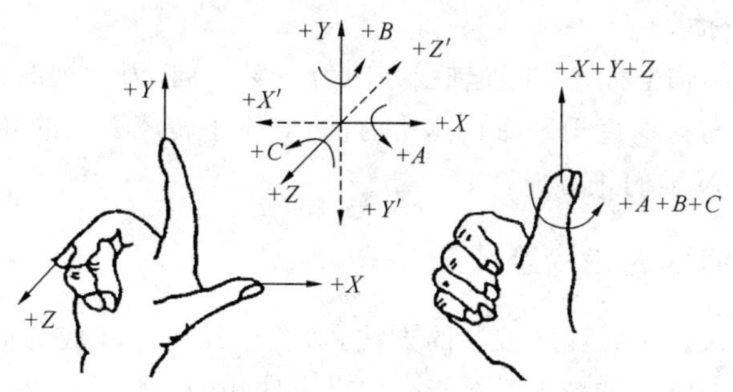

图 13-12　机床坐标系

加工工件相对静止不动，而是刀具在移动，并规定刀具远离工件的方向作为坐标的正方向。

Z 轴与主轴轴线重合，刀具远离工件的方向为正方向（$+Z$）。

X 轴垂直于 Z 轴，并平行于工件的装卡面，如果为单立柱铣床，面对刀具主轴向立柱方向看，其右运动的方向为 X 轴的正方向（$+X$）。

Y 轴可根据已选定的 X 轴和 Z 轴按右手法则来确定。

2. 机床坐标系与工件坐标系

1）机床坐标系、机床原点与参考点

机床坐标系是为了确定工件在机床上的位置、机床运动部件的特殊位置（如换刀点、参考点等）以及运动范围（如行程范围、保护区等）等而建立的几何坐标系，是机床上固有的坐标系。

通常情况下，机床原点就是机床坐标系的原点，它是机床上的一个固定点，由制造厂确定。数控车床的原点一般设在主轴前端面的中心，立式数控铣床的原点一般设在工作台左下角的运动极限位置。

对于绝大多数数控机床，一旦建立起机床坐标系，无论机床怎样运动，系统总能准确地计算出运动部件的当前坐标。建立坐标系的工作是一次性的，只在开机时做一次。一次开机可多次更换被加工零件和程序，只要不关闭系统，机床坐标系始终有效。

2）工件坐标系和编程零点

工件坐标系是以工件设计尺寸为依据建立的坐标系。建立工件坐标系的目的主要是为了编程方便。编程人员以工件图样上的某一点为原点建立坐标系，而编程尺寸按工件坐标系中的尺寸确定。工件随夹具安装在机床上，这时测得的工件原点与机床原点间的距离称为工件原点偏置，该偏置值在加工之前预存到数控系统中，加工时，工件原点偏置量自动加到工件坐标系上，使机床实现准确的坐标运动。因此，编程人员可以不考虑工件在机床上的安装位置，直接按图样尺寸编程。

编程零点是程序中人为采用的零点，一般取工件坐标系原点为编程零点。对形状复杂的零件，需要编制几个程序或子程序。为了编程方便，减少坐标值的计算量，编程零点就不一定设在工件原点上，而是设在便于程序编制的位置。

对刀点是零件程序加工的起始点，对刀的目的是确定编程零点在机床坐标系中的位置，对刀点可与编程零点重合，也可在任何便于对刀之处，但该点与编程零点之间必须有确定的坐标联系。

3）绝对坐标与相对坐标

零件图上标注的尺寸一般有两大类：绝对尺寸和相对尺寸。为了保证加工精度，数控加工中采用绝对坐标和相对坐标（增量坐标）与之相对应。绝对坐标指零件以坐标原点为基准给出的坐标。相对坐标是指零件上后一点的坐标相对于前一点的增量值。

3.数控车床的坐标系

数控车床一般为两轴坐标系，主轴轴线方向为 Z 轴方向，刀具远离工件的方向为 Z 轴正方向。X 轴的轴线方向为垂直于 Z 轴的水平方向，对应于转塔刀架的径向移动，刀具远离工件旋转中心的方向为 X 轴的正方向。

13.2.4 数控编程的指令及代码

手工编程是指由人工完成程序编制的方法，适合于几何形状较为简单的零件。以下说明基于 FANUC 系统。不同的数控系统指令定义大体相同。

1.数控加工程序的结构及指令

1）程序结构

一个完整的程序由程序名、程序内容和程序结束三部分组成。

```
O01                          程序名（不同数控系统名称也不相同）
N10 G92 X100.0 Z100.0;       程序内容
N20...;
N30...;
N40...;
N50 M30;                     程序结束
```

每一个程序段由顺序号字、准备功能字、尺寸字、进给功能字、主轴速度功能字、刀具功能字、辅助功能字和程序段结束符组成。各类指令的意义如下。

（1）顺序号字（程序段号） 它是程序段的标号，用地址码“N”和后面所带的若干位数字（视具体数控系统而定）表示。

（2）准备功能字 准备功能也称 G 功能，各指令的意义将在后面介绍。

（3）尺寸字 尺寸字用于给定各坐标轴位移量、运动方向以及相应插补参数，它由地址符和后面带正负号的若干位数字组成。

（4）进给功能字 进给功能也称 F 功能，它给定刀具相对于工件的运动速度，它由“F”及其后面的若干位数字组成。

（5）主轴速度功能字 主轴速度功能也称 S 功能，该功能字用来选择主轴速度，它由“S”及其后面的若干位数字构成。

（6）刀具功能字 该功能也称 T 功能，它由“T”及其后面的若干位数字构成。

（7）辅助功能字 辅助功能也称 M 功能，各指令的意义将在后面介绍。

（8）程序段结束符 每一个程序段结束之后，都应有程序段结束符，它是数控系统编译程序的标志。常用的有“*”、“;”、“LF”、“NL”、“CR”等，视具体数控系统而定。

2）指令

指令有模态指令与非模态指令。模态指令是指一旦在一个程序段中使用，便保持有效到被同组的另一指令取代为止的指令。非模态指令是指仅在所使用的本程序段内有效的指令。

2.准备功能 G 指令

准备功能 G 指令，用来规定加工的线形、坐标系、坐标平面选择、刀具半补偿、刀具长度补偿等多种加工操作。不同的数控系统，其 G 指令定义也不尽相同，如表 13-2、表 13-3 及表 13-4分别为华中数控 HNC-21T 数控车床 G 代码和数控铣床 G 代码及功能说明，以及 HNC-21T 数控系统的 M 代码及功能说明。

表 13-2　HNC-21T 数控车床的 G 代码及功能说明

代码	组别	功能说明	代码	组别	功能说明
G00	01	快速定位	▲ G54～59	11	坐标系选择
▲ G01	00	直线插补	G65	00	宏指令简单调用
G02	08	顺时针方向圆弧插补	G66	12	宏指令模态调用
G03		逆时针方向圆弧插补	G67		宏指令模态调用取消
G04	00	暂停	G71	06	内/外径车削复合固定循环
G20		英制输入	G72		端面车削复合固定循环
▲ G21		公制输入	G73		封闭轮廓车削复合固定循环
G27	01	参考点返回检查	G76		螺纹车削复合固定循环
G28	17	返回到参考点	G80	01	内/外径车削单一固定循环
G29		由参考点返回	G81		端面车削单一固定循环
G32	09	螺纹切削	G82		螺纹车削单一固定循环
▲ G36		直径编程	▲ G90	00	绝对坐标编程
G37		半径编程	G91		增量坐标编程
▲ G40	00	刀具半径取消	▲ G94	14	每分钟进给(mm/min)
G41		刀具半径左补偿	G95		每转进给(mm/r)
G42		刀具半径右补偿	G96	16	恒线速度车削有效
G52		局部坐标系设定	▲ G97		取消恒线速度车削
G53		直接机床坐标系编程			

注：① 00 组中的 G 代码是非模态 G 的，其他组的 G 代码是模态的；
② 标记▲者为开机时系统默认值。

表 13-3　HNC-21T 数控铣床的 G 代码及功能说明

代码	组别	功能说明	代码	组别	功能说明
G00	01	快速定位	G54	11	工件坐标系 1 选择
▲ G01		直线插补	G55		工件坐标系 2 选择
G02		顺时针方向圆弧插补	G56	11	工件坐标系 3 选择
G03		逆时针方向圆弧插补	G57		工件坐标系 4 选择
G04	00	暂停	G58		工件坐标系 5 选择
G17	02	*XY* 平面选择	▲ G59		工件坐标系 6 选择
G18		*XZ* 平面选择	G60	00	单方向定位
G19		*YZ* 平面选择	G61	12	精确停止校验方式
G20	08	英制输入	G64		连续方式
▲ G21		公制输入	G68	05	建立旋转
G24	03	镜像开	G69		取消旋转
G25		镜像关	G73	06	深孔钻削循环
G28	00	返回到参考点	G74		反攻螺纹循环
G29		由参考点返回	G80		固定循环取消
▲ G40	09	刀具半径取消	G81-89		钻、攻螺纹、镗孔固定循环
G41		刀具半径左补偿	G90	13	绝对坐标编程
G42		刀具半径右补偿	G91		增量坐标编程
G43	10	刀具正向长度补偿	G92	00	工件坐标系设定
G44		刀具负向长度补偿	▲ G94	14	每分钟进给(mm/min)
G49		刀具长度补偿取消	G95		每转进给(mm/r)
G52	00	局部坐标系设定	G98	15	固定循环退回起始点
G53		直接机床坐标系编程	▲ G99		固定循环退回 R 点

注：① 00 组中的 G 代码是非模态 G 的，其他组的 G 代码是模态的；
② 标记▲者为开机时系统默认值。

表 13-4　HNC-21T 数控系统的 M 代码及功能说明

代　码	模　态	功 能 说 明
M00	非模态	指令暂停，完成了含有 M00 的程序段之后停止自动运转，但所有的模态数据被保存，再按循环启动键继续执行后面的程序
M01	非模态	任选暂停
M02	非模态	主程序结束
M03	模态	主轴正转
M04	模态	主轴反转
M05	模态	主轴停止
M06	非模态	刀塔转位，刀塔转位必须与相应刀号（T 代码）结合才构成完整的换刀指令
M07	模态	气阀开
M08	模态	切削液开
M09	模态	切削液关
M30	非模态	主程序结束并返回程序起点
M98	非模态	调用子程序
M99	非模态	子程序结束

复习思考题

1. 数控机床有哪些基本组成部分？

2. 简述数控机床的工作原理。

3. 数控机床的分类方式有哪些？简单列举数控机床的分类。

4. 常见数控基础编程方法有哪些？

5. 简述数控编程的主要步骤。

6. 对图 13-13 中：设 $X_0=0$，$Y_0=0$，$Z_0=100$，$X_i=100$，$Y_i=80$，$Z_i=35$，用同一把钻头加工 A、B 两孔，写出加工程序。

7. 举例说明工件坐标系与机床坐标系的关系。

8. 综合运用 G00、G01 指令编程对图 13-14 所示内容进行编程。

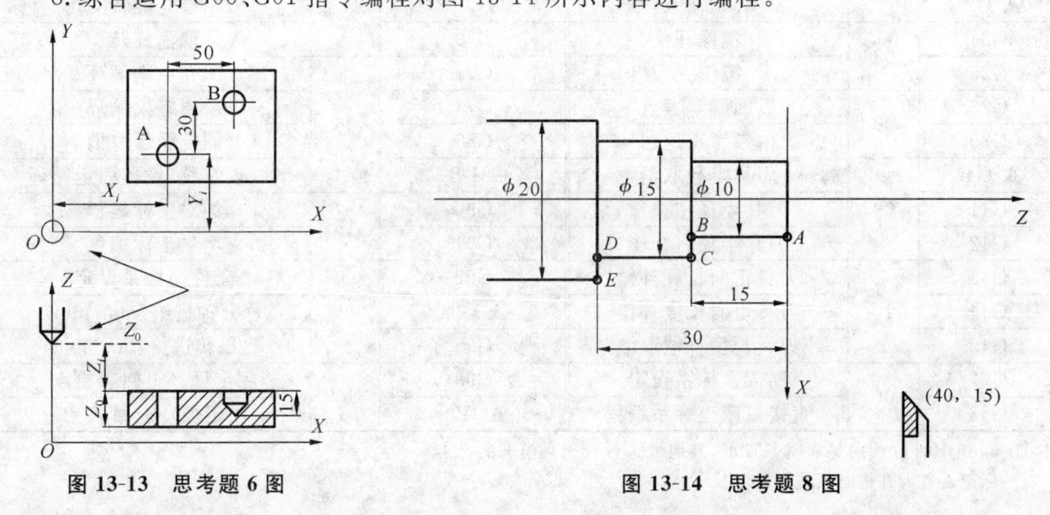

图 13-13　思考题 6 图　　　　图 13-14　思考题 8 图

第 14 章　数控车削工艺

14.1　数 控 车 床

1.数控车床的结构特点

与传统车床相比,数控车床的结构有以下特点。

(1) 由于数控车床刀架的两个方向的运动分别由两台伺服电动机驱动,所以它的传动链短。不必使用挂轮、光杠等传动部件,用伺服电动机直接与丝杠连接带动刀架运动。伺服电动机与丝杠间也可以用同步带副或齿轮副连接。

(2) 多功能数控车床采用直流或交流主轴控制单元来驱动主轴,按控制指令做无级变速,主轴之间不必用多级齿轮副来进行变速。为扩大变速范围,现在一般还要通过一级齿轮副,以实现分段无级调速,即使这样,床头箱内的结构已比传统车床简单得多。数控车床的另一个结构特点是刚度高,这是为了与控制系统的高精度控制相匹配,以便适应高精度的加工。

(3) 数控车床的第三个结构特点是轻拖动。刀架移动一般采用滚珠丝杠副。滚珠丝杠副是数控车床的关键机械部件之一,滚珠丝杠两端安装的滚动轴承是专用轴承,它的压力角比常用的向心推力球轴承要大得多。这种专用轴承配对安装,是选配的,最好在轴承出厂时就是成对的。

(4) 为了拖动轻便,数控车床的润滑都比较充分,大部分采用油雾自动润滑。

(5) 由于数控车床的价格较高,控制系统的使用寿命较长,所以数控车床的滑动导轨也要求耐磨性好。数控车床一般采用镶钢导轨,这样车床精度保持的时间就比较长,其使用寿命也可延长许多。

(6) 数控车床还具有加工冷却充分、防护较严密等特点,自动运转时一般都处于全封闭或半封闭状态。

(7) 数控车床一般还配有自动排屑装置。

2.数控车床与普通车床的区别

数控车床与普通车床在加工对象结构及加工工艺上有着很大的相似之处,但由于数控系统的存在,也有着很大的区别。与普通车床相比,数控车床具有以下特点。

(1) 采用全封闭或半封闭防护装置　数控车床采用封闭防护装置,以防止切屑或切削液飞出,给操作者带来意外伤害。

(2) 采用自动排屑装置　数控车床大都采用斜床身结构布局,排屑方便。

(3) 主轴转速高,工件装夹安全可靠　数控车床大都采用了液压卡盘,夹紧力调整方便可靠,同时也降低了操作工人的劳动强度。

(4) 可自动换刀　数控车床都采用了自动回转刀架,在加工过程中可自动换刀,连续完成多道工序的加工。

(5) 主、进给传动分离　数控车床的主传动与进给传动采用了各自独立的伺服电动机,使传动链变得简单、可靠,同时,各电动机既可单独运动,也可实现多轴联动。

14.2　数控车床操作基础

14.2.1　数控车床面板操作

华中世纪星 HNC-18iT/19iT 数控装置操作台为标准固定结构,如图 14-1 所示,其结构美观、体积精巧,外形尺寸为 420 mm×260 mm×115 mm。

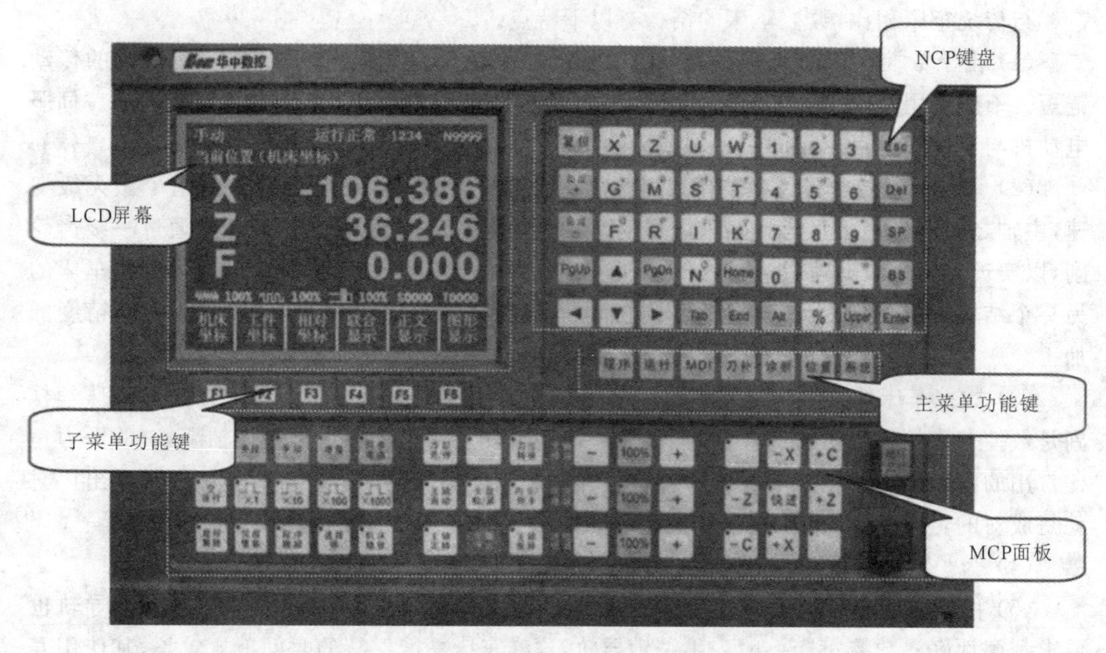

图 14-1　HNC-18iT/19iT 数控装置操作台

HNC-18iT/19iT 操作面板可分为如下几个功能区:机床操作面板(MCP 面板)、NCP 键盘、主菜单功能键(七个)、子菜单功能键(F1~F6)、显示器(LCD)。HNC-18iT/19iT 车床的操作面板如图 14-2 所示。

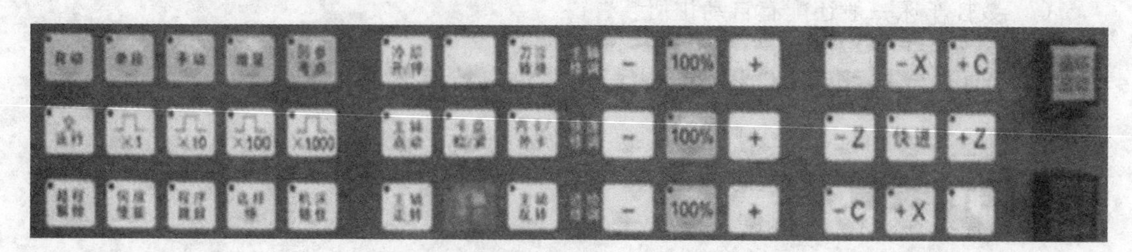

图 14-2　HNC-18iT/19iT 车床操作面板

1. 工作方式选择键

数控系统通过工作方式选择键，对操作机床（或车床）的动作进行分类。在选定的工作方式下，只能做相应的操作。例如在“手动”工作方式下，只能做手动移动机床轴、手动换刀等工作，不可能做连续自动的工件加工。同样，在“自动”工作方式下，只能连续自动加工工件或模拟加工工件，不可能做手动移动机床轴、手动换刀等工作。各种工作方式的工作范围介绍如下。

自动	“自动”工作方式下：自动连续加工工件；模拟校验工件程序；在 MDI 模式下运行指令。
手动	“手动”工作方式下：通过机床操作键可手动换刀，移动机床各轴，手动松紧卡爪，伸缩尾座，控制主轴正反转等。
增量	“增量”工作方式下：定量移动机床坐标轴，移动距离由倍率调整（当倍率为“×1”时，定量移动距离为 1 μm）；可控制机床精确定位，但不连续。
单段	“单段”工作方式下：按下循环启动，程序走一个程序段就停下来，再按下循环启动，可控制程序再走一个程序段。
回参考点	“回参考点”工作方式下：可手动返回参考点，建立机床坐标系（机床开机后应首先进行回参考点操作）。

2. 机床操作按键

各个功能键的功能介绍如下。

循环启动	“自动”、“单段”工作方式下有效。按下该键后，机床可进行自动加工或模拟加工。注意自动加工前应对刀正确。
机床锁住	在“手动”工作方式下，按下此键，系统禁止机床的所有运动。
进给保持	自动加工过程中，按下该键后，刀具相对于工件的进给运动停止，但机床的主轴运动并不停止。再按下“循环启动”键后，继续运行下面的进给运动。
程序跳段	如程序中使用了跳段符号“/”，当按下该键后，程序运行到有该符号标定的程序段，即跳过不执行该段程序；解除该键，则跳段功能无效。
刀位转换	按下该键，系统（依所选刀具）换到工作位上。“手动”、“增量”工作方式下该键有效。
伺服使能	使伺服系统有效。
主轴正转	手动/单段方式下，按下此键，主轴电动机以机床参数设定的速度正向转动启动。但在反转的过程中，该键无效。
主轴反转	手动/单段方式下，按下此键，主轴电动机以机床参数设定的速度反向转动启动。但在正转的过程中，该键无效。
主轴停止	手动/单段方式下，按下此键，主轴停止转动。机床正在做进给运动时，该键无效。
主轴点动	在“手动”工作方式下，按下此键（指示灯亮），主轴产生连续的转动，松开此按键，主轴减速停止。
选择停	如果程序中使用了 M01 辅助指令，当按下该键后，程序运行到该指令即停止，再按“循环启动”键，继续运行；解除该键，则 M01 功能无效。

续表

空运行	如果选择了此功能，在“自动”工作方式下，按下该键后，机床以系统最大速度运行程序。使用时注意坐标系间的相互关系。避免发生碰撞。
卡盘松紧	在“手动”工作方式下，按下此键，松开工件（默认为夹紧），可进行更换工件操作，再按下此键，夹紧工件，如此循环。
内卡外卡	选择要操作的卡盘类型（默认为内卡），按下此键选择外卡，再按下此键选择内卡，如此循环。
冷却开停	手动/单段方式下，按下此键，打开冷却开关，再按下此键，关闭冷却开关，如此循环（默认值为关）。
润滑开停	手动/单段方式下，按下此键，打开润滑开关，再按下此键，关闭润滑开关，如此循环（默认值为关）。
− 100% +	按下此键可调节主轴修调、快速修调、进给修调的速率，按下修调的“100%”按键（指示灯亮），修调倍率被置为100%，按一下“＋”按键，修调倍率递增2%，按一下“－”按键，修调倍率递减2%。
×1 ×10 ×100 ×1000	倍率选择键，“增量”和“手动”工作方式下有效。通过该类键选择定量移动的距离量。
+X -X +Z -Z	“手动”、“增量”和“回参考点”工作方式下有效。 “增量”时，确定机床定量移动的轴和方向。 “手动”时，确定机床移动的轴和方向。通过该类按键，可手动控制刀具或工作台移动。移动速度由系统最大加工速度和进给速度修调按键确定。
快进	同时按下轴方向键和“快进”键时，以系统设定的最大移动速度移动。

3. NCP键盘

NCP键盘包括45个按键，如标准化字母、数字键、编辑操作键和亮度调节键（见图14-3）等，其中大部分按键具有上档键功能，当Upper键有效时（指示灯亮），有效的是上档功能。NCP键盘用于零件程序的编制、参数输入、MDI及系统管理操作等。

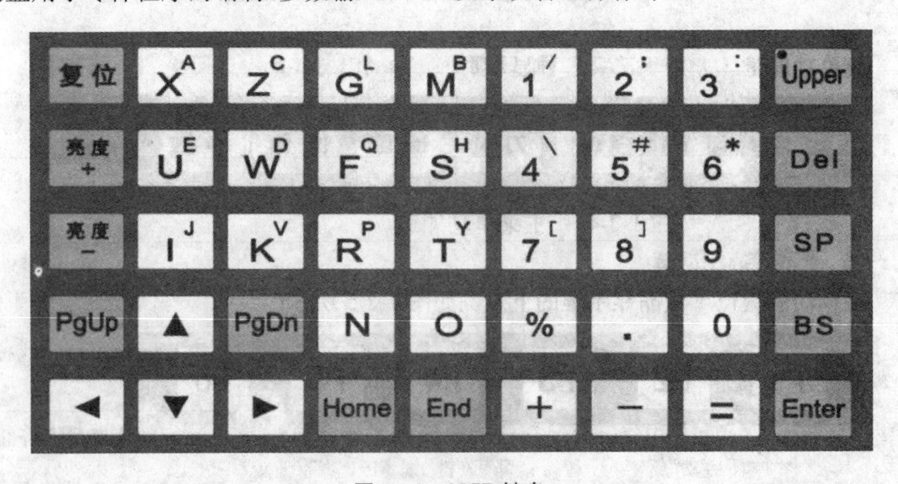

图14-3　NCP键盘

下面介绍部分按键的功能。

按键	功能
复位	使所有轴停止运动,所有辅助功能输出无效,机床停止运动,系统呈初始上电状态,清除系统报警信息。
亮度+ 亮度−	调节显示屏的亮度。
Upper	上档键有效。
Del	删除当前字符。
SP	光标向后移并空一格。
BS	光标向前移并删除前面字符。
PgDn PgUp	向后翻页或向前翻页。
▲ ◀ ▼ ▶	移动光标。
Enter	确认当前的操作(回车)。

4. 主菜单功能键

主菜单功能键主要用于选择各种显示页面(见图 14-4)。

图 14-4　主菜单功能键

5. 子菜单功能键

子菜单功能键位于液晶显示屏的下方,如图 14-5 所示。

图 14-5　子菜单功能键

用户通过子菜单功能键 F1～F6,来选择系统相应主菜单下的子功能。系统菜单采用层次结构,按下一个主菜单键后,数控装置会显示该功能下的子菜单操作界面,通过按下子菜单键来执行显示的操作。用户应根据操作需要及菜单的提示,操作对应的功能软键。

6. 软件操作界面

HNC-18iT/19iT 的软件操作界面如图 14-6 所示,系统界面各区域内容如下。

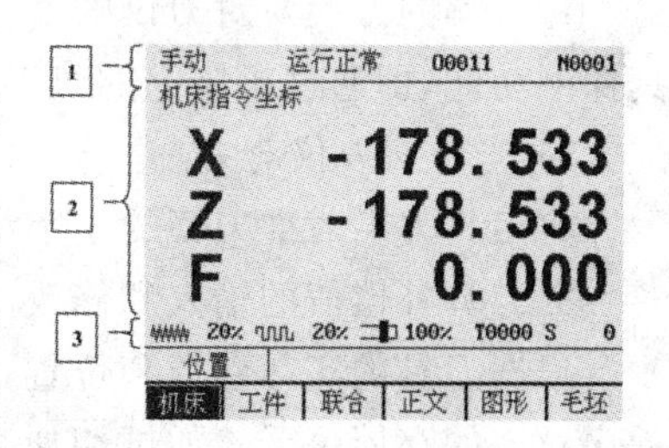

图 14-6　HNC-18iT/19iT 的软件操作界面

(1) 当前加工方式、系统运行状态。

工作方式:系统工作方式根据机床控制面板上相应按键的状态可在自动(运行)、单段(运行)、手动(运行)、增量(运行)、回零、急停、复位等之间切换。

运行状态:系统包括“运行正常”和“报警”两种运行

状态。

运行程序索引:自动加工中的程序名和当前程序段行号。

(2) 坐标系和显示值　坐标系可在机床坐标系/工件坐标系/相对坐标系之间切换;显示值可在指令位置/实际位置/剩余进给/补偿值之间切换。

(3) 工件坐标系原点　工件坐标系原点在机床坐标系下的实际位置。

(4) 直径/半径编程、公制/英制编程、每分钟进给/每转进给、快速修调、进给修调、主轴修调、当前刀的刀号、主轴速度。

14.2.2　数控车床对刀及刀具补偿

1. 对刀

对刀的目的是确定程序原点在机床坐标系中的位置,对刀点可以设在零件上、夹具上或机床上,对刀时应使对刀点与刀位点重合。数控车床常用的对刀方法有三种:试切对刀、机械对刀仪对刀(接触式)、光学对刀仪对刀(非接触式)。

1) 试切对刀

(1) 外径刀的对刀方法。

Z 向对刀。先用外径刀将工件端面(基准面)车削出来。车削端面后,刀具可以沿 X 方向移动远离工件,但不可沿 Z 方向移动。Z 轴对刀输入"Z0 测量"。

X 向对刀。车削任一外径后,使刀具 Z 向移动远离工件,待主轴停止转动后,测量刚刚车削出来的外径尺寸。例如,测量值为 $\phi 50.78$ mm,则 X 轴对刀输入"X50.78 测量"。

(2) 内孔刀的对刀方法。

类似外径刀的对刀方法。

Z 向对刀。内孔车刀轻微接触到已加工好的基准面(端面)后,就不可再做 Z 向移动。Z 轴对刀输入"Z0 测量"。

X 向对刀。任意车削一内孔直径后,Z 向移动刀具远离工件,停止主轴转动,然后测量已车削好的内径尺寸。例如,测量值为 $\phi 45.56$ mm,则 X 轴对刀输入"X45.56 测量"。

(3) 钻头、中心钻的对刀方法。

Z 向对刀。钻头(或中心钻)轻微接触到基准面后,就不可再做 Z 向移动。Z 轴对刀输入"Z0 测量"。

X 向对刀。主轴不必转动,以手动方式将钻头沿 X 轴移动到钻孔中心,即看到屏幕显示的机械坐标到"X0.0"为止。X 轴对刀输入"X0 测量"。

2) 机械对刀仪对刀

将刀具的刀尖与对刀仪的百分表测头接触,得到两个方向的刀偏量。有的机床具有刀具探测功能,即通过机床上的对刀仪测头测量刀偏量。

3) 光学对刀仪对刀

将刀具刀尖对准刀镜的十字线中心,以十字线中心为基准,得到各把刀的刀偏量。

2. 刀具补偿值的输入和修改

根据刀具的实际参数和位置,将刀尖圆弧半径补偿值和刀具几何磨损补偿值输入到与程序对应的存储位置。如试切加工后发现工件尺寸不符合要求时,可根据零件实测尺寸进行刀偏量的修改。例如测得工件外圆尺寸偏大 0.5 mm,可在刀偏量修改状态下,将该刀具的 X 方向刀偏量改小 0.25 mm。

14.3　指令的格式及应用

14.3.1　基本指令的格式及应用

G00～G03为运动控制指令。

G00为快速移动指令。

编程格式：G00　X ____ Y ____ Z ____；

G01为直线进给指令。

编程格式：G01　X ____ Y ____ Z ____ F ____；

因为"G01"、"F"均为模态代码，所以前面的程序段一经指定，若不改变进给速度，则后面的程序段不必重复书写。

G02、G03为圆弧插补指令。

G02为顺时针方向圆弧起点插补，G03为逆时针方向圆弧插补。X、Y、Z为圆弧的终点坐标值。I、J、K分别为从圆弧起点到圆心的矢量在X、Y、Z轴上的投影，无论是绝对值还是增量值编程，均按增量值计算。

其编程格式（以XY平面为例）如下。

$$\left\{\begin{matrix}G02\\G03\end{matrix}\right\}X\underline{\qquad}\ Y\underline{\qquad}\left\{\begin{matrix}I\underline{\qquad}\ J\underline{\qquad}\\R\underline{\qquad}\end{matrix}\right\}F\underline{\qquad}$$

14.3.2　复合车削指令的格式及应用

1.外（内）径粗车符合循环指令G71

指令格式为G71U(Δd) R(r) P(ns) Q(nf) X(Δu) Z(Δw) F(f) S(s) T(t)。

指令中：Δd为每次吃刀深度；r为退刀量，半径值；ns为精加工轮廓程序段中开始程序段的段号；nf为精加工轮廓程序段中结束程序段的段号；Δu为径向（X轴方向）的精加工余量，外径切削时为正，内径切削时为负；Δw为轴向（Z轴方向）的精加工余量；f为进给速度值；s为主轴转速值；t为刀具号值。

2.端面粗车复合循环指令G72

指令格式为G72W(Δd) R(r) P(ns) Q(nf) X(Δu) Z(Δw) F(f) S(s) T(t)。

指令中的括弧符号的含义同G71。

3.闭环车削复合循环指令G73

指令格式为G73U(Δi) W(Δk) R(d) P(ns) Q(nf) X(Δu) Z(Δw) F(f) S(s) T(t)。

指令中：Δi为X轴上粗加工的总退刀量；Δk为Z轴上粗加工的总退刀量；d为粗加工重复次数；ns为精加工轮廓程序段中开始程序段的段号；nf为精加工轮廓程序段中结束程序段的段号；Δu为X方向的精加工余量；Δw为Z轴方向的精加工余量。

14.3.3　螺纹车削的指令及应用

(1) 螺纹车削基本指令G32。

格式：G32 X(U) ____ Z(W) ____ R ____ F ____

其中:X、Z 为螺纹终点绝对坐标值;U、W 为螺纹终点相对螺纹起点的坐标增量;F 为螺纹导程;R 为退尾量。

(2) 螺纹车削简单固定循环指令 G82。

格式:G82 X(U)____ Z(W)____ F ____.

其中:X、Z 为螺纹终点绝对坐标值;U、W 为螺纹终点相对螺纹起点的坐标增量;F 为螺纹导程。

(3) 螺纹车削复合循环指令 G76。

格式:G76R(m) C(r) A(a) X(u) Z(w) I(i) K(k) U(d) V(Δd_{min}) Q(Δd) F。

指令中各参数的含义如下:m 为精车次数;r 为螺纹收尾长度,其值为螺纹导程的倍数;a 为螺纹牙型角;Δd_{min}为最小切削深度;Δd 为第一次粗切深度;i 为锥螺纹的半径差;k 为螺纹高度;d 为精加工余量。

14.4 训练案例:数控机床编程

数控车零件加工图如图 14-7 所示。给定毛坯尺寸为:直径为 ϕ45 mm,长度为 390 mm,材质为 Q235。

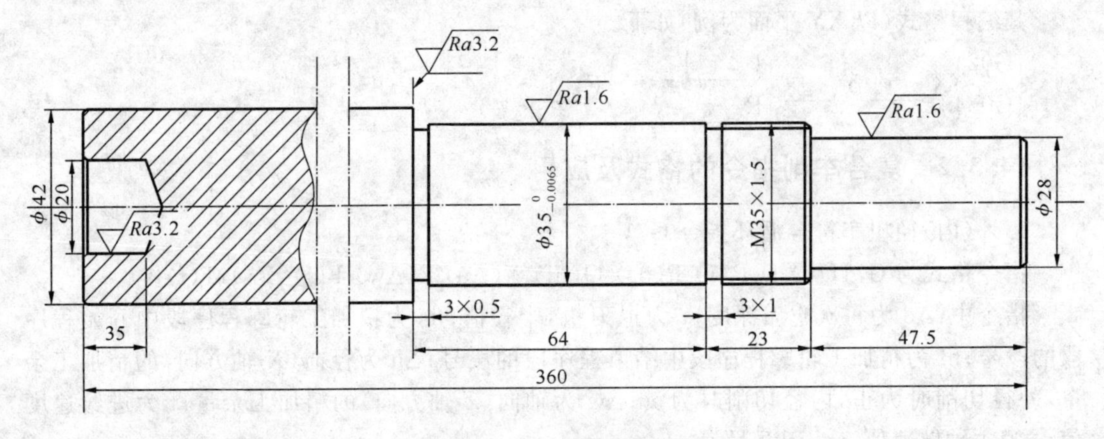

图 14-7 数控车零件加工图

(1) 分析零件图,确定加工工艺。

工艺分析:装夹工件,粗、精加工外圆及加工螺纹。所用工具有粗加工外圆正偏刀(T01)、刀宽 3 mm 的切槽刀(T02)、外圆精车刀(T03)和螺纹刀(T04)。

加工工艺路线:粗加工 ϕ42 mm 的外圆,留径向余量 0.5 mm,轴向余量 0.3 mm→粗加工 ϕ35 mm,留径向余量 0.5 mm,轴向余量 0.3 mm→粗加工 ϕ28 mm 的外圆,留径向余量 0.5 mm,轴向余量 0.3 mm→精加工 ϕ28 mm→精加工 ϕ35 mm 的外圆→加工螺纹外圆(ϕ34.85 mm)→精加工 ϕ42 mm 的外圆→切槽→加工螺纹→切断。

调头装夹 ϕ42 mm 外圆,百分表找正,精加工 ϕ20 mm 的内孔,所用刀具有 45°端面刀(T01)、内孔精车刀(T02)。加工工艺路线:加工端面→精加工内孔。

(2) 加工程序的编辑如表 14-1 所示。

表 14-1　加工程序的编辑

参考程序(参考)	说　　明
1.加工外观及螺纹程序	
%1234	程序号
T0101;	换 1 号刀,调 1 号刀补
M03 S500;	正转 500 转
G00 X47. Z2;	定位
G80 X42.2 Z-364. F200;	粗加工 ϕ42 mm
G80 X38. Z-134.2;	粗加工 ϕ35 mm
G80 X35.5 Z-134.2;	
G80 X30. Z-47.2;	粗加工 ϕ28 mm
G80 X28.5 Z-47.2;	
G00 X100.;	退回到换刀点
Z10.;	
T0100;	取消号刀的刀补
T0303;	换 3 号刀精加工
S800;	正转 800 转
G00 X24. Z1.;	定位
G01 X28. Z-1. F100;	倒角
Z-47.5;	精加工 ϕ28 mm
X32.85;	精螺纹位倒角定位
X34.83 Z-48.5;	倒角
Z-70.5;	精加工螺纹位
X35.;	精车定位 ϕ35 mm
Z-134.5;	精车 ϕ35 mm
X42.;	定位
Z-363.5;	精车 ϕ42 mm
G00 X100.;	退回到换刀点
Z10.;	
T0300;	取消 3 号刀的刀补
T0202;	换 2 号切刀
G00 X45. Z-134.5;	定位 ϕ35 mm 槽
G01 X34. F50;	切 ϕ35 mm 槽
G01 X36.;	退刀
G00 Z-70.5;	定位螺纹退刀槽
G01 X33.;	切螺纹退刀槽
G00 X100.;	退刀到换刀点
Z10.;	

续表

参考程序(参考)	说　明
T0200；	取消 2 号刀的刀补
T0404；	换 4 号螺纹刀
G00 X37. Z-45.；	定位到螺纹起刀点
G76 R4 A60 X33.65 Z-7-0.00650 I0 K0.8 F1.5；	加工螺纹
G00 X100.；	退回到换刀点
Z10.；	
T0400；	取消 4 号刀的刀补
T0202；	换 2 号切刀
S300；	正转 300 转
G00 Z-363.5；	定位轴的末端
X4.5；	
G01 X0. F30；	切断轴
G00 X100.；	退回到换刀点
Z10.；	
T0200；	取消 2 号刀的刀补
M05；	主轴停转
M30；	主程序结束，并返回程序起点
2. 精加工 φ20 mm 内孔程序	
%5678；	程序号
T0101；	换 1 号端面刀
M30 S600；	主轴正转 600 转
G00 X43. Z-1；	精加工端面倒角
G01 X42.；	
G01 X40. Z0. F100；	
X14.；	
G00 Z50.；	退刀
X100.；	
T0100；	取消 1 号刀的刀补
T0202；	换 2 号镗刀
G00 X24. Z1.；	精镗内孔
G01 X20. Z-1.；	
Z-35.；	
X18.；	

续表

参考程序(参考)	说　　明
G00 Z50.；	退刀
X100.；	
T0200；	取消 2 号刀的刀补
M05；	主轴停转
M30；	主程序结束

备注：以上指令是以国产数控系统(华中数控世纪星)为蓝本编写的。

复习思考题

1. 简述数控车床结构的特点。
2. 数控车床与普通车床有什么区别?
3. 简述对刀及刀具补偿方法。
4. 根据图 14-8 编写加工程序(加工路径 A—B—C—D—A)。

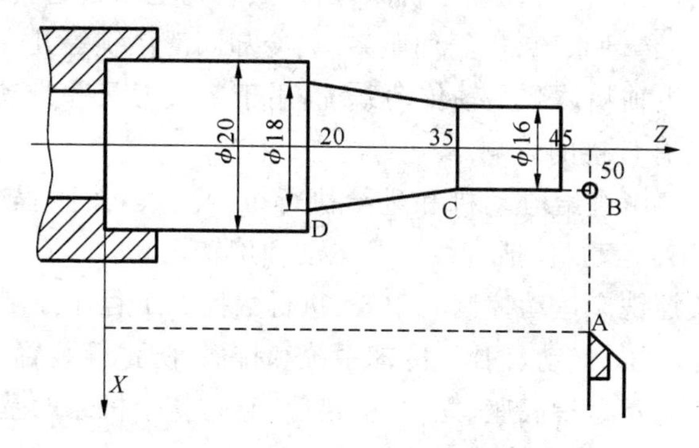

图 14-8　思考题 4 图

第 15 章　数控铣削工艺

15.1　数控铣床与数控加工中心

15.1.1　数控铣床的基本组成

数控铣床是在一般铣床的基础上发展起来的，两者的加工工艺基本相同，结构也有些相似，但数控铣床是靠程序控制的自动加工机床，所以其结构也与普通铣床有很大区别。数控铣床一般由数控系统、主传动系统、进给伺服系统、冷却润滑系统等几大部分组成。

（1）主轴箱　包括主轴箱体和主轴传动系统，用于装夹刀具并带动刀具旋转，主轴转速范围和输出扭矩对加工有直接的影响。

（2）进给伺服系统　由进给电动机和进给执行机构组成，按照程序设定的进给速度实现刀具和工件之间的相对运动，包括直线进给运动和旋转运动。

（3）控制系统　数控铣床运动控制的中心，执行数控加工程序控制机床进行加工。

（4）辅助装置　如液压、气动、润滑、冷却系统和排屑、防护等装置。

（5）机床基础件　通常是指底座、立柱、横梁等，它是整个机床的基础和框架。

图 15-1 所示为 XK5025 型数控铣床的组成。

15.1.2　数控铣床的结构特点

看起来，除了数控控制机代替了操纵手柄、手轮外，数控铣床在外观上与通用铣床确有不少相似之处，但实际上数控铣床在内部结构上要复杂得多，而与其他数控机床（如数控车床、数控钻镗床等）相比，数控铣床在结构上主要有下列几个特点。

（1）控制机床运动的坐标特征　为了要把工件上各种复杂的形状和轮廓连续加工出来，必须控制刀具沿设定的直线、圆弧或空间的直线、圆弧轨迹运动，这就要求数控铣床的伺服拖动系统能在多坐标方向同时协调动作，并保持预定的相互关系，也就是要求机床应能实现多坐标联动。数控铣床要控制的坐标数起码是三坐标中任意两坐标联动，要实现连续加工直线变斜角工件，起码要实现四坐标联动，而若要加工曲线变斜角工件，则要求实现五坐标联动。因此，数控铣床所配置的数控系统在档次上一般都比其他数控机床相应更高一些。

（2）数控铣床的主轴特征　现代数控铣床的主轴开启与停止、主轴正反转与主轴变速等都可以按程序介质上编入的程序自动执行。不同的机床其变速功能与范围也不同。有的采用变频机组（目前已很少采用），固定几种转速，可任选一种编入程序，但不能在运转时改

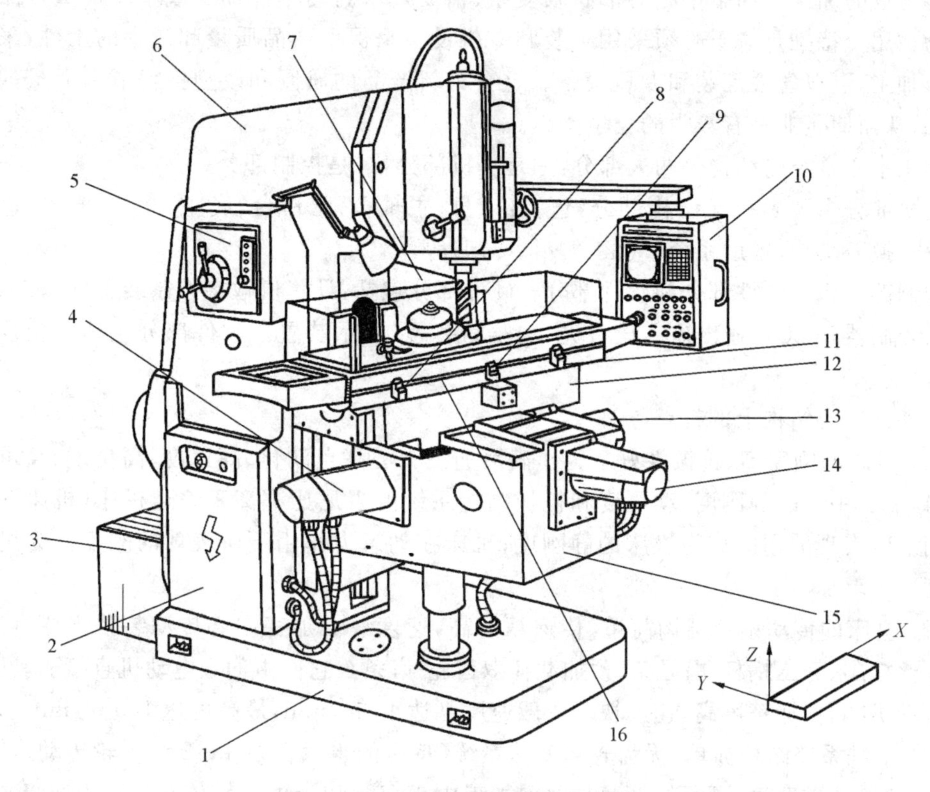

图 15-1　XK5025 型数控铣床的组成

1—底座；2—强电柜；3—变压器箱；4—垂直升降（Z 轴）进给伺服电动机；
5—主轴变速手柄和按钮板；6—床身；7—数控柜；8、11—保护开关（控制纵向行程硬限位）；
9—挡铁（用于纵向参考点设定）；10—操纵台；12—横向溜板；13—纵向（X 轴）进给伺服电动机；
14—横向（Y 轴）进给伺服电动机；15—升降台；16—纵向工作台

变；有的采用变频器调速，将转速分为几挡，程编时可任选一挡，在运转中可通过控制面板上的旋钮在本挡范围内自由调节；有的则不分挡，程编可在整个调速范围内任选一值，在主轴运转中可以在全速范围内进行无级调整，但从安全角度考虑，每次只能在允许的范围内调高或调低，不能有大起大落的突变。在数控铣床的主轴套筒内一般都设有自动拉、退刀装置，能在数秒钟内完成装刀与卸刀，使换刀显得较方便。此外，多坐标数控铣床的主轴可以绕 X、Y 或 Z 轴做数控摆动，也有的数控铣床带有万能主轴头，扩大了主轴自身的运动范围，但主轴结构更加复杂。

15.1.3　数控加工中心

1. 数控加工中心的定义

加工中心是目前世界上产量最高、应用最广泛的数控机床之一，它是一种功能较全的数控加工机床。它把铣削、镗削、钻削、攻螺纹和切削螺纹等功能集中在一台设备上，使其具有多种工艺手段。加工中心设置有刀库，刀库中存放着不同数量的各种刀具或检具，在加工过程中由程序自动选用和更换。这是它与数控铣床、数控镗床的主要区别。加工中心是一种综合加工能力较强的设备，工件一次装夹后能完成较多的加工步骤，加工精度较高，就加工中等加工难度的批量工件而言，其效率是普通设备的 5～10 倍，特别是它能完成许多普通设备不能完成的加工。加工中心对形状较复杂、精度要求高的单件加工或中小批量多品种生产更为适用。特别是对于必须采用工装和专机设备来保证产品质量和效率的工件，采用加工中心加工，可以省去工装和专机设备。这会为新产品的研制和改型换代节省大量的时间和费用，从而使企业具有较强的竞争能力。

加工中心本身的结构分两大部分：一是主机部分，二是控制部分。

主机部分主要是机械结构部分，包括：床身、主轴箱、工作台、底座、立柱、横梁、进给机构、刀库、换刀机构、辅助系统（气液、润滑、冷却）等。

控制部分包括硬件部分和软件部分。硬件部分包括：计算机数字控制装置（CNC）、可编程逻辑控制器（PLC）、输出输入设备、主轴驱动装置、显示装置。软件部分包括系统程序和控制程序。

2. 加工中心结构上的特点

（1）机床的刚度高、抗振性好　为了满足加工中心高自动化、高速度、高精度、高可靠性的要求，加工中心的静刚度、动刚度和机械结构系统的阻尼比都高于普通机床（机床在静态力作用下所表现的刚度称为机床的静刚度；机床在动态力作用下所表现的刚度称为机床的动刚度）。

（2）机床的传动系统结构简单，传递精度高，速度快　加工中心传动装置主要有三种，即滚珠丝杠副、静压蜗杆-蜗母条、预加载荷双齿轮-齿条。它们由伺服电动机直接驱动，省去齿轮传动机构，传递精度高，速度快。一般速度可达 15 m/min，最高可达 100 m/min。

（3）主轴系统结构简单，无齿轮箱变速系统（特殊的也只保留 1～2 级齿轮传动）　主轴功率大，调速范围宽，并可无级调速。目前加工中心 95%以上的主轴传动都采用交流主轴伺服系统，速度可从 10～20000 r/min 无级变速。驱动主轴的伺服电动机功率一般都很大，是普通机床的 1～2 倍，由于采用交流伺服主轴系统，主轴电动机功率虽大，但输出功率与实际消耗的功率保持同步，不存在大马拉小车那种浪费电力的情况，因此其工作效率最高，从节能角度看，加工中心又是节能型的设备。

（4）加工中心的导轨都采用了耐磨损材料和新结构，能长期地保持导轨的精度，在高速重切削下，保证运动部件不振动，低速进给时不爬行及运动中的高灵敏度。导轨采用钢导轨，与导轨配合面用聚四氟乙烯贴层。这样处理的优点：摩擦系数小，耐磨性好，减振消声，工艺性好。所以加工中心的精度寿命比一般的机床高。

（5）设置有刀库和换刀机构　这是加工中心与数控铣床和数控镗床的主要区别，使加工中心的功能和自动化加工的能力更强了。加工中心的刀库容量少的有几把，多的达几百把。这些刀具通过换刀机构自动调用和更换，也可通过控制系统对刀具寿命进行管理。

（6）控制系统功能较全　它不但可对刀具的自动加工进行控制，还可对刀库进行控制和管理，实现刀具自动交换。有的加工中心具有多个工作台，工作台可自动交换，不但能对一个工件进行自动加工，而且可对一批工件进行自动加工。这种多工作台加工中心有的称为柔性加工单元。随着加工中心控制系统的发展，其智能化的程度越来越高，如 FANUC 16 系统可实现人机对话、在线自动编程，通过彩色显示器与手动操作键盘的配合，还可实现程序的输入、编辑、修改、删除，具有前台操作、后台编辑的功能。加工过程中可实现在线检测，检测出的偏差可自动修正，保证首件加工一次成功，从而可以防止废品的产生。

15.2　数控铣床操作基础

15.2.1　数控铣床面板操作

FANUC Oi Mate-MC 数控系统的操作台包括全数字式 NC(操作)键盘、CRT 显示器和操作面板。其中,NC 键盘负责编程及系统管理操作,操作面板直接控制机床的动作或加工过程的控制。下面对操作面板及 MDI 键的功能做简单说明。MDI 键的按键分布如图 15-2 所示。

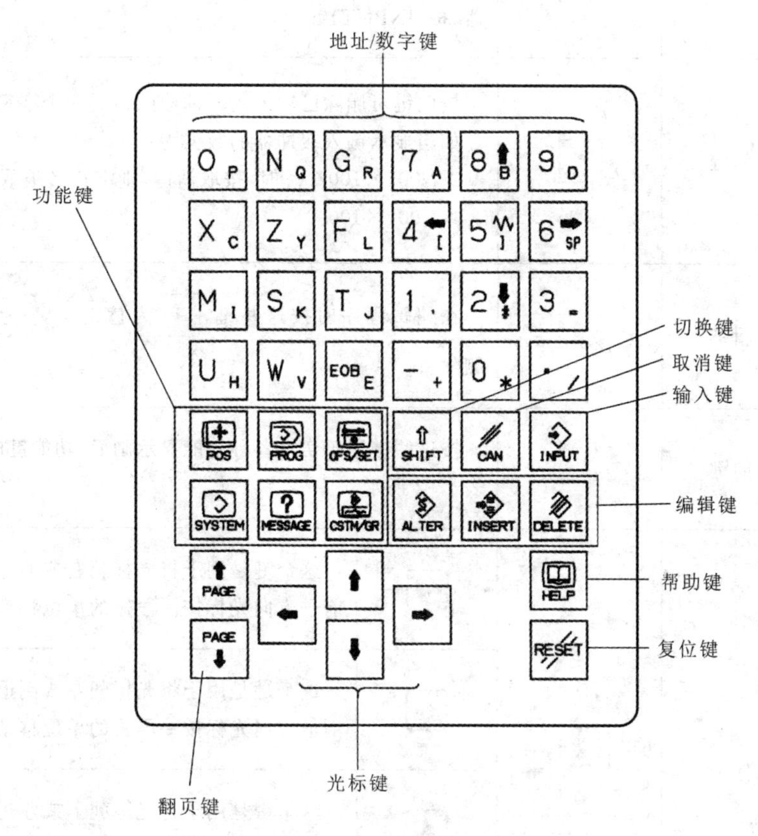

图 15-2　MDI 键的按键分布

表 15-1 中列出了图 15-2 中各按键的详细功能。

表 15-1　MDI 面板按键功能说明

序号	名　　称		功　　能
1	复位键	RESET	按此键可使 CNC 复位,用以消除报警等
2	帮助键	HELP	按此键用来显示如何操作机床,可在 CNC 发生报警时提供报警的详细信息(帮助功能)

续表

序号	名称		功能	
3	地址/数字键	N Q 4 […	按这些键可输入数字、字母以及其他字符	
4	切换键	SHIFT	在有些键的顶部有两个字符，按(SHIFT)键来选择字符	
5	输入键	INPUT	当按了地址键或数字键后，数据被输入到缓冲器，并在CRT屏幕上显示出来，为了把键入到缓冲器中的数据拷贝到寄存器，按(INPUT)键	
6	取消键	CAN	按此键可删除已输入到缓冲器的最后一个字符或符号。 如当显示键入缓冲器的数据为： ＞N001×100Z...时，按取消键，则字符Z被取消，并显示为 ＞N001×100	
7	编辑键	ALTER INSERT DELETE	在编辑程序时按这些键，ALTER 为替换，INSERT 为插入，DELETE 为删除	
8	功能键	POS PROG …	按这些键用于切换各种功能显示画面，功能键的详细说明如表15-2所示	
9	光标键	← ↑ ↓ →	→	这个键是用于将光标朝右或前进方向移动，在前进方向光标按一段短的单位移动
			←	这个键是用于将光标朝左或倒退方向移动，在倒退方向光标按一段短的单位移动
			↓	这个键是用于将光标朝下或前进方向移动，在前进方向光标按一段大尺寸单位移动
			↑	这个键是用于将光标朝上或倒退方向移动，在倒退方向光标按一段大尺寸单位移动
10	翻页键	↑PAGE ↓PAGE	PAGE↓	这个键是用于在屏幕上朝前翻一页
			↑PAGE	这个键是用于在屏幕上朝后翻一页

功能键用来选择将要显示的屏幕的种类。在MDI面板上的功能键及其功能说明列于表15-2中。

表15-2　功能键及其说明

序号	功能键	说　明	序号	功能键	说　明
1	POS	按此键显示位置画面	4	SYSTEM	按此键显示系统画面
2	PROG	按此键显示程序画面	5	MESSAGE	按此键显示信息画面
3	OFS/SET	按此键显示刀偏/设定画面	6	CSTM/GR	按此键显示用户宏画面(会话式宏画面)或显示图形画面

15.2.2　数控铣床对刀操作

数控加工中,工件坐标系确定后,还要确定刀具的刀位点在工件坐标系中的位置,即常说的对刀问题。数控机床上,目前,常用的对刀方法为手动试切对刀。

假设零件为对称零件,并且毛坯已测量好,长为L_1、宽为L_2,平底立铣刀的直径也已测量好。如图15-3所示,将工件在铣床工作台上装夹好后,再手动方式操纵机床,具体步骤如下。

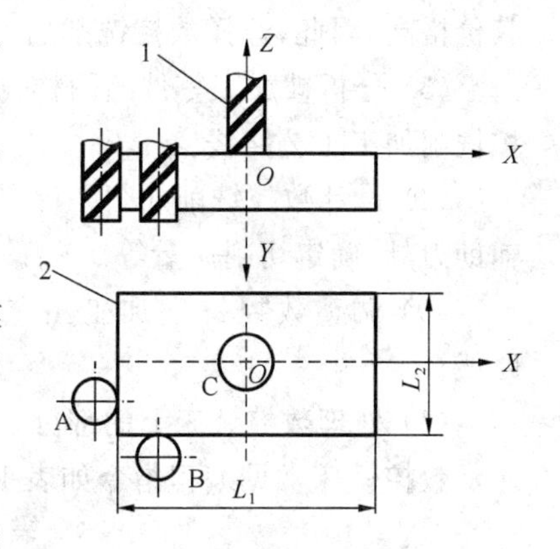

图15-3　对称零件的手动对刀示意图

1—刀具;2—工件

(1) 回参考点操作。

采用ZERO(回参考点)方式进行回参考点的操作,建立机床坐标系。此时CRT屏幕上将显示铣刀中心(对刀参考点)在机床坐标系中的当前位置的坐标值。

(2) 手工对刀。

先使刀具靠拢工件的左侧面(采用点动操作,以开始有微量切削为准),刀具如图A位置,按编程零点设置键,CRT屏幕上显示X0、Y0、Z0,则完成X方向的编程零点设置。再使刀具靠拢工件的前侧面,刀具如图B位置,保持刀具Y方向不动,使刀具X向退回,当CRT屏幕上X坐标值为0时,按编程零点设置键,就完成X、Y两个方向的编程零点设置。最后抬高Z轴,移动刀具,考虑到存在铣刀半径,当CRT屏幕上显示X坐标值为$L1/2$+铣刀半径,Y的坐标值为$L2/2$+铣刀半径时,使铣刀底部靠拢工件上表面,按编程零点设置键,CRT屏幕上显示X、Y、Z坐标值都清成零(即X0、Y0、Z0),系统内部完成了编程零点的设置功能,这样就把铣刀的刀位点设置在工件对称中心上,即工件坐标系的工件原点上。

(3) 建立工件坐标系。

此时,刀具(铣刀的刀位点)当前位置就在编程零点(即工件原点)上。由于手动试切对刀方法调整简单、可靠且经济,所以得到广泛的应用。

15.3 指令的格式及应用

15.3.1 数控铣床编程的基本工艺、指令简介

铣削加工是机械加工中最常用的加工方法之一，它主要包括平面铣削和轮廓铣削，也可进行钻、扩、铰、镗加工及螺纹加工等。数控铣床能铣削平面、沟槽和曲面，还能加工复杂的型腔和凸台，数控铣削加工包括平面的铣削加工、二维轮廓的铣削加工、平面型腔的铣削加工、钻孔加工、镗孔加工、攻螺纹加工、箱体类零件加工及三维复杂型面的铣削加工。

数控工艺是编制数控加工程序的依据，工艺规程是加工时的指导文件，数控铣床程序不仅包含零件的工艺过程，还包括切削用量、进给路线、刀具尺寸及铣床的运动过程等。数控铣削加工的工艺设计是在普通铣削加工工艺的基础上，结合数控铣床的特点，充分发挥其优势。数控铣削加工工艺主要包括以下内容。

(1) 选择适合在数控铣床上加工的零件，确定工序内容。

(2) 制订零件的数控铣削加工工艺时，应该考虑数控铣床的工艺范围比普通铣床宽，但其价格高，因此，选择数控铣削加工内容时，应从实际需要和经济两个方面考虑。

(3) 分析被加工零件的图样，明确加工内容及技术要求，确定零件的加工方案，确定数控铣削加工工艺路线。

(4) 设计数控铣削加工工序，如选取零件的定位基准、夹具方案、划分工步、选取刀具及辅助刀具、确定切削用量等。

(5) 调整数控铣削加工工艺程序，选取对刀点和换刀点，确定刀具补偿，确定加工路线。

(6) 处理数控铣床上的部分工艺指令。

数控铣床常见编程指令如表 15-3 所示。

表 15-3　数控铣床常见编程指令

<table>
<tr><th>代码</th><th>模态</th><th>功能说明</th><th>代码</th><th>模态</th><th>功能说明</th></tr>
<tr><td>M00</td><td>非模态</td><td>程序停止</td><td>M09</td><td>模态</td><td>切削液停止</td></tr>
<tr><td>M02</td><td>非模态</td><td>程序结束</td><td>M19</td><td>模态</td><td>主轴定向停止</td></tr>
<tr><td>M03</td><td>模态</td><td>主轴正转</td><td>M20</td><td>模态</td><td>取消主轴定向停止</td></tr>
<tr><td>M04</td><td>模态</td><td>主轴反转</td><td rowspan="2">M30</td><td rowspan="2">非模态</td><td rowspan="2">程序结束并返回程序起点</td></tr>
<tr><td>M05</td><td>模态</td><td>主轴停止转动</td></tr>
<tr><td>M05</td><td>模态</td><td>换刀</td><td>M98</td><td>非模态</td><td>调用子程序</td></tr>
<tr><td>M07</td><td>模态</td><td>切削液打开</td><td>M99</td><td>非模态</td><td>子程序结束</td></tr>
<tr><td>M08</td><td>模态</td><td>切削液打开</td><td></td><td></td><td></td></tr>
</table>

数控铣床 G 指令如表 15-4 所示。

表 15-4　数控铣床 G 指令

G 代码	组	功能	参数（后续地址字）	G 代码	组	功能	参数（后续地址字）
G00	01	快速定位	X,Z	G54	11	坐标系选择	
G01		直线插补指令	X,Z	G55			
G02		顺圆弧插补指令	X,Z,I,K,R	G56			
G03		逆圆弧插补指令	X,Z,I,K,R	G57			
G04	00	暂停	P	G58			
G07	16	虚轴设定		G54			
G09	00	准停效验		G60	00	单方向定位	
G17	02	*XY* 平面选择		G61	12	精确停止效验方式	
G18		*XZ* 平面选择		G64		连续加工方式	
G19		*YZ* 平面选择		G65	00	宏指令简单调用	P,A～Z
G20	08	英寸输入	X,Z	G71	06	外径/内径车削复合循环	U,R,P,Q,X,Z,F
G21		毫米输入	X,Z	G72		端面车削复合循环	Q,R,E
G22		脉冲当量		G73		闭环车削复合循环	
G24	03	镜像开		G76		螺纹切削复合循环	
G25		镜像关		G80		外径/内径车削固定循环	X,Z,I,K,C,P
G28	00	返回刀具参考点		G81		端面车削固定循环	R,E
G29		由参考点返回		G82		螺纹切削固定循环	
G32	01	螺纹车削	X,Z,R,E,P,F	G83		深孔钻循环	
G36	17	直径编程		G84		攻螺纹循环	
G37		半径编程		G85		镜孔循环	
G40	09	刀尖半径补偿值取消		G90	13	绝对值编程指令	
G41		左刀尖半径补偿值取消	T	G91		相对值编程指令	
G42		右刀尖半径补偿值取消	T	G92	00	工件坐标系设定	X,Z
G43	10	刀具长度正向补偿		G94	14	每分钟进给速度	
G44		刀具长度负向补偿		G95	16	每转进给速度	
G49		刀具长度补偿取消		G96		恒线速度切削	S
G50	04	缩放关		G97			
G51		缩放开		G98	15	固定循环后返回起始点	
G52	00	局部坐标系设定		G99		固定循环后返回 *R* 点	
G53		直接机床坐标系编程					

15.3.2 刀具补偿功能指令及应用

(1) 刀具半径补偿指令：G40、G41、G42。

G40——取消刀具半径补偿功能。

G41——在刀具相对于工件前进方向的工件左侧进行补偿，称为左刀补。

G42——在刀具相对于工件前进方向的工件右侧进行补偿，称为右刀补。

(2) 刀具长度补偿指令：G43、G44、G49。

G43——长度正补偿，G43 H _(G00 或 G01)。

G44——长度负补偿，G44 H _(G00 或 G01)。

G49——长度补偿取消。

15.3.3 钻镗孔固定循环指令

(1) G73 指令。

指令格式：G73 X___ Y___ Z___ R___ Q___ F___ K___；

说明　X___Y___：孔位数据

Z___：从 R 点到孔底的距离

R___：从初始位置面到 R 点位置的距离

Q___：每次切削进给的切削深度

F___：切削进给速度

K___：重复次数(如果需要的话)

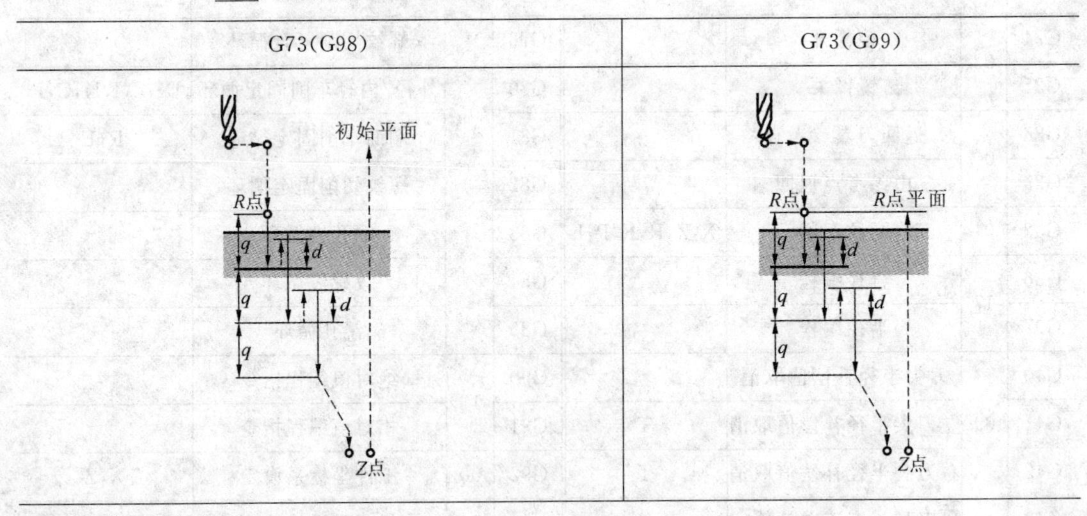

G73 指令程序举例：

参考程序	注释
M3 S2000；	主轴开始旋转
G90 G99 G73 X300. Y-250. Z-150. R-100. Q15. F120；	定位，钻 1 孔，然后返回到 R 点
Y-550.；	定位，钻 2 孔，然后返回到 R 点
Y-750.；	定位，钻 3 孔，然后返回到 R 点
X1000.；	定位，钻 4 孔，然后返回到 R 点

续表

Y-550.；	定位，钻 5 孔，然后返回到 *R* 点
G98 Y-750.；	定位，钻 6 孔，然后返回到初始平面
G80 G28 G91 X0. Y0. Z0.；	返回到参考点
M5；	主轴停止旋转

（2）G74 指令。

指令格式：G74 X____ Y____ Z____ R____ P____ F____ K____；

说明　X____Y____：孔位数据

Z____：从 *R* 点到孔底的位置

R____：从初始位置面到 *R* 点位置的距离

P____：在孔底的暂停时间

F____：切削进给速度

K____：重复次数（如果需要的话）

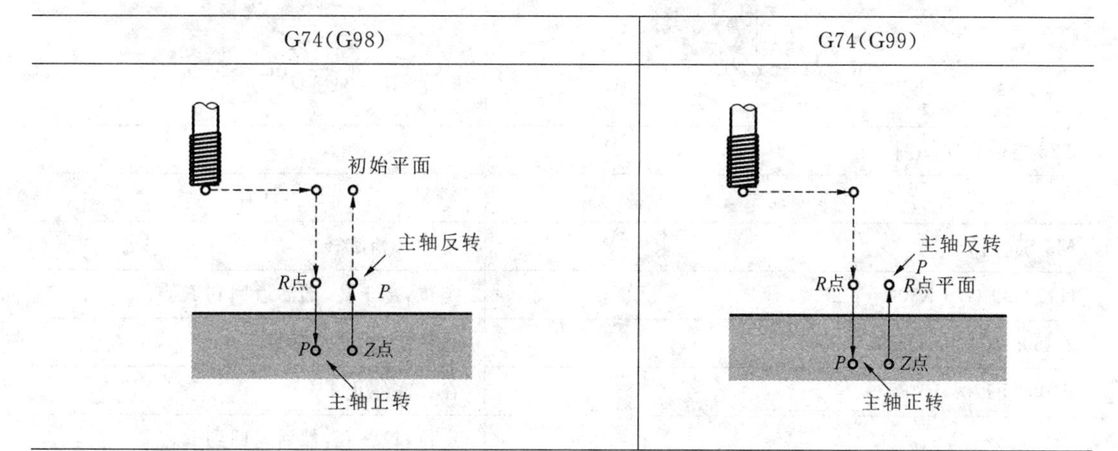

G74 指令程序举例：

参考程序	注释
M4 S100；	主轴开始旋转
G90 G99 G74 X300. Y-250. Z-150. R-100. Q15. F120.；	定位，攻螺纹 1 孔，然后返回到 *R* 点
Y-550.；	定位，攻螺纹 2 孔，然后返回到 *R* 点
Y-750.；	定位，攻螺纹 3 孔，然后返回到 *R* 点
X1000.；	定位，攻螺纹 4 孔，然后返回到 *R* 点
Y-550.；	定位，攻螺纹 5 孔，然后返回到 *R* 点
G98 Y-750.；	定位，攻螺纹 6 孔，然后返回到初始平面
G80 G28 G91 X0. Y0. Z0.；	返回到参考点
M5；	主轴停止旋转

(3) G76 指令。

指令格式:G76 X____ Y____ Z____ R____ Q____ P____ F____ K____;

说明　X____Y____:孔位数据

Z____:从 R 点到孔底的距离

R____:从初始位置到 R 点位置的距离

Q____:孔底的偏移量

P____:在孔底的暂停时间

F____:切削进给速度

K____:重复次数(如果需要的话)

G76(G98)	G76(G99)
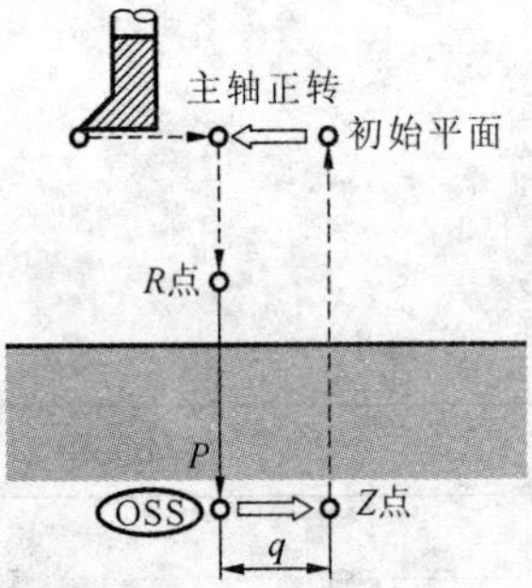 主轴正转 初始平面 R点 P OSS Z点 q	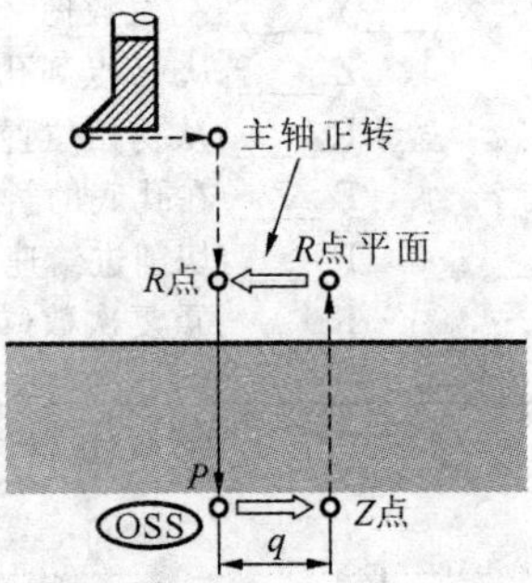 主轴正转 R点平面 R点 P OSS Z点 q

G76 指令程序举例:

参考程序	注释
M3 S500;	主轴开始旋转
G90 G99 G76 X300. Y-250.;	定位,镗 1 孔,然后返回到 R 点
Z-150. R-100. Q5.;	孔底定向,然后移动 5 mm
P1000 F120.;	在孔底停止 1 s
Y-550.;	定位,镗 2 孔,然后返回到 R 点
Y-750.;	定位,镗 3 孔,然后返回到 R 点
X1000.;	定位,镗 4 孔,然后返回到 R 点
Y-550.;	定位,镗 5 孔,然后返回到 R 点
G98 Y-750.;	定位,镗 6 孔,然后返回到初始平面
G80 G28 G91 X0. Y0. Z0.;	返回到参考点
M5;	主轴停止旋转

(4) G81 指令。

指令格式:G81 X____ Y____ Z____ R____ F____ K____;

说明　X____Y____:孔位数据

Z____:从 R 点到孔底的距离

R____:从初始位置到 R 点位置的距离

F____:切削进给速度

K____:重复次数(如果需要的话)

续表

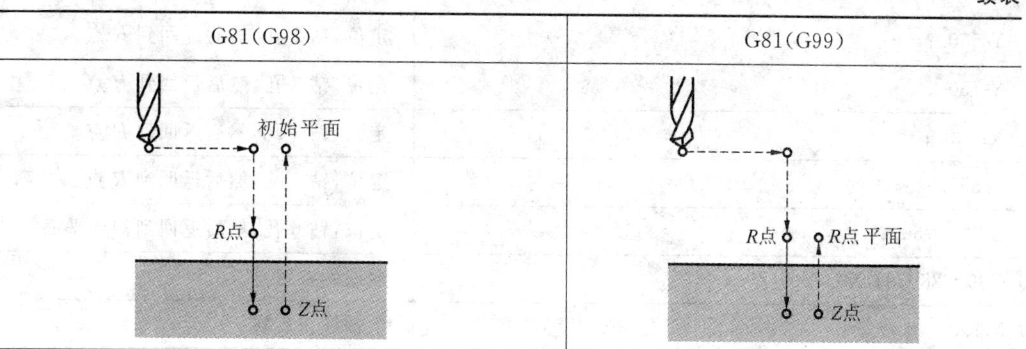

G81 指令程序举例：

参考程序	注释
M3 S2000;	主轴开始旋转
G90 G99 G81 X300. Y-250. Z-150. R-100. F120;	定位，钻 1 孔，然后返回到 *R* 点
Y-550.;	定位，钻 2 孔，然后返回到 *R* 点
Y-750.;	定位，钻 3 孔，然后返回到 *R* 点
X1000.;	定位，钻 4 孔，然后返回到 *R* 点
Y-550.;	定位，钻 5 孔，然后返回到 *R* 点
G98 Y-750.;	定位，钻 6 孔，然后返回到初始位置平面
G80 G28 G91 X0. Y0. Z0.;	返回到参考点
M5;	主轴停止旋转

(5) G82 指令。

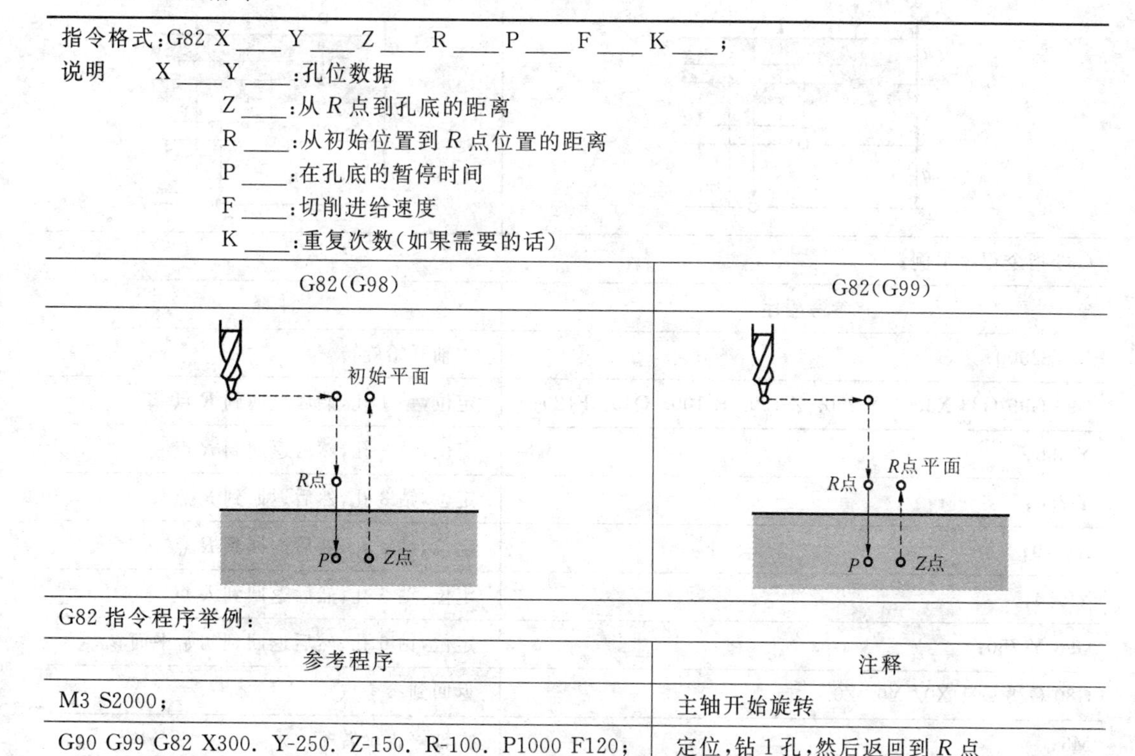

指令格式：G82 X____ Y____ Z____ R____ P____ F____ K____；

说明　X____ Y____：孔位数据

Z____：从 *R* 点到孔底的距离

R____：从初始位置到 *R* 点位置的距离

P____：在孔底的暂停时间

F____：切削进给速度

K____：重复次数(如果需要的话)

G82 指令程序举例：

参考程序	注释
M3 S2000;	主轴开始旋转
G90 G99 G82 X300. Y-250. Z-150. R-100. P1000 F120;	定位，钻 1 孔，然后返回到 *R* 点

续表

Y-550.；	定位，钻 2 孔，然后返回到 R 点
Y-750.；	定位，钻 3 孔，然后返回到 R 点
X1000.；	定位，钻 4 孔，然后返回到 R 点
Y-550.；	定位，钻 5 孔，然后返回到 R 点
G98 Y-750.；	定位，钻 6 孔，然后返回到初始平面
G80 G28 G91 X0. Y0. Z0.；	返回到参考点
M5；	主轴停止旋转

（6）G83 指令。

指令格式：G83 X___ Y___ Z___ R___ Q___ F___ K___；

说明　X___ Y___：孔位数据
Z___：从 R 点到孔底的距离
R___：从初始位置到 R 点位置的距离
Q___：每次切削进给的切削深度
F___：切削进给速度
K___：重复次数（如果需要的话）

G83(G98)	G83(G99)
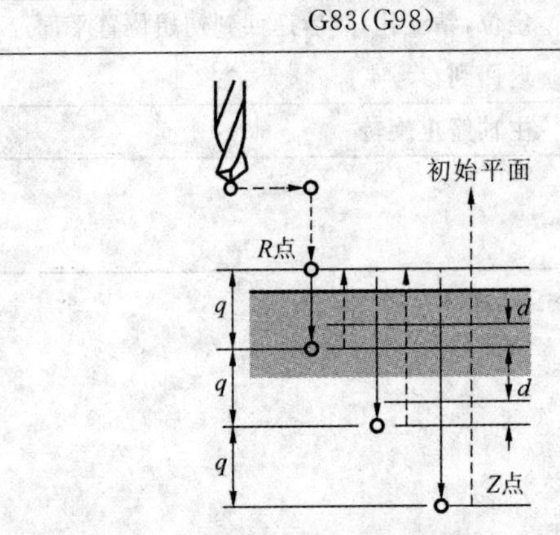	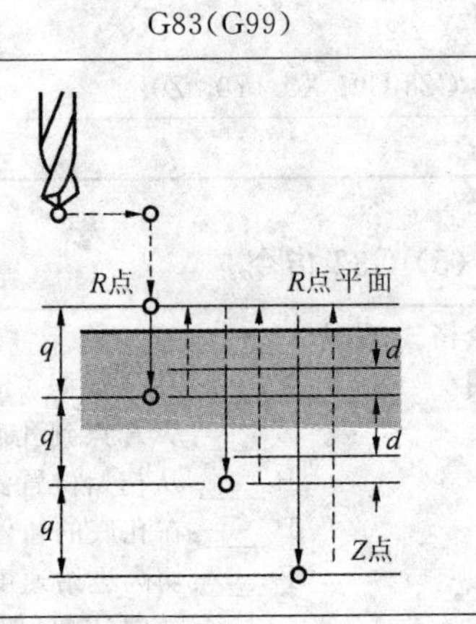

G83 指令程序举例：

参考程序	注释
M3 S2000；	主轴开始旋转
G90 G99 G83 X300. Y-250. Z-150. R-100. Q15. F120；	定位，钻 1 孔，然后返回到 R 点
Y-550；	定位，钻 2 孔，然后返回到 R 点
Y-750；	定位，钻 3 孔，然后返回到 R 点
X1000；	定位，钻 4 孔，然后返回到 R 点
Y-550；	定位，钻 5 孔，然后返回到 R 点
G98 Y-750；	定位，钻 6 孔，然后返回到初始平面
G80 G28 G91 X0. Y0. Z0.；	返回到参考点
M5；	主轴停止旋转

(7) G84 指令。

指令格式:G84 X____ Y____ Z____ R____ P____ F____ K____;
说明　X____Y____:孔位数据
Z____:从 R 点到孔底的距离
R____:从初始位置到 R 点位置的距离
P____:在孔底的暂停时间
F____:切削进给速度
K____:重复次数(如果需要的话)

G84(G98)	G85(G99)
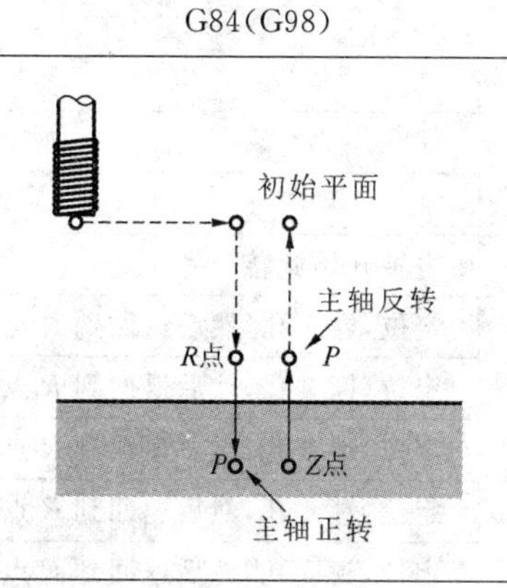	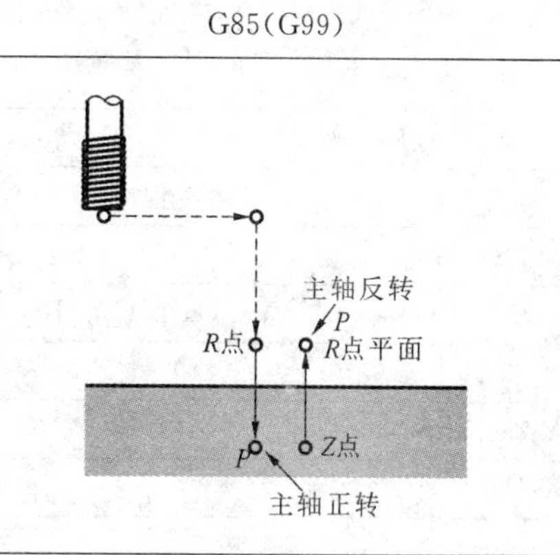

G84 指令程序举例:

参考程序	注释
M3 S100;	主轴开始旋转
G90 G99 G84 X300. Y-250. Z-150. R-120. P300 F120;	定位,攻螺纹 1 孔,然后返回到 R 点
Y-550.;	定位,攻螺纹 2 孔,然后返回到 R 点
Y-750.;	定位,攻螺纹 3 孔,然后返回到 R 点
X1000.;	定位,攻螺纹 4 孔,然后返回到 R 点
Y-550.;	定位,攻螺纹 5 孔,然后返回到 R 点
G98 Y-750.;	定位,攻螺纹 6 孔,然后返回到初始平面
G80 G28 G91 X0. Y0. Z0.;	返回到参考点
M5;	主轴停止旋转

(8) G85 指令。

指令格式:G85 X____ Y____ Z____ R____ F____ K____;
说明　X____Y____:孔位数据
Z____:从 R 点到孔底的距离
R____:从初始位置到 R 点位置的距离
F____:切削进给速度
K____:重复次数(如果需要的话)

续表

G85(G98)	G85(G99)

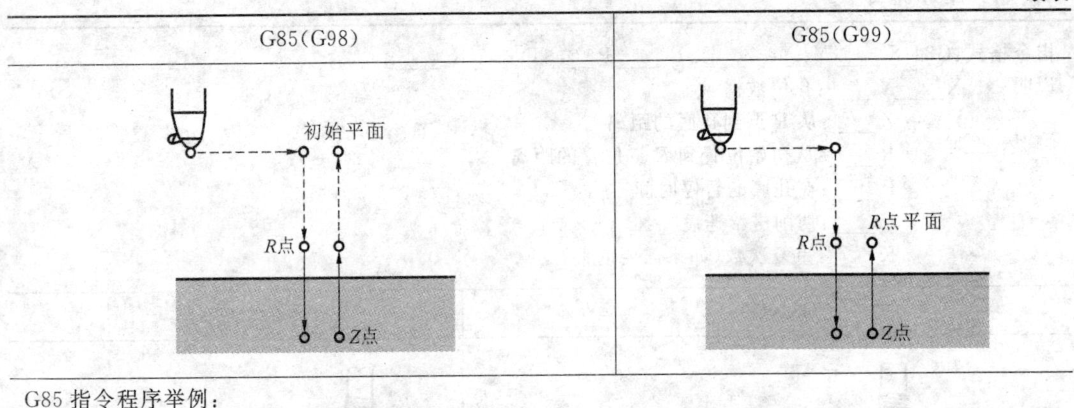

G85 指令程序举例：

参考程序	注释
M3 S100;	主轴开始旋转
G90 G99 G85 X300. Y-250. Z-150. R-120. F120;	定位，镗 1 孔，然后返回到 R 点
Y-550.;	定位，镗 2 孔，然后返回到 R 点
Y-750.;	定位，镗 3 孔，然后返回到 R 点
X1000.;	定位，镗 4 孔，然后返回到 R 点
Y-550.;	定位，镗 5 孔，然后返回到 R 点
G98 Y-750.;	定位，镗 6 孔，然后返回到初始位置平面
G80 G28 G91 X0. Y0. Z0.;	返回到参考点
M5;	主轴停止旋转

(9) G86 指令。

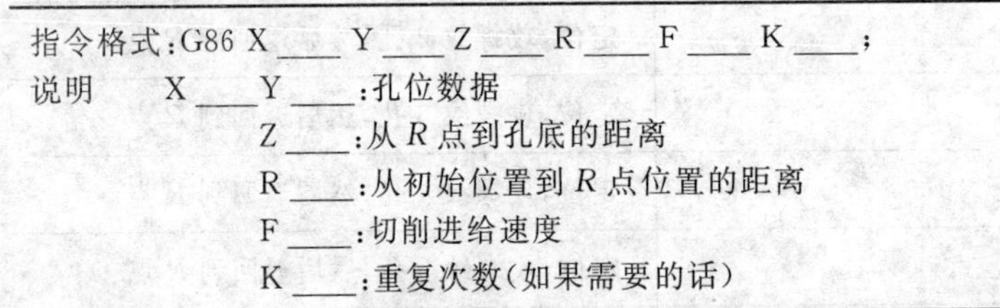

指令格式：G86 X____ Y____ Z____ R____ F____ K____;

说明　X____ Y____：孔位数据

Z____：从 R 点到孔底的距离

R____：从初始位置到 R 点位置的距离

F____：切削进给速度

K____：重复次数(如果需要的话)

G86(G98)	G86(G99)

G86 指令程序举例：

参考程序	注释
M3 S2000;	主轴开始旋转

续表

G90 G99 G86 X300. Y-250. Z-150. R-100. F120；	定位，镗 1 孔，然后返回到 R 点
Y-550.；	定位，镗 2 孔，然后返回到 R 点
Y-750.；	定位，镗 3 孔，然后返回到 R 点
X1000.；	定位，镗 4 孔，然后返回到 R 点
Y-550.；	定位，镗 5 孔，然后返回到 R 点
G98 Y-750.；	定位，镗 6 孔，然后返回到初始位置平面
G80 G28 G91 X0. Y0. Z0.；	返回到参考点
M5；	主轴停止旋转

15.4　训练案例：典型零件数控铣削

15.4.1　数控铣零件加工

数控铣零件加工图如图 15-4 所示。

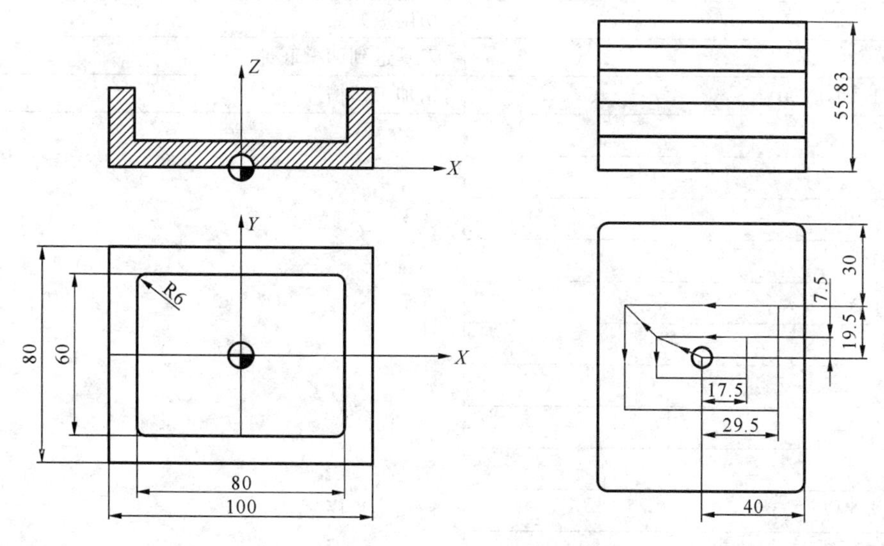

图 15-4　数控铣零件加工图

(1) 分析零件图样，进行加工工艺分析及确定工艺路线设计、刀具的选择。

① 采用平口钳将工件加紧。

② 确定粗加工的加工线路：粗加工分四层切削，底部和侧面各留 0.5 mm 的精加工余量。粗加工从中心工艺孔垂直进刀，向四周扩展。

③ 刀具的选择：粗加工采用的 1 号刀为 ϕ20 mm 的立铣刀；型腔精加工采用的 2 号刀为 ϕ10 mm的键槽铣刀。

④ 确定加工原点，可选择工件的下表面中心点为程序编程的原点。

(2) 数控铣加工程序的编辑(FANUC 系统)如表 15-5 所示。

表 15-5　数控铣加工程序的编辑

参考程序(参考)	说　明
%0001	程序号
G54 G90 G40 G21	建立工件坐标系,绝对值编程
M03 S275	主轴正转,每分钟转 275 转
M08	切削液开启
G43 H1 G00 X0 Y0 Z40	长度补偿 H1,快速定位
G01 Z25 F20	进刀深度到凹槽第一层底部
M98 P0030	调用子程序切第一层
G01 Z20 F20	进刀深度到凹槽第二层底部
M98 P0030	调用子程序切第二层
G01 Z15 F20	进刀深度到凹槽第三层底部
M98 P0030	调用子程序切第三层
G01 Z10.5 F20	进刀深度到凹槽第四层底部
M98 P0030	调用子程序切第四层
G00 Z40	退回到安全高度
G49 Z300	取消长度补偿 H1
T02 M06	换 2 号精加工刀
G43 H02 G00 Z40	长度补偿 H2,快速定位
M03 S500	主轴正转 500 转
M08	切削液开启
G01 Z10 F20	刀具进到凹槽底部
G01 X-11 Y1 F100	精加工凹槽
G01 Y-1	
G01 X11	
G01 Y1	
G01 X-11	
G01 X-19 Y9	
G01 Y-9	
G01 X19	
G01 Y9	
G01 X-19	
G01 X-27 Y17	精加工程序
G01 Y-17	
G01 X27	
G01 Y17	
G01 X-27	
G01 X-34 Y25	
G03 X-35 Y24 I0 J-1	
G01 Y-24	
G03 X-34 Y-25 I1J0	
G01 X34	

续表

参考程序(参考)	说　明
G03 X35 Y-24 I0 J1	
G01 X24	
G03 X34 Y25 I-1 J0	
G01 X-35	
G01 X-30 Y10	加工完毕
G00 Z40	退刀到安全高度
G49 Z300	取消长度补偿 H2
M05	主轴停转
M30	主程序结束
O0030	子程序文件名
G01 X-17.5 Y7.5 F60	粗加工凹槽单层程序
G01Y-7.5	
G01 X17.5	
G01 Y7.5	
G01 X-17.5	
G01 X-29.5 Y19.5	
G01 Y-19.5	
G01 X29.5	
G01 Y19.5	
G01 X-29.5	
G01 X0 Y0	
M99	子程序结束

15.4.2 加工中心零件加工

加工中心零件加工图如图 15-5 所示。

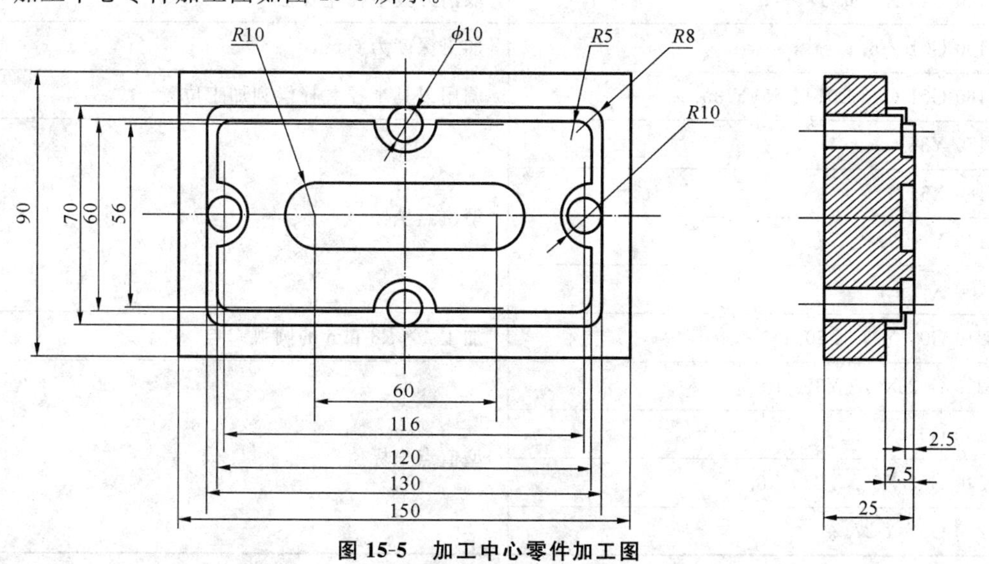

图 15-5 加工中心零件加工图

(1) 刀具的选择、工艺分析及工艺路线设计如下。

用 ϕ10 mm 端铣刀，T01 S500 F80 D1 H1。

钻中心孔用 ϕ4 mm 中心钻，T02 S800 F60 H2。

钻孔用 ϕ10 mm 麻花钻，T03 S800 F40 H3。

(2) 工件的装夹。

装夹以两侧面与底面定位，用平口虎钳装夹并找正。

(3) 加工中心加工程序的编辑(FANUC 系统)如表 15-6 所示。

表 15-6　加工程序的编辑

参考程序(参考)	说　明
%0009	程序号
N10 G90 G54 G40 G49 G80 G21；	编对编程，建立工件坐标系，取消刀具半径补偿，取消刀具长度补偿，取消程序固定循环，坐标值单位为毫米
N20 T01 MO6；	换 1 号刀
N30 G43 G00 Z20. H01；	Z 轴快速定位，调用 1 号刀的长度补偿
N40 G00 X0 Y0 Z10.；	快速定位到安全平面
N50 M03 S500；	主轴以 500 r/min 的速度正转
N60 G00 X-100. Y-70. Z3.；	快速移动到指定位置
N70 G01 Z-3. F50 M08；	加工深度为 3 mm，切削液开启
N80 G01 G41 D01 X-65. Y-35.；	调用刀具半径左补偿到加工位置
N90 Y35.；	型值点坐标值
N100 X65.；	
N110 Y-35.；	
N120 X-65.；	
N130 G00 Z3.；	退到安全平面
N140 G40 X-100. Y-70.；	取消刀具半径左补偿
N150 G01 Z-6.；	加工深度为 6 mm
N160 G01 G41 D01 X-65. Y-35.；	调用刀具半径左补偿到加工位置
N170 Y35.；	型值点坐标值
N180 X65.；	
N190 Y-35.；	
N200 X-65.；	
N210 G01 Y27. F60.；	加工 4×R8 mm 的圆弧起点
N220 G02 X-57. Y35. R8.；	型值点坐标值
N230 G01 X57.；	
N240 G02 X65. Y27. R8.；	
N250 G01 Y-27.；	

续表

参考程序(参考)	说 明
N260 G02 X57. Y-35. R8.;	型值点坐标值
N270 G01 X-57.	
N280 G02 X-65. Y-27. R8.;	
N290 G01 Z-2.;	
N300 X-60. Y-15.;	加工4×R5 mm的圆弧
N310 Y25.;	型值点坐标值
N320 G02 X-55. Y30. R5.;	
N330 G01 X55.;	
N340 G02 X60. Y25. R5.;	
N350 G01 Y-25.;	
N360 G02 X55. Y-30. R5.;	
N370 G01 X-55.;	
N380 G02 X-60. Y-25. R5.;	
N390 G01 Y-10.;	加工4×R10 mm半圆弧
N400 G03 Y10. R10.;	型值点坐标值
N410 G01 Y30.;	
N420 X-10.;	
N430 G03 X10. R10.;	
N440 G01 X60.;	
N450 Y10.;	
N460 G03 Y-10. R10.;	
N470 G01 Y-30.;	
N480 X10.;	
N490 G03 X-10. R10.;	
N500 G00 Z3.;	退到安全平面值
N510 G40 X0 Y0;	型值点坐标值
N520 G01 G42 D01 X20. Y10. Z-2. F30.	
N530 X30. F50.;	
N540 G02 Y-10. R10.;	
N550 G01 X-30.;	
N560 G02 Y10. R10.;	
N570 G01 X30.;	

续表

参考程序(参考)	说　明
N580 G00 Z100.；	退到安全平面
N590 G40 X0 Y0；	取消刀具半径左补偿
N600 M05；	
N610 M09；	
N620 T02 M6；	换 2 号刀
N630 G00 G90 G54 X0 Y0；	
N640 G43 H02 Z10.；	Z 轴快速定位，调用 1 号刀的长度补偿
N650 M03 S1500；	主轴以 1500 r/min 的速度正转
N660 M08；	切削液开启
N670 G98 G81 X0 Y28. Z-5. R2. F50.；	钻孔固定循环
N680 X58. Y0；	
N690 X0 Y-28.；	
N700 X-58. Y0；	
N710 G80；	
N720 G00 X0 Y0 Z100.；	退到安全平面
N730 M05；	主轴停止
N740 M09；	切削液关闭
N750 T03；	换 3 号刀
N760 M6；	
N770 G00 G90 G54 X0 Y0；	
N780 G43 H03 Z10.；	
N790 M03 S500；	主轴以 500 r/min 的速度正转
N800 M08；	切削液开启
N810 G98 G83 X0 Y28. Z-30.0 R5. Q2.0 F40.；	加工 4×ϕ10 mm 的孔(钻孔固定循环)
N810 X58. Y0；	
N820 X0 Y-28.；	
N830 X-58. Y0；	
N840 G80；	
N850 G00 X0 Y0 Z100.；	
N860 M05；	主轴停止
N880 M09；	切削液关闭
N890 M30；	程序结束

复习思考题

1. 数控铣床包括哪些基本组成部分？

2. 简述数控铣床的结构特点。

3. 什么是数控加工中心？加工中心本身的结构分哪几部分？

4. 常用刀具补偿指令有哪些？举例说明其用法。

5. 既然 G43(G44) 只是把程序控制对象从基准点移到刀尖，试分析下列语句是否可以互换。

N1 G91 G00 G43 H01 Z-348;(H01＝100)

与

N1 G91 G00 Z-248;

6. 钻镗孔固定循环指令有哪些？举例说明。

7. 用铣刀加工图 15-6 中的轮廓线。立铣刀装在主轴上，铣刀测量基准到工件上表面的距离为 350 mm，请编写加工程序。

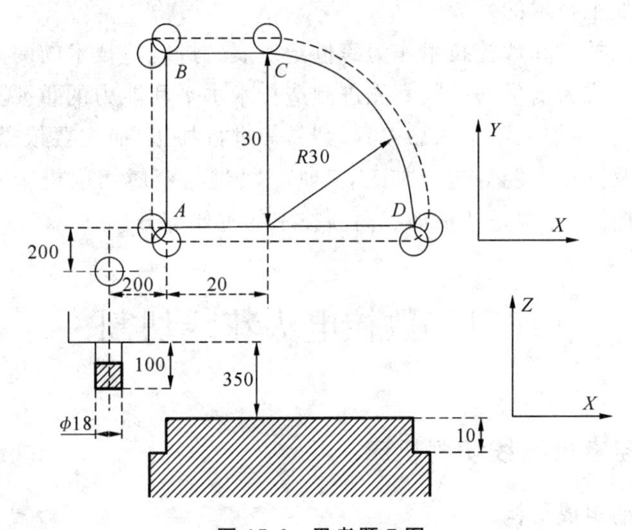

图 15-6　思考题 7 图

第16章 特种数控加工工艺

特种加工技术是先进制造技术的重要组成部分，随着特种加工技术的发展，一方面计算机技术、信息技术、自动化技术等在特种加工中已获得广泛应用，逐步实现了加工工艺及加工过程的系统化集成；另一方面，特种加工能充分体现学科的综合性，学科（如声、光、电、热、化学等）和专业之间不断渗透、交叉、融合，因此，特种加工技术本身同样朝系统化集成的发展方向。这两方面说明，特种加工技术已成为先进制造技术的重要组成部分。一些发达国家也非常重视特种加工技术的发展。

日本把特种加工技术和数控技术作为跨世纪发展先进制造技术的两大支柱。

特种加工技术已成为衡量一个国家先进制造技术水平和能力的重要标志。特种加工具有独特的加工机理，特种加工不是依靠刀具、磨具等进行加工，而主要依靠电能、热能、光能、声能、磁能、化学能及液动力能等进行加工，其加工机理与金属切削机床完全不同。能量的发生与转换、使能过程的控制是特种加工高新技术的重要部分。

16.1 数控电火花线切割

16.1.1 数控电火花线切割机床

1.线切割机床的组成结构

线切割机床由控制系统和机床本体组成。控制系统包括操作软件和脉冲电源；机床本体包括走丝机构、坐标工作台和工作液循环系统等。

2.线切割机床的分类

按控制方式可分为靠模仿型控制、光电跟踪控制、数字程序控制及微机控制等。

按电源形式可分为RC电源、晶体管电源、分组脉冲电源及自适应控制电源等。

按加工特点可分为大、中、小型以及普通直壁切割型与锥度切割型等。

按走丝速度可分为慢走丝方式和快走丝方式两种。

3.线切割机床的运动过程

(1) 操作者将程序输入计算机。

(2) 计算机发出指令。

(3) 伺服装置将指令传送到步进电动机，进而带动工作台做直线运动。

(4) 加工出预定轨迹。

16.1.2　数控电火花线切割加工原理

电火花数控线切割加工的过程中主要包含下列三部分内容(见图16-1)。

(1) 电极丝与工件之间的脉冲放电。

(2) 电极丝沿其轴向(垂直或 Z 方向)做走丝运动。

(3) 工件相对于电极丝在 XY 平面内做数控运动。

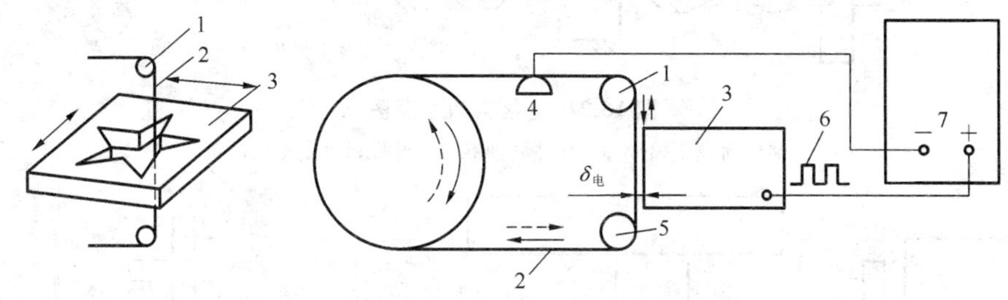

图16-1　电火花线切割加工原理图

1—上导轮;2—电极丝(钼丝);3—工件;4—进电块;5—下导轮;6—电脉冲;7—脉冲电源

1.电火花线切割加工时电极丝和工件之间的脉冲放电

电火花线切割时电极丝接脉冲电源的负极,工件接脉冲电源的正极。在正、负极之间加上脉冲电源,当来一个电脉冲时,在电极丝和工件之间产生一次火花放电,放电通道的中心温度瞬时可高达10000 ℃以上,高温使工件金属熔化,甚至有少量气化,高温也使电极丝和工件之间的工作液部分产生汽化,这些汽化后的工作液和金属蒸汽瞬间迅速热膨胀,并具有爆炸的特性。这种热膨胀和局部微爆炸,将熔化和气化了的金属材料抛出而实现对工件材料进行电蚀切割加工。通常认为电极丝与工件之间的放电间隙在0.01 mm左右,若电脉冲的电压高,放电间隙会大一些。

为了电火花加工的顺利进行,必须创造条件保证每来一个电脉冲时在电极丝和工件之间产生的是火花放电而不是电弧放电。首先必须使两个电脉冲之间有足够的间隔时间,使放电间隙中的介质消电离,即使放电通道中的带电粒子复合为中性粒子,也要恢复本次放电通道处间隙中介质的绝缘强度,以免总在同一处发生放电而导致电弧放电。一般脉冲间隔应为脉冲宽度的4倍以上。

为了保证火花放电时电极丝不被烧断,必须向放电间隙注入大量冷却液(或切削液),以便电极丝得到充分冷却。同时电极丝必须做高速轴向运动,以避免火花放电总在电极丝的局部位置而被烧断,电极丝速度为7～10 m/s。高速运动的电极丝,有利于不断往放电间隙中带入新的冷却液,同时也有利于把电蚀产物从间隙中带出去。

电火花线切割加工时,为了获得比较低的表面粗糙度和高的尺寸精度,并保证电极丝不被烧断,应选择好相应的脉冲参数,并使工件和钼丝之间的放电必须是火花放电,而不是电弧放电。

2.电火花线切割加工的走丝运动

为了避免火花放电总在电极丝的局部位置,从而影响加工质量和生产效率,在加工过程中电极丝就要沿轴向做走丝运动。走丝原理如图16-2所示。钼丝整齐地缠绕在储丝筒上,并形成一个闭合状态,走丝电动机带动储丝筒转动时,通过导丝轮使钼丝做轴线运动。

3. X、Y 坐标工作台运动

如图16-3所示,工件安装在上下两层的 X、Y 坐标工作台上,分别由步进电动机驱动做数控运动。工件相对于电极丝的运动轨迹,是由线切割编程所决定的。

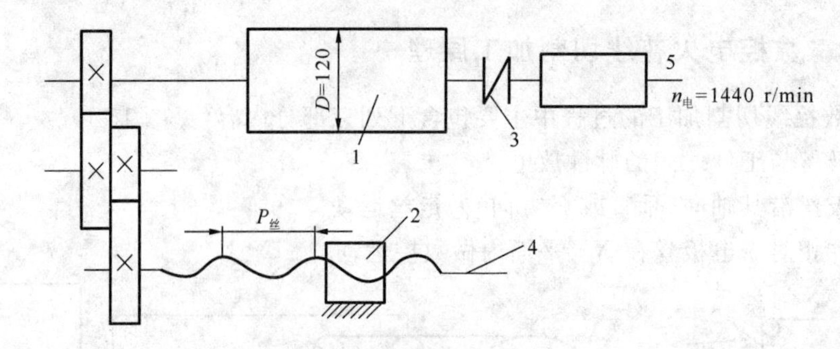

图 16-2　走丝机构原理图

1—储丝筒；2—螺母；3—弹性联轴器；4—丝杠；5—走丝电动机

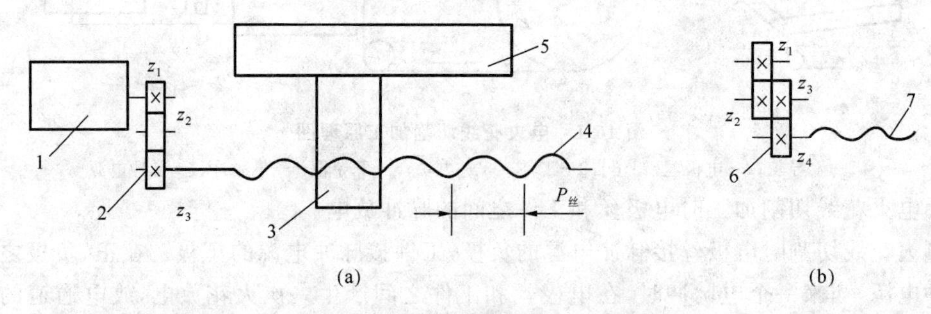

图 16-3　上层工作台的传动示意图

1—步进电动机；2—减速齿轮；3—螺母；4，7—丝杠；5—工作台；6—减速齿轮

16.1.3　线切割机床的工艺特点和应用范围

电火花线切割是采用移动的细金属导线(铜丝或钼丝)作为电极对工件进行脉冲火花放电而使之切割成形的加工方法。

(1) 因为靠火花放电进行加工，所以对材料硬度无要求，只要是导电材料都可以加工。

(2) 由于电极丝较细，所以适合加工窄缝或精细轮廓。

(3) 主要加工对象是二维图形，不能加工盲孔类零件和阶梯成形表面。

表 16-1 所示为线切割机床的类型与特点。

表 16-1　线切割机床的类型与特点

比较项目	快走丝线切割	慢走丝线切割
走丝速度/(m/s)	8～10	0.001～0.25
电极丝工作状态	往复供丝，反复使用	单向运行，一次性使用
运丝系统结构	简单	复杂
电极丝振动	较大	较小
加工精度/mm	0.01～0.04	0.002～0.01

中走丝线切割机床是在快走丝的基础上加以改进形成的一种新型线切割机床，可以进行多次切割，也可以根据需要调整电极丝的运行速度，使零件达到与慢走丝相近的加工精度。

16.2　数控电火花线切割机床数控程序的编程方法

1. 手工编程

手工编程，是指用手工编写代码，然后将代码输入计算机的一种编程方式。电火花线切割的常用代码有ISO(G)代码和3B代码。

2. 自动编程

自动编程，是指利用各种编程软件画出所需图形，或用扫描设备将图形输入，计算机可以自动生成代码的编程方式。电火花线切割自动编程的软件主要有YH、HF、CAXA、MASTECAM等数十种。

16.3　训练案例：数控电火花线切割穿丝指令与子程序举例

16.3.1　穿丝指令M60应用实例

【例16-1】　在一块270 mm×165 mm的方板上切割出如图16-4所示的长方形、三角形和圆形。其中*P*1、*P*2和*P*3为穿丝点，电极丝的初始坐标为(80,40)。

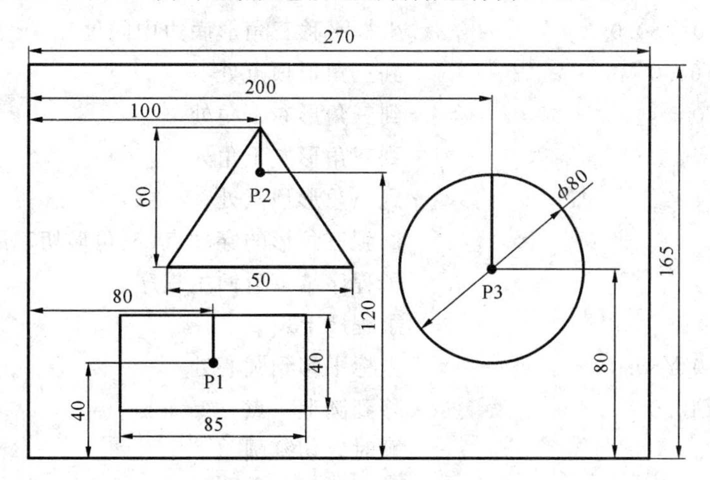

图16-4　270 mm×165 mm **的方板**

这里设计三个子程序，每个子程序完成一个图形的加工，程序如下。

```
%0100(MAIN)
G92 X80.0 Y40.0                设定坐标系
M98 P0101                      调用子程序P1(见下文)
G93 X0.0 Y0.0                  坐标平移
M50                            切断丝
G90 G00 X100.0 Y120.0          快速移动
M60                            穿丝
M98 P0102                      调用子程序P2(见下文)
```

```
G93 X0.0 Y0.0                    坐标平移
M50                              切断丝
G90 G00 X200.0 Y80.0             快速移动
M60                              穿丝
M98 P0103                        调用子程序 P3(见下文)
M30                              程序结束
```

16.3.2 子程序调用切割实例

```
%0101(P1)                        子程序 P1
G93 X120.0 Y60.0                 坐标原点平移到矩形的右上角处
G90 G01 Y0.0                     绝对坐标从矩形中心移到矩形上边中心处
X0.0                             移到矩形右上角处
Y-40.0                           移到矩形右下角处
X-80.0                           移到矩形左下角处
Y0.0                             移到矩形左上角处
X-40.0                           移到矩形上边中心处
Y-20.0                           回到矩形的穿丝点(矩形切割的起点)
M99                              子程序结束返回主程序
%0102(P2)                        子程序 P2
G93 X100.0 Y80.0                 坐标平移三角形底边中间处
G90 G01 Y60.0                    到三角形顶点处
X40.0 Y0.0                       到三角形右下角处
Y-40.0                           到三角形左下角处
X0 Y60.0                         到三角形顶点处
Y40.0                            回到三角形的穿丝点(三角形切割的起点)
M99                              子程序结束返回主程序
%0103(P3)                        子程序 P3
G93 X200.0 Y80.0                 坐标平移到圆心处
G90 G01 Y40.0                    移到圆上一点
G02 J-40.0                       顺时针切割圆
G01 Y0.0                         回到圆心处
M99                              子程序结束返回主程序
```

复习思考题

1. 简述数控电火花线切割加工机床的结构组成。
2. 简述数控电火花线切割加工的原理。
3. 简述特种加工机床的特点。
4. 常用数控电火花线切割机床数控程序的编程方法有哪些?
5. 简述线切割机床的工艺特点和应用范围。

第 17 章　现代快速成形技术

快速成形(rapid prototyping,RP)技术是 20 世纪 80 年代末及 90 年代初发展起来的新兴制造技术,随着计算机技术的发展,通过计算机辅助设备设计新型产品尺寸,成功地解决了计算机辅助设计中三维造型看得见、摸不着的问题,是由三维 CAD 模型直接驱动的快速制造任意复杂形状三维实体的技术。它集成了 CAD 技术、数控技术、激光技术和材料技术等现代科技成果,是先进制造技术的重要组成部分。由于它把复杂的三维制造转化为一系列二维制造的叠加,因而可以在不用模具和工具,只需修改 CAD 模型的条件下生成几乎任意复杂形状的零部件,极大地提高了生产效率和制造柔性,具有广泛的材料适应性,大大缩短了新产品制造周期并降低了开发成本,因此受到国内外的广泛关注。

与传统制造方法不同,快速成形技术从零件的 CAD 几何模型出发,通过软件分层离散和数控成形系统,用激光束或其他方法将材料堆积而形成实体零件,通过与数控加工、铸造、金属冷喷涂、硅胶模等制造手段相结合,已成为现代模型、模具和零件制造的强有力手段,在航空航天、汽车、家电等领域得到了广泛应用。

快速成形技术自问世以来,得到了迅速的发展。由于 RP 技术可以使数据模型转化为物理模型,并能有效地提高新产品的设计质量,缩短新产品的开发周期,提高企业的市场竞争力,因而受到越来越多领域的关注,被一些学者誉为敏捷制造的使能技术之一。

17.1　快速成形基本原理

与传统的机械切削加工,如车削、铣削等"材料减削"方法不同的是,"快速成形制造技术"是靠逐层融接增加材料来生成零部件的,是一种"材料逐渐累加"的方法,快速成形技术采用离散/堆积成形原理,根据三维 CAD 模型,对于不同的工艺要求,按一定厚度进行分层,将三维数字模型变成厚度很薄的二维平面模型。再将数据进行一定的处理,加入加工参数,在数控系统控制下以平面加工方式连续加工出每个薄层,并使之黏结而成形。实际上就是基于"生长"或"添加"材料原理一层一层地离散累加,从底至顶完成零部件的制作过程。快速成形技术有很多种工艺方法,但所有的快速成形工艺方法都是一层一层地制造零部件,所不同的是每种方法所用的材料不同,制造每一层添加材料的方法不同。该技术的基本特征是"分层增加材料",即三维实体由一系列连续的二维薄切片堆叠融接而成,如图 17-1 所示。

与传统的切削加工方法相比,快速成形加工具有以下特点。

(1) 自由成形制造　自由成形制造也是快速成形技术的另外一个用语。作为快速成形技术的特点之一的自由成形制造的含义有两个方面:一是指无须使用工模具而制作原型或零部件,由此可以大大缩短新产品的试制周期,并节省工模具费用;二是指不受形状复杂程

图 17-1　RP 的成形原理

度的限制，能够制作任何形状与结构、不同材料复合的原型或零部件。

(2) 制造效率快　从 CAD 数模或实体反求获得的数据到制成原型，一般仅需要数小时或十几小时，速度比传统成形加工方法快得多。该项目技术在新产品开发中改善了设计过程的人机交流，缩短了产品设计与开发周期。以快速成形机为母模的快速模具技术，能够在几天内制作出所需材料的实际产品，而通过传统的钢质模具制作产品，至少需要几个月的时间。该项技术的应用，大大降低了新产品的开发成本和企业研制新产品的风险。

(3) 由 CAD 模型直接驱动　无论哪种 RP 制造工艺，其材料都是通过逐点、逐层以添加的方式累积成形的。无论哪种快速成形制造工艺，也都是通过 CAD 数字模型直接或者间接地驱动快速成形设备系统进行制造的。这种通过材料添加来制造原型的加工方式是快速成形技术区别于传统的机械加工方式的显著特征。这种由 CAD 数字模形直接或者间接地驱动快速成形设备系统的原型制作过程也决定了快速成形的制造快速和自由成形的特征。

(4) 技术高度集成　当落后的计算机辅助工艺规划(computer aided process planning, CAPP)一直无法实现 CAD 与 CAM 一体化的时候，快速成形技术的出现较好地填补了 CAD 与 CAM 之间的缝隙。新材料、激光应用技术、精密伺服驱动技术、计算机技术以及数控技术等的高度集成，共同支撑了快速成形技术的实现。

(5) 经济效益高　用快速成形技术制造原型或零部件，无须模具，也与成形或零部件的复杂程度无关，与传统的机械加工方法相比，其原型或零部件本身制作过程的成本显著降低。此外，由于快速成形技术具有设计可视化、外观评估、装配及功能检验等功能，能够显著缩短产品的开发试制周期，也带来了显著的时间效益。也正是因为快速成形技术具有突出的经济效益，才使得该项技术一经出现，便得到了制造业的高度重视和迅速而广泛的应用。

(6) 精度不如传统加工　数据模型分层处理时不可避免的一些数据丢失，外加分层制造必然产生台阶误差，以及堆积成形的相变和凝固过程产生的内应力也会引起翘曲变形，这些从根本上决定了 RP 技术的精度极限。

17.2　快速成形工艺

17.2.1　快速成形的工艺过程

(1) 三维模型的构造　按图样或设计意图在三维 CAD 设计软件中设计出该零件的 CAD 实体文件。一般快速成形技术支持的文件输出格式为 STL 模型，即对实体曲面做近似的所谓面型化处理，用平面三角形面片近似模拟模型表面，以简化 CAD 模型的数据格式，便于后续的分层处理。由于它在数据处理上较简单，而且与 CAD 系统无关，所以很快发展为快速成形制造领域中 CAD 系统与快速成形机之间数据交换的标准，每个三角形面片用四个数据项表示，即三个顶点坐标和一个法向矢量，整个 CAD 模型就是这样一个个矢量的集合。在一般的软件系统中可以通过调整输出精度控制参数，减小曲面近似处理误差。

（2）三维模型的离散处理（切片处理）　在选定了制作（堆积）方向后，通过专用的分层程序将三维实体模型（一般为 STL 模型）进行一维离散，即沿制作方向分层切片处理，获取每一薄层片截面轮廓及实体信息。分层的厚度就是成形时堆积的单层厚度。由于分层破坏了切片方向 CAD 模型表面的连续性，不可避免地丢失了模型的一些信息，导致零件尺寸及形状误差的产生。所以分层后需要进一步处理数据，以免断层的出现。切片层的厚度直接影响零件的表面粗糙度和整个零件的型面精度，每一层面的轮廓信息都是由一系列交点顺序连成的折线段构成。所以，分层后所得到的模型轮廓已经是近似的，层与层之间的轮廓信息已经丢失，层厚越大，丢失的信息越多，导致在成形过程中产生了型面误差。

（3）成形制作　把分层处理后的数据信息传至设备控制机，选用具体的成形工艺，在计算机的控制下，逐层加工，然后反复叠加，最终形成三维产品。

（4）后处理　根据具体的工艺，采用适当的后处理方法，改善样品性能。

目前快速成形主要工艺方法及其分类如图 17-2 所示。下面主要介绍目前较为常用的工艺方法。

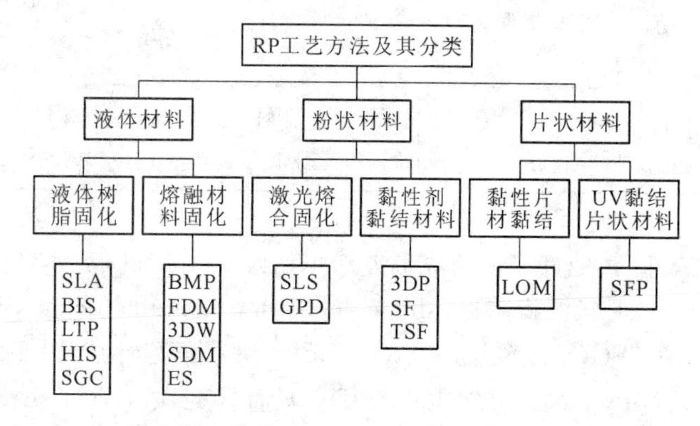

图 17-2　快速成形主要工艺方法及其分类

17.2.2　典型快速成形工艺比较

几种典型的快速成形工艺比较如表 17-1 所示。

表 17-1　几种典型的快速成形工艺比较

	光固化成形 SLA	分层实体制造 LOM	选择性激光烧结 SLS	熔融沉积成形 FDM	三维印刷法 3DP
优点	（1）成形速度快，自动化程度高，尺寸精度高；（2）可成形任意复杂形状；（3）材料的利用率接近 100%；（4）成形件强度高	（1）无须后序固化处理；（2）无须支承结构；（3）原材料价格便宜，成本低	（1）制造工艺简单，柔性度高；（2）材料选择范围广；（3）材料价格便宜，成本低；（4）材料利用率高，成形速度快	（1）成形材料种类多，成形件强度高；（2）精度高，表面质量好，易于装配；（3）无公害，可在办公室环境下进行	（1）成形速度快；（2）成形设备便宜

续表

	光固化成形 SLA	分层实体制造 LOM	选择性激光烧结 SLS	熔融沉积成形 FDM	三维印刷法 3DP
缺点	(1)需要支承结构; (2)成形过程发生物理和化学变化,容易翘曲变形; (3)原材料有污染; (4)需要固化处理,且不便进行	(1)不适宜制作薄壁原型件; (2)表面比较粗糙,成形后需要打磨; (3)易吸湿膨胀; (4)工件强度低,缺少弹性; (5)材料浪费大,清理废料比较困难	(1)成形件的强度和精度较低; (2)能量消耗高; (3)后处理工艺复杂,样件的变形较大	(1)成形时间较长; (2)需要支承; (3)沿成形轴垂直方向的强度比较弱	(1)一般需要后序固化; (2)精度相对较低
应用领域	复杂、高精度、艺术用途的精细件	实体大件	铸造件设计	塑料件外形和机构设计	应用范围广泛
常用材料	热固性光敏树脂	纸、金属箔、塑料薄膜等	石蜡、塑料、金属、陶瓷粉末等	石蜡、塑料、低熔点金属等	各种材料粉末

除以上五种方法外,其他许多快速成形方法也已经实用化,如实体自由成形(solid free-form fabrication,SFF)、形状沉积制造(shape deposition manufacturing,SDM)、实体磨削固化(solid ground curing,SGC)、分割镶嵌(tessellation)、数码累计成形(digital brick laying,DBL)、三维焊接(three dimensional welding,3DW)、直接壳法(direct shell production casting,DSPC)、直接金属成形(direct metal deposition,DMD)等。

17.3 典型快速成形技术——3D打印

3D打印的概念早在几十年前就已提出。20世纪70年代,随着3D辅助设计的兴起,设计师能在计算机软件中看到虚拟的三维物体,但要将这些物体用黏土、木头或是金属做成模型却非常不易,可以用费时费力费钱来形容。3D打印的出现,使平面变成立体的过程一下简单了很多,设计师的任何改动都可在几个小时后或一夜之间重新打印出来,而不用花上几周时间等着工厂把新模型制造出来,这样可以大大缩短制作周期,降低制作成本。而随着科技的不断进步,更多材料的产品被打印出来。

3D打印机,即快速成形技术的一种机器,它是一种以数字模型文件为基础,运用粉末状金属或塑料等可黏结材料,通过逐层打印的方式来构造物体的技术。3D打印机和普通打印机,最大的区别是“墨水”。3D打印机过去常在模具制造、工业设计等领域被用于制造模型,现正逐渐用于一些产品的直接制造,意味着这项技术正在普及。

17.3.1　3D 打印的基本原理及类型

3D 打印的每一层的打印过程分为两步，首先在需要成形的区域喷洒一层特殊胶水，胶水液滴本身很小，且不易扩散。然后喷洒一层均匀的粉末，粉末遇到胶水会迅速固化黏结，而没有胶水的区域仍保持松散状态。这样在一层胶水一层粉末的交替下，实体模型将会被打印成形。完成后，要处理掉物品周围沾满的粉末，这些粉末是可以循环利用的。

当前 3D 打印机有堆叠和烧结两种类型，其原理都是多层分片打印，堆叠和烧结的区别主要是成形技术。堆叠只能成形塑料、硅之类的材质，对固化反应速度有要求，而烧结可以利用激光的高温对金属粉末进行处理，加工出金属材质的东西出来，实体可通过打磨、钻孔、电镀等方式进一步加工。

17.3.2　几种 3D 打印技术

1. SLA 立体光固化成形技术

立体光固化成形技术（stereolithography appearance，SLA）是用特定波长与强度的激光聚焦到光固化材料表面，使之由点到线、由线到面顺序凝固，完成一个层面的绘图作业，然后升降台在垂直方向移动一个层面的高度，再固化另一个层面，这样层层叠加构成一个三维实体。

SLA 是最早实用化的快速成形技术，原材料是液态光敏树脂。其工作原理是：将液态光敏树脂放入加工槽中，开始时工作台的高度与液面相差一个截面层的厚度，经过聚焦的激光按横截面的轮廓对光敏树脂表面进行扫描，被扫描到的光敏树脂会逐渐固化，这样就产生了与横截面轮廓相同的固态的树脂工件。此时，工作台会下降一个截面层的高度，固化了的树脂工件就会被在加工槽中周围没有被激光照射过的还处于液态的光敏树脂所淹没，激光再开始按照下一层横截面的轮廓来进行扫描，新固化的树脂会黏在下面一层上，经过如此循环往复，整个工件加工过程就完成了。然后将完成的工件再经打光、电镀、喷漆或着色处理，即得到要求的产品。工作原理图如图 17-3 所示。

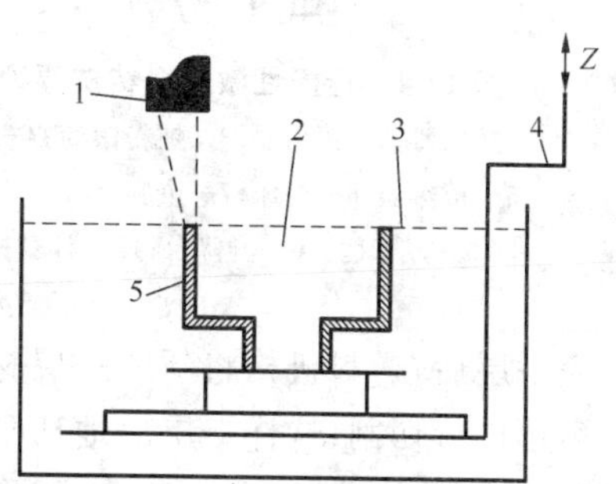

图 17-3　SLA 工作原理图

1—XY 平面方向运动的紫外线光源；
2—紫外线光固化液体；3—液面；
4—升降台；5—成形的物体

SLA 技术的优势主要体现在：光固化成形法是最早出现的快速成形制造工艺，成熟度高；由 CAD 数字模型直接制成原型，加工速度快，产品生产周期短，无须切削工具与模具；可以加工结构外形复杂或使用传统手段难于成形的原型和模具；使 CAD 数字模型直观化，降低错误修复的成本；为实验提供试样，可以对计算机仿真计算的结果进行验证与校核；可联机操作，可远程控制，利于生产的自动化。

SLA 技术的劣势则表现为：SLA 系统造价高昂，使用和维护成本过高；SLA 系统是要对液体进行操作的精密设备，对工作环境要求苛刻；成形件多为树脂类，强度、刚度、耐热性有限，不利于长时间保存；软件系统操作复杂，入门困难；使用的文件格式不为广大设计人员熟悉；由于树脂固化过程中产生收缩，不可避免地会产生应力或引起形变等。

立体光固化成形法当前正朝着高速化、节能环保与微型化的趋势发展，不断提高的加工精度使之有最先在生物、医药、微电子等领域有大有作为的可能。

2. SLS 选择性激光烧结

选择性激光烧结法(selective laser sintering,SLS)是在工作台上均匀铺上一层很薄(100～200 μm)的金属(或金属)粉末,激光束在计算机控制下按照零件分层截面轮廓逐点地进行扫描、烧结,使粉末固化成截面形状(见图 17-4)。完成一个层面后工作台下降一个层厚,滚动铺粉机构在已烧结的表面再铺上一层粉末进行下一层烧结。未烧结的粉末保留在原位置起支撑作用,这个过程重复进行直至完成整个零件的扫描、烧结,去掉多余的粉末,再进行打磨、烘干等处理后便获得需要的零件。用金属粉末或陶瓷粉末进行直接烧结的工艺正在实验研究阶段,它可以直接制造工程材料的零件。

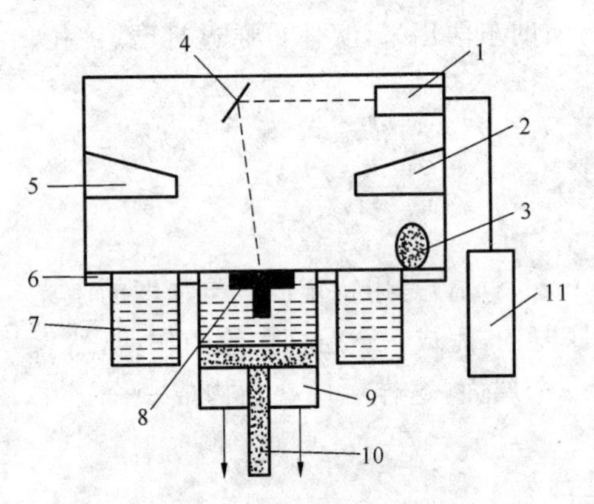

图 17-4　选择性激光烧结法原理图

1—激光器;2—预热器;3—铺粉滚筒;4—振镜;5—预热器;6—粉床;7—废料桶;8—零件;9—成形舱;10—升降台;11—计算机

SLS 工艺的优点是原型件机械性能好,强度高;无须设计和构建支撑;可选材料种类多且利用率高(100%)。缺点是制件表面粗糙,疏松多孔,需要进行后处理;制造成本高。采用各种不同成分的金属粉末进行烧结,经渗铜等后处理特别适合制作功能测试零件;也可直接制造金属型腔的模具。采用蜡粉直接烧结适合于小批量比较复杂的中小型零件的熔模铸造生产。

3. LOM 叠层成形法

分层实体制造法,又称叠层成形法(laminated object manufacturing,LOM),是以片材(如纸片、塑料薄膜或复合材料)为原材料,激光切割系统按照计算机提取的横截面轮廓线数据,将背面涂有热熔胶的材料用激光切割出工件的内外轮廓。切割完一层后,送料机构将新的一层材料叠加上去,利用热黏压装置将已切割层黏结在一起,然后再进行切割,这样一层层地切割、黏结,最终成为三维工件。LOM 常用材料是纸、金属箔、塑料膜、陶瓷膜等,此方法除了可以制造模具、模型外,还可以直接制造结构件或功能件,如图 17-5 所示。

LOM 工艺优点是无须设计和构建支撑,只需切割轮廓,无须填充扫描,制件的内应力和翘曲变形小,制造成本低。缺点是材料利用率低,种类有限,表面质量差,内部废料不易去除,后处理难度大。该工艺适合于制作大中型、形状简单的实体类原型件,特别适用于直接制作砂型铸造模。

4. FDM 熔积成形法

熔积成形法(fused deposition modeling,FDM),使用丝状材料(如石蜡、金属、塑料、低熔点合金丝等)为原料,利用电加热方式将丝材加热至略高于熔化温度(约比熔点高 1 ℃),在计算机的控制下,喷头做 XY 平面方向运动,将熔融的材料涂覆在工作台上,冷却后形成工件的一层截面,一层成形后,喷头上移一层高度,进行下一层涂覆(也有文献中写的是工作台下降一个截面层的高度,然后喷头进行下一个横截面的打印),如此循环往复,热塑性丝状材料就会一层一层地在工作台上完成所需要横截面轮廓的喷涂打印,直至最后完成(见图 17-6)。FDM 工艺每一层的厚度由挤出丝材的直径决定,通常是 0.25～0.50 mm。

FDM 工艺可选择多种材料进行加工,包括聚碳酸酯、工程塑料以及二者的混合材料等。该技术的特点主要包括:该技术污染小,材料可以回收,用于中、小型工件的成形;成形材料主要为固体丝状工程塑料；可以通过使用溶于水的支承材料，以便与工件的分离，从而实现瓶状或其他中空型工件的加工；制件性能相当于工程塑料或蜡模；主要用于塑料件、铸造用蜡模、样件或模型成形。其缺点主要为：比 SLA 工艺加工精度低；工件表面比较粗糙；加工过程的时间较长。

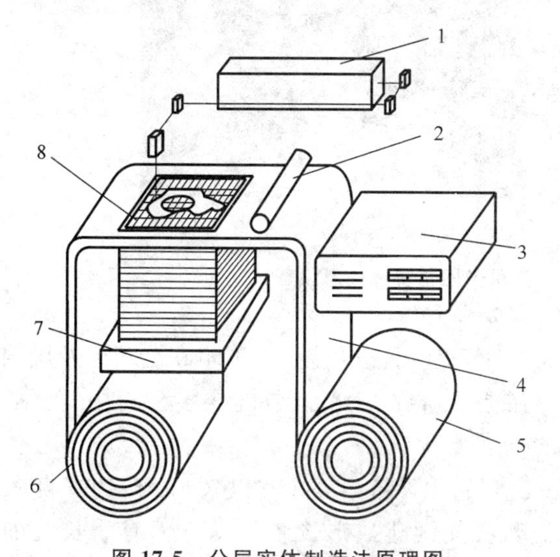

图 17-5　分层实体制造法原理图

1—CO_2 激光器；2—热压辊；3—控制计算机；4—料带；5—供料轴；6—收料轴；7—升降台；8—加工平面

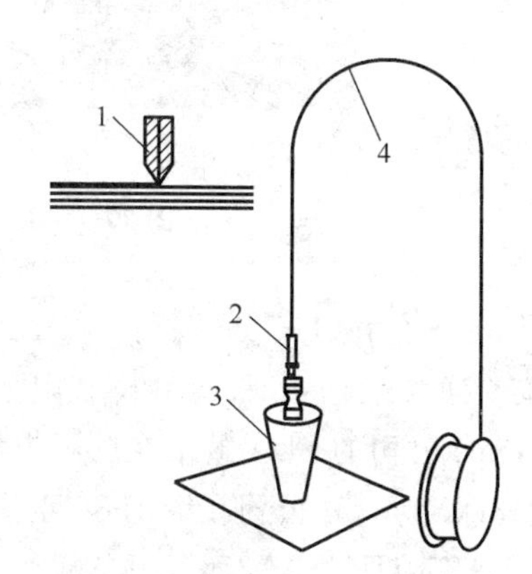

图 17-6　熔融沉积成形法原理图

1，2—喷头；3—成形工件；4—料丝

17.4　典型快速成形设备简介

快速成形设备的研究与开发是快速成形制造技术的重要部分，各种快速成形设备可以说是相应的快速成形技术方法以及相关材料等研究成果的集中体现，快速成形设备系统的先进程度是衡量快速成形技术发展水平的标志。

随着 1988 年 3D Systems 公司推出第一台快速成形商品化设备 SLA250 以来，世界范围内相继推出了和快速成形方法对应的多种商品化设备和实验室阶段的设备。

和快速成形技术方法一样，目前，商品化比较成熟的设备系统有光固化成形设备系统、叠层实体制造设备系统、熔融沉积制造设备系统以及选择性激光烧结成形系统等。上述这些比较成熟的商品化设备系统的销售量平均以 50%左右的速度在逐年递增，标志着快速成形技术的应用正处于繁荣发展的阶段。

1. 光固化快速成形制造设备

20 世纪 70 年代末到 80 年代初期，美国 3M 公司的 AlanJ. Hebert(1978)、日本的小玉秀男(1980)、美国 UVP 公司的 Charles Hull(1982) 和日本的丸谷洋二(1983)，在不同的地点各自独立地提出了 RP 的概念，即利用连续层的选区固化产生三维实体的新思想。Charles Hull 在 UVP 的继续支持下，完成了一个能自动建造零件的称为 SLA-1 的完整系统。同年，Charles Hull 和 UVP 的股东们一起建立了 3D Systems 公司，并于 1988 年首次推出 SLA250 机型，如图 17-7(a)所示。

目前，研究光固化成形设备的单位有美国的 3D Systems 公司、Aaroflex 公司，德国的 EOS 公司、F&S 公司，日本的 SONY/D-MEC 公司、Teijin Seiki 公司、Denken Engieering 公

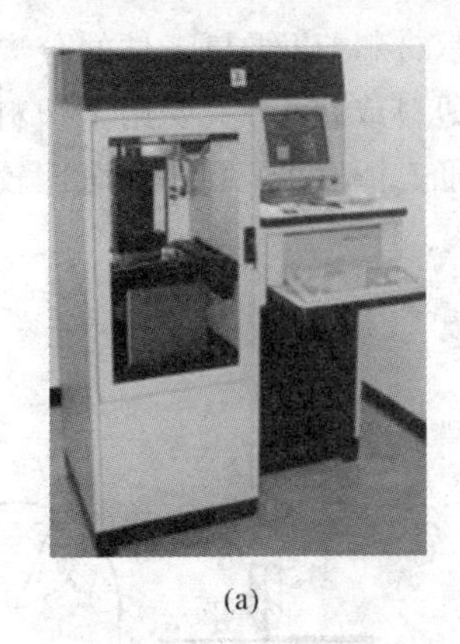

(a)

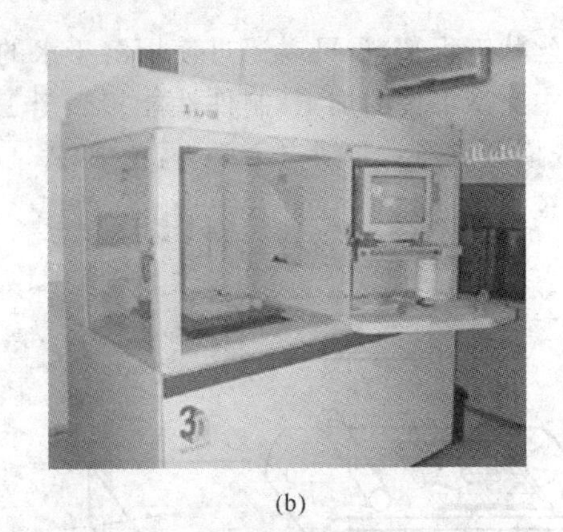

(b)

图 17-7　3D Systems **公司光固化快速成形设备**

(a) SLA250 机型；(b) SLA7000 机型

司、Meiko 公司、Unipid 公司、NTTDATA&CMET 公司，以色列的 Cubital 公司以及国内的西安交通大学、上海联泰科技有限公司等。在上述研究 SLA 设备的众多公司中，美国 3D Systems 公司的 SLA 技术在国际市场上占的比例最大。

3D Systems 公司在继 1988 年推出第一台商品化设备 SLA250 以来，又于 1997 年推出了 SLA250HR、SLA3500、SLA5000 三种机型，在光固化成形设备技术方面有了长足的进步。其中，SLA3500 和 SLA5000 使用半导体激励的固体激光器，扫描速度分别达到 2.54 m/s和 5 m/s，成形层厚最小可达 0.05 mm。

此外，还采用了一种新技术，即在每一成层上，用一种真空吸附式刮板在该层上涂一层 0.05～0.1 mm 的待固化树脂，使成形时间平均缩短了 20%。该公司于 1999 年推出了 SLA7000 机型(见图 17-7(b))。SLA7000 与 SLA5000 机型相比，体积虽然大致相同，但其扫描速度却达 9.52 m/s，平均成形速度提高了四倍，成形层厚最小可达 0.025 mm，精度提高了一倍。3D Systems 公司最新推出的机型是 Vipersi2SLA。

2. 叠层(又称分层)实体快速成形制造设备

目前研究叠层实体制造成形设备和工艺的单位有美国的 Helisys 公司、日本的 Kira 公司、Sparx 公司、新加坡的 Kinergy 公司以及国内的华中科技大学和清华大学等。其中 Helisys 公司的技术在国际市场上所占的比例最大。1984 年 Michael Feygin 提出了分层实体制造的方法，并于 1985 年组建 Helisys 公司，1992 年推出第一台商业机型 LOM1015(台面面积达380 mm×250 mm×350 mm)，又于 1996 年推出台面面积达 815 mm×550 mm×508 mm的 LOM2030H 机型，其成形时间比原来缩短了 30%，如图 17-8所示。

图 17-8　LOM2030H **机型**

Helisys公司除原有的LPH、LPS和LPF三个系列纸材品种以外，还开发了塑料和复合材料品种。Helisys公司在软件方面开发了面向Windows NT4.0的LOMSlice软件包新版本，增加了STL可视化、纠错、布尔运算等功能，故障报警更完善。

17.5　训练案例：3D打印

3D打印实训要求：运用3D打印基本理论与知识，完成三维模型建立、数据处理到打印出符合要求的物体的整个制作过程。

3D打印实训操作流程：3D打印数据处理软件是3D打印软件系统中的重要组成部分，如美国Makerbot公司的Makeware，中国也有自己的处理软件，如浙江闪铸三维科技有限公司的Replicator G等。数据处理软件的功能是接受STL文件输入、接受用户的参数输入与系统状态显示，生成每一层的实体图像和支撑图像。本教程以浙江闪铸三维科技有限公司的Replicator G为例来说明3D打印机的操作流程，具体有以下两种操作方式。

1. 使用LCD屏幕直接在打印机上操作

将三维扫描后生成的STL文件导入Makeware软件，通过视图、移动、旋转、尺寸范围、喷头方位等处理得到.x3g文件。每台机器中都配送了一张SD卡，将生成的.x3g文件导入到SD卡中，再将SD卡插入打印机中，在显示屏上选择“Print from SD”，点击“OK”，在SD列表中选择相应的.x3g文件。

注：在选择要打印的文件之前要熟练地掌握和使用LCD屏幕进丝和退丝，其中进丝分为以下几步。

(1) 打开“Creator Pro”，屏幕将显示：

● Print from SD
　Preheat
　Utilities

(2) 使用屏幕右侧的方向箭头按键，按向下键选择“Utilities”，按下“OK”键，屏幕将显示：

　Monitor mode
● Filament loading
　Preheat setting
　Level build plate

(3) 选择“Filament loading”，按下“OK”键，屏幕将显示：

● Unload right
　Load right
　Unload left
　Load left

(4) 选择你想要进丝的喷头(加载左喷头或右喷头)，再按下“OK”键后，喷头温度就开始上升。当温度达到它的目标温度后，伴随着一阵悦耳的蜂鸣声，喷头就开始送丝了。

如果在刚打印结束后或者喷头已经开始进丝时退丝，这时喷头的温度仍然超过200 ℃，请先将耗材往下压一小段距离，然后迅速拔出。如果在想要拔出耗材的时候喷头已经冷却而无法拔出耗材，请按照下面的说明操作，以免卡丝。

(1) 打开“Creator Pro”，屏幕将显示：

Build from SD

● Preheat

Utilities

(2) 使用屏幕右侧的方向箭头按键，按向下键选择“Preheat”，并按下“OK”键，屏幕将显示：

● Start preheat

Right tool OFF

Left tool OFF

Platform OFF

(3) 按向下键选择喷头“Left tool”(或“Right tool”)，按下“OK”键，屏幕将显示：

● Start preheat

Right tool ON

Left tool ON

Platform OFF

(4) 按向上键回到“Start preheat”，然后按下“OK”键，屏幕将显示：

Heating:

R Extruder:033/230

L Extruder:033/230

Platform:024

这表示喷头已经开始加热，当温度达到 230 ℃时，请先将耗材往下压一小段距离，您会看到有些许耗材从喷头中挤出，然后迅速将之拔出。这就确保了喷头的畅通，不会出现堵头的现象。

进丝完成后，就可以打开“Creator Pro”，屏幕将显示：

● Print from SD

Preheat

Utilities

选择“Print from SD”，然后按下“OK”键，在 SD 卡中选择要打印的文件进行打印即可。

2. 通过 Replicator G 软件的控制面板进行操作

1) 安装相应的软件

(1) 下载和您的计算机系统相匹配的 Replicator G 软件版本http://replicat.org/download;

(2) 从配送的 SD 卡中找到并打开“information of 3D printer”文件夹，运行 Python 安装文件和 Python 加速组；

(3) 完成 Python 的组件安装后，点击“Replicator 0040 Insta-ller”来安装 Replicator G 软件；

(4) 运行 Replicator G 软件，双击桌面上或者开始菜单中的快捷方式启动程序。打开软件，显示界面如图 17-9 所示。

2) 生成 G 代码

打开 Replicator G 软件，点击“文件→打开”，然后浏览并选择想要打印的 STL 格式的文

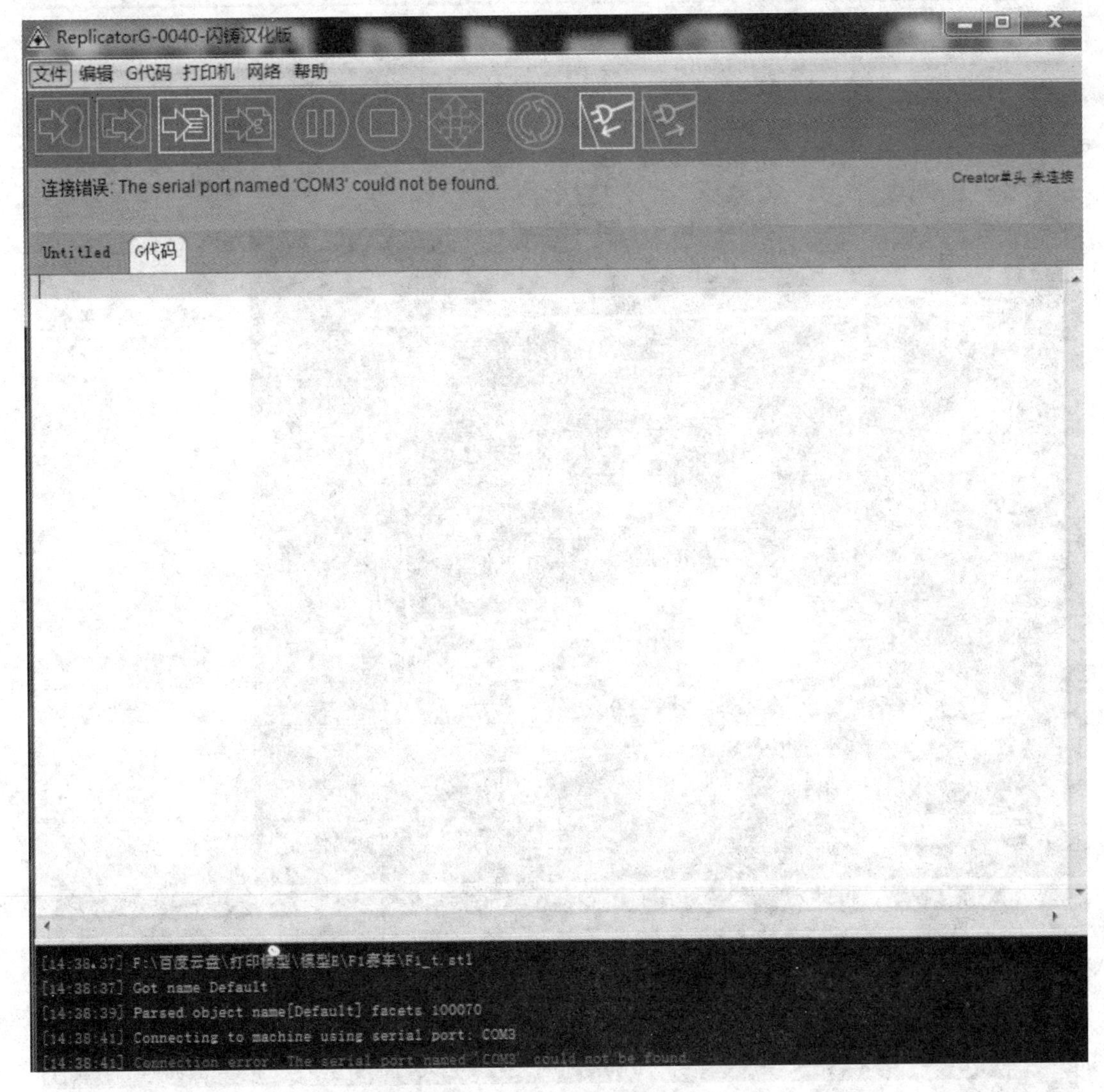

图 17-9　Replicator G 软件首页

件。双击导入文件，这样就可以在软件界面上预览想要打印的模型，如图 17-10 所示。

当模型导入后可能会发现它并不在界面的平台上，甚至不在屏幕中，使用功能键，可以变换观察角度并将之重新定位到平台中央。当完成了调节步骤以后，下一步就是生成 G 代码。点击软件界面底部的生成 G 代码按键即可。

3) USB 连接计算机，打开控制面板调节喷头与底板的温度

(1) 将打印机连接在计算机上，点击打印机连接图标。如果打印机连接图标变为暗淡，则说明打印机已成功连接到计算机。

(2) 用控制面板预热喷头和打印平台。

打开 Replicator G 软件，点击十字形图标，将会弹出控制面板的界面，在控制面板的温度控制区内输入目标值：喷头温度为 220 ℃，加热底板温度为 70 ℃。输入目标值后，底板开始首先加热升温，达到目标值后喷头开始加热，加热的当前温度将显示在目标值右边，如图 17-11 所示。

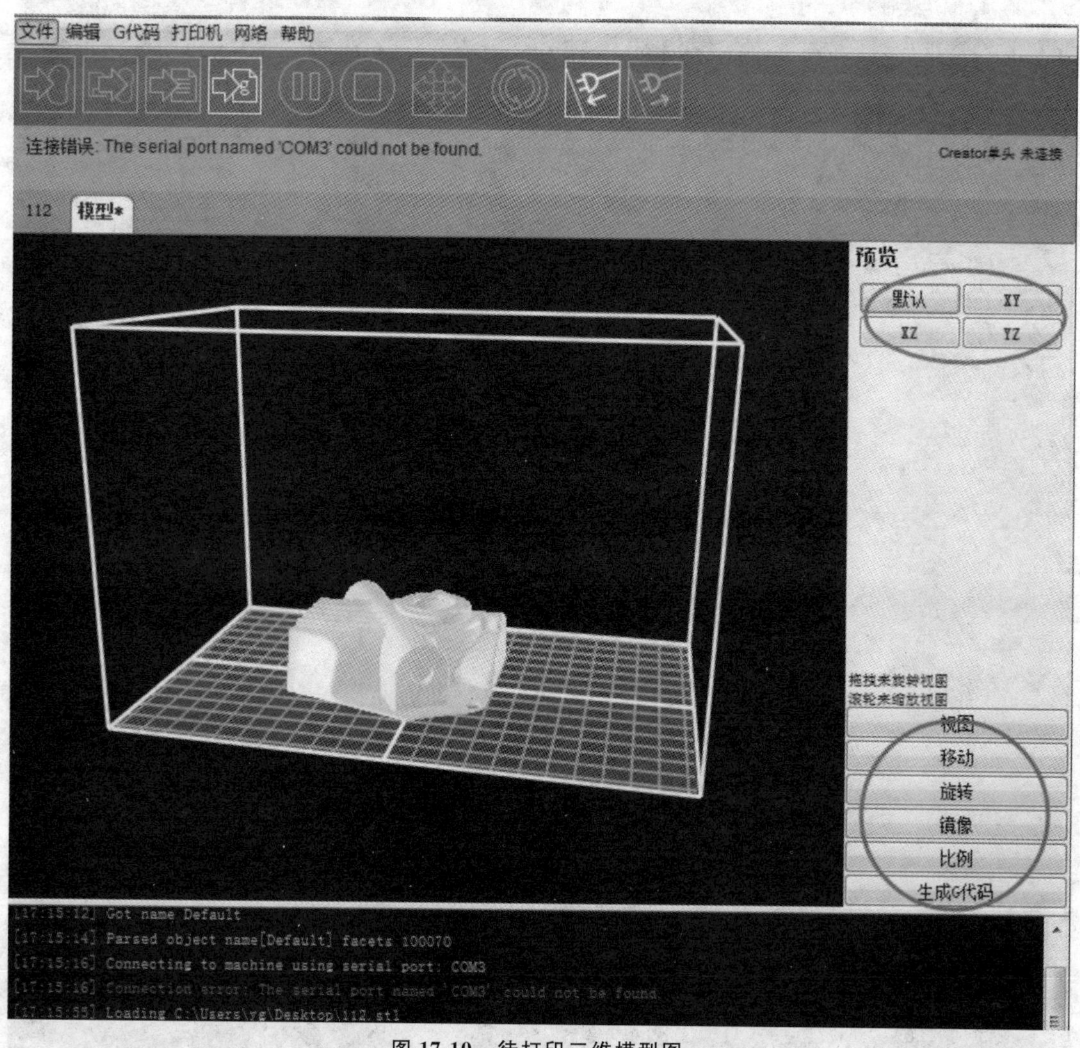

图 17-10　待打印三维模型图

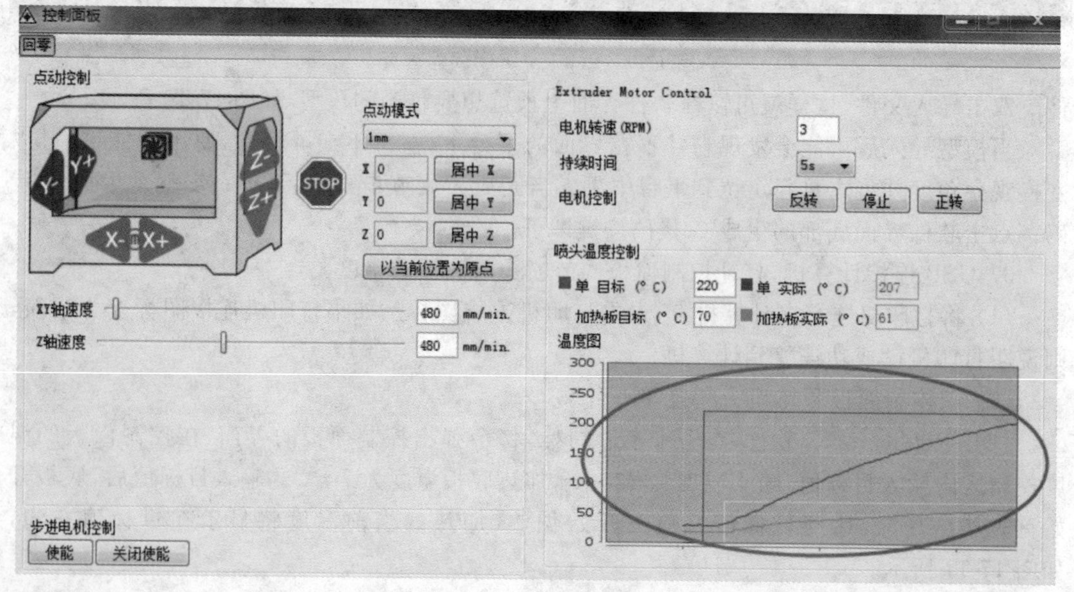

图 17-11　控制面板

(3) 温度调节好后就可以点击图 17-12 中打印按钮进行打印。打印成品如图 17-13 所示。

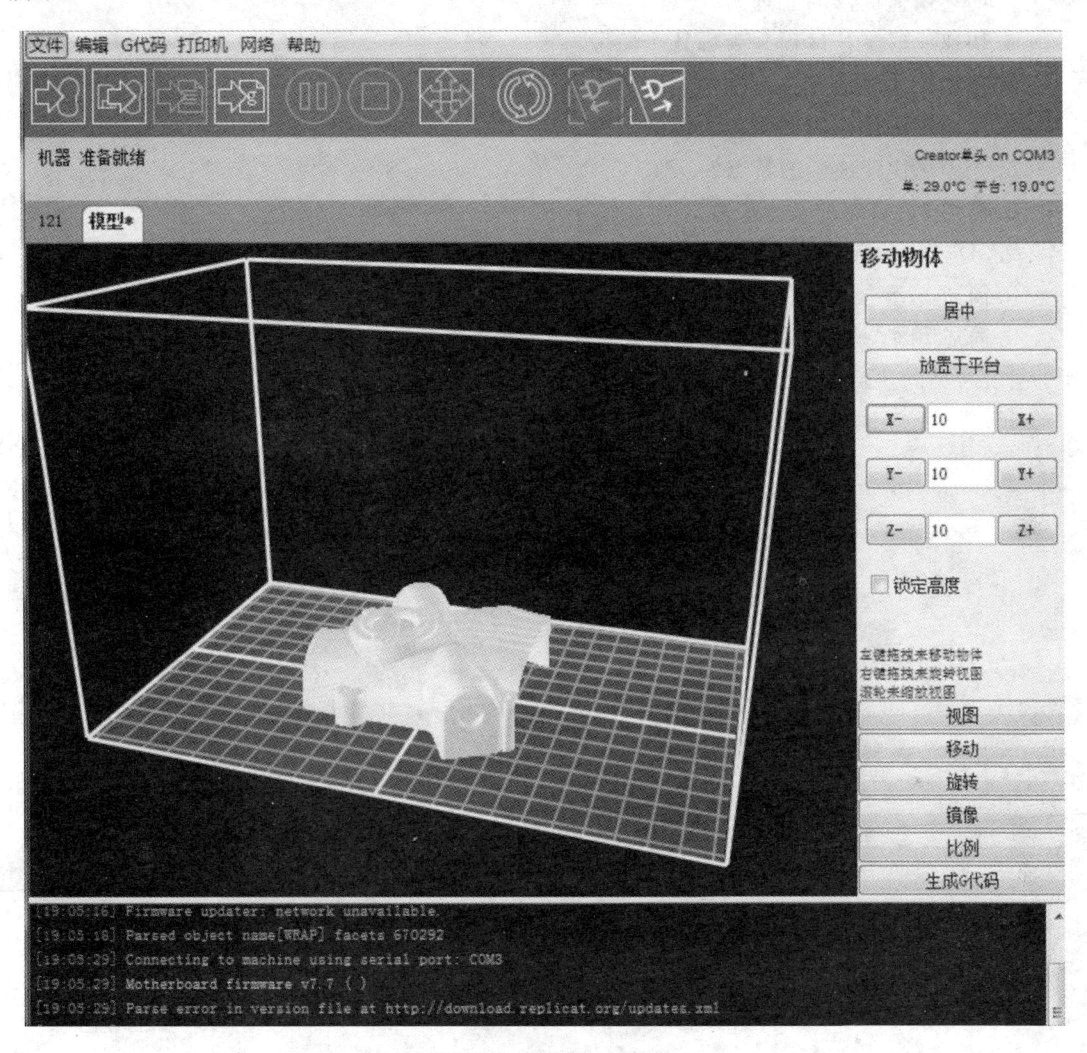

图 17-12　待打印模型

图 17-13　3D 打印成品

复习思考题

1. 简述快速成形的原理。
2. 快速成形工艺过程分为哪几个阶段?
3. 典型快速成形方法有哪些?
4. 试比较各快速成形工艺的优缺点。
5. 光固化快速成形的特点?
6. 简述3D打印的基本原理。
7. 3D打印的典型技术有哪些?
8. 简述SLS技术的优缺点。
9. 简述SLA技术的原理及特点。
10. 常见的快速成形工艺使用材料的形态是什么?
11. 常见的光固化成形设备有哪些?

第五部分　电子工艺技术

第18章　电子元器件与焊接技术

18.1　分立元器件

18.1.1　电阻器

电阻(resistance)在物理学中用它来表示导体对电流阻碍作用的大小。导体的电阻越大,表示导体对电流的阻碍作用越大,不同的导体,电阻一般不同。电阻器就是对电流呈现阻碍作用的耗能元件,简称电阻(resistor)。电阻的大小用电阻值来衡量,其单位是欧姆(Ω),简称欧。电阻的作用是稳定和调节电路中的电流和电压。因此,电阻器常用于分压、分流、限流、滤波(与电容组合)和阻抗匹配等电路之中。

电阻器有其特有的命名方法,一般有引脚电阻器的命名是由三或四部分组成的。

第一部分用字母"R"表示电阻器的产品主称。

第二部分用字母表示电阻器的制作材料。

第三部分用数字或字母表示电阻器的类别,也有些电阻器用该部分的数字来表示额定功率。

第四部分用数字表示序号。

各部分的具体含义如表18-1所示。

表18-1　有引脚电阻器的命名方法

第一部分	第二部分		第三部分				第四部分
字母	字母	含义	字母或数字	含义	数字	额定功率/W	
R(表示电阻器)	C	沉积膜或高频瓷	0或1	普通	0.125	1/8	用个位数或无数字表示
			2	普通或阻燃			
	F	复合膜	3或C	超高频	0.25	1/4	
	H	合成碳膜	4	高阻			
	I	玻璃釉膜	5	高温	0.5	1/2	
	J	金属膜	7或J	精密			
	N	无机实芯	8	高压	1	1	
	S	有机实芯	11	特殊			
	T	碳膜	G	大功率	2	2	
	U	硅碳膜	L	测量			
	X	线绕	T	可调	3	3	
	Y	氧化膜	X	小型			
			C	防潮	5	5	
	O	玻璃膜	Y	被釉			
			B	不燃性	10	10	

1. 电阻的分类

电阻有多种分类方式，从功能大类的角度看，电阻一般可以分为三大类：普通固定阻值电阻、普通可变阻值电阻和特殊功能电阻。普通固定阻值的电阻按照材料划分，可分为线绕电阻、薄膜电阻和合成电阻；按照用途划分，可分为通用型电阻、高频电阻、高压电阻等；按照形状分，可分为片状电阻、圆柱形电阻、管状电阻等；普通可变阻值电阻可分为连续可调型（电位器）和非连续可调型（电阻箱）；特殊功能电阻可分为熔断电阻和敏感电阻，其中敏感电阻又包括光敏、热敏、压敏、气敏等不同类型的电阻。电阻的上述分类方法可用图 18-1 表示。

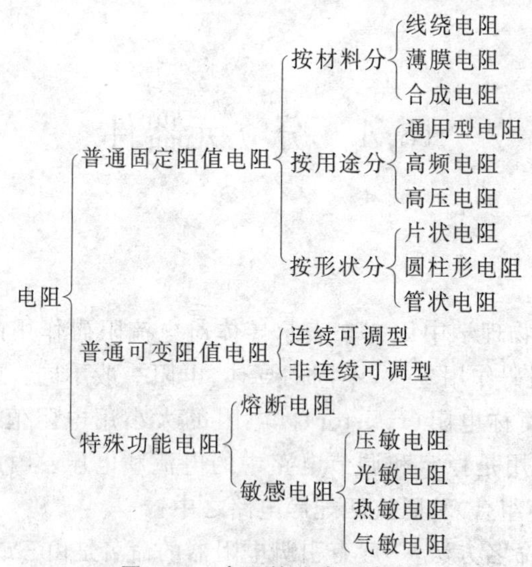

图 18-1　电阻的分类示意图

电阻的种类虽多，但常用的主要有碳膜电阻（RT）、金属膜电阻（RJ）、线绕电阻（RX）和片状电阻等。

1）碳膜电阻（RT）

碳膜电阻是在碳棒上按一定工艺要求涂一层碳质电阻膜，然后在两端装上盖帽，焊上引线，并在表面涂保护漆，最后印上参数制成的电阻。它的特点是电压稳定性好，阻值范围大。可制成几欧至几兆欧阻值的电阻，成本低，价格便宜，但是这种电阻的误差较大。碳膜电阻的实物外形如图 18-2 所示。

2）金属膜电阻（RJ）

金属膜电阻的电阻膜是通过真空蒸发等方法，使合金粉沉积在瓷基体上制成的，刻槽和改变金属膜厚度可以精确地控制电阻阻值。金属膜电阻的外形和结构与碳膜电阻相似，但其特性更加优越。它的特点是体积小，与碳膜电阻相比精度更高，热稳定性更好，噪声更低，但价格稍贵，主要用于精密仪表和高档家用电器。金属膜电阻的实物外形如图 18-3 所示。

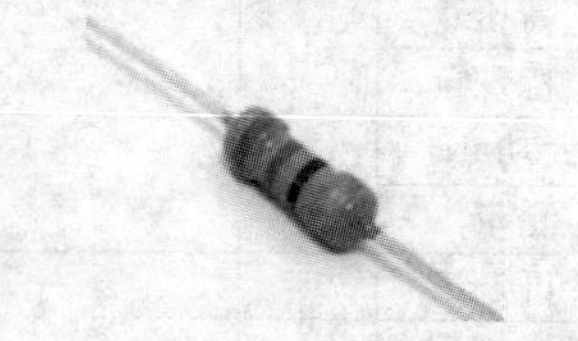

图 18-2　碳膜电阻外形图

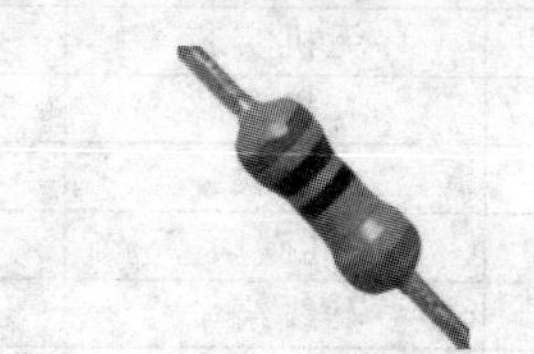

图 18-3　金属膜电阻外形图

3）线绕电阻（RX）

线绕电阻是用电阻系数较大的锰铜丝或镍铬合金丝绕在陶瓷管上制成的。它的特点是精度高，噪声低，功率大，一般可承受 1～100 W 的额定功率；可在 150 ℃高温下正常工作，但体积大，阻值不高，不适合 2 MHz 以上的高频电路中使用，较适合在要求大功率电阻的电路中做分压电阻或滤波电阻。线绕电阻的实物外形如图 18-4 所示。

4）片状电阻

片状电阻（贴片电阻）是在高纯陶瓷（氧化铝）基板上采用丝网印刷金属化玻璃层的方法制成的。通过改变金属化玻璃的成分，可以得到不同的电阻阻值。它的特点是尺寸小、可靠性高、高频特性好，易于实现自动化大规模生产。片状电阻的实物外形如图 18-5 所示。

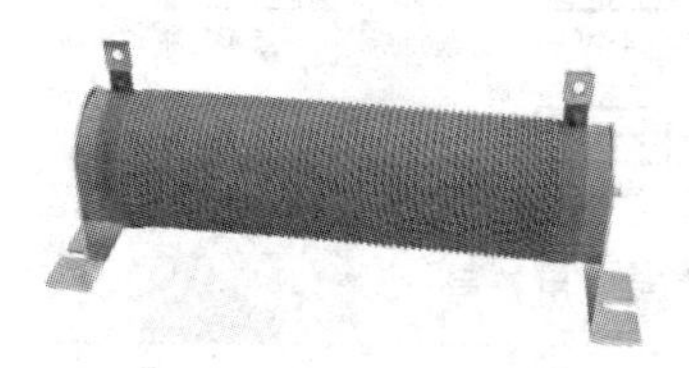

图 18-4　线绕电阻外形图

图 18-5　片状电阻外形图

2. 电阻的参数

电阻的参数主要有标称值（又称标称电阻）与允许误差、额定功率、温度系数等。

1）标称电阻与允许误差

在电阻器表面注明的电阻值称为标称电阻。电阻的实际阻值往往与标称电阻不完全相符，它们之间存在一定的误差。目前常用的标称电阻阻值采用 E 系列标准，E 系列标准由国际电工委员会（IEC）于 1952 年发布，为国际标准。我国无线电行业标准 SJ618《电阻器标准阻值系列》采用 E6、E12 和 E24 系列；SJ619《精密电阻器标准称阻值系列、精密电容器标准容量系列及其允许偏差系列》中规定采用 E48、E96 和 E192 三个系列。

表 18-2 列出了常用的 E24、E12 和 E6 系列电阻的标称值。表中的数值乘以 10^n，可表示不同值，例如 1.0，可有 0.01 Ω、0.1 Ω、1.0 Ω、10 Ω、100 Ω、1000 Ω 等不同的值。

表 18-2　电阻器标称阻值表（E24、E12、E6 系列）

系　　列	标称阻值系列
E24	1.0　1.1　1.2　1.3　1.5　1.6　1.8　2.0　2.2　2.4　2.7　3.0　3.3　3.6　3.9　4.3　4.7　5.1　5.6　6.2　6.8　7.5　8.2　9.1
E12	1.0　1.2　1.5　1.8　2.2　2.7　3.3　3.9　4.7　5.6　6.8　8.2
E6	1.0　1.5　2.2　3.3　4.7　6.8

电阻器的允许误差等级如表 18-3 所示。

表 18-3　电阻器允许误差等级

级别	005	01	02	Ⅰ	Ⅱ	Ⅲ
允许误差	0.5%	1%	2%	5%	10%	20%

市场上销售的成品电阻的精度大都为Ⅰ、Ⅱ级。005、01、02 精度的电阻仅供精密仪器或特殊电子设备使用，它们的标称值属于 E48、E96、E192 系列。除表 18-3 中规定的精度级别外，精密电阻器的允许误差可分为 2%、1%、0.5%、0.2%、0.1%、0.05%、0.02%、0.01%等。

2）额定功率

电阻的额定功率是指在正常大气压下和额定温度下，长期连续工作而不改变性能的允许功率。超过电阻的额定功率时，电阻器会剧烈发热，阻值随之变化，电气性能恶化，甚至烧毁电阻器。

常用的电阻额定功率等级为1/16 W、1/8 W、1/4 W、1/2 W、1 W、2 W、4 W、5 W、8 W等，表示电阻额定功率的通用符号如图18-6所示。对于额定功率较大的电阻，额定功率一般直接印在电阻的表面上，而额定功率较小的电阻，一般没有标明具体数值，在应用中可根据电阻的体积大小粗略估计其功率。

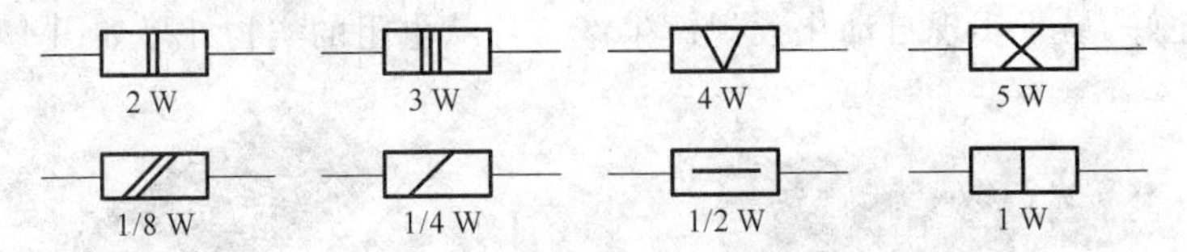

图18-6 电阻额定功率通用符号

3）温度系数

电阻的温度系数(temperature coefficient of resistance，TCR)表示当温度改变1 ℃时，电阻值的相对变化。

3. 电阻阻值的标注法

电阻的阻值主要采用数字直标法、文字表示法和色环标注法进行标注。

图18-7 数字直标式电阻

1）数字直标法

电阻的阻值直接用阿拉伯数字和单位符号标出，电阻的阻值、允许误差和额定功率可直接读出。图18-7所示为一数字直标式电阻，该电阻阻值为3.3 Ω，额定功率为10 W，允许误差为5%。

数字直标式电阻的允许误差通常在最后用一个字母表示。每种字母所代表的误差值可参考表18-4中所列。

表18-4 数字直标式电阻的误差表示方法

允许误差/(%)	字母标识	允许误差/(%)	字母标识
0.001	Y	0.5	D
0.002	X	1	F
0.005	E	2	G
0.01	L	5	J
0.02	P	10	K
0.05	W	20	M
0.1	B	30	N
0.25	C	—	—

贴片式电阻的阻值通常用三位数字表示，如图18-5所示。其中，前两位数字表示电阻阻值的有效数字，第三位数字是倍率，表示$\times 10^n$。图18-5中贴片电阻的标称阻值是10×10^3 Ω=10 kΩ。当阻值小于10 Ω时，用“R”表示，例如：3R3表示3.3 Ω。另外值得一提的是，有些贴片式电阻上的数字为“000”或“0”，这表示该电阻的阻值为0 Ω。其实这样的电阻可以看成是代替导线使用的，称为“桥接器”。

2）文字表示法

文字表示法将文字、符号有规律地组合起来表示出电阻的阻值，字母符号的作用可看作是小数点。例如：4.7 Ω 的电阻可表示为 4R7，47 Ω 的电阻可表示为 47R，4.7 kΩ、0.47 Ω 的电阻可分别表示为 4k7、R47。

3）色环标注法

用不同颜色的色带或色点在电阻表面标出标称值和允许误差。色环电阻主要有三环电阻、四环电阻、五环电阻、六环电阻等几种类型。这里仅介绍最常用的四环电阻与五环电阻。

四环电阻是普通精度电阻。它的前两条色环表示该电阻的有效数字，第三条环称为“倍率”，表示“$\times 10^n$”，第四条环表示误差精度。表 18-5 列出了四环电阻各色环颜色与其代表的数字含义对应关系。例如：某四环电阻上四条色环依次是“棕、黑、红、金”，根据表 18-5 中的对应关系，该电阻的阻值是：$10\times 10^2\ \Omega=1\ \text{k}\Omega$，误差精度为 5%。

表 18-5　四环电阻色环颜色与数值对应表

色环颜色	第一条环	第二条环	第三条环	第四条环
	有效数字 1	有效数字 2	倍率	误差精度/(%)
黑	—	0	$\times 10^0$	—
棕	1	1	$\times 10^1$	—
红	2	2	$\times 10^2$	—
橙	3	3	$\times 10^3$	—
黄	4	4	$\times 10^4$	—
绿	5	5	$\times 10^5$	—
蓝	6	6	$\times 10^6$	—
紫	7	7	—	—
灰	8	8	—	—
白	9	9	—	—
金	—	—	$\times 10^{-1}$	5
银	—	—	$\times 10^{-2}$	10

五环电阻的前三条环表示有效数字，第四条环表示倍率，第五条环表示误差精度。表 18-6列出了五环电阻各色环颜色与其代表的数字含义对应关系。其阻值读法与四环电阻类似，这里不再举例。

表 18-6　五环电阻色环颜色与数值对应表

色环颜色	第一条环	第二条环	第三条环	第四条环	第五条环
	有效数字 1	有效数字 2	有效数字 3	倍率	误差精度/(%)
黑		0	0	$\times 10^0$	—
棕	1	1	1	$\times 10^1$	1
红	2	2	2	$\times 10^2$	2
橙	3	3	3	$\times 10^3$	—
黄	4	4	4	$\times 10^4$	—
绿	5	5	5	$\times 10^5$	0.5
蓝	6	6	6	$\times 10^6$	0.25
紫	7	7	7	$\times 10^7$	0.1
灰	8	8	8	$\times 10^8$	—
白	9	9	9	$\times 10^9$	—
金	—	—	—	$\times 10^{-1}$	—
银	—	—	—	$\times 10^{-2}$	—

18.1.2 电容器

电容器(capacitor)是一种储存电荷的常用电子元器件,一般简称为电容。电容通常是由两块相对的导电极板和夹在其中的绝缘介质组成的,电容器的导电极板称为“电极”(electrode),其中的绝缘介质称为“电介质”(dielectric)。电容器能让交流电信号通过,但会对信号产生一定的衰减作用,直流电不能流过电容器,可认为电容器将直流电信号衰减至零。表征电容器存储电荷能力的物理量称为电容,常用字母 C 表示,电容的单位是“法拉”简称“法”,常用字母“F”表示。

国家对电容器的命名方法做了明确的规定。根据部颁标准(SJ-73)规定,国产电容器的名称由四部分组成:第一部分为主称;第二部分为材料;第三部分为分类、特征;第四部分为序号。每部分的具体意义如表 18-7 所示。

表 18-7　电容器的命名方法

第一部分		第二部分		第三部分						第四部分
符号	含义	符号	含义	符号	含义					
					陶瓷	云母	玻璃	电解	其他	
C	电容器	C	陶瓷	1	圆形	非密封	—	箔式	非密封	用字母或数字表示电容器的结构与大小
		Y	云母	2	管形	非密封	—	箔式	非密封	
		I	玻璃釉	3	叠片	密封	—	烧结	密封	
		O	玻璃膜	4	独石	密封	—	烧结	密封	
		Z	纸介质	5	穿心	—	—	—	穿心	
		J	金属纸	6	支柱	—	—	—	—	
		B	聚苯乙烯	7	—	—	—	无极性	—	
		L	涤纶	8	高压	高压	—	—	高压	
		Q	漆膜	9	—	—	—	特殊	特殊	
		S	聚碳酸酯	J	金属膜					
		H	复合	W	微调					
		D	铝	T	铁电					
		A	钽	X	小型					
		N	铌	S	独石					
		G	合金	D	低压					
		T	钛	M	密封					
		E	其他	Y	高压					
				C	穿心式					

1. 电容器的分类

电容器可以从很多方面进行分类,按照结构与介质材料分类是其中常见的方法。

1）按照结构分类

（1）固定电容器　电容器的容量是固定不变的，这样的电容器称为固定电容器。常用的电解电容器、瓷介质电容器等都是固定电容器。

（2）可变电容器　电容量可变，在一定范围内可连续调整，常有“单联”、“双联”可变电容器之分，如图 18-8(a)、(b)所示。可变电容器一般以空气作为介质，也可以用有机薄膜作为介质。它们一般由若干形状相同的金属片连接成一组“定片”和一组“动片”，动片可通过转轴转动，以改变插入定片的面积，从而改变电容量。

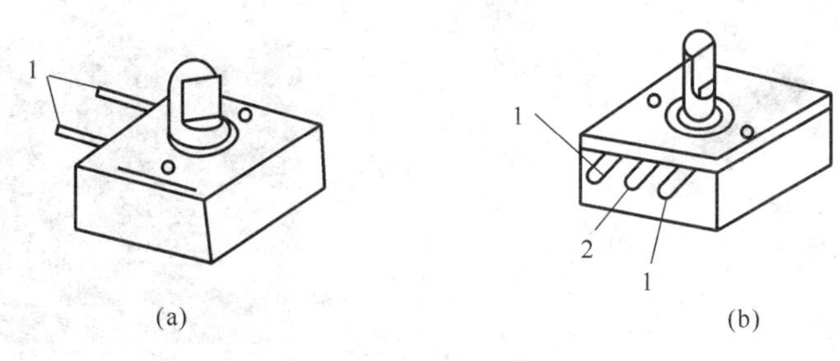

图 18-8　单联与双联电容器

(a) 密封单联；(b) 密封双联(2×270 pF)

1—定片焊片；2—动片焊片

（3）半可变电容器　也叫微调电容器，电容量可在微小的范围内调整，这种电容器以分数形式表示最大、最小容量范围，如：7/30 pF。

2）按介质材料分类

（1）电解电容器　以铝、钽、铌等金属氧化膜作为介质的电容器，应用最广泛的是铝电解电容器，如图 18-9 所示。它容量大、体积小，耐压值高，常用于滤波和交流旁路。其缺点是容量误差大，且随频率变动，绝缘电阻低。绝大多数铝电解电容器是极性电容器，铝是电容器的阳极，乙二醇、丙三醇、硼酸和氨水等所组成的糊状电解液与金属板相连作为电容器的阴极。电容器的长引脚为正极，短引脚为负极，电容器的外壳上也会标有“－”记号。铝电解电容在使用中一旦极性接反会使电容剧烈发热，温度升高产生的气体会引起电容器爆炸。

钽电解电容器，如图 18-10 所示，是以金属钽为正极，用稀硫酸等配制电解液作为负极，用钽表面生成的氧化膜作为介质的电解电容器。其优点是介质损耗低，频率特性好，耐高温，漏电流小。其缺点是成本高，耐压低。钽电解电容广泛用于通信、航天、军工及家用电器各种中低频电路和积分、时间常数设置电路中。

图 18-9　铝电解电容

图 18-10　钽电解电容

（2）云母电容器　云母电容器的实物如图 18-11 所示。它是以云母作为介质的电容器，再压铸在胶木粉内制成。其优点是高频性能稳定，损耗小，漏电流小，耐压高(可达 7 kV)，耐高温，绝缘电阻大，温度特性好，精度高。缺点是容量小，成本高，体积较大。一般用于高频电路(信号耦合)、旁路和调谐电路中。

(3) 瓷介质电容器　瓷介质电容器由高介电常数、低损耗的陶瓷材料做成,如图 18-12 所示。按性能等级分为Ⅰ类瓷介质电容器、Ⅱ类瓷介质电容器和Ⅲ类瓷介质电容器。Ⅰ类瓷介质电容器由具有温度补偿特性的复合型陶瓷材料制成,温度系数小,稳定性高,损耗低,耐压高,主要用于高频、特高频、甚高频电路中,作为调谐或温度补偿元件,最大容量不超过 1000 pF。Ⅱ、Ⅲ类瓷介质电容器以铁电陶瓷作为介质,介电系数高,容量大(最高可达 47000 pF),体积小,绝缘性能较Ⅰ类差。

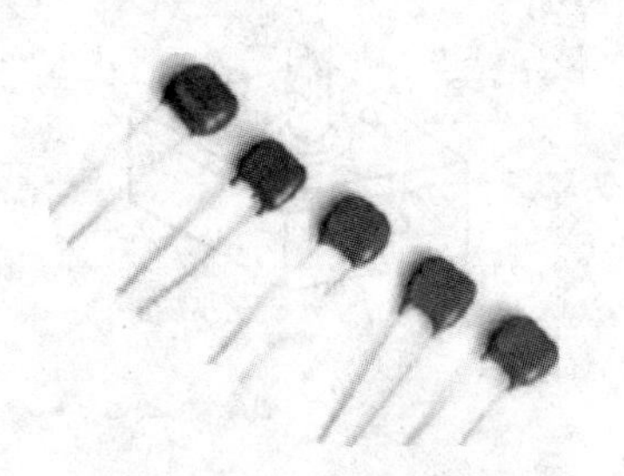

图 18-11　云母电容器

图 18-12　瓷介质电容器

(4) 独石电容器　独石电容器是以钛酸钡为主的材料烧结制成的多层叠片状超小型电容器,具有性能稳定、耐高温、耐潮湿、容量较大(10 pF～1 μF)、漏电流小的优点,其缺点是工作电压低(低于 100 V)。广泛用于各种电子产品的谐振、旁路、耦合、滤波电路之中。常用的有 CT4 低频、CC4 高频系列等。独石电容器如图 18-13 所示。

(5) 玻璃釉电容器　玻璃釉电容器以玻璃釉为介质,具有瓷介质电容器的优点,但体积比同容量的瓷介质电容器小。优点是损耗低,漏电流小,介电常数在很宽频率范围内不变,工作温度可达 125 ℃。其实物如图 18-14 所示。主要用于高频电路中,但不是主流产品。

图 18-13　独石电容器

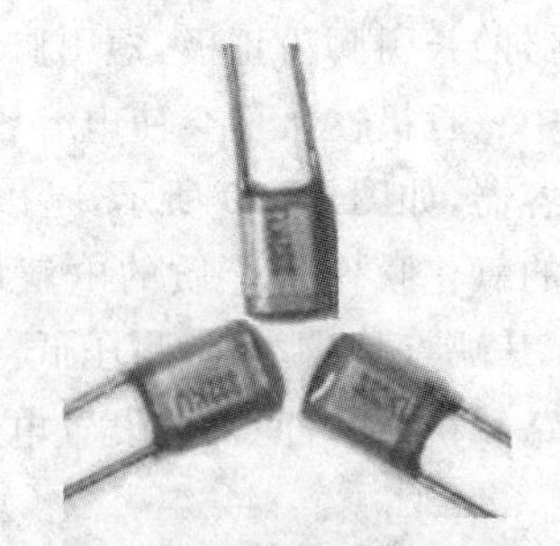

图 18-14　玻璃釉电容器

(6) 纸介质电容器　电极用铝箔或锡箔做成,绝缘介质采用浸腊的纸相叠后卷成圆柱体,外包防潮物质(如金属壳)。大容量的纸介质电容器常在铁壳里灌满电容器油以提高耐压强度,被称为油浸纸介质电容器。其特点是在一定体积内可得到较大电容量(可达 100 μF),工作电压范围宽(可达 6.3 kV),价格低廉,但稳定性差,损耗大,精度低。常用于低频电路中。纸介质电容器如图 18-15 所示。

(7) 有机薄膜电容器　用聚苯乙烯、聚丙烯或涤纶等有机薄膜代替纸介质做成的各种电容器。与纸介质电容器相比,其优点是体积小,耐压高,损耗小,绝缘电阻大,稳定性好,但温度系数大。有机薄膜电容器如图 18-16 所示。

图 18-15　纸介质电容器

图 18-16　有机薄膜电容器

2. 电容器的主要参数

电容器的主要参数有标称容量、允许误差、额定电压、温度系数、绝缘电阻、介质损耗等。

1）标称容量

标志在电容器上的“名义”电容量称为标称容量。通常情况下，标称容量是厂家在电容器上标注的电容量。我国固定电容器的标称容量系列为 E24、E12、E6 系列。其数值列于表 18-8 中。

表 18-8　固定电容器标称容量系列

系　　列	允许误差/(%)	电容器类别
1.0、1.1、1.2、1.3、1.5、1.6、1.8、2.0、2.2、2.4、2.7、3.0、3.3、3.6、3.9、4.3、4.7、5.1、5.6、6.2、6.8、7.5、8.2、9.1	5	纸介质电容、云母电容、玻璃釉电容、有机薄膜电容
1.0、1.5、2.0、2.2、3.3、4.0、4.7、5.0、6.0、6.8、8.2	10	纸介质电容、有机薄膜电容
1.0、1.5、2.2、3.3、4.7、6.8	20	电解电容器

2）允许误差

电容器的允许误差是电容生产厂家规定的实际电容量对于标称电容量的最大允许偏差范围。通常电容器的允许误差用字母或罗马数字标注在电容表面上，如表 18-9 所示。

表 18-9　电容器的允许误差表示方法

标注	D	F	G	J	K	M	Ⅰ	Ⅱ	Ⅲ
误差/(%)	0.5	1	2	5	10	20	5	10	20

3）额定电压

额定电压也称为电容的耐压值。它指在允许的环境温度范围内，电容可连续长期施加的最大电压有效值，电容的额定电压一般是指直流工作电压。在工程应用中，为了安全起见，电容器的额定电压值通常为击穿电压的一半。电容器常见的额定电压系列有：6.3 V、10 V、16 V、25 V、63 V、100 V、160 V、250 V、400 V、630 V、1000 V、1600 V、2500 V、10000 V、15000 V、25000 V、40000 V 等 17 个等级。

4）温度系数

温度系数是指在一定温度范围内，温度每变化 1 ℃，电容量的相对变化量。电容器的温度系数主要与电容器的介质材料及结构有关系。温度系数一般用字母代号或颜色表示，表 18-10中列出的是部分国家标准规定的温度系数表示方法。

表 18-10 电容器的温度系数表示方法

温度系数/(×10⁻⁶/℃)	0	−33	−47	−75	−150	−220	−330	−470	−750	−1000~140	−1750~250
字母代码	C	H	N	L	P	R	S	T	U	SL	UM
颜色	黑	棕	浅蓝	红	橘黄	黄	绿	蓝	紫	灰	白

5) 绝缘电阻

电容器的绝缘电阻被定义为加载在电容器两端的直流电压与流过电容器的漏电流之比。绝缘电阻越大,说明电容器的质量越好。合格电容器的绝缘电阻应不低于5000 MΩ,部分优质电容器的绝缘电阻可达 TΩ($\times10^{12}$ Ω)级。

6) 介质损耗

理想情况下,电容器没有能量损耗。实际中,电容器在电场的作用下,有部分电能转化为热能损耗到空气中。这些损耗的能量称为电容器的损耗。一般来说,电容器的损耗包括金属极板损耗和介质损耗两个部分。因此,我们把因介质缓慢极化和介质导电所引起的损耗称为介质损耗。通常用损耗功率与电容器的无功功率之比,即损耗角的正切值来表示介质损耗。

3. 电容器的容量表示方法

电容器的容量表示方法主要有直标法、字母表示法、数码法和色标法。

(1) 直标法　直标法就是直接在电容器上标明容量和单位,铝电解电容器常用这种方法。例如:某电容器上标出"15V 220μF",表示该电容器的容量是 220 μF,额定电压是15 V。在一些特殊情况下,用字母"R"表示小数点。例如:某电容上标出"R47μF",则表示该电容器的容量是 0.47 μF。如果是"零点零几",常把整数位的零省去。如:"01μF"表示0.01 μF。

(2) 字母表示法　用 2~4 位数字和一个字母(表示数值的量级)来表示电容量的一种方法。国际电工委员会(IEC)推荐使用这种方法表示电容。例如:1P5=1.5 pF,G6=0.6×10^9 pF=600 μF,M1=0.1 μF,330 n=0.33 μF。

(3) 数码法　通常由 3 位数字表示,从左标起,第一位、第二位为电容量值的有效数字,第三位为倍率。数码表示的电容量的单位为 pF。瓷介质电容常采用这种方法。例如:"103"表示10×10^3 pF=0.01 μF,"229"表示 22×10^{-1} pF=2.2 pF(注意第三位"9"表示$\times10^{-1}$)。

(4) 色标法　色标法就是用不同颜色的色带或色点,按规定的方法在电容器表面上标志出其主要参数的方法。电容器的色标法与电阻器的色标法类似,但其表示的电容单位为pF。例如:某电容上的色环为"黄紫橙金",则该电容器的容量是 0.047 μF,允许误差为 5%。

18.1.3 电感器

电感器(inductor)简称电感,常用字母 L 表示,是用漆包线在绝缘骨架上绕制而成的一种能够存储磁场能的电子元件,在电路中,电感器有阻流、变压、传送信号等作用。电感器通常分为两大类:一类是应用自感作用的电感线圈,另一类是应用互感作用的变压器。电感器又称扼流圈、电抗器、动态电抗器。在高频电子设备中,印制板上一段特殊形状的铜皮也可以构成一个电感器,常把这种电感器称为印制电感或微带线。电感量的单位是亨利(H),简称亨。亨利是一个很大的单位,通常情况下使用较多的是毫亨(mH)和微亨(μH)。在实际应用中,为了增加电感量,提高电感的 Q 值(品质因数)并缩小体积,常在线圈中插入铁芯或磁芯。

1. 电感器的分类

电感器可按照其结构、工作的频率范围以及用途进行分类。

1）按照结构分类

（1）固定电感器　固定电感器又分为空心电感器、磁芯电感器和铁芯电感器。根据其结构外形和引脚方式还可分为立式同向引脚电感器、卧式轴向引脚电感器、大中型电感器、小巧玲珑型电感器和片状电感器等。

空心电感器，如图 18-17 所示，通常是由导线绕制在纸筒、塑料筒上组成的线圈制作而成，中间没有磁芯或铁芯，故电感量很小，一般用在高频电路中。

磁芯电感器，如图 18-18 所示。用导线在磁芯上绕制成线圈或在空心线圈中插入磁芯组成的线圈。磁芯的形状有杆形、环形、E 形、罐形等。

图 18-17　空心电感器

图 18-18　磁芯电感器

铁芯电感器，如图 18-19 所示。在空心线圈中插入硅钢片组成铁芯线圈，常称为低频扼流圈。其作用是阻止残余交流电通过，而让直流电通过。

（2）可调电感器　在线圈中插入磁芯，并通过调节其在线圈中的位置来改变电感量。如收音机中磁棒天线就是利用可调电感器与可变电容组成谐振电路，实现对所选电台信号频率的选择。其实物如图 18-20 所示。

图 18-19　铁芯电感器

图 18-20　可调电感器

2）按照工作频率分类

电感按工作频率可分为高频电感器、中频电感器和低频电感器。空心电感器、磁芯电感器和铜芯电感器一般为中频或高频电感器，而铁芯电感器多数为低频电感器。

3）按照用途分类

电感器按用途可分为振荡电感器、校正电感器、显像管偏转电感器、阻流电感器、滤波电感器、隔离电感器、补偿电感器等。振荡电感器又分为电视机行振荡线圈、枕形校正线圈等。显像管偏转电感器分为行偏转线圈和场偏转线圈。阻流电感器（也称扼流圈）的作用是在电路中用于阻塞交流电流通路。

2. 电感器的主要参数

电感器的主要参数有电感量、误差、品质因数（Q 值）、额定电流、分布电容和直流电阻等。

(1) 电感量　电感量是表征电感储存能量的能力的物理量。在没有非线性导体物质存在的条件下,一个通电线圈的磁通与线圈中电流成正比。其比例常数称为自感系数,简称电感。

(2) 误差　电感器主要有直标法、色标法和数码法等几种标示方法。电感器的误差是指线圈的实际电感量与标称值的最大偏差。通常振荡线圈的要求较高,允许误差为0.2%～0.5%;扼流圈则要求较低,一般为10%～15%。

(3) 品质因数　电感线圈中储存能量与消耗能量的比值称为品质因数,又称Q值。电感器的Q值一般为50～300。Q值可用下式进行计算

$$Q=\frac{\omega L}{R} \tag{18-1}$$

式中：ω——工作角频率;

L——线圈电感量;

R——线圈的直流电阻。

Q值越高,电感的损耗越小,若是在选频电路中,电路的选频性能也越好。

(4) 额定电流　额定电流是在规定温度下,线圈正常工作时所能承受的最大电流值。它主要针对高频扼流圈和大功率调谐电感器而言,如果通过电感器的电流超过了其额定值,电感器将会剧烈发热,严重时甚至烧毁。

(5) 分布电容　电感线圈的匝与匝之间通过空气、绝缘层和骨架存在着寄生电容,这样的寄生电容被称为分布电容。分布电容会对高频信号产生很大的影响,分布电容越小,电感在高频工作时性能就越好。分布电容会使Q值减小、稳定性变差。

(6) 直流电阻　线圈本身的金属材料所产生的电阻,又称为耗损电阻。线圈的直流电阻越小,电感的性能越好。

3. 电感器的电感量标识方法

电感器的电感量标识方法主要有直标法、色标法、字母表示法和数码法等四种。

(1) 直标法　直标法是在电感的外壳上直接用文字标出电感器的电感量、误差和额定电流等主要参数。例如:某电感器上标有“100μH　BK”,表示该电感器的电感量是100 μH,额定电流为150 mA,允许误差为10%。表18-11与表18-12中分别列出了额定电流和误差的字母表示方法。

表18-11　电感额定电流的字母表示

字母	A	B	C	D	E
额定电流/mA	50	150	300	700	1600

表18-12　电感误差的字母表示

字母	允许误差/(%)	字母	允许误差/(%)
Y	0.001	D	0.5
X	0.002	F	1
E	0.005	G	2

续表

字母	允许误差(%)	字母	允许误差(%)
L	0.01	J	5
P	0.02	K	10
W	0.05	M	20
B	0.1	N	30
C	0.25		

(2) 色标法　色标法是在电感线圈外壳上涂上不同颜色的色环来表示电感量。该方法与电阻器和电容器的色标法类似,这里不再赘述。需要注意的是,表示误差的颜色与电阻有所不同,可参见表 18-13 中的内容。

表 18-13　电感色标法颜色与误差对于关系

颜色	黑	棕	红	橙	黄
误差/(%)	20	1	2	3	4

(3) 字母表示法　字母表示法是将电感器的标称值和允许误差用数字和字母按照一定的规律组合标在电感外壳上。例如:"5N6"表示电感量为 5.6 nH,"5R6"表示电感量为 5.6 μH,"560K"表示电感量为 56 μH,允许误差为 10%。

(4) 数码法　数码法一般用三位数字来表示电感器的标称值。贴片式电感器常用这种方法。例如:"331"表示电感量为 330 μH。

18.2　半导体元件

半导体元件在电子电路中有着广泛的应用。半导体元件主要有二极管、三极管、晶闸管和场效应管等种类。本节主要介绍二极管、三极管这两种元件。

18.2.1　二极管

二极管又称晶体二极管,简称二极管(diode),常用字母 VD 表示。它是一种具有单向传导电流的电子器件。在半导体二极管内部有一个 PN 结,有两个引线端子,这种电子器件按照外加电压的方向,具备单向电流的转导性。一般来讲,晶体二极管是一个由 P 型半导体和 N 型半导体烧结形成的 PN 结界面。在其界面的两侧形成空间电荷层,构成自建电场。当外加电压等于零时,由于 PN 结两边载流子的浓度差引起扩散电流和由自建电场引起的漂移电流相等而处于电平衡状态,这也是常态下的二极管特性。二极管在电路中常起整流、限幅、电子开关、调制、解调等作用。

我国对二极管、三极管这类的半导体元器件制定了统一的命名方法,如表 18-14 所示。需要指出的是,由于日本、欧美等国在电子技术方面领先于我国,因此在市场上有大量来自这些国家或地区的半导体元器件,它们的命名方法与表 18-14 中的内容不一样,读者可查阅有关手册获取相关信息。

表 18-14　国产半导体元器件型号命名方法

第一部分		第二部分		第三部分		第四部分	第五部分
用数字表示元器件的电极数		用字母表示元器件的材料和极性		用字母表示元器件的类别		用数字表示元器件的序号	用字母表示规格
符号	意义	符号	意义	符号	意义		
2	二极管	A	N 型锗材料	P	普通管	反映极限参数、直流参数和交流参数的差别	反映了承受反向击穿电压的程度。如规格号为A、B、C、D……其中A承受的反向击穿电压最低，B次之……
		B	P 型锗材料	V	微波管		
		C	N 型硅材料	W	稳压管		
		D	P 型硅材料	C	参量管		
3	三极管	A	PNP 型锗材料	Z	整流管		
		B	NPN 型锗材料	L	整流堆		
		C	PNP 型硅材料	S	隧道管		
		D	NPN 型硅材料	N	阻尼管		
		E	化合物材料	U	光电元器件		
				K	开关管		
				X	低频小功率管（$f_a<3$ MHz $P_c<1$ W）		
				D	低频大功率管（$f_a<3$ MHz $P_c>1$ W）		
				A	高频大功率管（$f_a\geqslant3$ MHz $P_c\geqslant1$ W）		
				T	半导体闸流管（可控整流器）		
				Y	体效应元器件		
				B	雪崩管		
				J	阶跃恢复管		
				CS	场效应管		
				BT	半导体特殊元器件		
				FH	复合管		
				PIN	PIN 管		
				JG	激光元器件		

例如："3DD303C"表示这是一个 NPN 型硅材料的低频大功率三极管，其序号为 303。

二极管有很多种类，不同种类的二极管在性能上有些差异，但它们都具有单向导电的特性。按照二极管的制作材料分，可将二极管分为锗二极管、硅二极管、砷化镓二极管等；按照结构分，可分为点接触式二极管和面接触式二极管；按照用途分，可分为检波二极管、整流二极管、开关二极管、稳压二极管等。下面介绍几种常用的二极管。

(1) 整流二极管　所谓整流是指将交流电信号转化成脉动直流电信号。二极管具有单向导电性,可以很方便地用二极管实现整流。不过,整流管正向工作时电流很大,因此整流管一般采用硅材料结构。这种结构导致二极管的结电容较大,所以整流管的反向击穿电压高,工作频率低。由于电路中经常要进行全波整流,全波整流需要四个整流二极管,所以很多元器件生产厂家将四个整流管封装起来制作成整流桥。图 18-21 所示为普通整流管与整流桥的图片。

(2) 检波二极管　检波又称解调,是指将调制到高频载波上的低频信号提取出来。检波二极管必须有很好的高频特性,因此检波二极管常采用锗材料点接触式玻璃封装结构以减小结电容和正向压降。检波二极管如图 18-22 所示。

图 18-21　整流管与整流桥

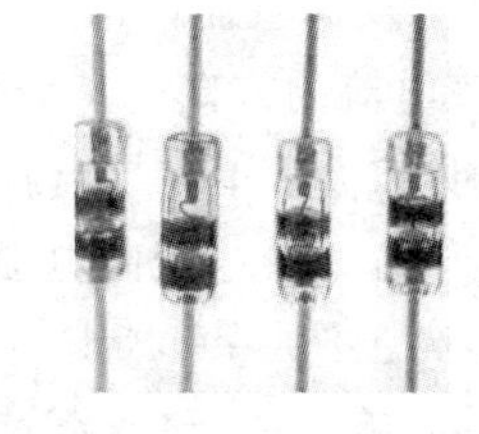

图 18-22　检波二极管

(3) 稳压二极管　稳压二极管又称齐纳二极管,稳压二极管工作在反向击穿区,不管电流如何变化,两端电压不变,由于采用了特殊工艺制作,击穿时不会损坏二极管。稳压管的击穿电压就是其稳压值,稳压二极管主要用于稳压电源或过压保护电路中,可将稳压二极管串联起来以获得较高的稳压值。稳压二极管如图 18-23 所示。

(4) 开关二极管　开关二极管具有很小的正向导通电阻,同时具有很大的反向截止电阻。这使得它类似于一个较理想的电子开关。它的特点是反向恢复时间短,能满足高频和超高频应用的需要,主要用于隔离、电子开关等功能。开关二极管如图 18-24 所示。

(5) 发光二极管　发光二极管是一种将电能直接转换成光能的固体器件,简称 LED (light emitting diode)。发光二极管和普通二极管相似,也由一个 PN 结组成。发光二极管在正向导通时,由于空穴和电子的复合而产生能量,发出一定波长的可见光。发光二极管常作指示、显示、报警提醒等用途。表 18-15 列出了常见的发光材料的主要参数,图 18-25 所示为发光二极管的实物。

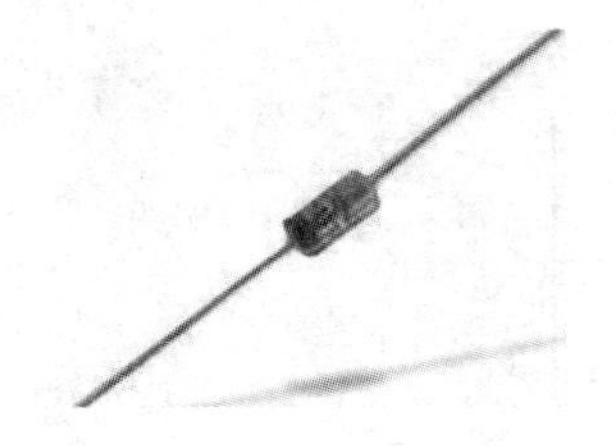

图 18-23　稳压二极管

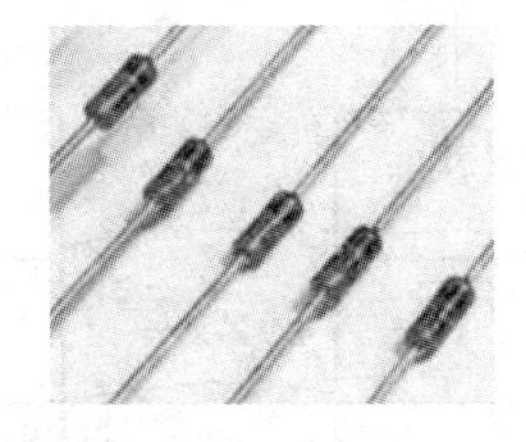

图 18-24　开关二极管

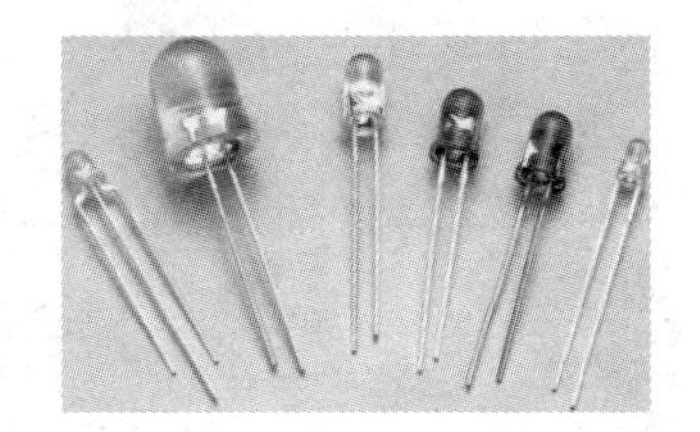

图 18-25　发光二极管

表 18-15　发光二极管发光材料的主要参数

LED 发光颜色	波长/nm	基本材料	正向电压(10 mA 时)/V	光强度(10 mA 时)/cd	光功率/μW
红	655	GaAsP	1.6～1.8	0.4～1	1～2
鲜红	635	GaAsP	2.0～2.2	2～4	5～10
黄	583	GaAsP	2.0～2.2	1～3	3～8
绿	565	GaP	2.2～2.4	0.5～3	1.5～8

二极管的参数是表征其性能优劣和适用范围的技术指标。作为初学者必须了解以下几个参数。

(1) 最大整流电流(I_{DM}) 指二极管长期工作时,允许通过的最大正向平均电流。使用时二极管的平均电流不能超过这个数值。如果超过这个数值,二极管就会发热,当二极管的温度超过允许限度后,就会使二极管烧毁。

(2) 最大反向电压(U_{RM}) 是保证二极管不被击穿而给出的最高反向工作电压。一般为了确保安全,二极管数据手册上给出最大反向电压约为击穿电压的1/2。点接触型二极管的最大反向电压约为几十伏,而面接触型二极管的最大反向电压可达几百伏。

(3) 最大反向电流(I_{RM}) 因半导体中载流子的漂移作用,二极管截止时仍有电流流过PN结,但该电流的方向与扩散作用产生的电流方向相反,故而称为反向电流。最大反向电流越小,说明二极管单向导电性能越好,质量越好。值得注意的是,反向电流与温度密切相关,温度每升高10 ℃,反向电流增大一倍。

(4) 最高工作频率(FM) 在应用中,通过二极管的交流信号频率对二极管的正常工作也有很大的影响。由于二极管的材料、结构和制造工艺的影响,当工作频率超过某一个值后,二极管的工作特性就会发生改变。通常把二极管能够保持它良好工作特性的最高频率称为二极管的最高工作频率。

18.2.2 三极管

晶体三极管(BJT)常称半导体三极管,或称双极型晶体管,常用字母VT表示。它是一种控制电流的半导体元器件,可用来对微弱信号进行放大和作为无触点开关。它具有结构牢固、寿命长、体积小、耗电省等一系列优点,故在各领域得到广泛应用。

将两个PN结背靠背连接起来(用工艺的办法制成),则组成三极管,按PN结的组成方式有NPN和PNP两种类型的三极管。其结构图如图18-26所示。实际应用中,NPN型三极管使用得较多,三极管三个接出来的端点分别称为发射极(emitter)、基极(base)和集电极(collector)。相应地,三个引出端所在的半导体区分别称为发射区、基区和集电区。集电区与基区之间的PN结称为集电结,发射区与基区之间的PN结称为发射结。

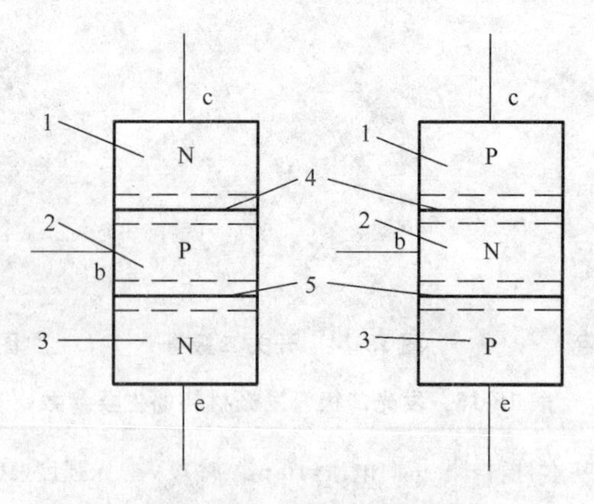

图18-26 三极管的结构图

1—集电区;2—基区;3—发射区;4—集电结;5—发射结

三极管种类繁多,是现代电子产品中不可或缺的元器件之一。图18-27所示为一些常见的三极管外形。

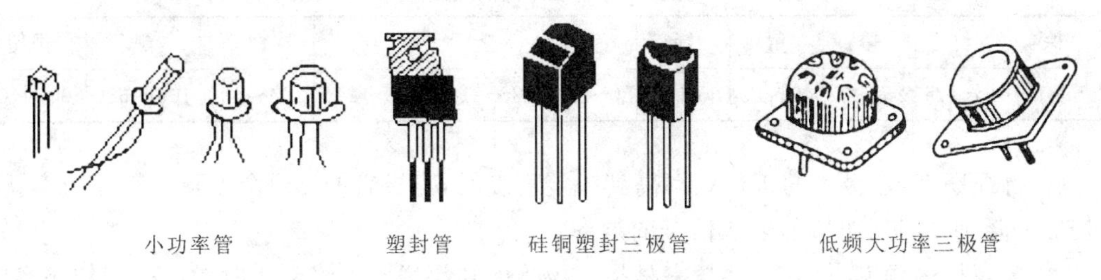

图 18-27　常见的一些三极管

(1) 按材料分类　按照制造管子的半导体材料不同，三极管主要分为硅管和锗管。硅管是目前常用的三极管，受温度变化影响较小，工作温度范围较宽；锗管反向电流较大，因此受温度影响较大。

(2) 按极性分类　按三极管内部结构可分为 NPN 和 PNP 两种类型，我国生产的硅管多为 NPN 型，锗管多为 PNP 型。

(3) 按功率分类　按使用功率分，有大功率管(功率大于 1 W)，其特点是输出功率大，常用于功放输出级；中功率三极管(功率在 0.5～1 W 之间)，可用于功放输出级或电路末级；小功率管(功率小于 0.5 W)，用于前级放大电路。

(4) 按工作频率分类　按工作频率可分为低频管(f<3 MHz)(用于直流放大器、低频放大器或音频放大器电路)和高频管(f≥3 MHz)(用于高频谐振放大器电路)。

(5) 按照封装形式分类　按封装形式不同，可分为塑料封装三极管(通常小功率三极管采用这种封装)和金属封装三极管(金属外壳主要用于散热或屏蔽干扰，通常大功率三极管或高频管使用这样的封装)。

(6) 按功能分类　按功能可分为放大管、开关管、振荡管等，用来构成各种功能电路。

表征三极管的参数主要可分为直流参数、交流参数和极限参数等三种情况。

(1) 直流参数　三极管的直流参数包括：直流放大倍数(α)、集电极反向截止电流(I_{CBO})以及集电极-发射极反向截止电流(I_{CEO})。

① 直流放大倍数(又称静态放大倍数)：在放大电路中，没有交流信号输入时，集电极电流(I_C)与基极电流(I_B)的比值，即 $\alpha=I_C/I_B$。

② 集电极反向截止电流：发射极开路时，集电极的反向饱和电流。该值越小，说明管子的性能越好。I_{CBO}受温度影响较大，使用时必须注意。

③ 集电极-发射极反向截止电流(又称穿透电流)：基极开路时，流过集电极与发射极之间的电流。I_{CEO}对放大不起作用，还会消耗无功功率，引起三极管工作不稳定。因此，该值越小，管子的性能越好。

(2) 交流参数　三极管的交流参数包括交流放大倍数(β)、特征频率(f_T)、最高振荡频率(f_M)等。

① 交流放大倍数：当放大电路中有交流信号输入时，集电极电流变化量与基极电流变化量的比值，即 $\beta=\Delta I_C/\Delta I_B$。顺便指出，$\alpha$ 与 β 的定义是不一样的，两者的数值一般也不相同，但两者的数值差别不大，因此在工程计算时常取 $\alpha=\beta$；另外，万用表的 hFE 挡位测量出的实际上是 α 值，若采用如上的近似方法也可认为是 β 值。普通三极管的 β 值一般在 50～300 之间，为了使用方便，人们在三极管的顶部用色点表示 β 的大小，具体的表示方法如表 18-16 所示。

表 18-16 国产小功率三极管 β 值的色点对照表

	棕	红	橙	黄	绿	蓝	紫	灰	白	黑	黑橙
β	5～15	15～25	25～40	40～55	55～80	80～120	120～180	180～270	270～400	400～600	600～1000

② 特征频率:三极管的工作频率高到一定程度时,三极管的 β 值会下降。特征频率就是指当 β 下降到 1 时所对应的输入信号的频率。

③ 最高振荡频率:最高振荡频率是指三极管的功率增益下降到 1 时对应的工作频率。

(3) 极限参数　三极管的极限参数包括集电极最大允许电流(I_{CM})、集电极-发射极反向击穿电压(U_{CEO})、集电极-基极反向击穿电压(U_{CBO})、发射极-基极反向击穿电压(U_{EBO})和集电极最大允许耗散功率(P_{CM})。

① 集电极最大允许电流:集电极电流增大时三极管的 β 值会下降,当 β 值下降到低中频段交流放大倍数的一半或三分之一时所对应的集电极电流称为集电极最大允许电流。当集电极电流超过 I_{CM} 时,三极管的 β 会发生显著变化,影响其正常工作,甚至还会损坏。

② 集电极-发射极反向击穿电压:当三极管基极开路时,其集电极与发射极之间的最大允许反向电压。

③ 集电极-基极反向击穿电压:当三极管发射极开路时,其集电极与基极之间的最大允许反向电压。

④ 发射极-基极反向击穿电压:当三极管集电极开路时,其发射集电极与基极之间的最大允许反向电压。

几个击穿电压的关系是:

$$U_{CBO} > U_{CEO} > U_{EBO}$$

三极管的识别主要包括对管子材料、极性、参数的判别和对引脚的识别。有关材料、极性、参数的判别可参考表 18-14 中的有关内容,这里仅给出引脚的识别方法。图 18-28 所示为一些三极管的外形,以及引脚(基极、集电极、发射极)的分布式样。

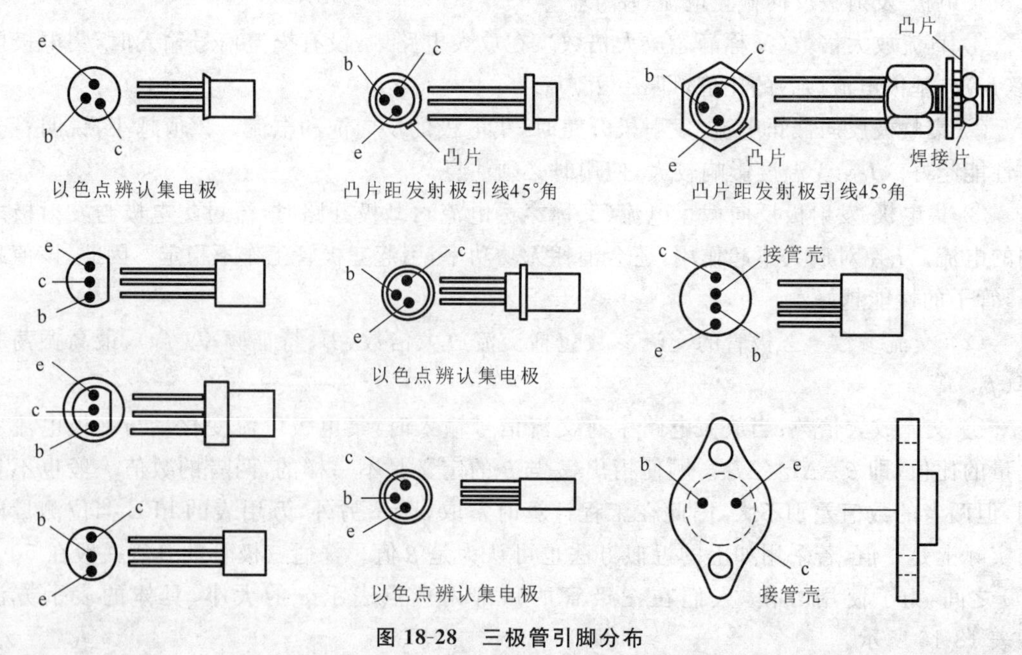

图 18-28　三极管引脚分布

18.3　集成电路元件

集成电路是指在一块硅基片上采用特殊的制作工艺，将电阻、电容、晶体管等元件集成为具有某一特定功能的器件。初期的集成电路仅集成有几十个晶体管，而如今的超大规模集成电路产品，如 CPLD、FPGA 等已经可以集成几千万个晶体管或几百万个门电路。在不远的将来，一块基片上将可以集成 10 亿个以上的晶体管。集成电路具有体积小、质量小、功耗小、性能稳定、使用方便等特点，从根本上改变了电子设备技术装置的面貌。

1. 集成电路的分类

集成电路的品种极为丰富，而且随着电子科学技术的飞速发展，新的产品还在不断涌现。目前来讲，可以从以下几个方面对集成电路进行分类。

1）按功能结构分

集成电路按照功能结构划分，可分为数字集成电路和模拟集成电路以及数模混合集成电路等三类。数字集成电路用于产生、处理数字信号，各种逻辑门、触发器、计时器等都属于此类集成电路；模拟集成电路用于产生、处理模拟信号，主要产品有运算放大器、集成功率放大器、乘法器等；模数混合集成电路可同时产生、处理数字与模拟信号，常见的 555 定时器就是此类集成电路的一个代表。

2）按集成度分

集成度是指在单位面积上，硅基片上含有的元件数。如果元件数多，就称集成度高；反之，则集成度低。按照芯片集成度划分，可将集成电路分为小规模集成电路(SSI)、中规模集成电路(MSI)、大规模集成电路(LSI)和超大规模集成电路(VLSI)。表 18-17 是集成度的分类标准。

表 18-17　集成度划分标准

名　　称	等效门电路数	举　　例
小规模集成电路(SSI)	1～10	逻辑门、触发器
中规模集成电路(MSI)	10～100	译码器、计数器、寄存器
大规模集成电路(LSI)	100～1000	存储器、微处理器
超大规模集成电路(VLSI)	＞1000	ASIC、DSP、FPGA

3）按导电类型分

集成电路按照导电类型不同可分为双极型和单极型集成电路。双极型集成电路内部有电子和空穴两种载流子参与导电，产品的制作工艺复杂，电路工作速度快、功耗大；单极型集成电路内只有电子(NMOS)或空穴(PMOS)一种载流子参与导电。CMOS 则是将 NMOS 和 PMOS 电路并联起来组成互补形式的集成电路，单极型集成电路制作工艺简单且具有极高的输入阻抗，产品的功耗也很小，但是电路的工作速度低。

双极型集成电路的代表产品有：晶体管-晶体管逻辑门电路(TTL)、发射极耦合逻辑电路(ECL)、高阈值逻辑电路(HTL)等。单极型集成电路的典型产品有：CMOS、NMOS、PMOS。其中又以 TTL 系列与 CMOS 系列的产品最多，使用范围最广。

54 系列(军用)与 74 系列(民用)是 TTL 中的主打产品，54 系列与 74 系列产品的区别主要在工作环境温度、工作速度和平均功耗上，其余电气参数和引脚功能基本相同，一定情况下,可以互换使用。54/74 系列又可分为六大类型,如表 18-18 所示。

表 18-18 54/74 系列集成电路的类型

类型名称	标准型	低功耗肖特基型	肖特基型	先进低功耗肖特基型	先进肖特基型	高速型
标注	54/74XX	54/74LSXX	54/74SXX	54/74ALSXX	54/74ASXX	54/74FXX

4000 系列、54/74HCXX 系列、54/74HCTXX 系列和 54/74HCUXX 系列是 CMOS 集成电路的主要产品。由于制作工艺及内部结构的不同,即使功能相同的 TTL 与 CMOS 集成电路也会在一些电气参数上存在不同,表 18-19 总结了它们之间的一些差异。

表 18-19 TTL 与 COMS 集成电路电气参数比较

所属系列	供电电压/V	消耗电流/mA	工作温度/℃	工作速度/ns	输出电流/mA	阈值电平
TTL	4.5~5.5	1	0~70	10	20	0.7 V/2 V
4000	3~15	1×10^{-6}	−40~85	100	3	$30\%V_{CC}/70\%\ V_{CC}$
74HC	2~6	0.1	−40~85	30	20	0.7 V/2 V

4) 按使用功能分

按照集成电路的功能及使用场合,可将集成电路分为音/视频电路、数字电路、模拟电路、微处理器、存储器、接口电路和光电电路等。

与分立元件相比,集成电路的命名规律性相对较强,但由于集成电路品种太多、生产商众多,至今国际上也没有制定集成电路命名的统一标准。不同厂商生产的集成电路只要数字标号相同,它们的功能就大致相同。型号开始的字母和后缀的字母往往代表厂商名称、产品代号或封装形式,而集成电路的引脚功能和序号往往没有差别。表 18-20 列出了国产集成电路的命名方法。

表 18-20 国产集成电路命名规则

第 0 部分		第 1 部分		第 2 部分	第 3 部分		第 4 部分	
用字母表示元器件的符号		用字母表示元器件的类型		用阿拉伯数字和字母表示元器件的系列和品种代码	用字母表示元器件的工作温度范围		用字母表示元器件的封装	
符号	意义	符号	意义		符号	意义	符号	意义
		T	TTL	TTL 分为:	C	0~70 ℃	F	全密封扁平
		H	HTL	54/74XX	G	−25~70 ℃	B	塑料扁平
		E	ECL	54/74LSXX	L	−25~85 ℃	H	黑瓷直播
		C	CMOS	54/74SXX	E	−40~85 ℃	D	陶瓷直插
		F	线性放大器	54/74ALSXX	R	−55~125 ℃	J	黑瓷扁平
		D	音响、电视电路	54/74ASXX	M	−55~125 ℃	P	塑料直插
		W	稳压器	54/74FXX	⋮	⋮	T	金属圆形
		μ	微型机电器	CMOS 分为:			K	金属菱形
		M	存储器	4000 系列			W	陶瓷扁平
C	中国制造	B	非线性电路	54/74HCXX			⋮	⋮
		J	接口电路	54/74HCTXX				
		AD	A/D 转换器	54/74HCUXX				
		DA	D/A 转换器	⋮				
		SC	通用/专用电路					
		SS	敏感电路					
		SW	时钟电路					
		SJ	机电仪电路					
		SF	复印机电路					
		⋮	⋮					

2. 集成电路的封装

集成电路有多种封装形式。按照封装材料分，有金属封装、陶瓷封装、塑料封装等，其中塑料封装是最常见的一种形式；按照封装外形分，有单列直插式封装、双列直插式封装、BGA封装等。下面就简要介绍几种集成电路的封装。

（1）金属圆形封装　金属圆形封装的管脚数有 8、10、12 等种类，管脚排列顺序如图 18-29 所示，从管脚根部看进去，以管壳上的凸起部分为参考标记，按顺时针方向数管脚，依次为 1，2，3，…，8。

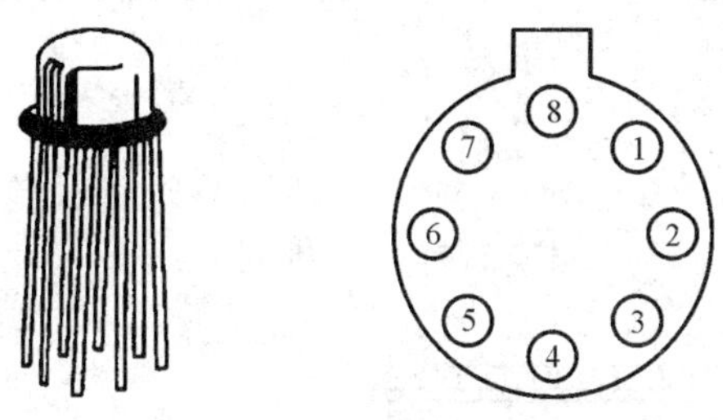

图 18-29　金属圆形封装

（2）单列直插式封装　单列直插式封装的集成电路只有一排引脚，管脚数有 3、5、7、8、9、10、12、16 等种类，常用 SIP-X 表示，其中 SIP 是单列直插的英文缩写，X 代表管脚数目。SIP 的管脚排列顺序如图 18-30 所示，从封装外壳上找到起始引脚参考标记（如色点、弧形、缺角等），再依次数到最后一个引脚。

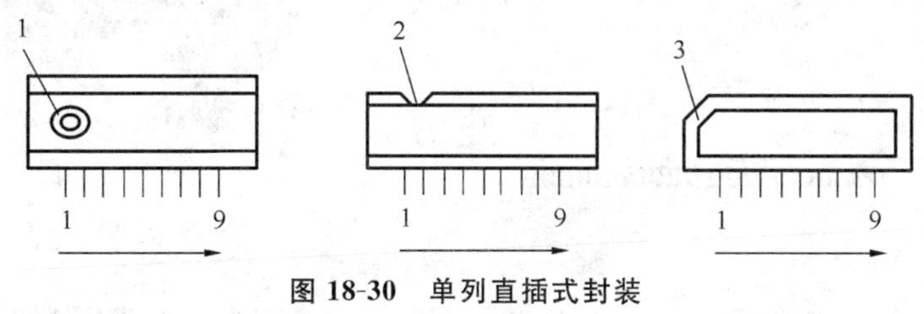

图 18-30　单列直插式封装

1—凹坑色点；2—弧形凹口；3—缺角

（3）双列直插式封装　双列直插式封装是目前最普及的一种集成电路封装形式，它有两排引脚，因此管脚数都是 2 的倍数，常见的有 8、14、16、18、20、22、24、40 等数目种类。双列直插式封装用 DIP-X 表示，其中 DIP 是双列直插的英文缩写，X 是管脚数目。DIP 的管脚排列顺序如图 18-31 所示，管脚向下，缺口、色点等标记向左，从左下角开始按逆时针方向数管脚，依次为 1，2，3，…，8，9，…，14，15，16。

（4）SOP 封装　SOP 封装即小型表面封装，是一种用于表面贴装芯片的常用封装形式。SOP 封装的外形与 DIP 封装很接近，但是 SOP 封装的引脚长度更短、引脚之间的距离也更小。它的引脚有 6、8、14、16、18、20、22、24、28、40、48 等数目种类。SOP 封装的管脚排列如图 18-32 所示。

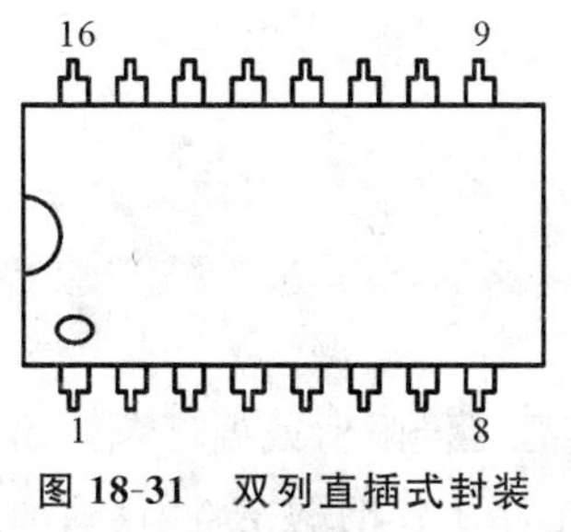

图 18-31　双列直插式封装

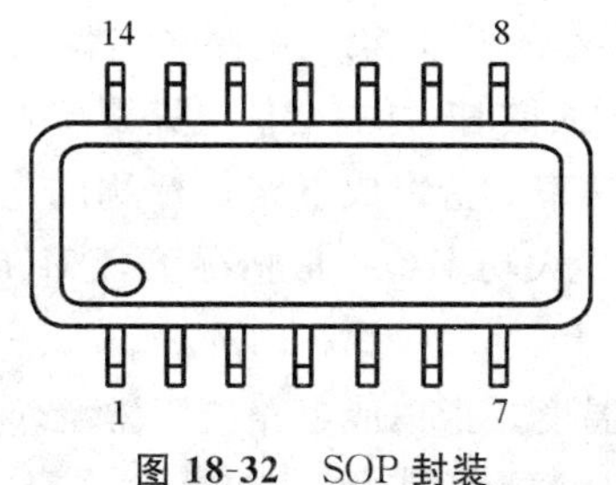

图 18-32　SOP 封装

(5) QFP 封装　QFP 封装即扁平方形封装，它的引脚数目多，用于大规模表面贴装式集成电路，引脚有 32、44、64、80、120、144、168 等数目类别。QFP 封装如图 18-33 所示，QFP 封装引脚顺序从缺角圆形标志处开始，按照逆时针顺序依次排列。

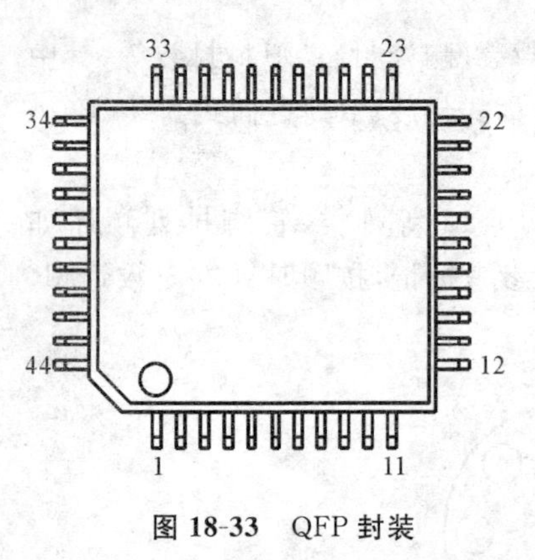

图 18-33　QFP 封装

(6) PLCC 封装　这是一种外形类似于 QFP 封装的引脚芯片封装，用于表面贴装电路。与上面几种封装不一样的是，这种封装的芯片引脚在芯片底部向内弯曲，紧贴于芯片体。引脚数量在 18～84 之间，PLCC 封装如图 18-34 所示。PLCC 封装引脚顺序从圆形标志处开始，按照逆时针顺序排列。

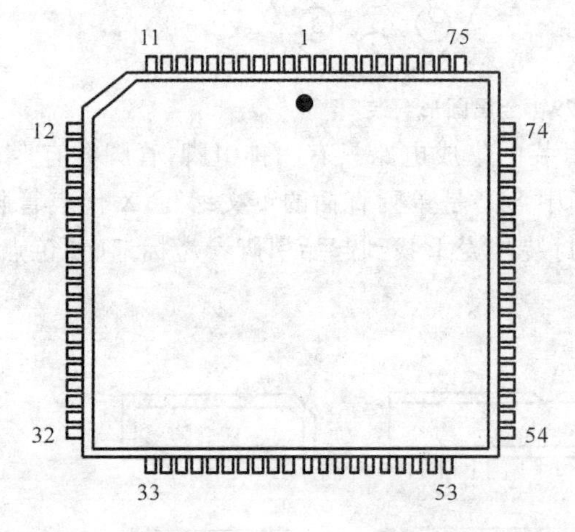

图 18-34　PLCC 封装

(7) BGA 封装　BGA 封装又名球形阵列封装，BGA 封装的引脚数大大增加，可达数千条。BGA 封装并没有在芯片四边连出引脚，而是将引脚以球形或柱状形焊点按阵列分布在封装下面。这样即使增加了引脚数量，引脚之间的间距并没有减少，反而还增加了。BGA 封装的厚度和质量都较以前的封装有所减小，寄生参数也减少了。BGA 封装如图 18-35 所示。

图 18-35　BGA 封装

集成电路的主要参数包括：电源电压、耗散功率和工作温度等。

(1) 电源电压　指集成电路正常工作时所需的工作电压。通常模拟集成电路的电源电压用“V_{CC}”表示，数字集成电路的正电源电压用“V_{DD}”表示，负电源电压用“V_{EE}”表示，参考零电平用“V_{SS}”表示。TTL 集成电路对电源电压要求稳定，当电源电压太高时，可能会烧毁芯片，当电源电压太低时，可能会使电路逻辑产生混乱。

(2) 耗散功率　指集成电路在标称的电源电压及允许的工作环境温度范围内，正常工作时所输出的最大功率。一般情况下，CMOS 集成电路的耗散功率小于 TTL 集成电路的耗散功率。

(3) 工作温度　指集成电路能正常工作的环境温度极限值或温度范围。集成电路要在合适的工作环境温度下工作，温度太高会影响集成电路工作的稳定性，严重时可能会烧毁集成电路。

在选某种集成电路前，应先阅读说明书，全面了解其功能、电气参数、外形、封装及相关外围电路。不允许集成电路的使用环境、参数等指标超过厂家规定的极限参数。集成电路损坏后，应优先选择与其规格、型号完全相同的集成电路代换。若无同型号，可查手册找引脚、功能、内部电路结构相同的代换。

18.4　电子焊接工艺

18.4.1　焊接机制

焊接是将两个或两个以上的工件，通过加热或加压的方法，加速工件接触部位上原子扩散速度并借助原子间内力，连接成一个整体的加工方法。焊接从本质上说，是焊料与焊件在其接触面上的扩散。扩散的发生需要具备两个条件：一是原子间的距离必须足够的小，这样原子之间的内力才会起作用；二是原子需要有一定的动能。正是基于这两点，在焊接时必须保证焊件表面清洁，并给焊件表面加热。

在电子产品焊接工艺技术中使用最广泛的是锡焊，因此在本节讨论的焊接如不另行说明都指锡焊。锡焊过程中要发生一系列复杂的物理和化学变化，这一过程可分为三个阶段：浸润阶段、扩散阶段、合金生成阶段。

1. 浸润阶段

浸润是发生在固体表面与液体之间的一种物理现象。如果液体能在固体表面向周围流动散开，就称这种液体能浸润该固体表面。浸润是物质的固有性质，它与液体的表面张力有关系。一般而言，液体表面张力对浸润起阻碍作用，液体表面张力越大，浸润越难发生。

焊接质量的好坏在很大程度上取决于浸润的程度。焊接时使用一些松香（助焊剂）可以降低液态焊料表面张力，有助于增强焊接的浸润程度。

可以通过观察焊点的浸润角来判断焊料对工件表面的浸润程度。焊料与工件的接触角称为浸润角（用 θ 表示），如图 18-36 所示。

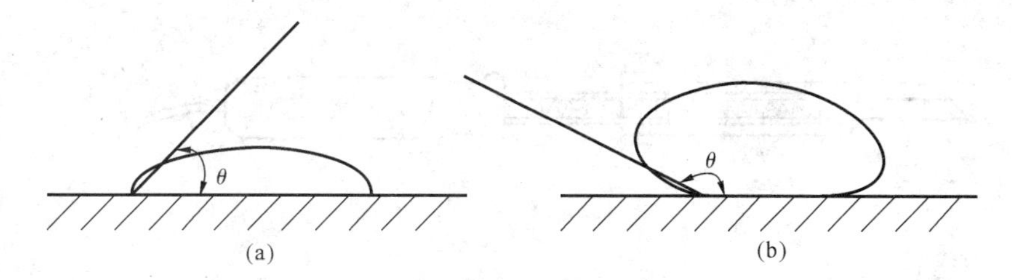

图 18-36　浸润角示意图

图 18-36(a)中，浸润角 θ 为锐角，可以认为此时浸润良好；反之，若 θ 为钝角，如图 19-36(b)中所示，则认为此时浸润不良。一般来说，浸润角越小浸润性越好。实际焊接中能将浸润角控制在 45°以内，就能获得良好的焊接效果。

2. 扩散阶段

两种不同的金属，若将它们的接触面处理光滑，再将它们紧压在一起，一段时间后，它们就连接在一起了。这是由于当金属原子之间的距离小于某一个阈值后，不同金属的原子会以扩散的方式进入对方，并在原子内力的作用下紧密连接。在焊接过程中，伴随着温度升高，原子的动能增加，扩散速度显著提高。扩散的最终结果是形成合金层，合金层是锡焊中极其重要的结构层，合金层质量的高低直接影响焊点质量。

3.合金生成阶段

在焊料浸润的过程中，伴随着金属原子之间的扩散，扩散运动结束后会在焊料与工件的界面上形成一层厚度为 0.5～3.5 μm 的金属合金层（主要成分为铜锡合金），如图 18-37 所示。正是这层合金层使焊料与工件结合成一个整体，实现了金属性的连接。

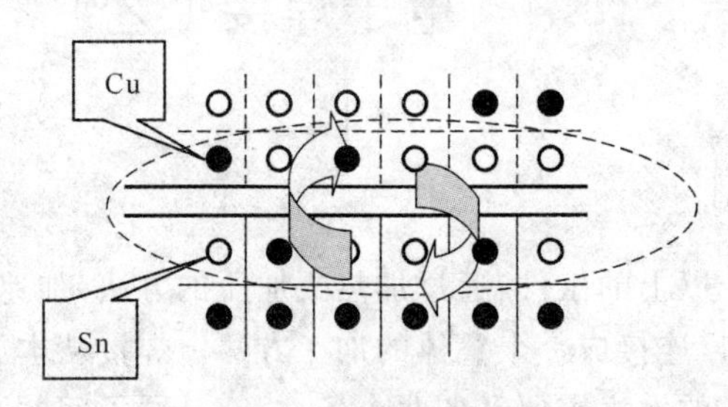

图 18-37 合金层示意图

尽管锡焊与粘贴、镶嵌等加工方法在某些方面存在一些相似性，但它们的机制却是完全不同的。深刻理解锡焊机制有利于我们在进行焊接操作时采用正确的方法，也可以避免初学者在学习中养成错误的操作习惯。

18.4.2 焊接工具

常用的手工焊接工具是电烙铁，其作用是加热焊料和被焊金属，使熔融的焊料润湿被焊金属表面并生成合金。

1.电烙铁的分类与结构

常见的电烙铁有直热式、感应式、恒温式，还有吸锡式电烙铁。这里主要介绍直热式和吸锡式电烙铁。

1）直热式电烙铁

直热式电烙铁又可以分为内热式和外热式两种。图 18-38 所示为典型直热式烙铁的结构，它主要由以下几部分组成。

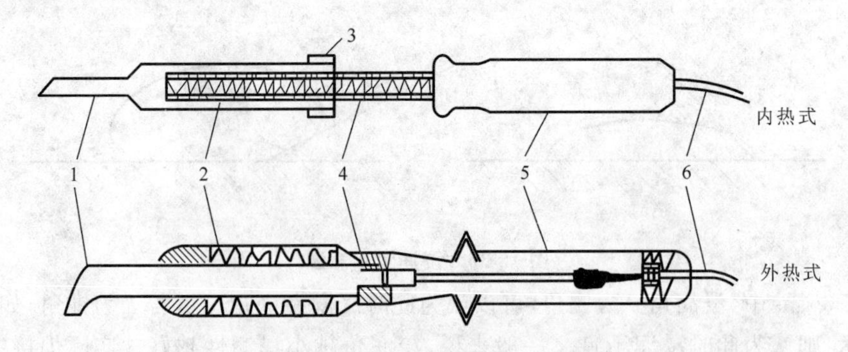

图 18-38 直热式电烙铁的结构示意图

1—烙铁头；2—加热元件；3—卡箍；4—外壳；5—手把；6—软电线

(1) 加热元件　俗称烙铁芯。它是由镍铬发热电阻丝缠在云母、陶瓷等耐热、绝缘材料上构成的。内热式与外热式的主要区别在于外热式的加热元件在传热体的外部，而内热式的加热元件在传热体的内部，也就是烙铁芯在内部发热。显然，内热式能量转换效率高。20 W 的内热式电烙铁大致相当于 40 W 左右的外热式电烙铁。

(2) 烙铁头　作为热量存储和传递的烙铁头，一般用紫铜制成。在使用中，因高温氧化和焊剂腐蚀会使表面变得凸凹不平，需经常清理和修整。

(3) 手把　一般用实木或胶木制成，手把设计要合理，否则会因温升过高而影响操作。另外，每次烙铁通电前要检查手把是否破损，以防止触电事故发生。

(4) 软电线与插头　是加热元件同交流电源的接口。要经常检查此处绝缘层是否破损，以防止触电事故发生。

2) 吸锡式电烙铁

吸锡式电烙铁是将活塞式吸锡器与电烙铁融为一体的拆焊工具，具有使用方便、灵活、适用范围宽等特点。它可以很方便地将要更换的元器件从电路板上取下来，而不会损坏元器件和电路板。对于集成电路等多引脚元器件的更换来说，其优点更突出。吸锡式电烙铁外形如图 18-39 所示。

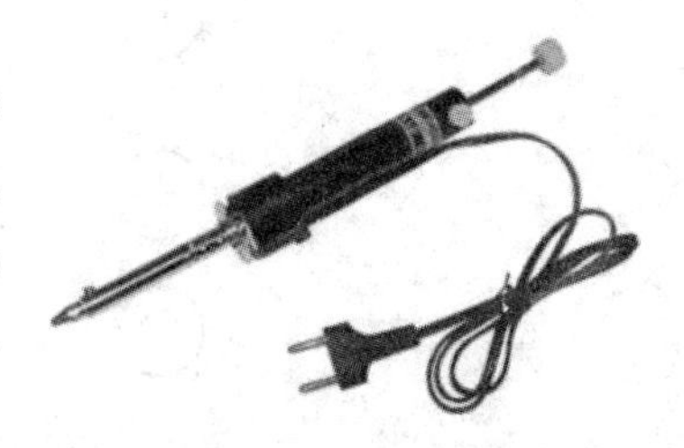

图 18-39　吸锡式电烙铁

吸锡式电烙铁的使用方法是：接通电源预热 3～5 min，然后将活塞柄推下并卡住，把吸锡式电烙铁的吸头前端对准欲拆焊的焊点，待焊锡熔化后，按下吸锡式电烙铁手柄上的按钮，活塞便自动上升，焊锡即被吸进气筒内，元器件引线便与焊盘(焊片)脱离。另外，使用吸锡器时要及时清除吸入的锡渣，保持吸锡孔畅通。

2. 电烙铁的选用

电烙铁的功率越大，烙铁头的温度越高。这样容易烫坏一些元器件(如晶体管、集成块等)或使印制板上的焊盘脱落。反之，若电烙铁的功率太小，烙铁头的温度太低，焊锡不能充分熔化，容易出现焊点缺陷问题。因此，选择电烙铁一般是根据焊件大小与性质而定。表 18-21 提供的选择可供参考。

表 18-21　电烙铁选择参考表

焊件及工作性质	选 用 烙 铁	烙铁头温度/℃ (室温，220 V 电压)
一般印制电路板，安装导线	20 W 内热式，30 W 外热式、恒温式	300～400
集成电路	20 W 内热式、恒温式、储能式	
焊片，电位器，2～8 W 电阻，大电解电容	35～50 W 内热式、恒温式，50～75 W 外热式	350～450
8 W 以上大电阻，直径 2 mm 以上线等较大元器件	100 W 内热式，150～200 W 外热式	400～550
汇流排、金属板等	300 W 外热式	500～630
维修，调试一般电子产品	20 W 内热式、恒温式、感应式、储能式、两用式	—

3. 烙铁头的选择与修整

1) 烙铁头的选择

烙铁头是储存热量和传导热量的部件。烙铁的温度与烙铁头的体积、形状、长短等都有一定的关系。当烙铁头的体积比较大时，则保持温度的时间就长些，为适应不同焊接物的要求，烙铁头的形状有所不同。图 18-40 列举了部分常见的烙铁头形状，在实际操作中应根据被焊工件的具体情况选择合适的烙铁头。

图 18-40 常见烙铁头的形状

2）烙铁头的处理

烙铁头是用纯铜制作的，在焊锡的润湿性和导热性方面性能非常好，但它有一个很大的弱点是容易被焊锡腐蚀和被氧化，所以电烙铁使用一定时间应对烙铁头进行处理，处理方法如下。

图 18-41 烙铁头修整和镀锡

新烙铁头在使用前要先给烙铁头镀上一层焊锡。具体的方法是：在使用前先用砂布打磨烙铁头，将其氧化层除去，露出均匀、平整的铜表面，然后将烙铁头装好通电，将纱布放在木板上，再在纱布上放少量的松香，待烙铁头沾上锡后在松香中来回摩擦，直到整个烙铁头修整面均匀地挂上一层锡为止(见图 18-41)。应该注意，烙铁通电后一定要立刻蘸上松香；否则，表面会再一次生成氧化层。

烙铁用了一定时间，烙铁头会被焊锡腐蚀，头部凸凹不平，此时不利于热量传递，或者是烙铁头氧化使烙铁头被“烧死”，不再吃锡，也要对烙铁头做适当的处理才能继续使用。具体步骤是：首先将烙铁头取下来，将其夹到台钳上用粗锉刀修整，再用细锉刀修平，接下来用细砂纸打磨光滑，最后按照新烙铁头的处理方法进行处理。

值得注意的是，新的长寿烙铁可以直接使用，无须进行打磨镀锡处理。相反地，如果用锉刀和砂纸对长寿烙铁的烙铁头打磨会破坏烙铁头上的保护合金，使烙铁头损坏。

4. 烙铁头温度的判断与调整

1）烙铁头温度的判断

烙铁头的温度可以用热电偶测量，但在实际中经常根据助焊剂的发烟状态粗略估计。

如图 18-42 所示，图 18-42(a)中助焊剂发烟细而长，持续时间在 20 s 以上，估计此时烙铁头温度小于 200 ℃；图 18-42(b)中助焊剂发烟稍大，持续时间为 7～15 s，估计此时烙铁头温度在 230～350 ℃之间，适合焊接；图 18-42(c)中助焊剂发烟很大，持续时间为 3～5 s，估计此时烙铁头温度在 350 ℃以上。

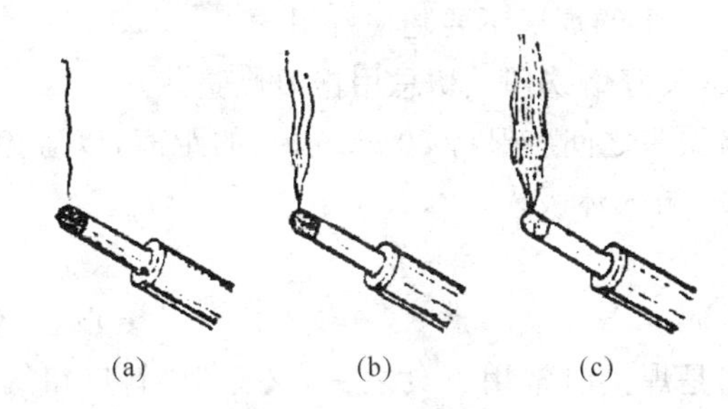

图 18-42　根据助焊剂的发烟状态判别温度

此外，还可根据焊锡颜色的变化判别。首先将烙铁头上的残留焊锡擦干净，然后在烙铁头上熔化少许焊锡，根据表层焊锡的颜色变化来判断烙铁头的温度。温度低时，焊锡在短时间内不氧化，其表面颜色不变。若温度超过 400 ℃时，焊锡在很短时间内就变成紫色。如果在 3～5 s 内焊锡变成黄色，则此时温度较合适。

2）烙铁头温度的调整

烙铁头温度过高或过低都会降低焊接质量。因此，要根据实际情况灵活地调整烙铁头的温度。如果使用的是调温型电烙铁，则可以通过烙铁的调温开关直接调节温度。对于外热式电烙铁，则可以通过调节烙铁头伸入加热体内的长度控制温度。一般来说，烙铁头伸入加热体内的长度越长，温度就越高；反之，则温度就越低。此外，将烙铁的电源切断，也可使烙铁头的温度降低。

5. 电烙铁的加热方法与注意事项

1）加热方法

用电烙铁加热被焊工件时，烙铁头上一定要黏有适量的焊锡，为使电烙铁传热迅速，要用烙铁的侧平面接触被焊工件表面。具体方法是：先在烙铁头表面挂一层焊锡，然后用烙铁头的斜面加热待焊工件，同时应尽量使烙铁头同时接触印制板上焊盘和元器件引线，如图 18-43(a)所示，这样加热有利于待焊工件吸收热量。对于直径大于 5 mm 的较大焊盘焊接时，烙铁头应绕焊盘转动，即一边加热一边移动烙铁，以免长时间停留在一点导致局部过热，如图 18-43(b)所示。

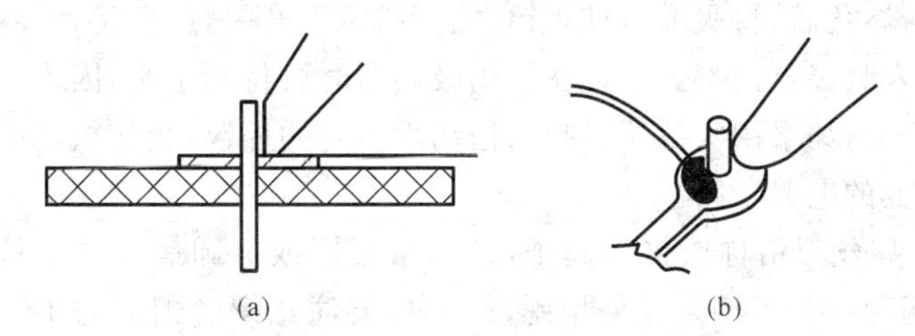

图 18-43　电烙铁的加热方法

2）注意事项

(1) 在使用前或更换烙铁芯时，必须检查电源线与地线的接头是否正确。尽可能使用三芯的电源插头，注意接地线要正确地接在烙铁的壳体上。

(2) 使用电烙铁过程中,烙铁线不要被烫破,应随时检查电烙铁的插头、电线,发现破损老化应及时更换。电烙铁的电源线最好使用编织花线,与塑料线相比,花线更加耐烫。

(3) 使用电烙铁的过程中,一定要轻拿轻放,不焊接时,要将烙铁放到烙铁架上,以免灼热的烙铁烫伤自己或他人。若长时间不使用应切断电源,防止烙铁头氧化。不能用电烙铁敲击被焊工件。烙铁头上多余的焊锡不要随便乱甩。

(4) 使用合金烙铁头(长寿烙铁)时,切忌用锉刀修整。

(5) 操作者头部与烙铁头之间应保持 30 cm 以上的距离,以避免过多的有害气体(助焊剂加热挥发出的化学物质)被人体吸入。

18.4.3 装接工具

(1) 偏口钳 偏口钳是焊接时常用工具之一,又称为"斜口钳"。主要用于剪切导线和元器件多余的引线,还常用来代替一般剪刀剪切绝缘套管、尼龙扎线卡、扎带等。其实物如图 18-44 所示。

偏口钳可以按照尺寸进行划分,比较常用的有 4～8 寸等五个尺寸。在使用偏口钳时,应当将偏斜式的刀口面朝上,背面靠近需要切割的导线,这样可以准确切割。值得注意的是,偏口钳不宜切割双股导线,因为钳头部分为导电金属,在切割双股导线时极易导致线路短路,严重时会损坏线路中的设备,故在实际操作中要避免这样做。

(2) 尖嘴钳 头部较细,可用于夹取小型金属零件或弯曲元器件引线。尖嘴钳一般分为带刀口式和无刀口式两种类型,带刀口式的尖嘴钳还可以用于切割较细的导线,或作为剥线工具。尖嘴钳实物如图 18-45 所示。

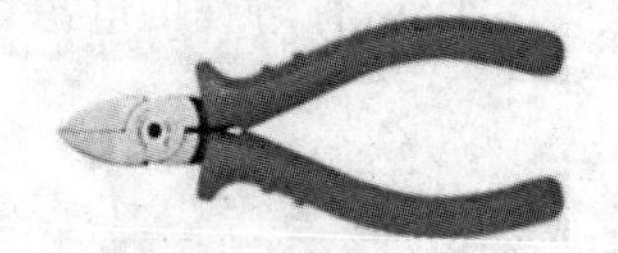

图 18-44 偏口钳

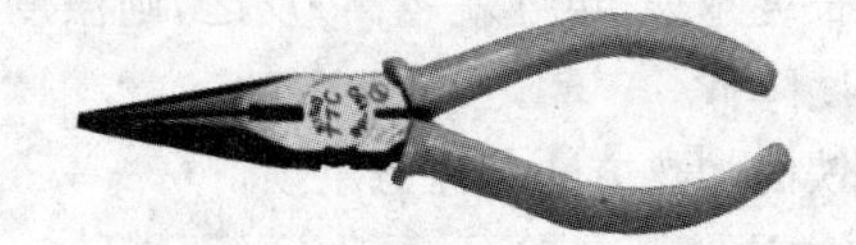

图 18-45 尖嘴钳

由于尖嘴钳头部比较尖锐,在使用尖嘴钳时不要将钳头对向自己或他人,以防发生意外。不能用尖嘴钳夹持或切割较大的物体,这样会导致钳口开裂或钳刃崩口,也不能将尖嘴钳的手柄当作锤子使用,这样会导致尖嘴钳手柄的绝缘层破损或折断。

(3) 吸锡器 吸锡器是一种拆焊工具,可将多余的焊锡从焊接处吸走。吸锡器外形如图 18-46 所示。吸锡器使用极为简单,先将上方压杆用力按下直至卡住为止,再用烙铁等加热工具将焊锡重新熔化后,将吸嘴对准焊锡,用拇指按下开关,压杆迅速弹起,在大气压的作用下,焊锡便被吸入吸锡器内部。不过在使用吸锡器时要特别小心,因为在拆焊时很容易使印制板上的焊盘松动,如果用吸锡器去吸取松动焊盘上的焊锡,会使松动的焊盘从印制板上脱落,造成印制板上的电路断路。

(4) 螺丝刀 螺丝刀俗称改锥或起子,是用来紧固或拆卸螺钉的工具。螺丝刀一般有十字形和一字形两种刀头类型。在使用螺丝刀时,要注意螺丝帽上的花纹和卡槽长度与深度,然后选择合适的螺丝刀。否则,卡槽容易损坏。螺丝刀实物如图 18-47 所示。

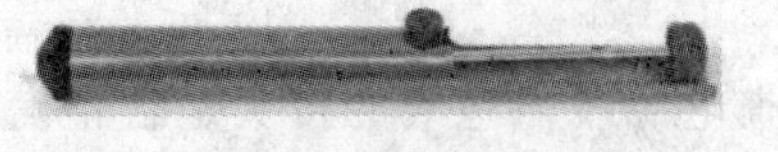

图 18-46 吸锡器

图 18-47 螺丝刀

18.4.4　焊料

焊料又称钎料，是一种熔点低的金属或合金，它能使元器件引脚与印制板的焊盘连接在一起，形成电气连接。锡铅合金具有熔点低、强度高、导电性好、表面张力小、抗氧化、抗腐蚀、成本较低等优点，因此是目前电子焊接工艺中广泛使用的焊料。

锡铅合金焊料按照含锡的比例可分为15个等级，通常使用的焊锡是锡约占63%，铅约占37%，这种焊锡也称为共晶焊锡，它的熔点与凝固点都是183 ℃，焊点可快速凝固，有利于提高焊点质量。需要说明的是，共晶焊锡除了锡铅两种成分外，也含有微量的其他元素，这些微量元素的存在会对焊接质量造成不利影响。

图18-48　焊锡丝

为使焊接操作更加方便，人们将锡铅合金焊料制作成丝状，即俗称的焊锡丝，如图18-48所示。一般在焊接操作台上焊接时使用的焊锡丝直径一般在0.5～1.5 mm之间，可根据实际情况进行选择。

18.4.5　焊剂

由于金属表面同空气接触后都会生成一层氧化膜，这层氧化膜阻止焊锡对金属的润湿作用，焊剂就是用于清除氧化膜的一种专用材料。焊剂一般也称为助焊剂。助焊剂有以下三个作用。

(1) 去除氧化膜　助焊剂中的活性物质与氧化物发生反应，从而去除氧化膜。

(2) 降低液态焊料的表面张力　增加焊料的流动性，有助于焊料浸润。

(3) 在焊点上形成保护膜　阻止焊点与空气中的氧气接触，防止焊点氧化，提高焊点的寿命。

焊剂一般分为有机焊剂(如硬脂酸、盐酸苯胺、乙二胺、氨基酰胺尿素等)、无机焊剂(如正磷酸、氟酸、氯化锌等)和树脂焊剂(如松香等)。用于电子焊接的助焊剂应具有无腐蚀性、高绝缘性、稳定性、耐蚀性、低毒性等特点。无机焊剂虽然活性最强，去除氧化物作用明显，但它具有腐蚀性，容易腐蚀焊件和焊盘，电子焊接中不能使用；有机焊剂有较好的助焊作用，但也有一定腐蚀性，残渣不易清理，且挥发物毒性较大，对操作者健康危害大，也不宜使用；树脂焊剂活性较差，但低毒、无腐蚀性，是电子焊接中广泛使用的助焊剂。松香可以直接当作助焊剂使用，也可将松香溶于酒精之中制作成松香的酒精溶液，焊接时将溶液涂覆在焊盘上作为助焊剂使用。

18.5　手工焊接技术

18.5.1　焊接准备工作

1. 电烙铁的选择

根据被焊工件的大小，从以下几个方面进行考虑，选用合适的电烙铁。

(1) 敏感元器件和小型元器件　焊接集成电路、晶体管、敏感元器件、片状元器件时，应选用20 W的内热式或25 W的外热式电烙铁。

（2）大型元器件　焊接较大的元器件时，如大功率晶体管、整流桥、变压器的引脚、大电解电容器的引脚、金属底盘接地焊片等，应选用 100 W 以上的电烙铁。

（3）导线　焊接导线及同轴电缆时，应根据导线的粗细选用 50 W 内热式电烙铁，或 45～75 W 外热式电烙铁。

2. 镀锡

除少数有良好银、金镀层的引线外，大部分元器件在焊接前都要重新镀锡。

（1）镀件表面应清洁，如焊件表面带有锈迹或氧化物，可用酒精擦洗或用刀刮、用砂纸打磨。

（2）小批量生产时，镀焊可用锡锅。用调压器供电，以调节锡锅的最佳温度。使用过程中，要不断用铁片刮去锡表面的氧化层和杂质。

（3）多股导线镀锡前要用剥线钳去掉绝缘皮层，再将剥好的导线朝一个方向旋转拧紧后镀锡，镀锡时不要把焊锡浸入到绝缘皮层中去，最好在绝缘皮层前留出一段约等于导线外径长度的空余部分，这有利于穿套管，如图 18-49 所示。镀锡前要将导线蘸松香水，同时也镀上焊锡。

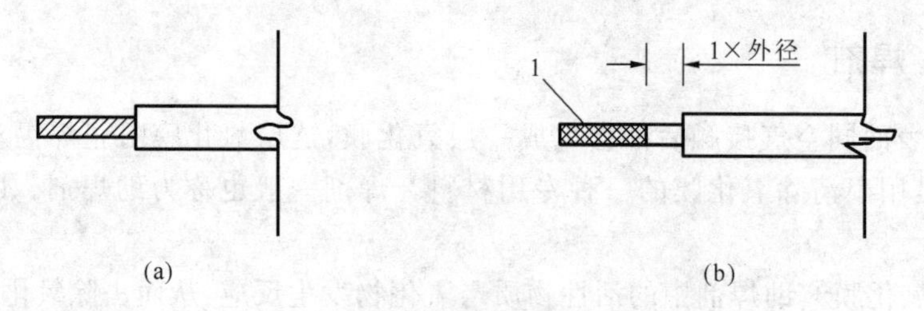

图 18-49　多股导线镀锡要求

（a）拧在一起的多股导线；（b）镀好锡的导线

1—导线的镀锡部分

3. 元器件引线加工成形

元器件在印制板上的排列和安装有两种方式，一种是立式，另一种是卧式。元器件引线弯成的形状应根据焊盘孔的距离不同而加工成形。加工时，注意不要将引线齐根弯折，一般应留 1.5 mm 以上，弯曲不要成死角，圆弧半径应大于引线直径的 1～2 倍，并用工具保护好引线的根部，以免损坏元器件。如图 18-50 所示。成形后的元器件，在焊接时，尽量保持其排列整齐，同类元件要保持高度一致。各元器件的符号标志向上（卧式）或向外（立式），以便于检查。如图 18-51 所示。

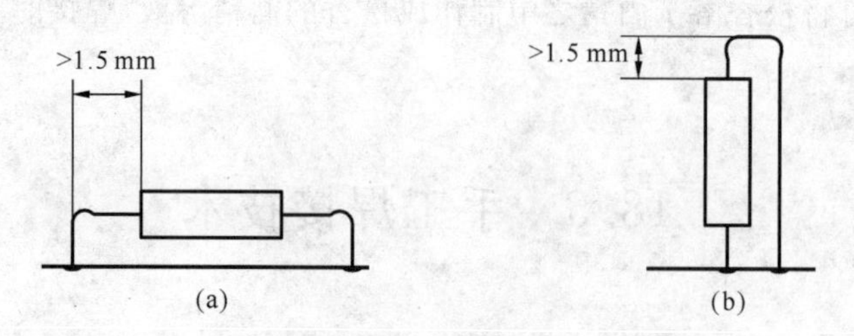

图 18-50　元器件引线成形

（a）卧式成形；（b）立式成形

4. 元器件的插装

（1）卧式插装　卧式插装是将元器件紧贴印制电路板插装，元器件与印制电路板的间距应大于 1 mm。卧式插装法元器件的稳定性好、比较牢固、受振动时不易脱落。如图 18-51（a）所示。

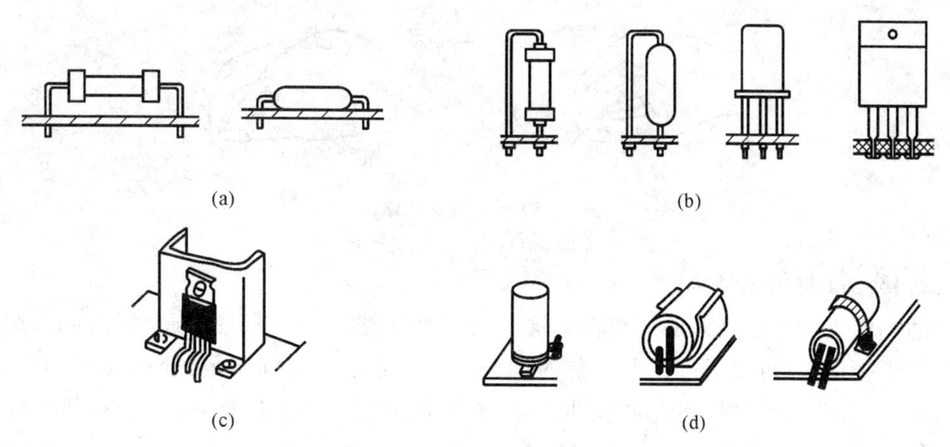

图 18-51　元器件的安装与固定

(2) 立式插装　立式插装的特点是密度较大、占用印制板的面积少、拆卸方便。电容、三极管、DIP 系列集成电路多采用这种方法。如图 18-51(b)所示。

(3) 晶体管的安装　在安装前一定要分清集电极、基极、发射极。元器件比较密集的地方应分别套上不同色彩的塑料套管,防止碰极短路。管脚引线保留一般在 3～5 mm 之间。对于一些大功率晶体管,需要再加散热片,应先固定散热片,然后将大功率晶体管插入到安装位置固定后再焊接。如图 18-51(c)所示。

(4) 变压器、电解电容器、磁棒的安装　对于较大的电源变压器,就要采用弹簧垫圈和螺钉固定,以防止螺母或螺钉松动。中小型变压器,将固定脚插入印制电路板的孔位,然后将屏蔽层的引线压倒再进行焊接。磁棒的安装,先将塑料支架插到印制电路板的支架孔位上,然后将支架固定,再将磁棒插入。对一些体积大而重的元器件,首先要将其固定,固定好以后才可以焊接。如图 18-51(d)所示。

18.5.2　手工焊接方法

1. 焊接操作姿势与卫生

焊接时挥发出的化学物质被人体吸入是有害的,为了保证人体安全,电烙铁距离鼻子的距离通常以 30 cm 为宜。电烙铁握法有三种,如图 18-52 所示。反握法动作稳定,长时间操作不易疲劳,适合于大功率电烙铁的操作。正握法适合于中等功率电烙铁或带弯头电烙铁的操作。一般在工作台上焊印制板等焊件时,多采用握笔法。

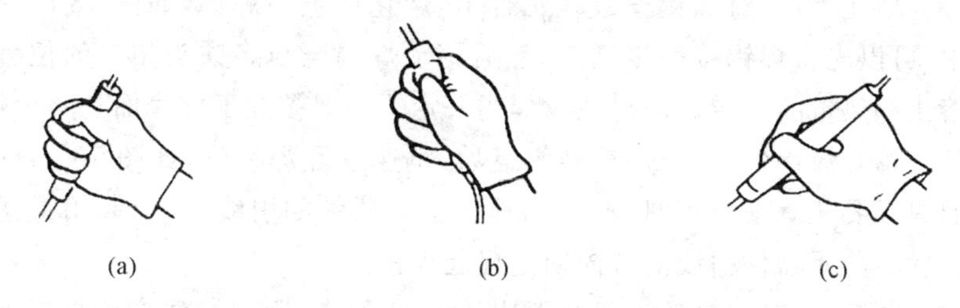

图 18-52　电烙铁的握法

(a) 反握法;(b) 正握法;(c) 握笔法

焊锡丝一般有两种拿法,图 18-53 所示是焊锡的基本拿法。焊接时,一般左手拿焊锡,右手拿电烙铁。进行连续焊接时采用图 18-53(a)所示的拿法,这种拿法可以连续向前送焊锡丝。图 18-53(b)所示的拿法在只焊接几个焊点或断续焊接时适用,不适合连续焊接。

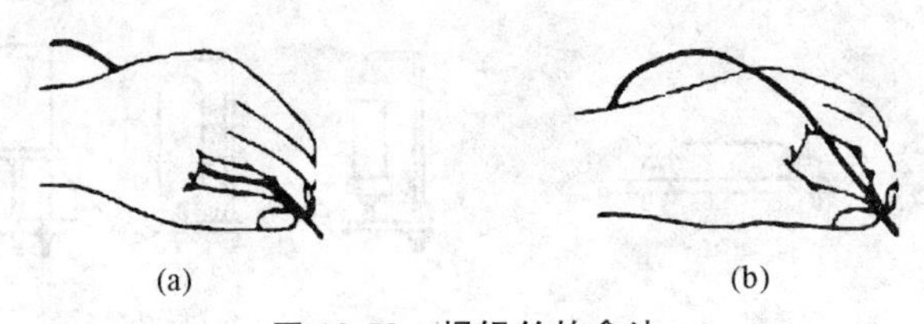

图 18-53　焊锡丝的拿法

(a) 连续焊接时;(b) 只焊接几个焊点时

2. 焊接温度与加热时间

合适的温度对形成良好的焊点很关键。同样的烙铁,加热不同热容量的焊件时,要想达到同样的焊接温度,可以通过控制加热时间来实现。若加热时间不足,会形成夹渣(松香)、虚焊。此外,有些元器件也不允许长期加热,否则可能造成元器件损坏,还会有如下危害和外部特征。

焊点外观变差,烙铁撤离时容易造成拉尖,同时出现焊点表面粗糙无光,焊点发白。另外焊接时所加松香助焊剂在温度较高时容易分解碳化(一般松香在 210 ℃开始分解),失去助焊剂作用,而且夹到焊点中造成焊接缺陷。过多的受热会破坏印制板黏结层,导致印制板上铜箔的剥离。

3. 焊接步骤与方法

(1) 五步焊接法　对于热容量大的工件,要严格按五步操作法进行焊接。五步焊接法如图 18-54 所示。这是焊接的基本步骤。

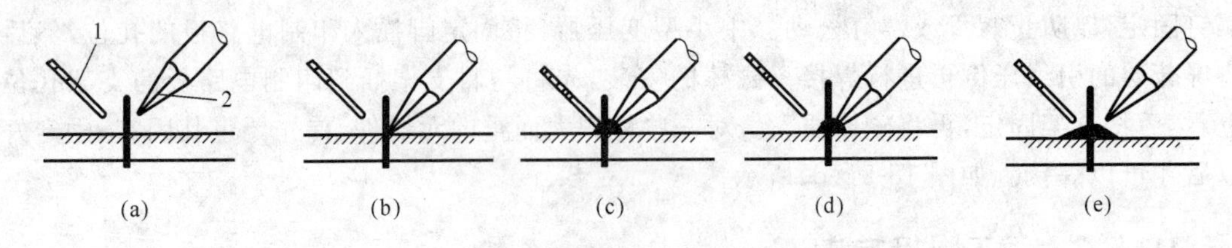

图 18-54　焊接步骤(五步法)

1—焊锡;2—烙铁头

【步骤一】　准备:烙铁头和焊锡靠近被焊工件并认准位置,处于随时可以焊接的状态,如图 18-54(a)所示。

【步骤二】　放上烙铁:将烙铁头放在工件上进行加热,注意加热方法要正确,如图 18-54(b)所示。这样可以保证焊接工件和焊盘被充分加热。

【步骤三】　熔化焊锡:将焊锡丝放在工件上,熔化适量的焊锡,如图 18-54(c)所示。在送焊锡过程中,可以先将焊锡接触烙铁头,然后移动焊锡至与烙铁头相对的位置,这样做有利于焊锡的熔化和热量的传导。此时注意焊锡一定要润湿被焊工件表面和整个焊盘。

【步骤四】　拿开焊锡丝:待焊锡充满焊盘后,迅速拿开焊锡丝,如图 18-54(d)所示。此时注意熔化的焊锡要充满整个焊盘,并均匀地包围元器件的引线,待焊锡用量达到要求后,应立即将焊锡丝沿着元器件引线的方向向上提起焊锡。

【步骤五】　拿开烙铁:焊锡的扩展范围达到要求后,拿开烙铁,注意撤烙铁的速度要快,撤离方向要沿着元器件引线的方向向上提起,如图 18-54(e)所示。

(2) 三步焊接法　对热容量小的工件。可以按三步操作法进行,这样做可以加快节奏。

【步骤一】　准备:烙铁头和焊锡靠近被焊工件并认准位置,处于随时可以焊接的状态,如图 18-54(a)所示。

【步骤二】 放上烙铁和焊锡丝：同时放上烙铁和焊锡丝，熔化适量的焊锡，如图18-54(c)所示。

【步骤三】 拿开烙铁和焊锡丝：当焊锡的扩展范围达到要求后，拿开烙铁和焊锡丝。这时注意拿开焊锡丝的时机不得迟于烙铁的撤离时机，如图18-54(e)所示。

18.6　焊点质量标准与缺陷分析

18.6.1　焊点合格标准

合格的焊点应具备的三个条件。

(1) 焊点有足够的机械强度　为保证被焊件在受到振动或冲击时不至脱落、松动，因此要求焊点要有足够的机械强度。一般可采用把被焊元器件的引线端子打弯后再焊接的方法。

(2) 保证导电性能　焊点应具有良好的导电性能，必须要焊接可靠，防止出现虚焊。

(3) 焊点表面整齐、美观　焊点的外观应光滑、圆润、清洁、均匀、对称、整齐、美观，充满整个焊盘并与焊盘大小比例合适。

满足上述三个条件的焊点，才算是合格的焊点。图18-55列出了几种合格焊点的形状。判断焊点是否符合标准，应从以下几个方面考虑。

(1) 焊锡充满整个焊盘，形成对称的焊角。如果是双面板，焊锡还要充满过孔。

(2) 焊点外观光滑、圆润，对称于元器件引线，无针孔、无沙眼、无气孔。

(3) 焊点干净，见不到焊剂的残渣，在焊点表面应有薄薄的一层焊剂。

(4) 焊点上没有拉尖、裂纹和夹杂。

(5) 焊点上的焊锡要适量，焊点的大小要和焊盘相适应，如图18-56所示。

(6) 同一尺寸的焊盘，其焊点大小、形状要均匀、一致。

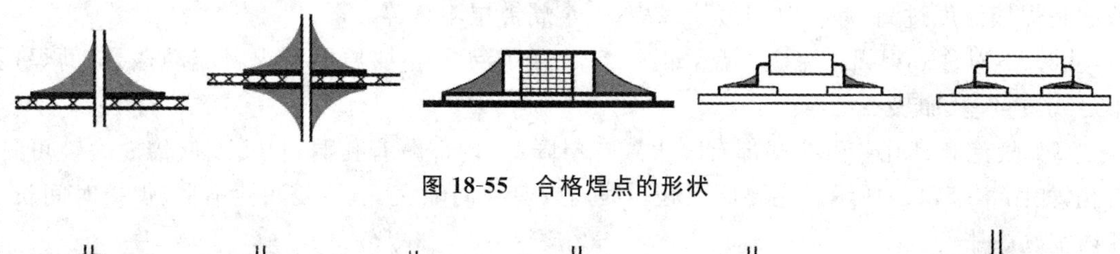

图18-55　合格焊点的形状

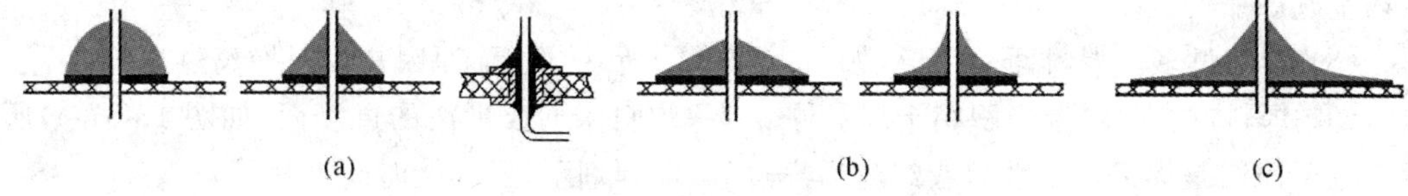

图18-56　焊盘大小与焊锡用量及形状的关系

(a) 较小焊盘；(b) 中等焊盘；(c) 较大焊盘

18.6.2　焊点缺陷分析

造成焊点缺陷的原因很多，如材料(焊料与焊剂)质量优劣、工具(烙铁与装接具)使用是否恰当、温度控制是否合适、焊接方法是否正确、焊接者的态度等。图18-57列出了一些常见的焊点缺陷外形，分析了产生的可能原因和危害，供读者检查焊点质量时参考。

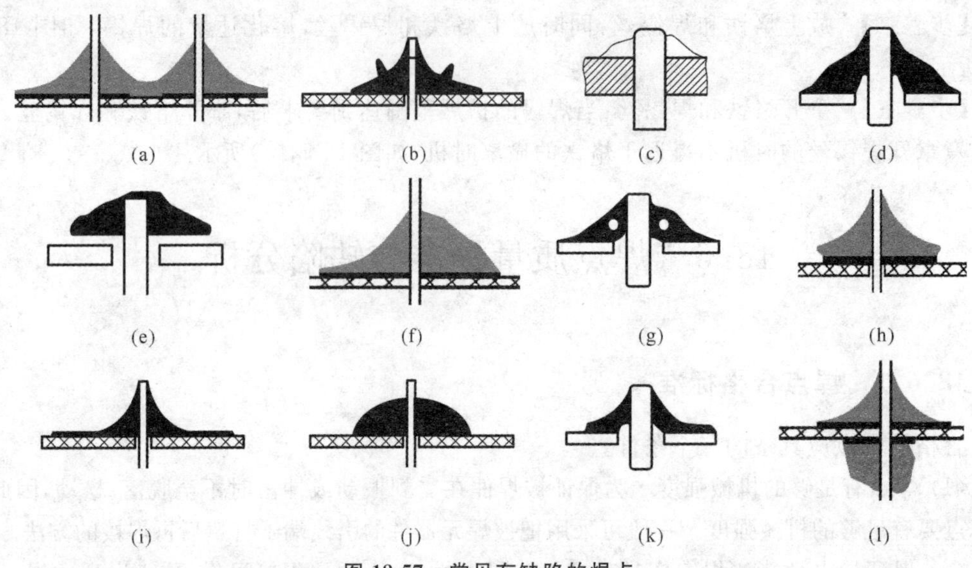

图 18-57　常见有缺陷的焊点

(1) 桥接　桥接是指焊锡将相邻的印制导线连接起来。明显的桥接是由焊锡过多、焊接的时间过长、焊锡温度过高、烙铁撤离角度不当造成的，如图 18-57(a)所示。

(2) 拉尖　焊点出现尖端或毛刺，如图 18-57(b)所示。原因是焊料过多、助焊剂少、加热时间过长、焊接时间过长、烙铁撤离角度不当。

(3) 虚焊　焊锡与元器件引线或与铜箔之间有明显黑色界线，焊锡向界线凹陷，如图 18-57(c)所示。原因是印制板和元器件引线未清洁好、助焊剂质量差、加热不够充分、焊料中杂质过多等。

(4) 松香焊　焊缝中还将夹有松香渣，如图 18-57(d)所示。主要原因是焊剂过多或已失效、焊剂未充分挥发作用、焊接时间不够、加热不足、表面氧化膜未去除等。

(5) 铜箔翘起或剥离　铜箔从印制电路板上翘起，甚至脱落，如图 18-57(e)所示。主要原因是焊接温度过高、焊接时间过长、焊盘上金属镀层不良等。

(6) 不对称　焊锡未流满焊盘，如图 18-57(f)所示。主要原因是焊料流动性差、助焊剂不足或质量差、加热不足等。

(7) 气泡和针孔　引线根部有喷火式焊料隆起，内部藏有孔洞，目测或低倍放大镜可见有孔，如图 18-57(g)所示。主要原因是引线与焊盘孔间隙大、引线浸润性不良、焊接时间长、孔内空气膨胀等。

(8) 焊料过多　焊料面呈凸形，如图 18-57(h)所示。主要原因是焊料撤离过迟等。

(9) 焊料过少　焊接面积小于焊盘的 80%，焊料未形成平滑的过渡面，如图 18-57(i)所示。主要原因是焊锡流动性差或焊丝撤离过早、助焊剂不足、焊接时间太短等。

(10) 过热　焊点发白，无金属光泽，表面较粗糙，呈霜斑或颗粒状，如图 18-57(j)所示。主要原因是烙铁功率过大、加热时间过长、焊接温度过高过热。

(11) 松动　外观粗糙，似豆腐渣一般，且焊角不匀称，导线或元器件引线可移动，如图 18-57(k)所示。主要原因是焊锡未凝固前引线移动造成孔隙、引线未处理好(浸润差或不浸润)等。

(12) 焊锡从过孔流出　焊锡从过孔流出，如图 18-57(l)所示。主要原因是过孔太大、引线过细、焊料过多、加热时间过长、焊接温度过高过热等。

18.7　拆焊与维修

调试和维修中常需更换一些元器件,如果方法不得当,不但会破坏印制电路板,也会使换下而并没失效的元器件无法重新使用。拆焊就是在保证其他元器件与印制板完好的条件下,更换失效元器件的方法。

一般电阻、电容、晶体管等元件的管脚不多,且每个引线能相对活动的元器件可用烙铁直接拆焊。将印制板竖起来夹住,一边用烙铁加热待拆元件的焊点,一边用镊子或尖嘴钳夹住元器件引线轻轻拉出,如图18-58所示。重新焊接时,需先用锥子将焊孔在加热熔化焊锡的情况下扎通,需要指出的是,这种方法不宜在一个焊点上多次用,因为印制导线和焊盘经反复加热后很容易脱落,造成印制板损坏。

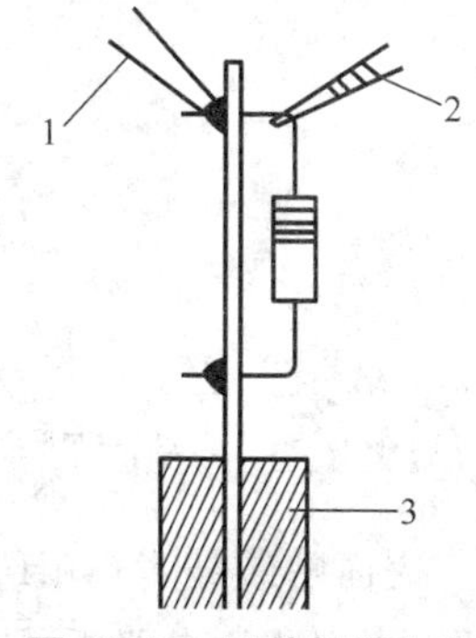

图 18-58　元件拆焊方法

1—烙铁;2—镊子;3—夹持物

当需要拆下有多个焊点且引线较硬的元器件时,一般有以下三种方法。

(1) 采用专用工具　采用专用烙铁头,一次可将所有焊点加热熔化取出。这种方法速度快,但需要制作专用工具,且需较大功率的电烙铁,同时拆焊后,焊孔很容易堵死,重新焊接时还需清理。

(2) 采用吸锡式电烙铁或吸锡器　这种工具对拆焊是很有用的,既可以拆下待换的元器件,又不使焊孔堵塞,而且不受元器件种类限制。但它需逐个焊点除锡,效率不高,而且需及时排除吸入的锡。

(3) 用吸锡材料　可用作吸锡的材料有屏蔽线编织层、细铜网以及多股导线等。将吸锡材料浸上松香水贴到待拆焊点上,用烙铁头加热吸锡材料,通过吸锡材料将热传到焊点熔化焊锡。熔化的锡沿吸锡材料上升,将焊点拆开,这种方法简便易行,且不易烫坏印制板。

复习思考题

1. 简述各类分立元器件的命名规则、分类、主要参数以及识别与检测方法。
2. 简述集成电路的命名规则、分类、主要参数、识别与检测方法以及封装方式。
3. 简要说明锡焊的焊接机制。
4. 比较并说明内热式与外热式电烙铁的结构、特点、适用范围及使用注意事项。
5. 常用的电子装接工具有哪些? 这些工具各自的主要用途是什么?
6. 锡焊的焊料成分比例是怎样的? 请列举至少五种焊料,说明其适用范围。
7. 焊剂有哪些种类? 它们各自具有怎样的特点?
8. 焊接前的准备工作有哪些? 每项准备工作中需要注意的问题有哪些?
9. 简要叙述焊接的“五步法”。
10. 简要说明焊点合格标准。
11. 简要叙述常见的焊点缺陷及其原因。
12. 简要叙述拆焊的操作方法及注意事项。

第 19 章　表面贴装技术

19.1　表面贴装技术及其特点

19.1.1　表面贴装技术的概念

表面贴装技术(surface mount technology,SMT)是将表面贴装元器件(SMC/SMD)直接贴、焊到印制电路板(PCB)或其他基板的表面规定位置上的一种电子装接技术。SMT 与传统的通孔插装技术(through hole technology,THT)的不同之处是:元器件引脚安装不是穿过焊盘孔在另外一面焊接,而是元器件主体与焊盘在印制电路板的同一面上焊接。

表面贴装工艺非常容易实现电子产品的高密度、自动化、智能化组装,因此在现代电子工厂中表面装贴技术已经成为组装制造的主流技术。采用表面贴装技术组装的电子产品占据了人们电子消费产品中的大部分市场份额,如今大到计算机、平板电视,小到手机、掌上终端设备都离不开 SMT。

与 THT 在焊接时多采用浸焊或波峰焊不同,SMT 常采用回流焊接。回流焊是通过重新熔化预先分配到印制电路板焊盘上的焊膏,实现表面贴装元器件引脚与印制板焊盘之间机械与电气连接的一种成组或逐点焊接工艺。随着表面装贴元器件体积进一步减小,SMT 技术进一步深入发展,回流焊技术有可能取代波峰焊,成为板类电路组装焊接的主流技术。

19.1.2　表面贴装技术的特点

SMT 与 THT 相比,具有组装密度高、可靠性好、抗干扰能力强、电性能优异、生产效率高、易于实现自动化生产、成本低的优点。

1. 组装密度高

与分立插装元件相比,SMC/SMD 的体积只有它们的 1/10～1/3,贴装不受引脚间距和通孔间距的影响,而且可以方便地在 PCB 的两面贴装,大大提高了 PCB 面积的利用率。一般采用 SMT 可使电子产品体积减少一半左右,质量减轻七成左右。

2. 可靠性好、抗干扰能力强

由于 SMC/SMD 无引脚或引脚很短,元器件上的分布参数很小,抗干扰的能力较强。此外,SMC/SMD 直接平贴在 PCB 上,消除了元器件与 PCB 之间的二次互连,从而减少了因连接而引起的故障。一般情况下,SMT 焊点失效率比 THT 至少低一个数量级。

3. 电性能优异

正如在第二点中所述，SMC/SMD 有较好的高频性能，在很大程度上减少了电磁干扰和射频干扰，目前采用 THT 装配的电路工作频率一般在 500 MHz 以下，而采用 SMT 可达 3 GHz；另一方面，SMC/SMD 自身噪声小、信号传输时的延时小，在高频、高性能电子产品中，SMT 可发挥良好的作用。

4. 生产效率高、易于实现自动化生产

SMT 适合自动化大规模生产，SMC/SMC 外形规则，小而轻，可以方便地使用真空吸笔等装置吸取元器件进行贴装，贴装也可使用全自动贴装机在计算机的控制下进行，既提高了元器件贴装的密度，又提高了生产效率。

5. 成本低

SMT 减小了 PCB 的面积，减少了 PCB 制造的成本。SMC/SMD 多为无引脚或短引脚元器件，可节省元器件引线材料，安装过程中又减少了元器件成形、剪脚、打弯的设备添置和人力成本。频率特性的改善，减少了射频调试费用。焊点可靠性提高，降低了调试和日后维修的成本。一般情况下，采用 SMT 后可使产品总成本降低 30%以上。

19.2　表面贴装元器件

表面贴装元器件与普通电子元器件在功能上有诸多相似之处，但是它们在外形、封装上却有很大的差异。掌握好表面贴装元器件的知识对于加深理解 SMT 有很大的帮助，这一节将介绍几种常见的表面贴装元器件。

19.2.1　表面贴装电阻器

表面贴装电阻器是一种广泛使用的 SMT 元器件。按照元器件的外形结构分类，可将表面贴装电阻器分为矩形片状电阻器和圆柱形片状电阻器两大类。

(1) 矩形片状电阻器　矩形片状电阻器是在陶瓷基板上印上一层二氧化钌浆料，然后经烧结光刻而成的。它可分为薄膜和厚膜两种类型，其中薄膜电阻主要用于精密和高频领域，厚膜电阻则在一般电路中应用广泛。矩形片状电阻器的结构与实物图如图 19-1 所示。

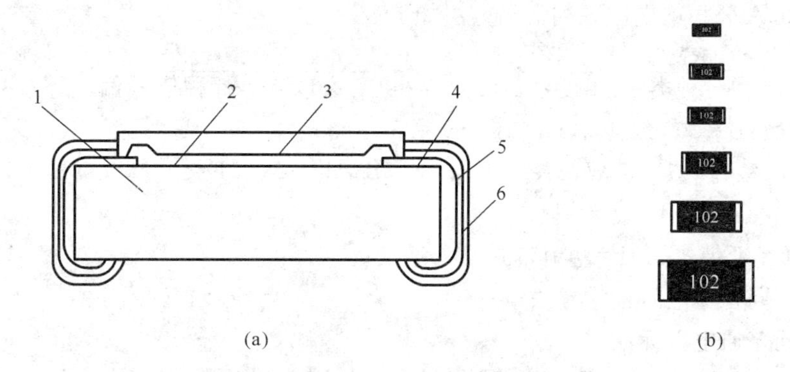

图 19-1　矩形片状电阻器的结构与实物

1—陶瓷基板；2—电阻膜；3—玻璃釉层；4—Ag-Pd 电极；5—镀 Ni 层；6—镀 Sn 或 Sn-Pb 层

从图 19-1 可以看出，矩形片状电阻器主要由陶瓷基板、电极、电阻膜、保护层等四个部分组成。

基板：基板一般的材料为高纯度(96%)Al_2O_3陶瓷，具有良好的绝缘性、导热性和机械强度高等特点。除此之外，为保证电阻、电极浆料印制到位，还要求其表面平整、划线准确。

电极：为保证电阻器(简称电阻)具有良好的导电性和可焊性，片状电阻器一般采用三层电极结构。最里面紧贴电阻体的称为内层电极，其材料一般为银钯合金，对其要求是与电阻膜的接触电阻小，与陶瓷基板结合力强，耐化学性好，易于进行电镀作业。

位于中间层的是中间电极，它是镀镍层，也称阻挡层。主要作用是提高电阻在焊接时的耐热性，还可以防止银离子向电阻膜迁移，造成内层电极被溶蚀。

位于最外层的是外层电极，它是锡铅层，又称可焊层。该层除了使电极具有良好的可焊性之外，还可延长电极的保存期和避免铅对环境的污染。

电阻膜：电阻膜采用具有一定电阻率的浆料(二氧化钌)印制在陶瓷基板上，再经烧结制成厚膜电阻。近年来也开始使用氧化物系、碳化物系和铜系材料制作电阻浆料，以降低电阻浆料的成本。

保护层：保护层位于电阻膜的外部，主要为了保护电阻体。它通常可分为封包玻璃保护膜、玻璃釉涂层和标志玻璃层。保护膜一方面起机械保护作用，另一方面使电阻体表面具有绝缘性，避免电阻与邻近导体短路。保护层一般是低熔点玻璃浆料，经印刷烧结而成。

矩形片状电阻器按照电极结构形状可分为D型和E型两种。D型结构的反面电极尺寸只标最大尺寸，无公差要求；E型结构对反面电极尺寸有公差要求，是目前常用的一种。

不同厂家的电阻型号、规格、表示方法均有不同，自成系统，但是最基本要标注的有：标称阻值、额定功率、阻值公差、封装尺寸、包装形式以及数量等。

美国电子工业协会(EIA)电阻系列的命名方法如下：

RC3216	K	103	F
代号	功率	阻值	偏差

代号：用数字表示长、宽，3.2 mm×1.6 mm。

阻值：$103=10\times10^3\ \Omega=10\ k\Omega$。

功率、偏差用字母表示，含义可查询相关资料手册。

日本KOA公司的电阻系列命名方法如下：

RM73	B	2B	TE	102	J
种类	温度系数	尺寸/功率	包装	标称值	偏差

温度系数：B=200或400、H=100、E=25。

尺寸/功率：1J=1/16 W、2A=1/10 W、2B=1/8 W、2E=1/4 W、2H=1/2 W、3A=1 W。

包装：T=纸带式、TE=塑料带式、B=散装。

标称值：同普通电阻标注方法。

偏差：同普通电阻标注方法。

表面贴装电阻组件还可用外形尺寸长度和宽度命名。标志其外形大小的尺寸通常有英制和公制两种，如英制0805表示电阻组件的长为0.08 in，宽为0.05 in，其公制表示为2012，即长2.0 mm，宽1.2 mm。片状电阻器常用的公制和英制尺寸对应关系如表19-1所示。

表 19-1　常见片状电阻英制、公制尺寸对应关系

英　制	公　制	包装带宽/mm
1825	4564	12
1812	4532	12
1210	3225	8
1206	3216	8
0805	2012	8
0603	1608	8
0402	1005	8
0201	0603	8

（2）圆柱形片状电阻器　圆柱形片状电阻器可看成是普通带引脚电阻器去掉了原来的轴向引线所做成的无引脚形式，简称为 MELF 电阻器。圆柱形片状电阻器的实物外形如图 19-2 所示。

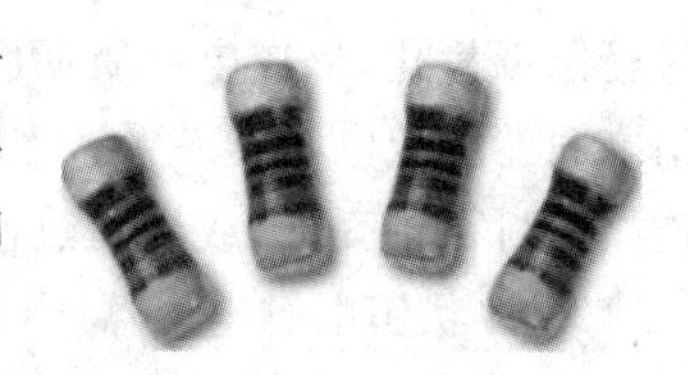

图 19-2　圆柱形片状电阻器

圆柱形片状电阻器为圆柱形密封结构，电极位于电阻体两端。电阻值用色标法（通常是 5 条色环）标于电阻表面，色标的解析方法同普通电阻。由于圆柱形片状电阻在结构和性能上与分立元件有通用性和继承性，在制造工艺上也存在着共同性，再加之其包装方便、装配密度高、噪声系数和三次谐波失真较低等自身特点，使得该电阻的应用十分广泛。目前，圆柱形片状电阻主要有 ERD 型碳膜电阻、ERO 型金属膜电阻和专门用于跨接的 0 Ω 电阻器三种。

19.2.2　表面贴装电容器

表面贴装电容器中使用最多的是片状陶瓷电容器，约占总量的 80%，其次是铝和钽电解电容器，而有机薄膜电容器与云母电容器较少。这里主要介绍前两种电容器。

1. 片状陶瓷电容器

片状陶瓷电容器有矩形和圆柱形两种形状，其中矩形是常见种类。圆柱形片状陶瓷电容器多为单层结构，较少生产；矩形多为层状结构，因此矩形片状陶瓷电容器又称 MLC（multilayer ceramic capacity）。它的外形结构如图 19-3 所示。

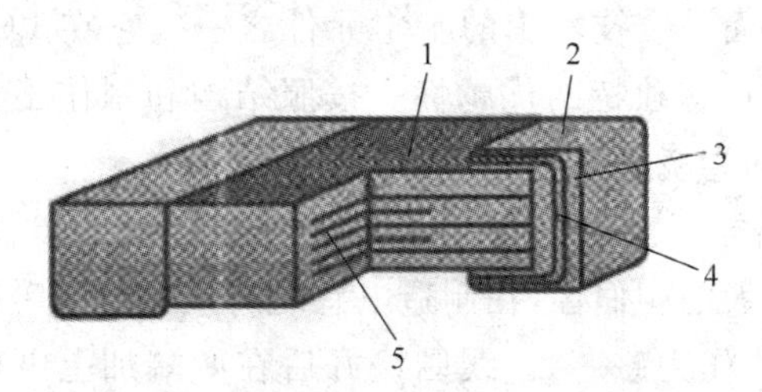

图 19-3　矩形片状陶瓷电容器结构图

1—陶瓷介质；2—端电极 Sn 焊接层；3—端电极 Ni 阻挡层；4—端电极底层；5—内电极

矩形片状陶瓷电容器一般没有引脚。元器件的寄生电感小、等效电阻低、损耗小，因此高频特性好，还有助于提高电路的应用频率和传输速度。从图 19-3 可以看出，此种类型的

电容器主要由内、外电极与陶瓷介质组成。其中内电极一般是将钯或银浆料印刷在陶瓷介质上，经层叠烧结成一个整体，根据电容量的需要，这种层叠结构少则两三层，多则数十层甚至上百层。外电极分为左右两个极端，有三层结构。底层与内电极连接在一起，材料一般为银(Ag)或银钯合金(Ag-Pd)；位于中间的一层称为阻挡层，材料一般为镍(Ni)，其作用主要是阻挡银离子迁移；外层又称焊接层，材料一般是锡(Sn)或锡铅合金(Sn-Pb)，其主要作用是改善可焊性。

2. 片状电解电容器

1）片状铝电解电容器

片状铝电解电容器按照封装形式可分为金属封装和树脂封装两种类型，如图 19-4 所示。在电容器(简称电容)的外壳上，有横线标志的一端为电容的负极。电容的容量值与耐压值一并标注在外壳之上。

铝电解电容是将高纯度的铝箔经电解腐蚀成高倍率的附着面，然后在弱酸性的溶液中进行阳极氧化，形成电介质薄膜。再用电解纸将之夹入阳极箔与用同样方式腐蚀过的阴极箔之间卷绕成电容器芯子。经电解液浸透，最后用密封橡胶把芯子卷边封口，与树脂端子板连接密封在铝壳上，或用耐热性环氧树脂进行封装而制成。

2）片状钽电解电容器

片状钽电解电容器如图 19-5 所示。与铝电解电容相比，钽电解电容的精度更高，电解速度更快，相应的成本也高一些。因此，它主要应用在大规模集成电路和需要高速运算处理的场合。在各种电容器中，片状钽电解电容器的单位体积容量最大，在容量超过 0.33 μF 的表面安装元器件中通常都采用钽电解电容器。

图 19-4　片状铝电解电容器

图 19-5　片状钽电解电容器

19.2.3　表面贴装电感器

表面贴装电感器是表面贴装技术中的基本元件之一。它在 LC 调谐器、LC 滤波器、LC 延迟线等多功能元器件中具有独特的优越性。按照结构和制作工艺不同，可将表面贴装电感器分为绕线型、多层型和卷绕型三种类型。

(1) 绕线型片状电感器　绕线型片状电感器的外形如图 19-6 所示。这种电感器与分立插装式电感器结构具有很大的相似性，在制造电感时将线圈绕在磁芯上(低电感时用陶瓷作为磁芯，高电感时用铁氧体作为磁芯)。线圈绕好后在两端加上电极，最后再在外表面涂覆环氧树脂后用塑料壳体封装而成。绕线型片状电感器的磁芯有工字形结构、槽形结构、棒形结构以及腔体结构等供使用时选择。

(2) 多层型片状电感器　多层型片状电感器外形如图 19-7 所示。它是由铁氧体浆料和导电浆料交替印制叠层后，经过高温烧结形成具有闭合磁路的整体，具有可靠性高、抗干扰能力强、体积小等优点，但电感量和 Q 值较低。主要用于通信电子线路、音频电路、电视机电路等。

图 19-6　绕线型片状电感器　　图 19-7　多层型片状电感器

(3) 卷绕型片状电感器　卷绕型片状电感器使用得较少，它是在柔性铁氧体薄片上印制导体浆料，然后卷绕成圆柱体，烧结成一个整体，做上电极即可。和绕线型片状电感器相比，它的尺寸更小，成本较低。但因为是圆柱体的，组装时接触面积较小，所以表面贴装性能不太理想。

19.2.4　表面贴装半导体

随着 SMT 技术的发展，半导体二极管、三极管、场效应管、集成电路等半导体元件也出现了相应的表面封装产品，这些产品简称为 SMD。SMD 与分立插装元件的功能相同，但封装结构不同，体积小、质量小、性能好，生产成本也得到了降低。SMD 取代传统的分立插装半导体正是现代电子技术发展的趋势。

(1) 小外形塑封晶体管(SOT)　小外形塑封晶体管又称微型片状晶体管，它主要用于混合式集成电路。SOT 主要有四种封装结构：SOT23、SOT89、SOT143 和 SOT252。

SOT23 是通用的表面贴装晶体管，如图 19-8 所示。它有三条“翼形”引脚，功率为 150～300 mW，可用来封装小功率晶体管、场效应管、二极管和带电阻网络的复合晶体管。

图 19-8　SOT23 封装晶体管

SOT89 适用于大功率晶体管，其封装结构如图 19-9 所示。它的集电极、基极和发射极从封装的同一侧引出，封装底部有金属散热片和集电极相连，功率为 0.3～2 W。

SOT143 的外形尺寸和散热性能与 SOT23 类似。如图 19-10 所示，它有四条引脚，一般用于高频晶体管。

图 19-9　SOT89 封装晶体管

图 19-10　SOT143 封装晶体管

图 19-11 所示为 SOT252 封装晶体管，其结构与 SOT89 类似，一般用于大功率晶体管。为了更好地散热，还专门为它设置了与外壳相连的散热片。

（2）小外形封装集成电路（SOP）　小外形封装集成电路简称 SOP 或 SOIC，它是由双列直插封装（DIP）演变而来的一种表面封装形式。SOP 封装的引脚分布在封装体两侧，引脚主要有翼形和 J 形两种，如图 19-12 所示。J 形引脚的封装也被称为 SOJ，相比较而言，翼形结构引脚容易焊接，工艺过程中检测方便，但占用 PCB 的面积较大；而 SOJ 能节省较多的 PCB 面积，采用这种封装能提高装配密度，集成电路表面贴装采用 SOJ 较多。

图 19-11　SOT252 **封装晶体管**

图 19-12　SOP **封装的翼形与 J 形引脚结构**

（3）塑封有引线芯片载体（PLCC）　如图 19-13 所示，PLCC 在封装体的四周分布有 J 形引脚，它也是由 DIP 演变而来的一种新式封装方法。PLCC 引脚一般有数十到数百条，一般用于计算机微处理单元（IC）、专用集成电路（ASIC）以及门阵列电路等。

（4）方形扁平封装（QFP）　QFP 一般专门用于小引脚距离的表面贴装集成电路，其引脚间的距离以 1 mm、0.8 mm、0.65 mm三种最为常见。QFP 封装结构图如图 19-14 所示。

（5）球形阵列封装集成电路（BGA）　这是一种近些年来发展起来的一种新型封装技术。它将集成电路的引脚从封装体周围转移到封装体底部，并分布于整个底面，有效地解决了 QFP 封装“引脚极限”（尺寸和引脚间距限制了引脚数）的问题。BGA 封装如图 19-15 所示。

图19-13　PLCC **封装**

图 19-14　QFP **封装**

图 19-15　BGA **封装**

19.3　表面贴装材料

表面贴装材料是指 SMT 工艺中所需的化学材料，主要包括：黏结剂、焊膏、焊剂、清洗剂等材料。这里仅简单介绍其中的黏结剂与焊膏。

1. 黏结剂

黏结剂是将 SMC/SMD 暂时固定在 PCB 相应的焊盘上，防止在焊接时元器件发生偏移的一种化学材料。黏结剂主要由树脂、固化剂、增韧剂和填充料组成。树脂是黏结剂的核心原料，一般用环氧树脂和丙烯酸酯类聚化物；固化剂能促进环氧树脂的凝固，常用双氰胺、三氟化硼-胺络合物、咪唑类衍生物、酰胺等；增韧剂能弥补树脂固化后变脆的缺陷，一般为邻苯二甲酸二丁酯、邻苯二甲酸二辛酯、液体丁腈橡胶和聚硫橡胶等；填充料能提高黏结剂的电绝缘性和耐高温性，常用的填充料有碳酸钙、钛白粉、硅藻土等。为确保贴装质量和焊接后电路的可靠性，对黏结剂的要求是涂敷能力好、胶点的形状和尺寸一致、湿润性和固化强度高、固化快、有柔性，而且能够抗冲击。

2. 焊膏

焊膏是由合金焊料粉、糊状助焊剂均匀混合而成的浆料或膏状体。它是 SMT 工艺中不可或缺的焊接材料。在常温下，焊膏可将电子元器件初黏在既定位置，当被加热到一定温度时，随着溶剂和部分添加剂的挥发，合金粉的熔化，使被焊元器件和焊盘互连在一起，冷却形成永久连接的焊点。

合金焊料粉是焊膏的主要成分，常用的合金焊料粉是锡铅合金或锡铅银合金。糊状助焊剂是焊膏的辅助成分，其成分与通用助焊剂基本相同，只是为了改善印刷效果和触变性，有时需要加入触变剂和溶剂。一般合金焊料粉占焊膏总质量的 85%～90%，助焊剂占 15%～10%。焊膏的组成与功能如表 19-2 所示。

表 19-2　焊膏的组成与功能

组　成	主要成分	功　能
合金焊料粉	锡铅合金或锡铅银合金	元器件与电路的机械和电气连接
助焊剂	松香、合成树脂	清洁金属表面、提高浸润性
黏结剂	松香、松香脂、聚丁烯	将元器件黏结在 PCB 板上
活化剂	硬脂酸、盐酸、联氨、三乙醇胺	清洁金属表面
溶剂	甘油、乙二醇	调节焊膏特性
触变剂	—	防止焊膏分散、坍塌

焊膏在使用时要注意下面几点：

(1) 由于焊膏中的助焊剂、黏结剂、活化剂、触变剂等化学材料都是温度敏感材料，因此焊膏应放入 0～10 ℃的恒温冰箱中冷藏储存。

(2) 焊膏使用前要提前两小时从冰箱中取出，使其在常温下密封放置，直至恢复到室温，不能对其加热升温。不宜将焊膏长时间暴露在空气中，使用完后要及时放回冰箱储存。

(3) 焊膏在使用前要充分搅拌，以使其中各种成分混合均匀，降低焊膏的黏度。

(4) 开封后的焊膏应尽量一次用完，从焊膏容器中取出的焊膏即使没有用完也不要放回容器中。

(5) 焊膏有一定的保质期，超过这个期限的焊膏不能使用。

19.4　SMT 工艺与设备

19.4.1　SMT 基本组装方式

目前表面贴装方式尚不能完全取代通孔插装方式，很多情况下这两种组装方式会同时出现在一块 PCB 上，并且由于对表面贴装技术的高密度、多功能和高可靠性有不同的要求，需采用不同的组装方式满足这些要求，表 19-3 所列是 SMT 的基本组装方式。

表 19-3　SMT 基本组装方式

序号		组装方式	组件结构	电路基板	元器件	特　征
1	全表面装	单面表面安装	A B	PCB 单面陶瓷基板	表面贴装元器件	工艺简单，适用于小型、薄型化的电路组装
2		双面表面安装	A B	PCB 双面陶瓷基板	表面贴装元器件	高密度组装，薄型化
3	双面混装	SMD 和 THC 都在 A 面	A B	双面 PCB	表面贴装元器件及 THT 元器件	先插后贴，工艺较复杂，组装密度高
4		THC 在 A 面，A、B 面都有 SMD	A B	双面 PCB	表面贴装元器件及 THT 元器件	THC 和 SMD 组装在 PCB 的同一侧
5	单面混装	先贴法	A B	双面 PCB	表面贴装元器件及 THT 元器件	先贴后插，工艺简单，组装密度低
6		后贴法		双面 PCB	表面贴装元器件及 THT 元器件	先插后贴，工艺较复杂，组装密度较高

19.4.2　SMT 基本工艺与设备

1. 焊膏印刷工艺与设备

焊膏为表面贴装组件与 PCB 相互连接导通的黏着材料，首先将钢板通过蚀刻或镭射切割后，由印刷机的刮刀将焊膏经钢板上的开孔印至 PCB 的焊垫上(见图 19-16)。

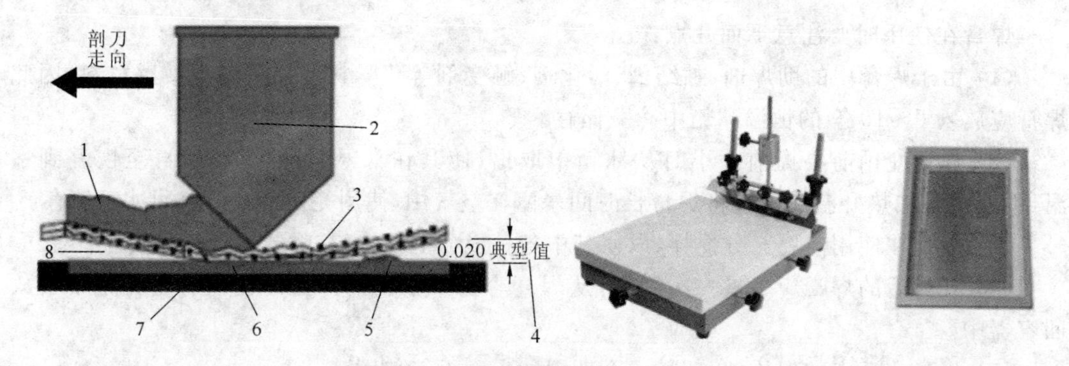

图 19-16　焊膏手工印刷设备与工艺

1—焊膏；2—刮刀；3—网板＋乳胶；4—网板与基板的距离；5—印上去的焊膏；6—基板；7—支撑；8—间隙

大型企业大批量生产时使用最多的是全自动焊膏印刷机，如图 19-17 所示。与手工印刷机相比，全自动焊膏印刷机可直接接入 SMT 生产线，整个印刷过程全部由计算机控制，无需人为干预，自动化程度和生产效率都得到大大提高。

2. 元器件贴装工艺与设备

元器件贴装就是从传送带、传送架或者料盘中拾取元器件，然后再把它们正确地贴到印制板上。元器件贴装分为手动贴装、半自动贴装和全自动贴装。手动贴装非常适合返修时使用，但是它的精确度差，速度也不快，不适合目前的组件技术和生产线的要求。半自动贴

图 19-17　全自动焊膏印刷机

装是用真空的办法把组件吸起来，然后贴到印制板上。这个方法比手动贴装快得多，但是由于它需要人的干预，还是会有出错的可能。全自动贴装在大批量组装中的应用非常普遍。高速组件贴装使用的就是这种机器，贴片速度从每小时三千到八万个组件不等。图 19-18 所示为元器件贴装设备——真空吸笔与高速贴片机。

(a)　(b)

图 19-18　元器件贴装设备

(a) 真空吸笔；(b) 高速贴片机

3. 回流焊接工艺与设备

回流焊接是将已置放表面黏着组件的 PCB，经过回流炉先行预热以活化助焊剂，再提升其温度至 183 ℃使焊膏熔化，组件脚与 PCB 的焊垫相连接，再经过降温冷却，使焊锡固化，即完成表面黏着组件与 PCB 的接合。回流焊的热传递方式已经经历了远红外线—全热风—红外/热风三个阶段的发展。

无论哪种回流焊方法，工艺过程基本是一样的，即需要经历预热—保温—焊接—冷却这样的四个阶段。预热是将贴好元器件的 PCB 加热，使焊膏中的溶剂与气体蒸发掉，同时，让其中的助焊剂浸润焊盘、元器件端头和引脚，焊膏软化、塌落、覆盖焊盘，将焊盘、元器件引脚与氧气隔离。保温使 PCB 和元器件得到充分预热，使各种体积大小不一样的元器件的温度趋于一致，防止焊接时各种元器件温度不一，影响焊接质量，同时也可预防 PCB 突然进入焊接高温区，损坏 PCB 和元器件。焊接是使温度进一步上升至 183 ℃以上，使焊膏达到熔化状态，液态焊锡对焊盘、元器件端头和引脚浸润、扩散、漫流或回流混合形成焊锡接点。冷却是使温度降低，焊点凝固。图 19-19 所示为各种回流焊接设备。

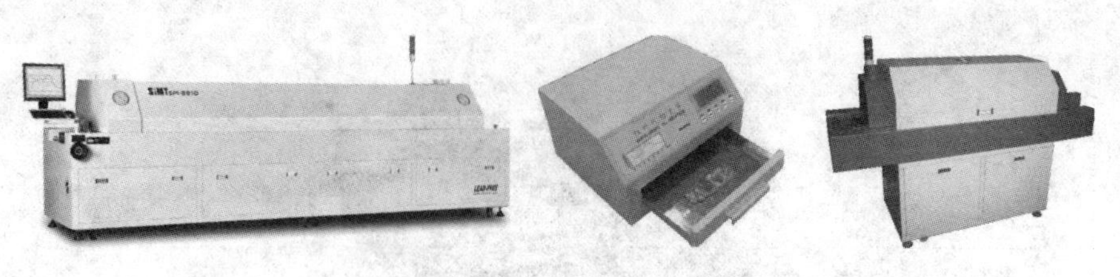

图 19-19 回流焊接设备

4. 清洗工艺与设备

清洗可去除残留在 PCB 上的助焊剂等杂质和氧化物，增加产品的价值。如果没有经过适当的清洗，表面污物可能会在生产过程中造成缺陷。无铅焊接工艺增加了清洗工艺的重要性。比起锡铅工艺，无铅焊接工艺通常需要使用更多的助焊剂和活性更高的助焊剂，因此，往往需要进行清洗，把助焊剂残渣去掉。

在 SMT 工艺流程中，最常用的清洗方法是使用在线喷洒系统或者批量喷洒系统。超声波和蒸汽去脂的方法属于其他的批量清洗方法。批量清洗方法最适合产量低、品种多的生产。在线喷洒针对的是产量高、品种单一的生产，或者是品种很多的生产。图 19-20 所示为一种 SMT 超声波清洗设备。

图 19-20 超声波清洗设备

5. 测试、检查工艺与设备

目前，SMT 现有的测试办法有电路内测试（ICT）、边界扫描测试、功能测试。电路内测试是对元件单独加电测试，来检验印制电路板是否有问题。边界扫描测试可以弥补通电检查的不足。边界扫描使用边缘连接器或者一个有限的针床设备，它可以对 ICT 接触不到的被测元器件和电路节点进行测试。功能测试仪器模拟最终的电气环境，检验印制板的功能是否符合要求。

检查不同于测试，检查是没有在通电的情况检验印制板的好与坏。通常可以在组装工艺中尽早进行检查，实现工艺监测与控制。有以下几种检查方法。

(1) 人工检查　这是检验员用目视的方法来检查印制电路板，看看有没有缺陷。这个办法是最不可靠的，对于使用 0201 元器件和微间距无铅元器件的印制板来说，更是如此。而且，人工检查的成本也非常高。

(2) X 射线检查　这个方法主要用于回流焊接后检查元件，这些元器件无法接触到，或者不能用 ICT 方式测试，也无法用肉眼看清楚。我们可以手动操作这些系统，测试样品，或者用全自动的方式在生产线上测试样品（AXI）。

(3) 自动光学检查（AOI）　这个方法是利用照相机成像技术来检查印制电路板。AOI

可以迅速检查出各种各样的缺陷，而且可以在生产线上进行，在每一道贴装工序完成之后进行。在贴装后进行 AOI 检查，能够提高贴装工艺的精确度，并且可以检查元器件是否贴到印制电路板上。它还可以用来检查元器件的位置和放置的情况。在回流焊接后进行 AOI 检查，可以发现可能是由回流焊接引起的一些缺陷。图 19-21 所示为一些测试、检查设备。

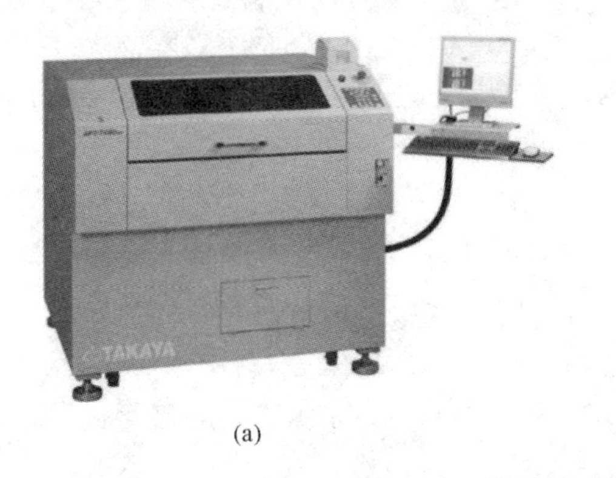

(a)

(b)

图 19-21　测试、检查设备

(a) ICT 设备；(b) AOI 设备

6. 返修工艺和设备

返修工艺包括以下四个步骤：① 找出失效的元器件，以及造成失效的可能原因；② 把失效的元器件拿下来；③ 完成印制电路板安放位置的准备工作；④ 装上元器件，然后再焊接。

通常，在返修时只需要使用手工操作的烙铁。在手工焊接时，已经很热的烙铁头接触元器件的引脚和焊盘，将热量传到引脚和焊盘上，把温度提高到高于无铅焊料的熔点(通常是 217 ℃)。含有助焊剂的焊锡丝与加热了的部位接触，焊锡丝熔化，浸润表面，并且在凝固时形成电气和机械连接的焊点。烙铁不可以直接碰到元器件，防止可能出现的热冲击和破裂。手工焊接台相对较便宜，但是需要熟练的操作人员。

有些返修工作可能需要使用手工操作的热气笔，它使用强制对流的方法把少量热气流直接喷射到引脚和焊盘上，完成焊接。在返修阵列式封装器件时，例如 BGA 和 CSP 封装的元器件，需要使用返修台。返修台一般包括一个可移动的 X/Y 支架(用来安装和支承印制电路板)、一个热气喷嘴和向上/向下进行光学对正的机构。在对正后，吸嘴拾起元器件，并把元器件放到印制板上。然后，喷嘴对这个元器件进行回流焊接。一些军用设备返修台还使用红外线或者激光进行加热。图 19-22 所示为两种返修台设备。

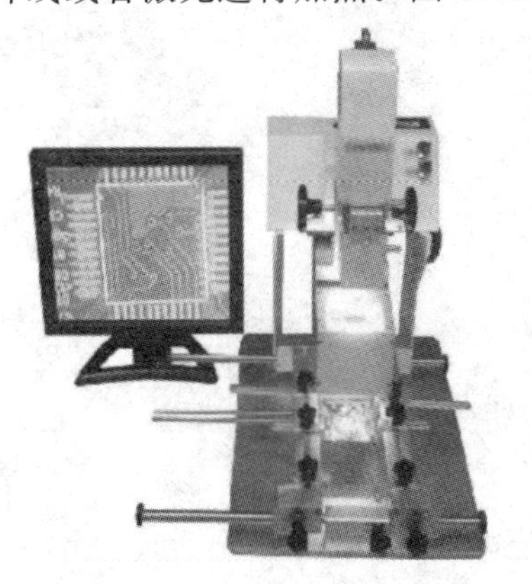

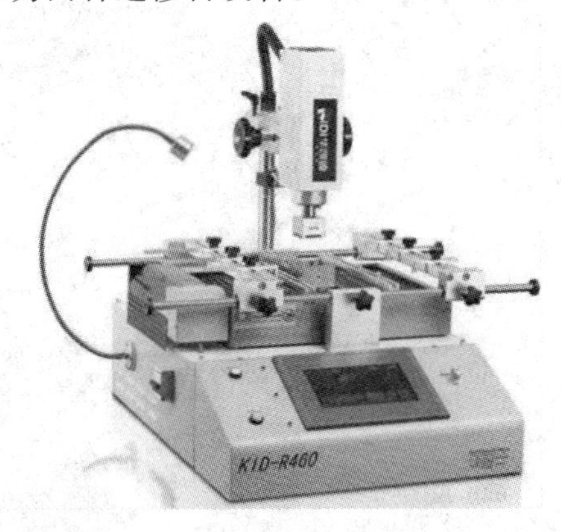

图 19-22　返修台

复习思考题

1. 什么是表面贴装技术（SMT）？它与传统的通孔插装技术（THT）相比，有何不同之处？

2. 简述SMT技术的优缺点。

3. SMC/SMD的特点是什么？

4. SMT的工艺流程是怎样的？

第20章　印制电路板设计与制造

20.1　印制电路板概述

印制电路板(printed circuit board)简称PCB,又称印制板,是电子产品的重要部件之一。用印制电路板制造的电子产品具有可靠性高、一致性好、机械强度高、质量小、体积小、易于标准化等优点。几乎每种电子设备,小到电子手表、计算器,大到计算机、通信设备、电子雷达系统,只要存在电子元器件,它们之间的电气连接就要使用印制板。在电子产品的研制过程中,影响电子产品成功的最基本因素之一是该产品的印制板的设计和制作。

20.1.1　印制电路板的分类

印制电路板的分类目前尚未有统一的标准,有的按照印制板的用途分类,有的按照印制板的基材分类,还有的按照印制板的结构特点分类。这些分类方法各有特点,应用在不同场合。

印制电路板根据制作材料可分为刚性印制板和挠性印制板。刚性印制板有酚醛纸质层压板、环氧纸质层压板、聚酯玻璃毡层压板、环氧玻璃布层压板。挠性印制板(flexible printed circuit board,FPC)又称软性印制电路板,软性印制板是以聚酰亚胺或聚酯薄膜为基材制成的一种具有高可靠性和较高可弯曲性的印制电路板。这种电路板散热性好,既可弯曲、折叠、卷绕,又可在三维空间随意移动和伸缩。可利用FPC缩小体积,实现轻量化、小型化、薄型化,从而实现元器件装置和导线连接一体化。FPC广泛应用于电子计算机、通信、航天及家电等行业。

印制电路板按照特征进行分类,可分为单面板、双面板和多层板。单面板只有一面有导电图形,元器件只能安装在一面,元器件的安装密度较低;双面板两面都有导电图形,元器件可以在两个面上安装,印制板上的面积资源被充分利用起来,元器件的安装密度较高;多层板是指由四层或四层以上导电图形和绝缘材料层压合成的印制板。

20.1.2　印制电路板的功能

印制电路板在电子设备中具有如下功能。

(1) 提供集成电路等各种电子元器件固定、装配的机械支承,实现集成电路等各种电子元器件之间的布线和电气连接或电绝缘,提供所要求的电气特性。

(2) 为自动焊接提供阻焊图形,为元器件插装、检查、维修提供识别字符和图形。

(3) 电子设备采用印制板后,由于同类印制板的一致性,避免了人工接线的差错,并可实现电子元器件自动插装或贴装、自动焊锡、自动检测,保证了电子产品的质量,提高了劳动生产率、降低了成本,并便于维修。

(4) 在高速或高频电路中为电路提供所需的电气特性、特性阻抗和电磁兼容特性。

(5) 内部嵌入无源元器件的印制板，提供了一定的电气功能，简化了电子安装程序，提高了产品的可靠性。

(6) 在大规模和超大规模的电子封装元器件中，为电子元器件小型化的芯片封装提供了有效的芯片载体。

20.1.3 印制电路板的基本制造工艺

不同类型的印制板有不同的制造方法，同一类型的印制板也有不同的加工工艺方法。尽管制造的工艺方法很多，但总的来说可以归纳为下面的三种方法。

1. 减成法

减成法又称铜箔蚀刻法，它是一种在敷有铜箔的层压板上，通过抗腐蚀图形保护层（抗腐蚀有机膜或电镀抗腐蚀金属层）有选择性地蚀刻除去不需要的导电铜箔而形成导电图形的加工工艺方法。这也是目前应用最广泛、最成熟的一种印制板加工制造工艺。

2. 加成法

加成法是通过丝网印刷或化学沉积法，把导电材料直接印制在绝缘材料上形成导电图形。目前使用较多的是下面两种加成方法。

(1) 通过丝网印刷把导电材料印制到绝缘基板上。如将金属导电浆印制在陶瓷基板上，再经过高温烧结，可制成陶瓷厚膜印制板（CTF）。如果把导电油墨印制在高分子绝缘材料上，经加温快速干燥固化后，形成聚合物厚膜印制板（PTF）。

(2) 在含有催化剂的绝缘基材上，经过活化处理后，制作与需要的导电图形相反的电镀抗蚀层图形（导电图形的负片），在抗蚀剂的窗口中（露出的活化面）进行选择性的化学镀铜，直至需要的铜层厚度。

3. 半加成法

将加成法与减成法相结合，巧妙地利用两种方法的加工特点在绝缘基材上形成导电图形。典型的工艺是用无黏结剂的覆树脂薄铜箔压合在刚性芯板上，以此铜箔作为导电的“种子”层，在薄铜箔的上面用光刻的方法制作耐电镀的抗蚀图形，再进行图形电镀，达到需要的铜层厚度后，去掉耐电镀层，然后进行蚀刻，将很薄的“种子”铜箔去掉，同时也去掉导体上微量的电镀铜和电镀层粗糙的边缘，形成精密的导电图形。

20.2 印制电路板基材

基材即基板材料，是印制板的主要材料，也是安装和支承电子元器件的基板。基材的性能如绝缘性、吸水性、机械强度等可能会影响到电路的性能，所以正确选择基材是印制电路板设计与制作的重要内容。要正确选择印制板的基材，就要了解基材，熟悉基材的有关特性以及它对印制板性能的影响。

20.2.1 刚性印制板基材

刚性印制板（CCL）是目前发展最成熟、品种和类别最多的一大类印制板基材，一般由树脂、增强材料与铜箔压制而成。其主要类别有以下几种。

1. 酚醛纸质层压板

酚醛纸质层压板可以分为不同等级。大多数等级能够在高达70～105 ℃温度下使用，长期在高于这种范围温度下工作可能会导致一些性能的降低（但这仍取决于基材的等级和厚度），而且过热会引起炭化，在受影响的区域内，绝缘电阻可能会降至很低值。这样的热源是发热元器件，在正常温度范围内，基材可能会发生严重的变黑现象（阳光也能使基材变黑，但不会引起材料性能的改变）。在高湿度环境下放置会使基材的绝缘电阻大幅度减小，然而当湿度降低时，绝缘电阻又会增加。

2. 环氧纸质层压板

与酚醛纸质层压板相比，环氧纸质层压板在电气性能和非电气性能方面都有较大的提高，有较好的机械加工性能和力学性能。根据材料的厚度，它的使用温度可达90～110 ℃。

3. 聚酯玻璃毡层压板

聚酯玻璃毡层压板的力学性能低于玻璃布基材料，但高于纸基材料。然而它具有很好的抗冲击性，并有好的电气性能，能够在很宽的频率范围内应用，即使在高湿度环境下，也能保持好的绝缘性能。它的使用温度可达到100～105 ℃。

4. 环氧玻璃布层压板

环氧玻璃布层压板的力学性能高于纸基材料，特别是弯曲强度、耐冲击性、翘曲度和耐焊接热冲击都比纸基材料好。这种材料的电气性能也很好，使用温度可达130 ℃，而且受环境（湿度）影响小。

20.2.2　挠性印制板基材

挠性印制板（简称挠性板）是20世纪70年代出现的一类软性印制板基材，由铜箔、绝缘薄膜、黏结剂复合而成，具有可弯曲性。挠性板广泛应用于计算机、通信、打印设备等领域。主要的挠性印制板基材有敷铜聚酯薄膜、敷铜聚酰亚胺薄膜、薄型环氧玻璃布和氟化乙丙烯薄膜等。

1. 敷铜聚酯薄膜（PET）

敷铜聚酯薄膜的抗拉强度、介电常数、绝缘电阻等机电性能较好，并有良好的耐吸湿性和吸湿后尺寸的稳定性。其缺点是耐热性能差，受热后尺寸变大，不耐焊接，工作温度较低（低于105 ℃）。PET只适用于无需焊接的印制传输线和整机内的扁平电缆等。

2. 敷铜聚酰亚胺薄膜（PI）

敷铜聚酰亚胺薄膜具有良好的机电特性、阻燃性、耐气候性和耐化学腐蚀性。其最突出的特点是耐热性高，实验表明，敷铜聚酰亚胺薄膜的玻璃化转变温度可达220 ℃以上，但是，它的吸湿性较高，高温下或吸湿后尺寸收缩率大，成本较高。PI适用于高速电路微带或带状线式的信号传输挠性板。

3. 薄型环氧玻璃布

薄型环氧玻璃布挠性板是近年来发展起来的一种新型挠性印制板基材，除挠曲性能以外，在绝缘性能、耐湿性能、尺寸稳定性等综合性能方面，薄型环氧玻璃布要明显好于传统的挠性基材，并且成本低于PI板。

4. 氟化乙丙烯薄膜

氟化乙丙烯薄膜通常和聚酰亚胺或玻璃布结合在一起制成层压板，在不超过250 ℃的焊接温度下，具有良好的挠性和稳定性。它也可以作为非支承材料使用。氟化乙丙烯薄膜是热塑性材料，其融化温度为290 ℃左右。它具有良好的耐潮性、耐酸性、耐碱性和耐有机溶剂性。它主要的缺点是层压时在层压温度下，导电图形易发生移动。

20.3 印制电路板的设计基础

印制电路板设计是根据电路设计意图，将电路原理图通过逻辑图或网络表转换成印制板图，确定印制板结构，选择印制板基材，设计导电图形和非导电图形，提出加工要求，完成印制板生产所需要的各种设计文件、资料的全过程。

电子设计人员的电路设计思想最终要落实到实体，即做成印制电路板，组成电路各要素的物理特性，如过孔、槽、导线尺寸、焊盘、表面涂层等，是设计人员设计印制板时要考虑的要素，这也是设计出高质量的印制电路板的基础。

20.3.1 印制电路板的设计要求

要使设计的印制板满足用户不同的需求，并为安装和日后维护检修带来便利，必须在设计之前考虑好一些通用性的问题，这些问题就是对印制板设计的基本要求。只有在综合考虑电路结构功能、印制板制造和电子装连等各项工艺要求的基础上，考虑这些通用问题，才能设计出性能优良的印制板。根据印制板设计人员与制造人员在长期工程实践中积累的经验与教训，现代印制板制造工艺对印制板设计提出了以下几个基本要求。

1. 电路原理设计的正确性与电气连接的美观性

这是印制板设计最基本、最重要的要求。电路原理图设计的准确性，是保证电路系统最终能够完成人们某项需求的先决条件。同时，印制板装配图上导线的连接关系要与原理图设计相一致，避免出现短路与断路这两个简单而致命的错误。如果因机械、电气性能要求不宜在板上布线时，应在印制板装配图上注明连线的方式和要求，印制导线的宽度和间距要满足相应的电气要求。元器件的布局与布线要协调、美观，做到既满足电气性能要求又外表美观。

2. 印制板设计要考虑环境因素

这项要求有两重含义。其一是要充分考虑印制板的使用环境条件，选择合适的印制板基材，以满足使用环境的需要，延长印制板的使用寿命。对一些有高可靠性要求的印制板，必须考虑电磁兼容性，不能给其他电子设备带来电磁干扰。其二是印制板的基材、各种涂覆层、生产过程中会残留在印制板表面的各种焊剂、化学制剂等应符合有关的大气环境污染标准。印制板终归是有一定使用寿命的，报废的印制板在燃烧、掩埋等处理过程中都要尽量减少对空气、水、土壤的污染。

3. 印制板设计要考虑经济性

不同结构类型、不同基材、不同加工精度要求的印制板其成本相差很大。一般说来，多层板的成本要高于单面或双面板，高密度布线板的成本高于低密度布线板，性能等级高的成本也要高。设计者在设计印制板时无需贪大求全，盲目追求先进工艺与制造技术，有些电子产品如消费类电子产品，更新换代速度很快，没有必要选择性能较好的环氧玻璃布基材或其他高性能基材，完全可以使用酚醛纸基的基材。总之，设计时要考虑性价比，在满足安全、可靠的前提下力求成本最低、经济适用。

4. 印制板设计要考虑可靠性

印制板的可靠性是使用要求的基本保证，不同性能等级的印制板，可靠性程度要求不同。可靠性与印制板的结构、使用环境、基材的选择、印制板的布局、布线、印制导线的宽度与间距以及印制板的制造和安装工艺等因素有关，其中任何一项因素的变化都会影响印制板的可靠性。设计时必须综合考虑以上因素，合理确定印制板的层数、导线宽度和间距，布局、布线和互连的形式。一般来讲，布线层数少、布线密度低的印制板布线的布通率高，可靠性也高。但在一些特殊电路中，由于电气性能的要求和考虑电磁兼容，采用多层板可能会比单面或双面布线取得更好的效果。

5. 印制板设计要考虑可制造性

印制板设计者在确定印制板层数、布局与导线宽度、间距及其精度、互连方式、孔径大小和板厚与孔径比等要素时，应当考虑设计的产品与印制板当前的制造和电子装连工艺水平相适应，在满足电气设计要求的同时，尽可能有利于制造、安装和维修。一般来说，布线密度和导线精度越高，层次越多，结构就越复杂，孔径越小，制造的难度就越大。如果设计的产品工艺性不好，或者设计要求超越了实际的制造水平，就不可能将印制板制造出来。

20.3.2　印制电路板的设计流程

早期的印制板设计主要采用人工手工设计方法，这种方法既费时又费力，并且印制板的质量不高，精度也比较低。难以制造导线精细、图形复杂的多层印制板。从 20 世纪 70 年代后，伴随着计算机辅助设计(CAD)技术的兴起与发展，印制板的设计工作已经由人工设计转向由计算机辅助设计。CAD 设计不仅可以节省大量设计的时间，而且可以完成一些人工无法进行的复杂电路设计。CAD 还能直接为 PCB 制造提供各种加工数据，实现 CAD、CAM、CAT 的一体化，大大提高了 PCB 的加工质量，缩短了 PCB 设计和生产周期，降低了 PCB 开发成本，提高了 PCB 设计的效率。PCB 的设计流程如图 20-1 所示。

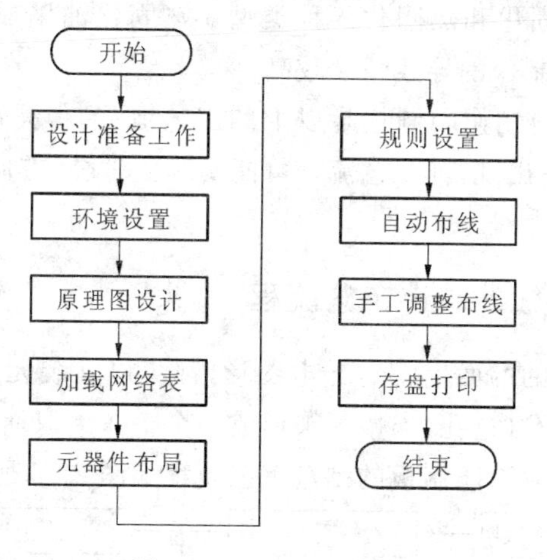

图 20-1　PCB 设计流程

20.4　印制电路板的制造基础

印制板的制造技术是将印制板的设计转化为成品的手段。目前，印制板的制造工艺有多种，其制造工艺流程也不尽相同，但减成法仍是使用最多和最成熟的制造工艺。因此，本节主要以印制板的减成法制造技术为主，介绍一般单面板和双面板的制作工艺流程。

20.4.1 单面印制板的制造工艺流程

单面印制板是在基材上只有一面上有导电图形，是制造工艺最简单的一种印制电路板。不同的机械加工特性的基本材料，其加工流程有所差异，但是基本流程是大同小异的。单面印制板的典型制造工艺流程如图 20-2 所示。

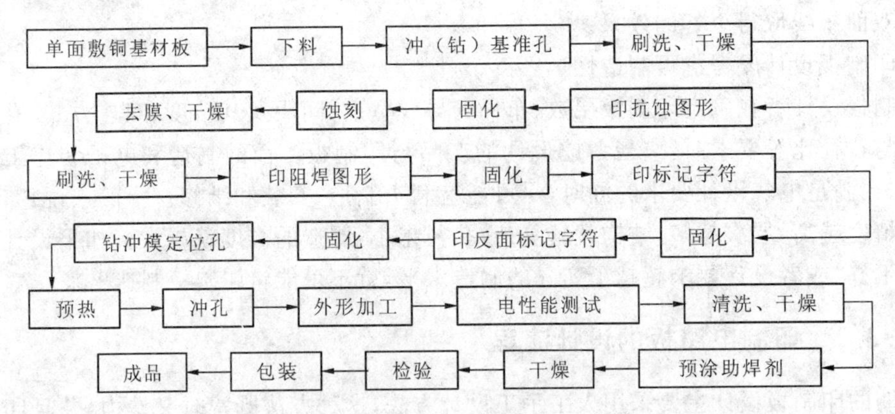

图 20-2 单面印制板的典型制造工艺流程

注意以下几点。

(1) 冲孔、外形加工两道工序也可以用一副冲模一道工序完成；采用冷冲型基材，在冲孔前不需要预热工序。

(2) 若采用光固化油墨印制抗蚀图形时，将印抗蚀图形、固化工序改为涂覆抗蚀油墨、图形曝光和显影。

(3) 抗蚀油墨分为光固化和热固化两种类型。热固化油墨成本低，制作的导线精度较低；光固化油墨成本较高，制作的导线精度较高。

(4) 按现有的工艺材料制作印制板是以上的工艺流程，但是印制板的工艺材料也在不断地发展，如果有新的材料出现，其工艺流程可能要改变，发展方向是工艺越来越简单，产品精度和质量越来越高。

20.4.2 双面印制板的制造工艺流程

双面印制板是在基材的两面上都有导电图形，都可以安装元器件的印制电路板。印制板的两面需要使用金属化孔(过孔)连接起来形成一个整体。双面印制板的制造工艺比单面印制板的制造工艺复杂。双面印制板的制造工艺流程如图 20-3 所示。

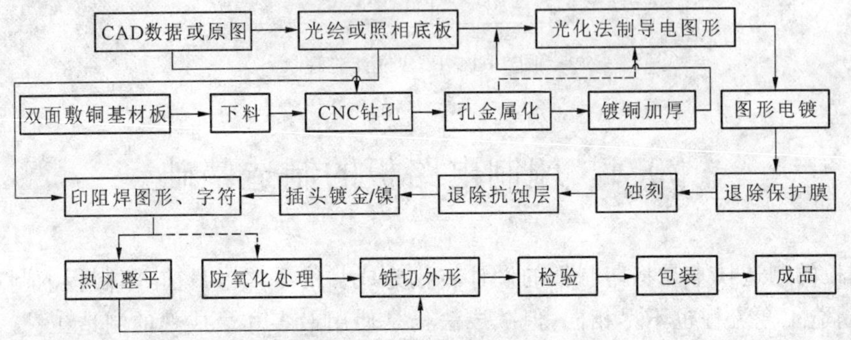

图 20-3 双面印制板的制造工艺流程

注意几点：

防氧化处理是指在裸铜焊盘上涂覆防氧化保焊剂(OSP),不需要进行热风整平。

复习思考题

1. 什么是印制电路板？印制电路板有哪些种类？
2. 印制电路板的主要功能是什么？目前制作印制电路板的方法有哪几种？
3. 印制电路板的基材有哪些？在制作印制板时应该怎样正确选择基材？
4. 简述印制电路板设计的基本要求与流程。

第 21 章　电子实训案例

本章将通过几个电子技术训练项目来对前六章的内容进行总结，使读者将前面学习的理论与实践训练相结合，达到电子技术训练课程理论联系实际、手脑并用的教学目的。

21.1　焊接技术训练

1. 训练目的

通过本次训练应达到以下目的。

了解：锡焊机制；焊接工具的种类与用途；焊料与焊剂的物理性质、种类、用途。

掌握：焊接工具的使用方法；焊接的“五步法”与拆焊方法；焊点质量的检查方法；分立元器件质量检查、成形、插装与导线互连方法。

2. 训练器材

(1) 35 W 外热式电烙铁(含烙铁架)一把、松香一盒、焊锡丝若干。

(2) 装接工具一套(含偏口钳、镊子、螺丝刀、剥线钳、尖嘴钳、平口钳、吸锡器各一个)。

(3) 印制电路板一块，导线若干，分立插装元件一套(含电阻器若干、电容器若干、普通二极管若干、普通三极管若干、电感线圈若干、芯片插座若干、热缩套管若干)。

(4) 万用表、示波器、函数发生器各一套。

3. 训练内容与步骤

1) 元器件质量筛查

复习有关章节中有关元器件质量筛查的知识，对分发的元器件逐一进行质量检查，将测量的数据填写在自行设计的记录表格中。

2) 导线的预制与焊接

(1) 将长导线用偏口钳剪成长度为 5～6 cm 的小段(共 6 段)。

(2) 用剥线钳将每小段导线的两端绝缘胶皮剥去约 0.5 cm。

(3) 取两小段已预制的导线，将热缩套管套接在其中一根导线上，按照导线与导线焊接的方法将两根导线焊接在一起，最后用热缩套管将导线接头处牢牢包裹起来。用同样的方法将剩下的四根短导线焊接成两根长导线。

(4) 用万用表的蜂鸣器挡检查刚刚制成的三根长导线的连通性。如有未连通的现象，说明焊接时出现了问题，此时需要将热缩套管剪开，检查接头处的焊接情况，直至故障全部排除，再重新套上热缩套管。

(5) 将三根长导线焊接在印制电路板上。要求使三根导线在印制板上依次排列形成一根更长的导线，焊接完成后用万用表的蜂鸣器挡检查其连通性。如有未连通的现象，可用万用表的蜂鸣器挡逐一测试印制板上的焊点，逐步缩小导线开路的范围，直至查找并消除故障。

(6) 使用拆焊工具，将刚刚焊接的导线完整地拆除下来，并清除掉残留在印制板焊盘上的焊料。

3) 元器件成形与焊接

(1) 将电阻器分为两组，一组使用卧式成形，另一组使用立式成形。

(2) 将成形后的电阻安装在印制板上。要求卧式成形的电阻与立式成形的电阻分开安装，采用同一种安装方式的电阻器安装高度、安装间距、对齐方式保持一致，安装的方向要便于读色环。

(3) 使用导线将卧式安装的电阻与立式安装的电阻串联起来，并用万用表检查连通性，如有不连通的现象，自行检查并排除故障。

(4) 使用拆焊工具将焊接的电阻器与导线从印制板上拆除下来，并清除残留在印制板焊盘上的焊料。

(5) 将普通二极管按照卧式方法焊接在印制板上，用导线将其两个电极引出。要求各二极管安装高度、安装间距、对齐方式保持一致。

(6) 将万用表拨至二极管挡位，验证二极管单向导通性。

(7) 使用拆焊工具将二极管与导线从印制板上拆除下来，并清除残留在印制板焊盘上的焊料。

(8) 将普通三极管按照立式方法焊接在印制板上，用导线将其三个电极引出。要求三极管安装高度、安装间距、对齐方式保持一致。

(9) 将万用表拨至二极管挡位，判断三极管极性及三个电极。

(10) 使用拆焊工具将三极管与导线从印制板上拆除下来，并清除残留在印制板焊盘上的焊料。

(11) 先将电感线圈引脚处的漆包线刮除，并镀上一层锡，再按照卧式方法将电感线圈焊接在印制板上。

(12) 使用拆焊工具将电感线圈从印制板上拆除下来，并清除残留在印制板焊盘上的焊料。

(13) 用芯片插座代替集成块，练习集成电路的焊接。焊接完成后，使用拆焊工具将其拆下来。

4) 验收标准

(1) 元器件筛选方法得当，测量记录条理清晰。

(2) 会正确使用电烙铁，焊接方法运用得当，正确使用焊料、焊剂，焊点光滑、圆润、无杂质、导电性好、机械强度高。

(3) 元器件成形、安装方法得当，元器件安装排列整齐、美观、便于读数，导线连接方法正确。

(4) 拆焊方法得当，拆除下来的元器件外形保持完好，印制板焊盘、导线无剥离现象，焊盘孔无堵塞。

21.2 印制电路板制作训练

1. 训练目的

通过本次训练应达到以下目的。

了解:印制电路板的种类、用途;印制电路板的基材及选用;常用的印制电路板 CAD 设计软件及设计流程。

掌握:单面印制板的快速制板流程及制板设备使用方法;Protel 99SE 印制板设计流程;进一步巩固电子元器件装接焊接技术;电路装调及故障排除技术。

2. 训练器材

(1) 单面印制电路板毛坯板(15 cm×30 cm)一块。

(2) 热转印机一台、高精度手动台钻一台、印制板裁板机一台、热转印纸若干、0.7 mm 高碳钢钻头一盒。

(3) 印制板全自动刷光机、蚀刻机。

(4) 微型计算机(预装印制板 CAD、CAM 软件),打印机。

(5) 剪刀一把、单面胶若干。

(6) 电路所需各种元器件一套(具体内容见后文元器件清单)。

(7) 35 W 外热式电烙铁(含烙铁架)一把、松香一盒、焊锡丝若干、吸锡器一把、装接工具一套(含偏口钳、镊子、螺丝刀、剥线钳、尖嘴钳、平口钳等)。

(8) 万用表、示波器、函数发生器。

3. 训练内容与步骤

1) 电路原理图设计与 PCB 板图设计

(1) 设计内容与要求。

设计一个具有电源指示与清零装置的四路抢答器。该抢答器由 5 V 直流电源供电,可由主持人操纵,避免有人在主持人说“开始”前提前抢答。具有优先判断、编号锁存功能,当一轮抢答之后,最先抢答选手的 LED 点亮,禁止二次抢答,如果再次抢答必须由主持人操作“清零”状态按键。电路元器件清单如表 21-1 所列。

表 21-1 四路抢答器元器件清单

序号	名 称	数 量	封装或尺寸
1	74HC30(8 输入与非门)	1 片	DIP14(双列直插)
2	74HC175(带复位功能,上升沿触发,4-D 触发器)	1 片	DIP16(双列直插)
3	NE555(555 定时器)	1 片	DIP8(双列直插)
4	9014(NPN 型三极管)	4 只	TO-92
5	电解电容器(10 μF,25 V)	1 只	THT
6	陶瓷电容器(102 pF、103 pF、104 pF)	各 1 只	THT
7	LED	5 只	THT
8	电阻器	1 kΩ 5 只、4.7 kΩ 4 只、10 kΩ 7 只、15 kΩ 1 只	AXIAL-0.4
9	轻触开关	5 只	5 mm×5 mm

(2) 原理图设计。

按照设计要求和所给元器件,可设计出如图 21-1 所示的原理图。

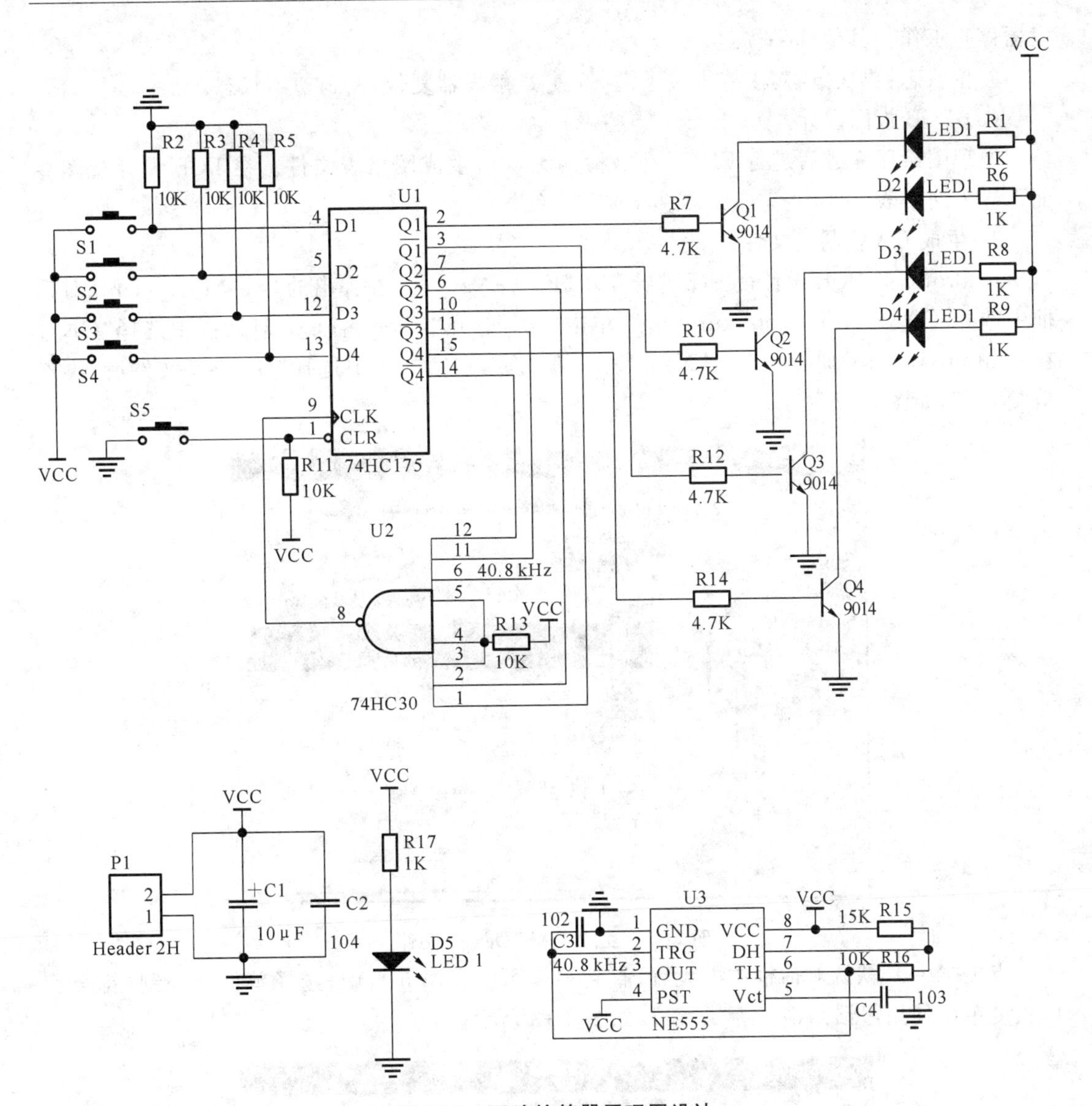

图 21-1　四路抢答器原理图设计

根据电路原理图，四路按键 S1、S2、S3、S4 对应的显示灯是 D1、D2、D3、D4。S5 为复位清零按键，D5 为电源指示。74HC175 的时钟由 NE555 振荡电路产生。NE555 多谐振荡器的输出信号周期由下式决定

$$T = 0.7(R_{R15} + 2R_{R16})C_{C3}$$

将元器件参数代入计算可得输出信号的频率约为 40.8 kHz。

初始状态：当有时钟信号输入到 CLK 引脚时，D 触发器的输入等于输出，四路输入引脚为低电平，输出引脚 Q 端输出低电平，三极管 Q1、Q2、Q3、Q4 截止。发光二极管 D1、D2、D3、D4 处于熄灭状态。四路输出引脚 $\overline{Q}$ 输出高电平到 74HC30（8 输入与非门），40.8 kHz 时钟输入有效至 74HC175 的 CLK 引脚。

抢答状态：当主持人宣布抢答有效，选手按键抢答，假设 1 号选手最先按下 S1 键，D 触发器的输入 D1 等于输出 Q1（高电平），三极管 $\overline{Q1}$ 导通，发光二极管 D1 点亮。此时，$\overline{Q1}$ 引脚输出电平到 74HC30（8 输入与非门），时钟信号被锁存，74HC30 输出端一直为高电平。D 触

发器停止工作。其他选手按键无效。

复位状态:再次抢答,主持人按下键 S5 使 D 触发器复位,回到初始状态。

(3) PCB 板图设计。

原理图绘制完成后进行 ERC 检测,检测无误后生成网络表文件。在 PCB 设计视图界面下导入网络表文件,并完成元器件布局与布线。

2) 生成 CAM 制造文件

在 Protel 的 PCB 设计视图下选择菜单“File→New...”在弹出的“New Document”对话框中选择“CAM output configuration”,单击“OK”。在“Choose PCB”对话框中选择“OK”。在“Output Wizard”向导中点击“Next”进入第二页,在第二页中选择“Gerber”文件后,再点击“Next”,如图 21-2 所示。

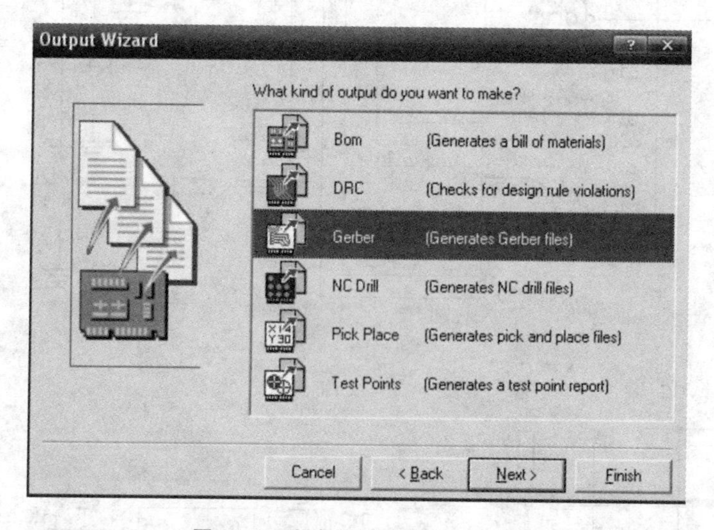

图 21-2 生成 CAM Gerber 文件

点击“Next”默认对话框中的设置,直到第 5 页。在第 5 页中,选择单位为公制(符合我国长度单位使用习惯),格式为“4∶4”,如图 21-3 所示。

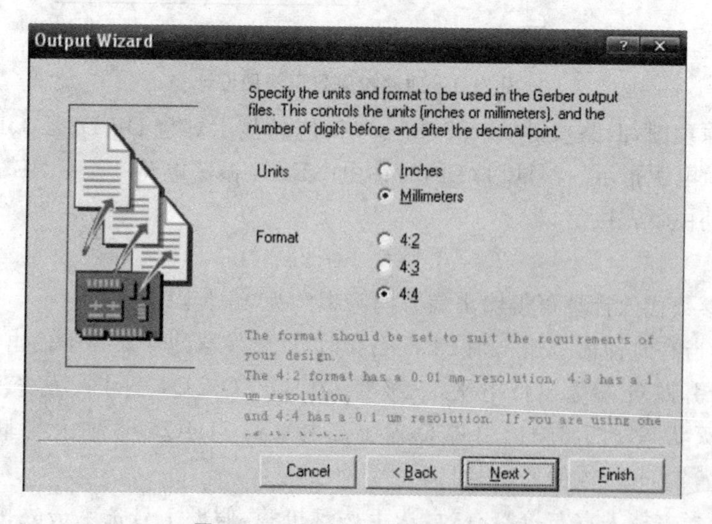

图 21-3 CAM 向导对话框设置

其余设置可以选择默认,最后单击“Finish”完成,生成图 21-4 所示的文件。

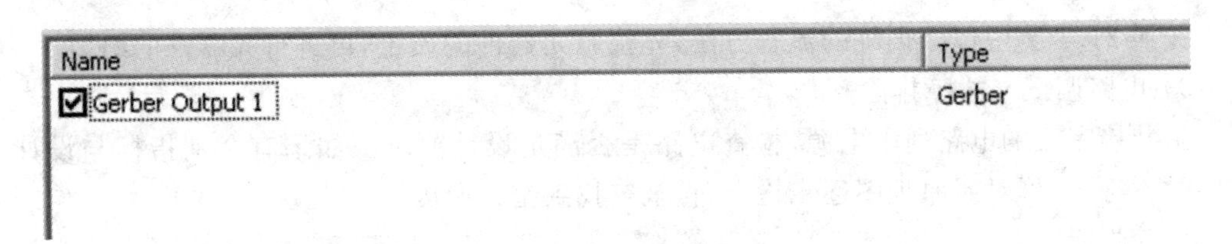

图 21-4　生成输出文件

在上图的文件名处右击鼠标，在弹出的菜单中选择“Generate”选项，即可在 Protel 左边的导航栏中看见生成的 CAM 文件。

在导航栏的“CAM for...”文件夹上右击鼠标，在弹出的菜单中选择“Export...”将 CAM 文件夹导出到某个位置。打开 CAM 软件，选择菜单“File→Import”，在刚才导出的位置将文件全部导入。然后选择菜单栏中的“Table”菜单，在下拉菜单中选择“Composite”选项，在该选项中进行相关的设置板层的操作，设置完成后，就可以进行热转印纸的打印了。

3）热转印电路

热转印机上电，打开电源开关。待热转印机的温度上升到 180 ℃左右时，将打印好的印有电路图形的热转印纸用剪刀裁剪成合适的大小，并使光滑面贴在单面敷铜板上，用胶带固定牢后放到热转印机的平台上，用手轻轻推入机内。按机器上控制方向的按钮可以改变滚轴运动的方向，让板在热转印机中来回热转印两次即可完成热转印。

将板取出(注意不要烫伤手，此时板上铜箔的温度很高)，慢慢地撕开热转印纸，如果发现纸的光滑面上还有墨迹没有印到铜箔上，可合上纸再做一次热转印；如果光滑面上已经没有墨迹，但是铜箔上仍有断线的地方，可以用黑色油性笔将断线的地方连接上。

4）腐蚀

打开腐蚀机的电源，启动腐蚀机的加热功能。将腐蚀液的温度加热到 35～40 ℃的时候才能开始腐蚀，但最高温度不能超过 50 ℃。将印制板放到进料口，打开传动开关，旋转转速控制旋钮，将转速调至 15～18 rad/min，启动腐蚀开关开始腐蚀。

5）去碳迹

在碳迹的覆盖保护下，印制板上导电线路部分免受腐蚀。腐蚀结束之后应该去掉这层保护膜。由于碳粉的吸附力较强，所以要用专门的有机溶剂来去除碳迹。方法是在碳迹处倒上少量的有机溶剂，用橡胶手套上凸出的颗粒部分轻轻擦洗，直至全部碳迹都消失，露出铜箔。注意不要使用太大的力气搓洗，以免将较细的线路搓断。

6）钻孔

根据印制电路板上焊盘或机械孔的大小选择合适的钻头进行钻孔。在钻孔前先不要开动钻孔机，将钻头安装好后先定好孔的位置。在钻孔时要注意将钻孔机的速度提升到最大挡，以免转速过低使得钻头断裂。在下压钻头时要尽量保持垂直下压，动作不要太大，同时要保持电路板的稳定，不要发生位移。提升钻头的时候也不要太快，否则都容易使钻头断裂。如果在钻孔时，基板的废屑遮挡了视线，可用软刷清扫，不要用手清理，以免受伤。

7）检验印制板

透过灯光观察钻孔时是否将焊盘孔或机械安装孔全部打穿，没有穿透的孔要重钻，以免给元器件插装带来困难。用万用表检查印制板上印制导线的导通性能，对于在腐蚀过程中不慎断裂的导线，可在断裂处两端架接跳线。

8）元器件安装

按照21.1节中焊接训练的流程方法，先检验元器件的质量，再进行元器件的组装。

9）电路调试与故障排除

给装接完成的电路通上电源，检查电路是否满足设计要求。如果有个别指标与设计要求中的不符合，可对照原理图逐步检查，直至查找到错误原因。

4.验收标准

(1) 熟悉印制板设计、制作流程，印制板的制作过程无重大失误。

(2) 元器件成形、安装方法得当，元器件安装排列整齐、美观、便于读数。

(3) 元器件焊接方法得当，焊点无缺陷。

(4) 电路通电后能满足设计要求，或经过检测、调试、返修后能满足设计要求。

21.3 SMT训练

1.训练目的

了解：SMC/SMD的尺寸、保装、封装；SMT的发展趋势；焊膏的成分与焊膏的保存、使用方法；回流焊接温度曲线的设置方法。

掌握：点胶与焊膏印刷的方法；台式回流焊机的操作方法；SMT返修技术。

2.训练器材

(1) 单面印制电路板毛坯板(15 cm×30 cm)一块。

(2) 热转印机一台、印制板裁板机一台、热转印纸若干。

(3) 印制板全自动刷光机、蚀刻机。

(4) 微型计算机(预装印制板CAD、CAM软件)、打印机。

(5) 剪刀一把、单面胶若干。

(6) 点胶机、焊膏印刷机、真空吸笔。

(7) 焊膏、焊膏稀释剂。

(8) 电路所需各种元器件一套(具体内容见21.3.3元器件清单)。

(9) 热风拆焊台、放大镜、焊锡丝、电烙铁、松香、吸锡纸(供拆焊返修使用)。

(10) 万用表、示波器、函数发生器。

3.训练内容与步骤

1）电路原理图设计与PCB板图设计

设计内容与要求：设计一个多路波形发生器，要求输出四路方波信号，频率分别为：8 Hz、4 Hz、2 Hz、1 Hz。用这四路方波信号驱动四个NPN型三极管，点亮四个LED。由于频率分别为8 Hz、4 Hz、2 Hz、1 Hz，因此LED在发光时呈现出流水灯的样式。电路元器件清单如表21-2所列。

表21-2 电路元器件清单

序号	名　称	数　量	外形或封装
1	74HC393(双四位二进制脉冲计数器)	1片	SO-14
2	74HC4060(十四位二进制异步计数器)	1片	SO-16

续表

序号	名　　称	数　　量	外形或封装
3	电解电容器(10 μF)	1 只	片状铝
4	陶瓷电容器(104 p)	1 只	片状陶瓷
5	陶瓷电容器(30 p)	2 只	片状陶瓷
6	NPN 型三极管	4 只	SOT23
7	LED	4 只	贴片式
8	无源晶体振荡器(4.194304 MHz)	1 只	贴片式
9	电阻器	1 kΩ 4 只 2 kΩ 4 只 2 MΩ 1 只	矩形片状

原理图设计：按照设计要求和所给元器件，可设计出如图 21-5 所示的原理图。

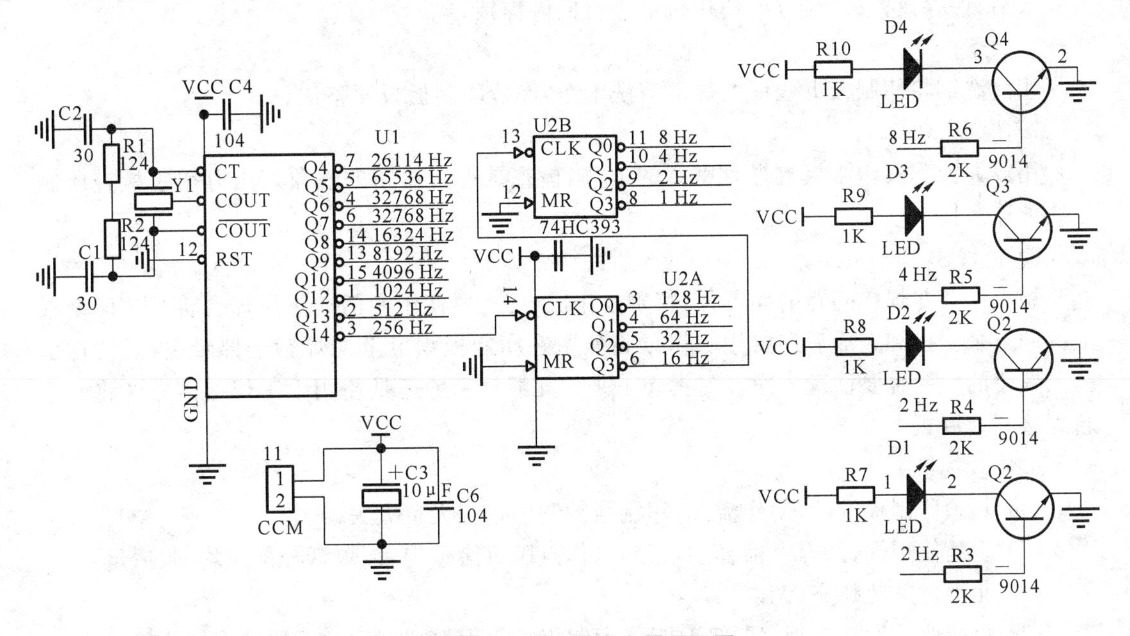

图 21-5　多路波形发生器原理图

利用 74HC4060 内部的两反相器，外接晶振和电容、电阻构成振荡器，作为时钟发生器。振荡频率由晶振决定（4.194304 MHz）。经过计数器分频后，Q14 的输出频率为 4.194304 MHz/16384=256 Hz。再将该频率的信号送入 74HC393 继续分频，可从中得到所需的 8 Hz、4 Hz、2 Hz、1 Hz 信号。

PCB 板图设计：原理图绘制完成后进行 ERC 检测，检测无误后生成网络表文件。在 PCB 设计视图界面下导入网络表文件，并完成元器件布局与布线。

2）制作印制电路板

根据 CAD 设计制作印制电路板，见 21.2 节中相关内容。

3）涂覆焊膏

(1) 将焊膏从冰箱中取出使其温度恢复至常温后再打开使用。用小勺取出部分焊膏加入适量稀释剂，用小勺充分搅拌，直至焊膏可以在空中拉成一条不断的细丝。多余的焊膏尽快放入冰箱中保存。

(2) 将搅拌均匀、黏稠适度的焊膏倒入焊膏涂覆专用针筒中，针筒后部接入点胶机的出气孔。检查此处的气密性是否良好，否则可能会影响焊膏的涂覆。针筒头部安装上针孔，针孔的孔径要与焊盘的大小相适应。

(3) 打开点胶机的真空气泵，将点胶机设置成手动模式，调节输出气压大小。脚踩踏板控制气压输出，手拿针筒控制焊膏涂覆位置。

(4) 涂覆焊膏完成后，先将针筒中多余的焊膏倒入专门的焊膏回收容器中，再把针筒、针孔放入75%酒精溶液中浸泡一段时间，最后用清水冲洗干净。

4) 放置元器件

用真空吸笔从工料槽中吸取元器件，待移至相应焊盘正上方2～3 cm处时，关闭真空吸笔，让元器件垂直自由落在焊膏之上。利用焊膏的黏性暂时将元器件固定在印制板上。

5) 回流焊接

打开回流焊机的开关，进入回流焊机焊接曲线设置模式，设置焊接温度及焊接时间。设置完成后，保存设置结果，方可使用机器进行回流焊接。

6) 清洗

用清洗剂将印制板上残留的焊剂清洗干净，保持印制板板面整洁。

7) 检查

用放大镜观察印制板上焊盘密集的地方，检查是否有短路的现象。用万用表检查印制导线的连通性。

8) 返修

检查中存在焊接问题的元器件，特别是集成电路，要使用专门的热风焊台将其从印制板上拆卸下来。拆卸完成后还要用吸锡纸将残留在印制板焊盘上的焊锡全部吸去，元器件引脚上残留的焊锡也要清理干净。对拆焊下来的元器件一般还是使用手工焊接的方法将其重新焊接到印制板上。

4. 验收标准

(1) 熟悉印制板设计、制作流程，印制板的制作过程无重大失误。

(2) 正确使用焊膏、焊膏稀释剂，正确操作点胶机涂覆焊膏，焊膏分配应均匀、适量。

(3) 元器件贴装整齐、无误。

(4) 焊接曲线设置合理，焊接完成后，印制板板面无卷翘、气泡，元器件无错位等现象。

(5) 电路通电后能满足设计要求，或经过检测、调试、返修后能满足设计要求。

21.4 整机装调训练

1. 训练目的

通过对一台直流稳压电源/充电器的装配，了解电子产品的整机装配、调试过程。巩固对常用电子元器件的识别与检测能力。通过对该产品的装调，培养学生的实践技能，训练动手能力，树立严谨作风。在学生头脑中初步树立工程的概念。

2. 训练要求

(1) 了解直流稳压电源/充电器的原理图。

(2) 能对照电路原理图看懂电路版图和装配图。

(3) 认识电路原理图上各种元器件符号,并能与实物对照。

(4) 熟练测试各种元器件的主要参数。

(5) 了解电子产品的基本装配工艺。

(6) 按照装配工艺要求对产品进行安装和焊接。

(7) 掌握电子产品的基本调试方法。

3.训练器材

(1) 中夏牌 ZX-2018 型直流稳压电源/充电器套件一套。

(2) 35 W 外热式电烙铁(含烙铁架)一把、松香一盒、焊锡丝若干。

(3) 装接工具一套(含偏口钳、镊子、螺丝刀、剥线钳、尖嘴钳、平口钳、吸锡器各一个)。

(4) 万用表、示波器、函数发生器。

4.训练内容

本产品可将 220 V 交流电压转换成 6 V、3 V 的直流电源,可作为一般小型电器(如收音机等)的外接电源,并可对两组镍铬或镍氢电池进行充电。

1) 产品主要性能指标

输入电压:交流 220 V。输出电压:直流 3 V、6 V。各挡误差均为±10%。

最大输出直流电流为 500 mA,且具有过载保护功能,故障消除后自动恢复。

左通道充电电流(普通充电)为 50～60 mA,右通道充电电流(快速充电)为 110～130 mA,两通道可以同时使用,各可以充 5 号或 7 号电池两节(串联)。稳压电源盒充电器也可以同时使用,只要两者电流之和不超过 500 mA 即可。

2) 电路工作原理

直流稳压电源/充电器的电路原理图如图 21-6 所示。

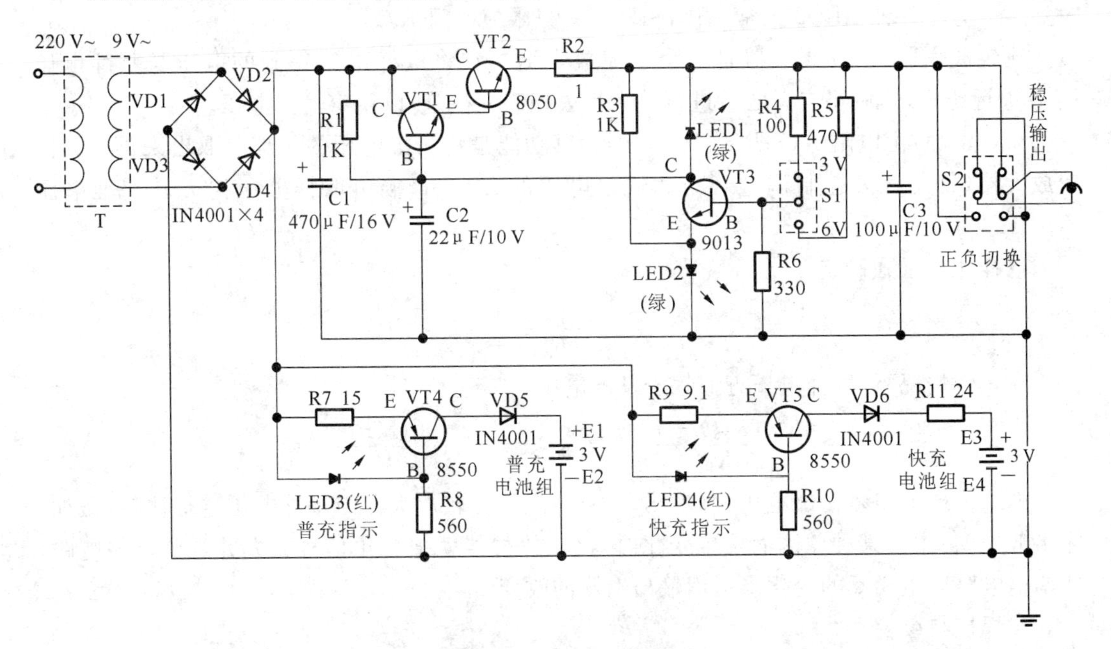

图 21-6　电路原理图

由图 21-8 可知,变压器 T 与二极管 VD1～VD4、滤波电容 C1 组成了典型的桥式整流滤波电路,后面的电路若去掉 R2 与 LED1,则由 VT1、VT2 构成的复合管与负载串联,组成了典型的串联稳压电路。LED2 为电源指示灯，同时使 VT3 射极 E 的电位保持稳定，R2 与 LED1 组成简单的过载保护电路，当输出电流增大时，R2 上的压降也随之增大，大到一定值时 LED1 导通，使调整管 VT1、VT2 的基极电流不再增大，限制了输出电流的增加，起限流保护的作用，同时 LED1 兼作过载指示灯，S1 为输出电压选择开关，可选择 3 V 或 6 V 两种输出模式，S2 为输出电压极性转换开关，充电部分由 VT4、VT5 及相关元件组成。其中 VT4 的发射极与基极之间的电压被 LED3 箝住，因此可以在一定范围之内认为其集电极电流 I_C 基本为恒流而与负载无关，LED3 兼作充电指示，VD5 可以防止电源断电时电池通过充电器内部电路放电。快充部分电路原理与普冲电路原理相同。VT4 的集电极电流可由下式来确定

$$I_C = \frac{V_{R7}}{R_{R7}} = \frac{V_{LED3} - V_{EB4}}{R_{R7}}$$

式中：V_{LED3} 和 V_{EB4} 可认为是常数，故对普充通道来说充电电流的大小由 R_{R7} 的阻值决定。快充通道的充电电流由 R_{R9} 阻值的大小决定。由于 $R_{R7} < R_{R9}$，所以快充通道的充电电流比普充通道的大，为了防止 VT5 的功耗超过额定值，故在充电回路中串入一阻值适当的电阻 R_{R11}。

调整电路：调整电路由 VT1、VT2 组成，在稳压电源电路中，调整电路是核心单元，因为输出电压最后要依赖调整电路的调整才能达到稳压的目的。稳压电路输出的最大电流也主要取决于调整电路，所以调整管使用的参数不应该超过元器件的极限参数，其主要参数有：三极管的击穿电压，最大允许功率，最大允许电流。当管子的功率不能满足要求时，可将几只性能相近的晶体管并联起来使用。

基准电压：基准电压是一个稳压度较高的直流电压，利用发光二极管的正向电压实现“稳压”。为了保证 LED2 正常工作，串联了一只限流电阻 R3。

比较放大器：比较放大器是一个直流放大器。它将取样电路得到的电压与基准电压 V_{LED2} 进行比较，然后将二者之差进行放大再去控制调整管，以稳定输出电压。

采样电路：由电阻 R4～R6 组成分压器，其功能是将输出电压的一部分取出来再送到比较放大器，放大后去控制调整环节。输出电压的大小，直接由取样分压比 n 和基准电压 V_{LED2} 来决定。

取样比由下式确定

$$n = \frac{R_{R6}}{R_{R4}(R_{R5}) + R_{R6}}$$

在正常情况下，取样电压近似等于基准电压，即

$$V_o \approx \frac{R_{R4}(R_{R5}) + R_{R6}}{R_{R6}} \times V_{LED2} = \left(1 + \frac{R_{R4}(R_{R5})}{R_{R6}}\right) V_{LED2}$$

由于采样电路将输出电压 V_o 取出一部分，送到比较放大器与基准电压进行比较，假如，输出电压 V_o 由于某种原因而发生变化时，比较放大器就把变化信号放大并送到调整电路，使调整电路产生相反的变化来抵消输出电压的改变。

5. 焊接与组装

1）焊接组装步骤

（1）对照元器件清单检查元器件数量，使用万用表检测各种元器件，将检测数据填入相应的表格之中。元器件清单如表 21-3 所示。

表 21-3　直流稳压电源/充电器元器件清单

序号	名　　称	型号规格	位　　号	数量
1	二极管	IN4001	VD1～VD6	6 支
2	三极管	9013	VT1、VT3	2 支
3	三极管	8050	VT2	1 支
4	三极管	8550	VT4、VT5	2 支
5	发光二极管	ϕ3 mm 绿色（超长脚）	LED1、LED2	2 支
6	发光二极管	ϕ3 mm 红色（超长脚）	LED3、LED4	2 支
7	电解电容	470 μF/16 V(小)	C1	1 支
8	电解电容	22 μF/10 V	C2	1 支
9	电解电容	100 μF/10 V	C3	1 支
10	电阻器	1 Ω、9.1 Ω、100 Ω	R2、R9、R4	各 1 支
11	电阻器	330 Ω、470 Ω	R6、R5	各 1 支
12	电阻器	15 Ω、24 Ω	R7、R11	各 1 支
13	电阻器	560 Ω	R8、R10	2 支
14	电阻器	1 kΩ	R1、R3	2 支
15	电源变压器	交流 220 V/9 V	T	1 支
16	直脚开关	1×2、2×2	S1、S2	各 1 支
17	正极片	—	—	4 个
18	5、7 号负极磷铜片	—	—	8 片
19	电路板	—	—	1 块
20	功能指示不干胶	2 孔	—	1 张
21	产品型号不干胶	30 mm×46 mm	—	1 张
22	电源插头输入线	1 m	—	1 根
23	十字插头输出线	0.8 m	—	1 根
24	热塑套管	2 cm	—	2 根
25	外壳上盖、下盖	—	—	1 套
26	自攻螺钉	ϕ3 mm×6 mm	—	2 粒
27	自攻螺钉	ϕ3 mm×8 mm	—	3 粒
28	装配说明	—	—	1 份

(2) 确定元器件的安装方式、安装高度，一般它由该器件在电路中的作用、印制板与外壳间的距离以及该器件两端的安装孔之间的距离所决定。

(3) 元器件成形，成形时不得从元器件根部弯曲，尽量把所有有字符的那一面置于易于观察的位置。

(4) 对照安装图和印制板图，根据元器件位号插装。对有极性的元器件及三极管的引脚要特别小心。

(5) 使用正确的焊接方法对元器件进行焊接，对耐热性差的元器件应使用工具辅助散热。防止虚焊、错焊，避免因焊锡过多造成短路。

(6) 焊接后处理。用偏口钳剪去多余的引脚，检查焊点质量，对缺陷进行修补。

(7) 安装产品外壳。要注意所有与面孔嵌装的元器件是否正确到位，变压器是否安装在安装槽内，导线不可紧靠铁芯，是否有导线压住螺钉孔或散落在壳外。

2) 安装提示

(1) 注意所有与面板孔嵌装的元器件的高度以及孔的配合(如 LED 是否与面板孔相平，面板与波动开关 S1、S2 是否灵活到位)。

(2) VT1、VT2、VT3 采用横装，焊接时引脚稍微留长一些。

(3) 由于空间不够，滤波电容 C1 必须卧倒在敷铜面上，C2、C3 也要卧装。

(4) R7、R9、R11 采用立式安装，其他电阻采用卧式安装。

(5) 整流二极管采用卧式安装。

(6) 从变压器及印制板上焊出的引线长度应适当，导线剥头时不得伤及铜芯，多股导线剥头后铜芯有松散的现象，需要捻紧以便上锡、插孔、焊接。

(7) 变压器的初级、次级线圈不能接错。初级线圈接交流插头，次级线圈接印制板上对应的输入端。

6. 整机检测与调试

1) 目视检查

总装完毕后，按原理图及工艺装配图等图纸要求检查整机安装情况，着重检查电源线、变压器连线、输出线及印制板上相邻导线或焊点有无短路、断路或其他缺陷。一切正常时用万用表欧姆挡测电源插头两引脚之间的电阻，大于 500 Ω 时，方可通电检测。

2) 通电测试

(1) 将充电器插头插入 220 V 的交流电源插座内，此时，电源指示灯 LED2 发光，其余 LED 不亮，说明电路基本正常。

(2) 测量空载输出电压。万用表拨至直流电压挡位(量程应大于 6 V)，两只表笔分别接在十字输出线的输出两端，拨动开关 S1，输出电压在 3 V、6 V 之间切换，则电路基本正常。注意，空载时输出电压应略高于额定输出值。

(3) 测量输出电压极性。在步骤(2)测试正常情况下，拨动开关 S2，输出电压在正负之间切换，则电路基本正常。

(4) 过载保护功能测试。将十字线输出端短路，LED2 熄灭，同时 LED1 亮，其余 LED 不发光，且当短路消除后，LED1 熄灭，LED2 亮，其余 LED 不发光，则电路基本正常。

(5) 充电电流测试。将万用表拨至直流电流挡，将两只表笔分别接在充电通道的极片上，被测通道的 LED 指示灯亮，万用表所显示的电流值即为充电电流。

(6) 稳定工作考察。在额定负载下，稳压器、充电器连续工作数小时，若没有声响、严重发热或产生焦糊味，则电路正常。

3）常见故障分析及排除

常见故障分析及排除如表 21-4 所示。

表 21-4　常见故障分析及排除

常见故障		分析与排除
电源指示灯不亮	LED2 损坏	检查并更换 LED2
	LED2 极性接反	检查 LED2 极性，若出错调换极性
	电源线断路、变压器损坏	检查电源线通断性与变压器线圈，若损坏则更换
过载指示灯常亮	输出端短路	检查输出端焊接的情况，是否有短路的情况，若有则改正
	切换开关短路	开关金属外壳与引脚是否有短路，若有则改正
输出电压值误差大	R4～R6 安装出错	对照原理图检查 R4～R6 是否出错
输出电压为零	十字输出线损坏	检查十字线，若有问题则更换
	十字线未焊接好	检查十字线处焊接情况
	开关未焊接好	检查开关是否有开路或短路
无充电电流	VD5、VD6 极性接反	检查 VD5、VD6 极性，若有问题交换极性
	R7、R9、R11 焊接处有断路	检查焊接质量，若有断路则改正
输出电压始终为 9 V 以上	VT1、VT2 损坏或极性接错	检查 VT1、VT2 的极性与质量，检查各引脚焊接情况
	LED2 损坏或焊接断路	检查 LED2 的质量与焊接情况

第六部分　综合工程训练

第22章　综合工程训练理论与实践

自工业革命以来，工程技术人才对国家经济和科技进步一直起着巨大的推动作用，是否拥有大量高素质的工程人才已成为影响一个国家核心竞争力的重要因素。随着我国社会和经济越来越广泛地融入到国际社会，所面临的人才竞争也越来越激烈，过去那种只注重个体单方面素质的狭义人才观已被不仅注重人才个体的学识和经验，更注重人才的合作与沟通、创新与决策能力的广义人才观所取代。因此，创立先进的教学理念，改革传统的教学思路和方法，已成为高校教学改革的迫切任务，而我国的工程教育，多年来由于受科学主导工程的思想影响，过于强调理论学习，不重视工程实践和综合能力的培养，更需要进行教育观念创新和教学模式改革。

22.1　综合工程训练

综合工程训练是以机、电、控、管多学科相结合的大工程训练模式，即利用工程训练中心这样一个"准工业现场"，针对高校理工科学生的工程实训，采用项目式训练模式，培养学生的工程设计、工艺分析及操作实践的综合能力。

CDIO，即构思(conceive)、设计(design)、实现(implement)和运作(operate)，该工程教育模式作为近年来国际工程教育改革的最新成果，其教学理念强调以产品研发到产品运行的生命周期为载体，让学生以主动的、实践的、课程之间有机联系的方式学习工程的理论、技术与经验。CDIO的理念不仅继承和发展了欧美20多年来工程教育改革的理念，更重要的是系统地提出了具有可操作性的能力培养、全面实施以及检验测评的12条标准。其教学大纲满足美国、加拿大和其他华盛顿协议国家职业工程师组织对工科教育的要求，其教学框架体现了创新的教育思想。该创新教育思想，正与综合工程训练的教学目标一致，因此，综合工程训练的实施及发展，可以CDIO理念为指导，并在其基础上，发展适合中国大学生工程教学实践的综合工程训练模式。

22.1.1　综合工程训练内涵特性

1. 制造产品：实践性

刚刚过去的20世纪是人类社会的工业文明经历材料文明、能量文明，向信息文明发展变化的世纪。20世纪的发明如现代汽车(1901年)、飞机(1903年)、人造卫星(1957年)、因特网(1969年)、机器人(1983年)等，以及从民用工程到武器军备都让人去感受、体会与思考工程的实践性。航空工程的先驱者、美国加州理工大学的冯·卡门教授有句名言："科学家研究已有的世界,工程师开创全无的天地(Scientists study the world as it is, engineers create the world that never has been)。"以综合工程训练为基础的制造产品的工程活动以及认识其规律性的工程科学研究都必须讲究实践目的。

2. 问题的求解:综合性

工程本身就带有综合性,任何一项工程实践都不是单一学科或者单一个人的事情。一方面,工程师在拥有良好的科学技术知识与数学能力的基础上,还必须拥有工程实践技能以及团队协作的能力。因此,工程训练必须打破传统上以单一学科为架构的人才培养模式,开展跨学科训练与研究,以保证培养的"毛坯工程师"具备跨学科与知识融合的能力。另一方面,从军用工程与民用工程两个分支的交替推动来看,工程领域始终在不断拓展,历史上产生了土木、采矿、冶金、机械、化学、电气和工业工程,今天的工程领域则进一步分化和综合,其拓展过程将随着跨学科的应用与知识融合的催化而不断加快。21世纪,以纳米技术、生物技术、信息技术和认知科学为核心的"会聚技术(converging technologies)"正在崛起,学科会聚(convergence of disciplines)已成为知识生产、传递与应用的新趋势、新模式,也对工程训练的综合性产生了重要影响。

3. 工程训练的活力:创新性

创新包括三个层次,即理论创新、体制创新和科技创新。作为科技创新之一的技术创新,与工程训练关系最为密切,包括了原始创新、集成创新和引进消化吸收再创新。工程是在物质领域中的活动,一般是创造新的实体或者对旧的实体进行改造,使之具有新的功能和价值。因此,工程训练内容应包括建设项目、技术改造、研究开发等活动,也包括它们的前期工作,如规划、战略、设计等活动,并且CDIO贯穿各活动。从上述可见,工程训练活动不是现有事物的一成不变的运转,也不是现有事物毫无变化的重复,而一定会有一些新的东西、新的内容,因此工程训练本身具有创新的属性,这也是其活力的来源。

22.1.2 综合工程训练的问题领域

1. 工程训练认识论

该领域着重研究未来社会背景下的工程理念和工程知识。为此,就要明确工程作为一种专业的本质,并明确工程师在其中的角色。虽然目前的教育系统反映了人们对工程思想和知识的部分理解,但是仍需要通过对工程训练的研究来探索工程知识在动态的和多学科的环境中解决问题的工程思维方式。

2. 工程训练机制

该领域着重研究学生的知识学习和能力培养。当今社会科技发展迅速,更多的新知识被应用到可行的产品、工艺和服务当中。所以我们需要探索学生通过工程训练对工程的知识、技能的了解程度,这些因素都将影响学生像工程师那样的学习、思考、创新和解决问题的能力。

3. 工程训练体系

该领域着重研究工程训练教育者的教育文化、制度结构和认识论。创新的快速发展,需要工程师具有持续不断地学习和开发创造的能力,这也使得教育方式相应发生变化以培养合乎未来需要的工科学生。有效的工程训练应当:使毕业生尽快参加到工程实践中,处理复杂多样化的问题,适应全球化的工作环境;建立实践理论指导工程训练实践;培育专业课程师资,使他们能对学生的学习产生积极的影响;健全训练基础设施,以促进训练的创新。

4. 工程训练评估

该领域着重研究和发展评估方法以度量工程训练的实践和学习程度。评估是使工程训练持续发展的关键因素。这个发展趋势将受到方法研究、文化驱动以及教师认识论的影响，因此评估需要从多个方面展开。

22.1.3　综合工程训练的特点

1. 强调实学

美国麻省理工学院是美国工程教育也是世界工程教育的领军者，其前任校长格雷(P. E. Gray)曾用“开创未来的精神”，概括了 MIT 自其创始人罗杰斯(Rogers)教授办学以来一脉相承的传统。这个传统今天看来也就是美国工程教育努力坚持和实践的传统。这个精神似可完整地表述为：精研学术、致用实行、贡献国家、开创未来。亦可表述为：求是、务实、创新。或者更加简单地表述为：实学精神或求是精神。武汉科技大学的前身可溯源于 1898 年清朝湖广总督张之洞在武昌创办的湖北工艺学堂，在“读书期于明理，明理归于致用”的引领下，倡导“沉静好学，崇实去浮”的优良学风。1910 年著名科学家李四光曾在湖北工艺学堂实习工厂担任厂长，推崇实业与实用人才的培养，确立了实践训练为人才培养中不可或缺的部分，逐渐形成了“面向实业需求，培养实用人才，倡导崇实学风，强化实训动手”的“四实”办学理念。其实，它正是与 MIT 精神雷同，也道出了工程训练所要遵循的实学实用原则。

2. 注重集成

任何一项工程都是多学科的综合体，是知识的集成、整合和创造。所谓“集成”，是指为实现特定的目标，集成主体创造性地对集成单元(要素)进行优化并按照一定的集成模式(关系)构造成为一个有机整体系统(集成体)，从而更大程度地提升集成体的整体性能，适应环境的变化，更加有效地实现特定的功能目标的过程。集成原则下的工程训练，需要根据现代工程活动特点重新整合或集成工程训练教学内容及课程体系，对工程学科进行纵向和横向的相互关联打通，将科学、技术和人文学科相互渗透，相互交叉融合，为现代复杂工程问题的解决提供整体的、集成化的知识。

3. 讲求创新

工程训练的创新原则包含了两个方面的含义，一方面是创新的训练，另一方面是训练的创新。工程训练作为教育系统中最注重创造和实践的一个子系统，应当尤其关注对创新的训练。创新的训练是社会经济活动对于人的要求在教育领域的反映，如何通过工程训练促进创新行为，培养具有创新意识、创新能力和创新人格的人才，是工程训练亟待解决的问题之一。

22.2　综合工程训练创新实践方法

综合工程训练继承 CDIO 项目教学理念，其实训过程模拟产品研发过程展开，因此综合工程训练创新实践方法可以借鉴产品创新工程的思想，即从设计创新、技术创新、工艺创新和创新开发流程四个主要方面实现综合工程训练创新实践。

22.2.1　设计创新

设计创新是指创新理念与设计实践的结合。发挥创造性的思维，将科学、技术、文化、艺术、社会、经济融汇在设计之中，设计出具有新颖性、创造性和实用性的新产品。设计创新的出发点通常有三个方面：从用户需求出发，以人为本，满足用户的需求；从挖掘产品功能出发，赋予老产品以新的功能、新的用途；从成本设计理念出发，采用新材料、新方法、新技术，降低产品成本，提高产品质量，提高产品竞争力。设计创新的方法主要有模块化设计方法、并行工程方法、价值工程方法和绿色设计与制造方法等。

1.模块化设计

由于市场需求的变化，促进了产品向多样化方向发展，产品结构向多品种、小批量、高质量的方式转化，而实现这一转化，关键在于产品设计创新。在模块化的产品中，由于组成产品的元件是模块，这就适应了多样化产品的快速设计。模块化设计方法主要有积木式产品组合设计方法和矩阵分析法。其中，积木式产品组合设计方法是利用积木变形原理，使用较少零件进行多目标组合，从而产生产品多样化。矩阵分析法，是在产品更新换代时，将新老模块及开发的模块有机地排列成矩阵的形式，通过对新老模块及开发的模块进行结构分析与研究，就其老产品的模块进行有效地继承和舍弃，将继承的有效部分重新组合于开发产品中，这样既缩短了新产品设计周期，又提高了新产品的可靠性。

模块化设计的主要特点如下。

(1) 设计、试制和生产周期缩短，供货快捷　模块化设计可根据用户的需求选用模块，组合成能满足需要的产品。可将标准模块用代码储存入计算机，设计时提出，大大提高了工作效率。能在较短时间内设计出新产品，适应市场急剧变化的需求，这可以说是模块化设计的最大优点。

(2) 模块设计能够减少设计工作量，降低产品成本，保证产品质量　由于产品设计改进的目标集中，因而使人员工作量大大减少。大多数产品是标准化了的，可以由单个小批量生产变为批量生产，有利于采用先进工艺、成组加工和计算机管理，因而能降低产品成本并且能提高产品性能和精度。

(3) 不仅适用于大批量生产，而且适用于小批量生产，便于产品开发创新和更新换代　由于模块是标准化了的小单元，多品种、小批量生产时，只需变动少量模块，或增加一两个新模块就能满足需要。新技术、新结构都能以模块的形式应用于产品上，便于新产品开发创新，加快产品更新换代的速度。

2.并行工程

长期以来，产品开发过程一直采用顺序工程方法，即首先由设计部门设计产品、产品工程文件(如工程图样)，然后由生产部门读懂这些文件，再根据这些文件产生生产计划(如加工工艺、装配工艺等)，并组织设备，安排生产，有时还需设计和制造专用夹具，最后质检部门依据有关技术要求安排检验。该方法的缺陷在于：在设计过程中不能及早考虑制作过程及质量保证等问题，造成设计与制造的脱节，使产品开发过程成为设计、加工、测试、修改设计大循环，产品设计通过重复这一过程趋于完善，最终满足客户要求。但这种方法不仅使设计改动量大、产品开发周期长，而且使产品成本高。在目前这种竞争激烈、产品更新换代快的市场条件下，这种方式的缺陷已严重威胁着企业的发展。为了解决上述问题，仅通过改进产品的生产过程所取得的效果甚微，只有改进产品的开发过程才是最佳方案。

并行工程(concurrent engineering,CE),是针对并行设计生产模式而提出的方法,包括对制造过程、支持过程的设计。该方法使产品设计具备高度的预见性和预防性,其目的是使产品开发人员从一开始就考虑到从功能形成到投放市场的整个产品生命周期中质量、成本、开发时间和用户需求等所有组成因素,从而缩短了产品开发周期,提高了产品的质量,降低了成本,增强了企业的竞争能力。

并行工程的生产模式(见图 22-1)与传统的顺序工程的生产模式区别不在于做什么,而在于什么时候做,它也不同于传统的"反复做直到满意"的思想,而强调"一次就达到目的"。

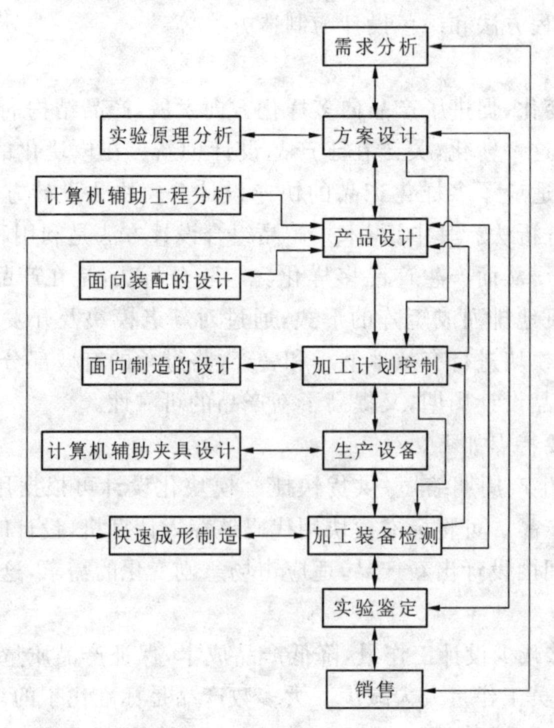

图 22-1　并行工程的生产模式

并行工程通常由过程管理、工程设计、质量管理、生产制造、支持环境等五个分析部分组成,它以计算机作为主要技术手段,除设计常用的 CAD、CAPP、CAM、PDMS(产品数据管理系统,product data management system)等单元数据的应用外,其相关关键技术问题包括:产品并行开发过程建模及优化、支持并行设计的计算机信息系统、模拟仿真技术、产品性能综合评价和决策系统、并行设计中的管理技术等。

3. 价值工程

价值工程(value engineering,VE)又称价值分析,是一门新型的管理技术,是降低成本、提供经济效益的有效方法。价值工程中的价值是指某种产品(作业或服务)的功能与成本(或费用)的综合反映,是功能与成本的比值,它表明产品(作业或服务)中所含功能的数量(或可满足用户的程度)与支付费用之间的关系,用数学比例式表达就是:价值=功能/成本。

实际上,开展 VE 的过程是一种发现问题、分析问题和解决问题的过程。价值工程关于价值的概念为综合评价产品(作业或服务)的功能与成本提供了科学的标准。价值工程的观点认为,按用户的需要,能以最低成本,提供必要功能的产品(作业或服务),其价值最大。这与人们日常生活中应用的"价值"很相近,如某人做了一件事,别人认为这件事"价值很大"或"毫无价值",这些"价值"也就是价值工程中所研究的价值。因此,价值工程活动中的价值是以事物的效用和得到这种效用时投入资产的比值来评价工程活动的有益程度。

4. 绿色设计与制造

绿色设计(green design)是一种综合考虑环境影响和资源效率的现代制造模式,其目标是使产品从设计、制造、包装、运输、使用到报废处理的整个产品生命周期中,对环境的负面影响最小,资源使用率最高,并使企业经济效益协调优化。从产品的寿命循环周期整体角度出发,在产品概念设计中运用并行工程的原理,在保证产品的功能、质量和成本等基本性能情况下,充分考虑产品寿命周期循环的各个环节中的资源、能源的合理利用,以及环境保护和劳动保护等问题。

总之,绿色设计与制造是一个综合了面向对象技术、并行工程、寿命周期设计的一种发展中的系统设计方法,是集产品的质量、功能、寿命和环境于一体的设计系统。

22.2.2　技术创新

技术创新,是指企业应用创新的知识和新技术、新工艺,采用新的生产方式和经营管理模式,提高产品质量,开发生产新的产品,提供新的服务,占领市场并实现市场价值。

狭义技术创新,是指新产品和新工艺思想的提出和开发。广义技术创新,是指产品从提出到市场化的全过程,即从新产品新工艺思想提出→研究开发→产业化商品化→市场化。

技术创新的特点主要包括:① 技术创新的信息性;② 技术创新的多学科性;③ 技术创新的风险性;④ 技术创新的继承性。

22.2.3　工艺创新

在产品创新时,要对产品的制造工艺进行创新,这不仅是产品创新的重要组成部分和内容,也是实现产品创新方案的重要步骤和保证。产品制造工艺创新主要包括成组工艺设计和各种先进的加工新技术,例如高速切削技术、水喷射加工、超声波加工、激光加工、电子束加工以及光刻蚀加工等。

1. 成组工艺设计

工艺是指根据设计图样和有关技术文件的要求,将原料、材料或半成品加工成产品的技术方法、技术规定和操作规程。成组工艺设计与传统的工艺不同之点在于它不是针对一种零件,而是针对一族零件,它既适用于现有的族内零件,也适用于将来分类到该族的新零件,这就使得工艺设计工作发生质的变化。其主要优点是把工艺设计人员从繁琐的重复性劳动中解放出来,有更多的时间解决现场加工技术问题,且有较长期的使用价值。成组工艺设计的基本方法是复合零件法与复合路线法两种。

1) 复合零件法

复合零件法是指利用复合零件来设计成组工艺的方法。所谓复合零件,是指具有同族零件族全部几何要素的零件。它可能是零件族中一个真正的具体的零件,但更多的情况是靠人工合成的假想零件。

绘制复合零件图样的方法最常用的有叠加法,即首先阅读族内全部零件图样,从中找出一个几何要素最多的零件作为原始代表零件,以此为基础,再逐个分析其他零件,将它们各自特有的几何要素全部添加到原始代表零件上去,就可得到该零件族的复合零件图样。由于族内其他零件所具有的几何要素都比复合零件少,所以按复合零件设计的成组工艺,便能据以加工族内全部零件。只要在成组工艺中删除某些零件加工时不需要的工序或工步内容，就形成该零件的加工工艺。

图 22-2 所示为某零件族及其复合零件，其复合零件为一假想零件。表 22-1 所示为按上述复合零件设计所得的成组工艺以及组内各零件的具体工艺。

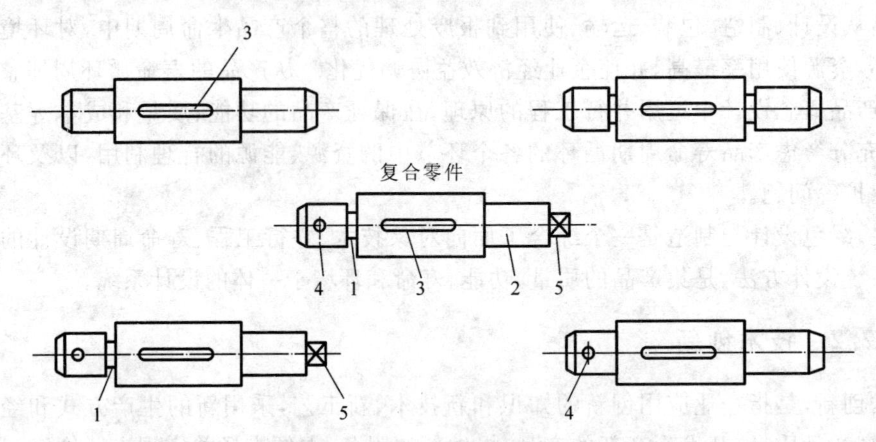

图 22-2　零件族及其复合零件

1—功能槽；2—外圆柱面；3—键槽；4—辅助孔；5—平面

表 22-1　按复合零件法设计的成组工艺举例

零　件　图	工　艺　工　程
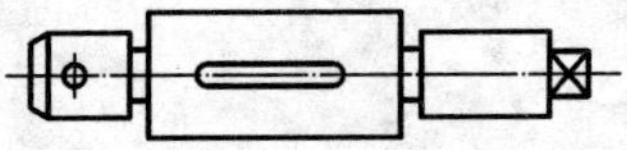	C1—C2—XJ—X—Z
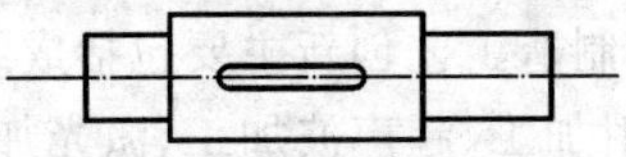	C1—C2—XJ
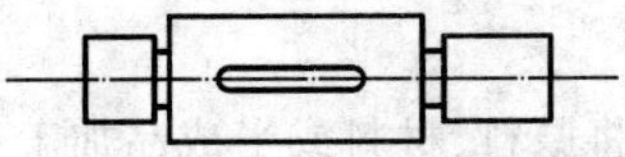	C1—C2—XJ
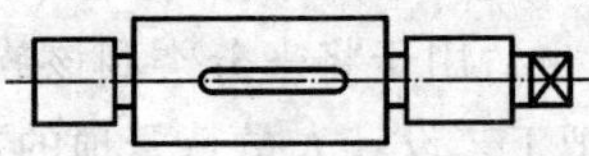	C1—C2—XJ—X
	C1—C2—Z

注：C1——车一端外圆；C2——调头车另一端外圆；XJ——铣键槽；X——铣方头平面；Z——钻径向辅助孔。

2）复合路线法

复合路线法是从分析零件族的全部零件的工艺路线入手，从中选择一个工序较多、安排合理和具有代表性的工艺路线，以此为基础，逐个比较族内其他零件的工艺路线，将其他零件特有的工序按合理的顺序添加到代表性工艺路线上去，这样最后就可得到工序齐全、安排合理、能满足全族零件加工要求的成组工艺。表 22-2 所示为按复合路线法设计某一转体类零件族成组工艺的例子。

表 22-2　按复合路线法设计的成组工艺举例

本组零件图	工 艺 路 线
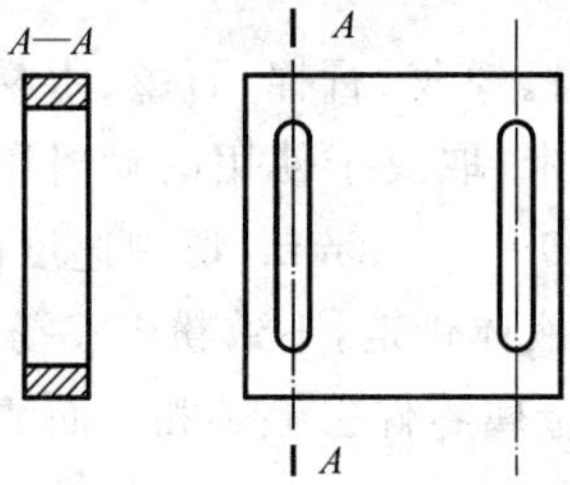 A—A　A　A	X1—X2—Z—X
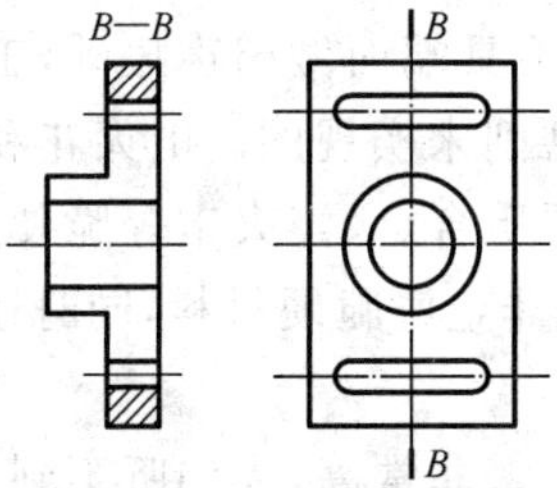 B—B　B　B	选作代表路线 X1—C—Z—X
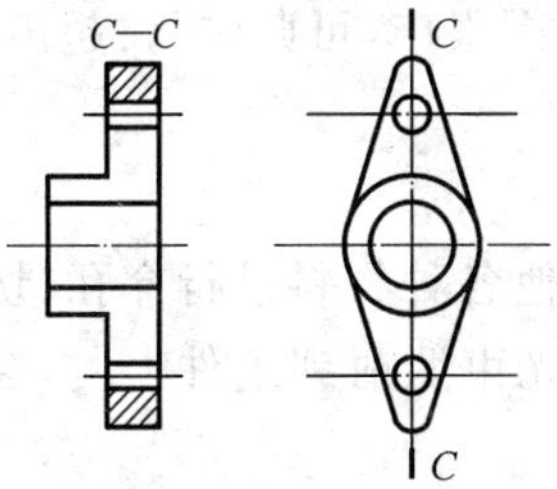 C—C　C　C	X1—C—Z
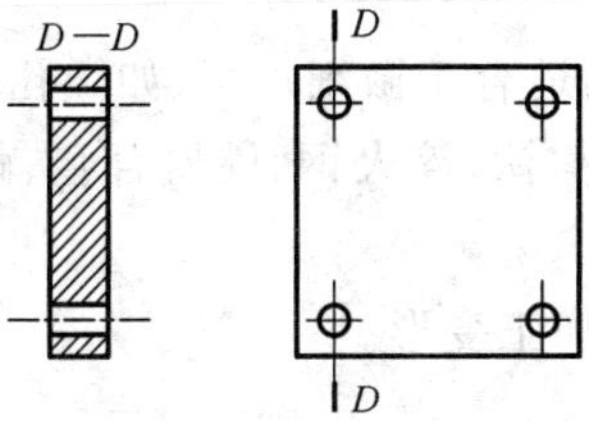 D—D　D　D	X1—X2—Z
本组零件的复合工艺路线 （在代表路线中补入所缺的 X2 工序）	X1—X2—C—Z—X

注：X1——铣一面；X2——铣另一面；C——车孔及其端面；Z——钻铣槽用孔或钻辅助孔；X——铣槽

2. 先进的加工新技术

1）高速切削技术

高速切削是以高切削速度、高进给速度和高加工精度为主要特征的加工技术。它所采用的切削参数要比传统工艺高出几倍、几十倍。高速切削的主要优点包括：加工效率高、加工精度高、切削力小、切削热对工件的影响较小、工序集约化。在加工过程中不仅可以大幅度提高零件三维加工效率，缩短加工时间，降低加工成本，而且可以使零件的表面加工质量和加工精度达到更高的水平。在工业发达国家，高速切削已是一项实用的新技术，积极开发应用高速切削新工艺成为企业提高加工效率和产品质量、降低制造成本、缩短交货周期，从而提高竞争实力的重要举措。

2）水喷射加工

水喷射加工是利用从喷嘴中高速喷出的水流的冲击力破碎和去除工件材料的特种加工。

水喷射加工主要用于切割各种非金属材料，如塑料、橡胶、石棉、石墨、木材、胶合板、石膏、水泥、皮革和纸板等。切割厚度为几毫米至几十毫米，取决于使用的喷射压力和材料的性质。液体喷射切割的主要特点是：切缝小，一般为 0.08～0.4 mm；切割速度高，如切割厚度为 6.4 mm 的胶合板的切割速度达 1.7 m/s；切屑被液体带走，不致粉尘飞扬，因而能避免环境污染。液体喷射还可用于穿孔、切割薄金属材料、金属零件去毛刺和表面清理等。

3）超声波加工

超声波加工有时也称超声加工。超声加工是利用工具端面做超声振动，工具将超声波的能量传递给磨料，使磨料对被加工工件进行不断地磨削来实现的。电火花和电化学都只能加工金属导电材料。然而，超声波加工不仅能加工硬质合金、淬火钢等脆硬金属材料，而且更适合于加工玻璃、陶瓷、半导体锗、硅片等不导电的非金属脆硬材料，同时还可以应用于清洗、焊接、探伤、测量、冶金等其他方面。

超声（波）和普通声音有很多相似的性质，但由于频率非常高，人们听不到，它更像一位无声的功臣，广泛服务于各个领域。超声加工的应用范围很广，可归纳为：超声成形加工、超声旋转加工、超声清洗、超声焊接等。

4）激光加工

利用激光束可以对钢板等金属材料以及塑料和其他各种材料进行穿孔、切割和焊接等形式的特种加工，英文简称 LBM。当高功率密度的激光束照射到工件上时，会使材料发生温度升高、加热、熔化、汽化等现象。

激光加工的特点有以下几点。

（1）激光束能聚焦成极小的光点（达微米数量级），适合于微细加工（如微孔和小孔等）。

（2）功率密度高，可加工坚硬高熔点材料，如钨、钼、钛、淬火钢、硬质合金、耐热合金、宝石、金刚石、玻璃和陶瓷等。

（3）无机械接触作用，无工具损耗问题，不会产生加工变形。

（4）加工速度极快，工件材料的热影响小。

（5）可在空气、惰性气体和真空中进行加工，并可通过光学透明介质进行加工。

（6）生产率高，例如打孔速度可达每秒 10 个孔以上，对于几毫米厚的金属板材切割速度可达每分钟几米。激光加工主要用于穿孔、切割、划片、焊接、微调和动平衡校正等方面。

5）电子束加工

电子束加工是利用电子束的高能量密度进行打孔、切槽、光刻、焊接、淬火等工作。电子束加工的特点主要有以下几点。

（1）束径小，能量密度高　电子束能够极其微细地聚焦，束径可达 0.01～100 μm 范围。同时，最小束径的电子束长度可达其束径的几十倍，故适于深孔加工。

（2）被加工对象范围广　电子束加工是靠热效应和化学效应，热影响范围可以很小，又是在真空中进行，加工处化学纯度高，故适于加工各种硬、脆、韧性金属和非金属材料，热敏材料，异氧化金属及合金，高纯度半导体材料等。

（3）加工速度快，效率高。

（4）控制性能好，易于实现自动化　可通过磁场或电场对电子束的强度、束径、位置进行迅速准确地控制，且自动化程度高。

电子束加工的应用范围很广，可用来打各种孔(如圆孔、异型孔、盲孔、锥孔、弯孔等)及夹缝等，还可进行切槽、焊接、光刻、表面改性等。它既是一种精密加工方法，又是一种重要的微细加工方法，近年来，出现了多脉冲电子束照射等技术，使电子束加工有了进一步的发展。

6) 光刻蚀加工

光刻蚀加工又称光刻加工或刻蚀加工。当前，光刻加工技术主要用于制作集成电路、微型机械等高精度微细线条所构成的高密度复杂图形，是纳米加工的一种重要加工手段。光刻加工的原理近似于照相制版，其关键技术是原版制作、曝光和刻蚀。

光刻加工可分为两个阶段：第一阶段为原版制作，生成微细复杂图形的工作原版或工作掩膜，为光刻加工时用；第二阶段为光刻，工作原版制作包括原图绘制、缩版和制版制作、工作原版或工作掩膜制作。光刻包括涂胶、曝光、显影与烘片、刻蚀、剥膜与检查。

22.2.4　创新开发流程

产品开发流程是指企业用来构思、设计和商业化一种产品的多个步骤或活动的序列，是一种遵循活动和信息流的结构化流程。在这些步骤或活动中，许多是智力性和组织性的，而不是物理性的。一个一般的产品开发过程由规划、概念开发、系统级设计、详细设计、测试和改进、生产启动六个阶段组成。一般产品开发流程如图 22-3(a)所示。每个产品开发阶段(或进程)后面都跟着一个审查(或闸门)以确保该阶段已经完成并决定项目是否继续下去。速建产品凭借可以多次重复细节设计、原型制造和测试活动的能力，从而实现螺旋上升的产品开发工程(见图 22-3(b))。复杂系统开发设计工程的流程图(见图 22-3(c))展现了在许多子系统和部件上形成并行工作进程的分解活动。一旦在一个组织内部建立了产品开发过程，工程流程图将被用来向开发团队中的每个成员解释开发过程。

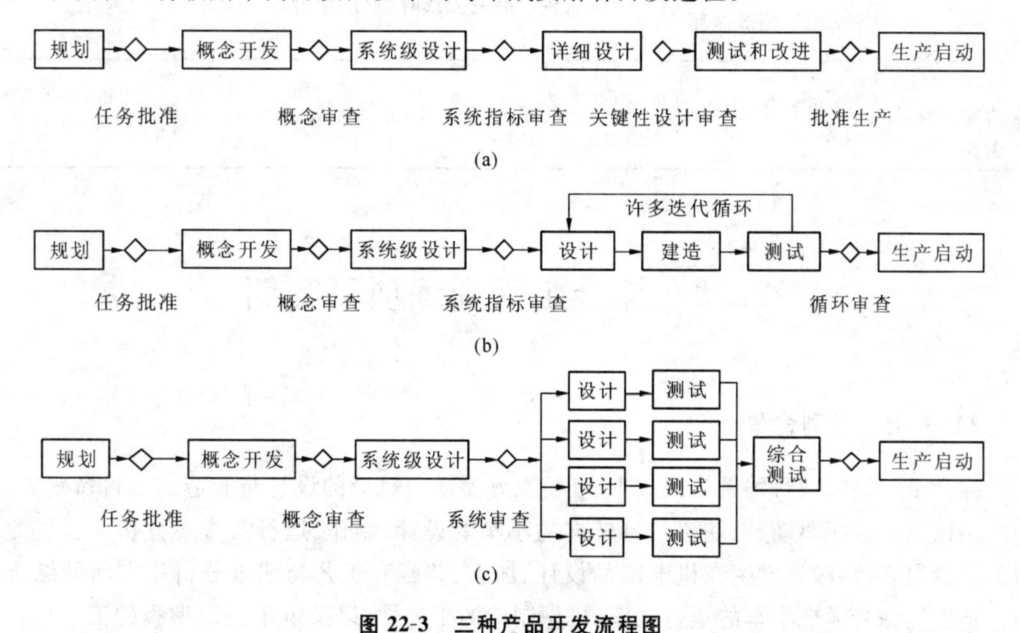

图 22-3　三种产品开发流程图

一般情况下，有些组织定义并遵循一个精确而详细的开发过程，而另一些组织甚至可能无法描述它们的过程。此外，每个组织采用的过程至少会与任何其他组织的过程略有区别，同一个企业也可能对不同的开发项目遵循不同的过程。这就需要针对不同的新需求，创新产品的开发流程，即在确定客户需求的基础上，对一般产品开发过程进行改编创新。常见的创新产品开发流程如表 22-3 所示。

表 22-3　常见的创新产品开发流程

过程类型	描述	明显特征	范例
一般产品（市场拉动型）	团队从市场机遇开始，选择合适的技术以满足客户的需求	开发过程一般包括间隔明显的规划、概念开发、系统级设计、细节设计、测试与提炼以及生产启动等阶段	运动产品、家具、工具等
技术推动型产品	团队从一项新技术开始，然后寻找合适的市场	规划阶段包括技术与市场的匹配，概念开发围绕给定的技术开展	Gore-tex 雨衣、Tyvek 信封等
平台型产品	团队采用一种已建好的子系统进行新产品开发	概念开发采用一个经过证实的技术平台	消费电子产品、计算机、打印机
工艺密集型产品	产品的特征由生产工艺强烈约束	要么从一开始就指定一种现有的生产工艺，要么从一开始产品和工艺就要一起开发	快餐食品、早餐谷物、化工产品、半导体等
定制型产品	新产品是现有产品的稍许变异	项目的相似性将允许实施流畅的和高度结构化的开发过程	电动机、开关、电池、容器等
高风险产品	技术或市场不确定性将导致很高的失败风险	尽早确定风险，并在开发过程中进行全程跟踪，尽早进行分析和测试活动	药品、宇航系统等
速建产品	快速模型制作和快速原型制作，可以实现多次设计-建造-测试循环	细节设计和测试阶段可以重复多次，直到产品完成或时间/预算用尽	软件、手机等
飞机、喷气发动机、汽车等复杂系统	飞机、喷气发动机、汽车等	飞机、喷气发动机、汽车等	飞机、喷气发动机、汽车等

22.3　综合工程训练项目案例

22.3.1　案例命题

综合工程训练项目案例为低成本、环境友好型动力机械的设计与制造。项目命题为：完成一辆以重力势能驱动、以舵机控制转向的小车的设计、制作、运行及方案分析。通过此题目的各阶段训练，考核学生在机电产品设计、加工、装配和工艺与成本分析等方面的综合能力。学生应综合考虑小车的运行效率、机械制造的工艺性，以及电子控制编程的工艺性。具体要求如下。

(1) 车身结构及转向控制设计要求　根据老师提供的材料和要求，由学生自行设计小车结构，要求小车装配后，放置在平地上，以重块的重力势能驱动滑行。同时，以单片机编程控制舵机转向或者以单片机和蓝牙模块配合遥控控制舵机转向。小车示意图如图 22-4 所示。

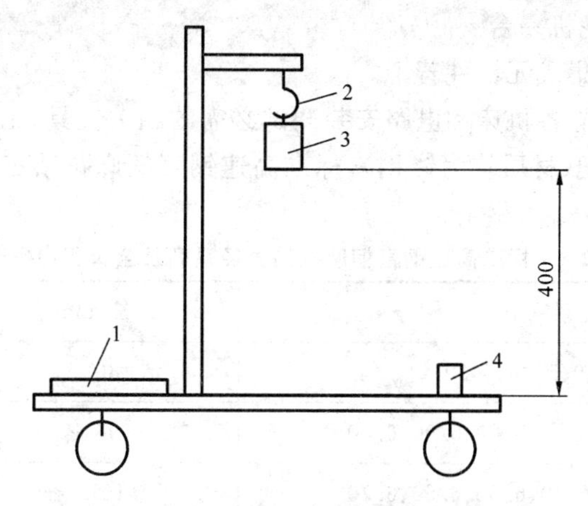

图 22-4　小车示意图

1—转向控制模块；2—给定定滑轮；3—重块；4—舵机

(2) 能量来源要求　能量由质量为 1 kg 的重块(ϕ50 mm×65 mm，普通碳钢)铅垂下降来获得，落差为(400±2)mm。重块落下后，需被小车承载并同小车一起运动，不允许从小车上掉落。

(3) 机械加工要求　学生需以教师提供的材料和零件为毛坯，加工小车的零部件。加工方式可从车、数控铣、钳(包括在钻床上钻孔)中任选，其中车和数控铣是必选工种。

(4) 转向控制要求　学生以教师提供的单片机开发板与其他元器件为基础，也可自行增加少量其他常见元器件(不得使用集成转向控制芯片)，设计并制作一个能手动控制小车在行进中转向的控制电路。

(5) 3D 打印制作要求　根据小车的实际情况，进行 3D 设计及打印制作一个绕线轴。

(6) 装配要求　在钳工操作台进行现场装配。除自制零件和教师提供的材料外，不得使用任何其他材料(包括润滑油或润滑脂)。

(7) 文档要求　学生需要提交关于小车的结构设计方案和工艺成本分析方案。

(8) 提供的材料如下。

① 质量为 1 kg 的重块(ϕ50×65 mm，普通碳钢)。

② 矩形铝合金板一块，长×宽×厚＝220 mm×150 mm×5 mm。

③ 铝合金圆棒四根，ϕ15 mm×500 mm。

④ 矩形铝合金板一块，长×宽×厚＝65 mm×65 mm×12 mm。

⑤ 铝合金圆棒一根，ϕ60 mm×150 mm。

⑥ 铝轴两根(已精车，可按需要在钳工操作台截断，但不得使用车或铣加工)，ϕ6 mm×150 mm。

⑦ 定滑轮组件 1 件。

⑧ 深沟球轴承(仪器仪表轴承)5 个，ϕ6 mm×ϕ14 mm×5 mm。

⑨ M3～M5 螺钉，若干。

⑩ 六角头螺栓 M3×10、M5×10，若干。

⑪ 7.2 V，2000 mAh Ni-cd 蓄电池。

⑫ 51 单片机最小开发电路板一块。

⑬ 蓝牙无线通信从机模块（HC-06）一块。

⑭ Futaba S3003 舵机一台。

⑮ 其他常用分立、集成元器件若干。

(9) 提供的工具　除各机床和电路安装调试必需的相关夹具、工具外，提供已磨好的外圆车刀、切断车刀各一把（材质均为锋钢），标准高速钢直柄麻花钻三把，可按需要从表 22-4 中选用。

表 22-4　标准高速钢直柄麻花钻直径系列及全长和沟槽长度

直径系列 d	全长/mm	切削部分长/mm
5.00、5.10、5.20、5.30	86	52
5.40、5.50、5.60、5.70、5.80、5.90、6.00	93	57
6.10、6.20、6.30、6.40、6.50、6.60、6.70	101	63
6.80、6.90、7.00、7.10、7.20、7.30、7.40、7.50	109	69
7.60、7.70、7.80、7.90、8.00	117	75

22.3.2　方案设计

1. 机械结构设计方案

1) 设计思路

小车的基本设计思想为四轮行走小车。

(1) 前轮为转向轮　前轮转向是通过手机遥控来实现的，其步骤为：手机→蓝牙→线路板→舵机→传动部分→前轮转向。该小车在前行的过程中，可通过手机遥控使它在行进中走直线、蛇形及绕“8”字形等。

(2) 后轮为驱动轮　小车的动力源是通过重物下降产生的势能来驱动小车行走，其传动部分即用一根绳子一端悬挂重锤，另一端通过定滑轮后绕在驱动后轴上，将在重锤下降过程中产生的势能转换成动力驱动小车前进。

(3) 车身采用纯铝板制成，两前轮直径较小，两后轮直径较大，便于行走距离更远（两种轮的圆周长不一样）。

(4) 轴承与轴的配合采用过渡配合，轴的公差代号为 k6，轴承与车轮采用动配合，孔的公差代号为 H7。驱动轮与轴，一个固定在轴上，便于驱动；另一个后轮与轴采用轴承连接，便于转向。

(5) 线路板放在车体的后端并且垂直放置，这是因为其要在有效的平面内安装在车体上，还要不被下降的重物碰到。

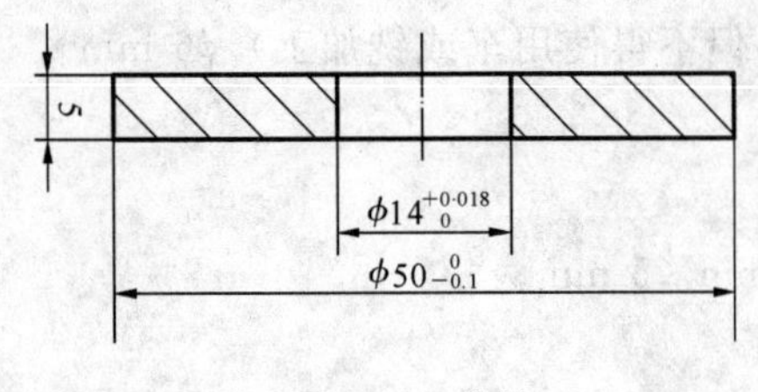

图 22-5　前轮

2) 设计方案图

(1) 前轮部分。

小车机械部分主体设计如图 22-5 至图 22-8 所示，其中，前轮数量为 2。

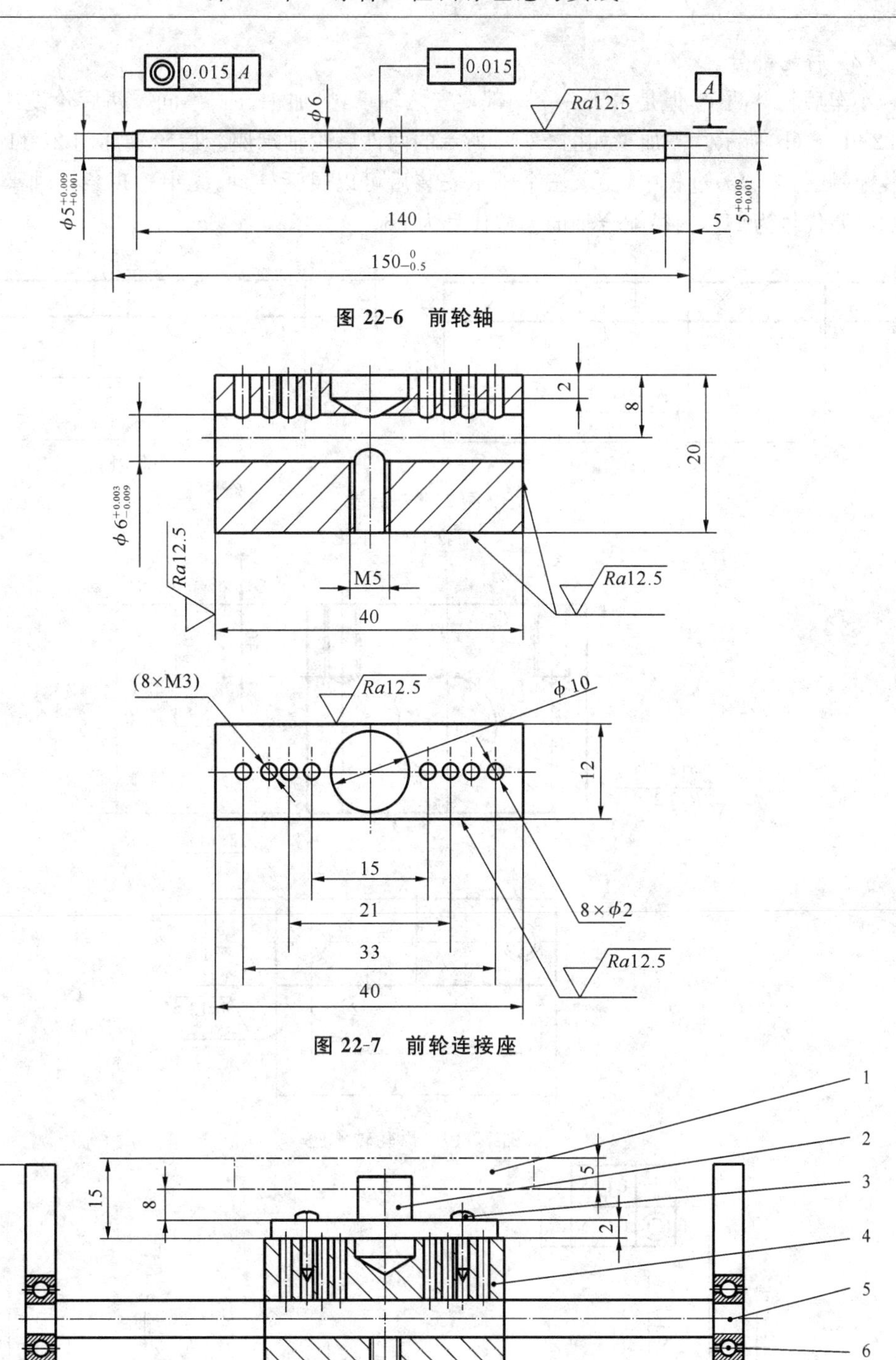

图 22-6　前轮轴

图 22-7　前轮连接座

图 22-8　前轮装配图

1—车体；2—连接板；3—自攻螺钉；4—前轮连接座；5—前轮轴；
6—轴承，ϕ6 mm×ϕ14 mm×5 mm；7—前车轮；8—六角头螺栓

（2）后轮部分。

小车后轮共两个，但是由于一个内部要安装轴承，故加工方式不同。两后轮设计图分别如图 22-9(a)、(b)所示。需加工如图 22-10 所示的两件后轮轴承座。后轮轴如图 22-11 所示。后轮装配(见图 22-12)过程中，要求三个轴承安装后可以灵活转动，无串轴现象。轴承外径配合孔的公差代号为 H7，内径配合轴的公差代号为 k6。

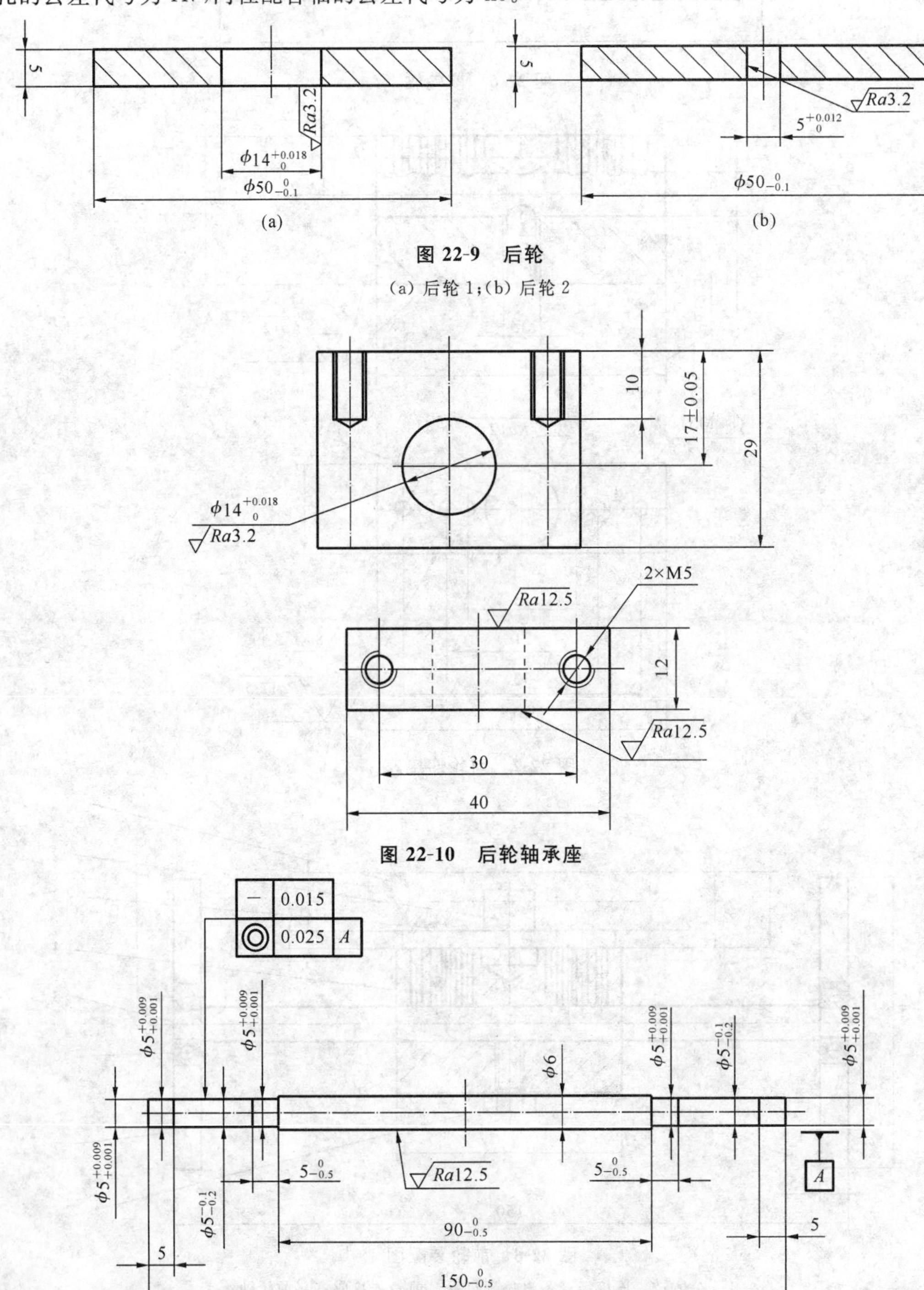

图 22-9　后轮

(a) 后轮 1；(b) 后轮 2

图 22-10　后轮轴承座

图 22-11　后轮轴

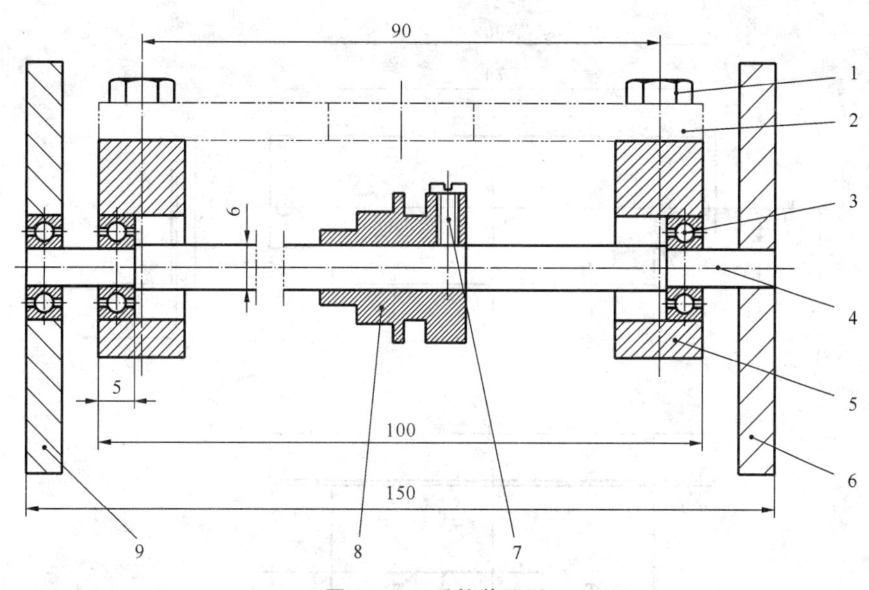

图 22-12　后轮装配图

1—六角头螺栓；2—车体；3—轴承，ϕ6 mm×ϕ14 mm×5mm；4—后轮轴；5—后轮轴承座；6—后轮 2；7—自攻螺钉；8—绕线轴；9—后轮 1

(3) 定滑轮座、立柱、电气连接座及车体部分。

定滑轮座(见图 22-13)和小车车体(见图 22-16)的全部表面粗糙度值 Ra 要求为 12.5 μm。图 22-14 所示重锤立柱加工数量为两件。图 22-15 所示为电气连接座。

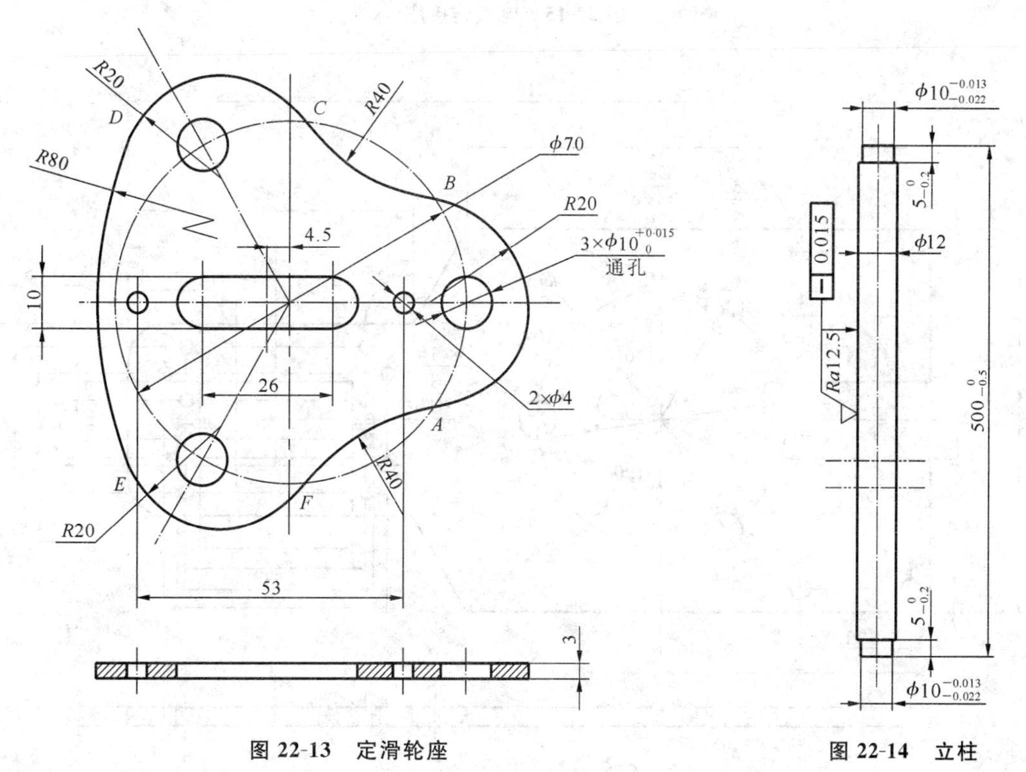

图 22-13　定滑轮座　　　　**图 22-14　立柱**

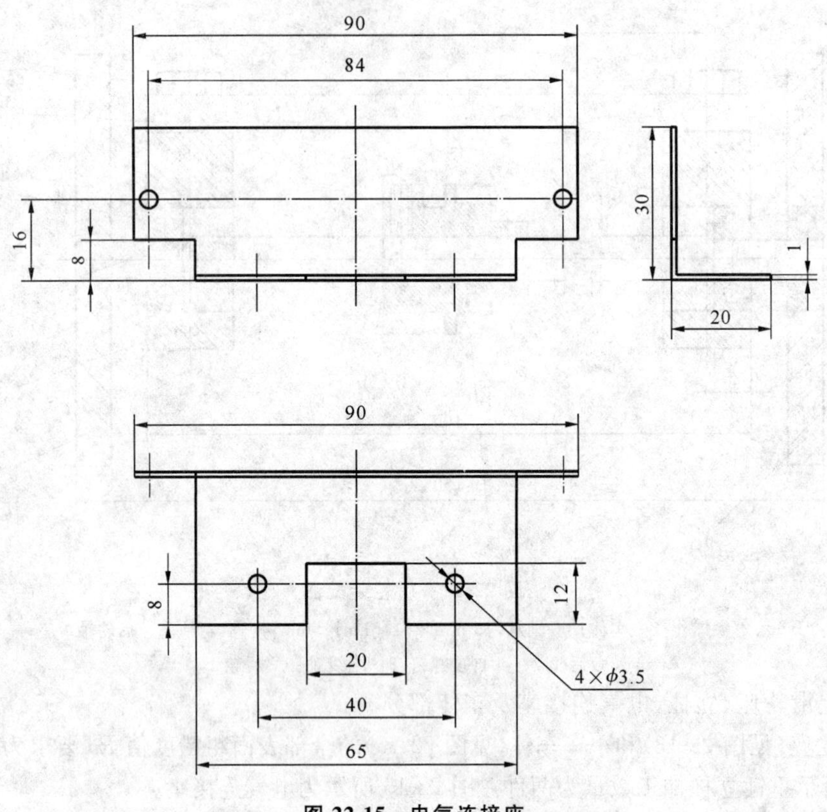

图 22-15 电气连接座

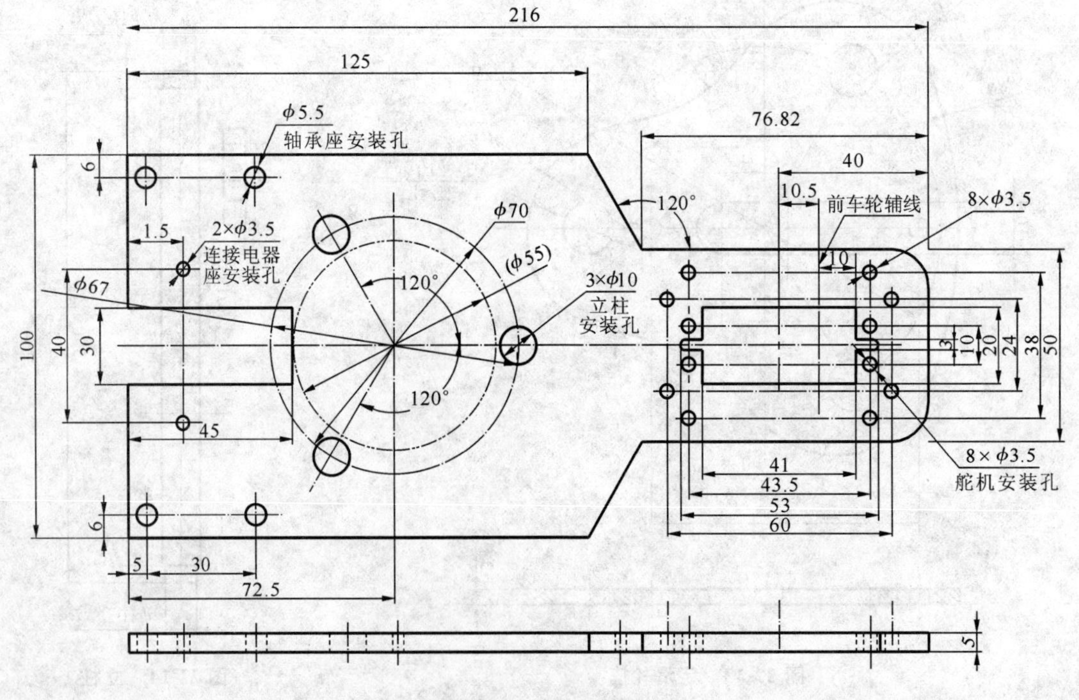

图 22-16 小车车体

(4) 小车总体装配。

小车总体装配如图 22-17 所示。

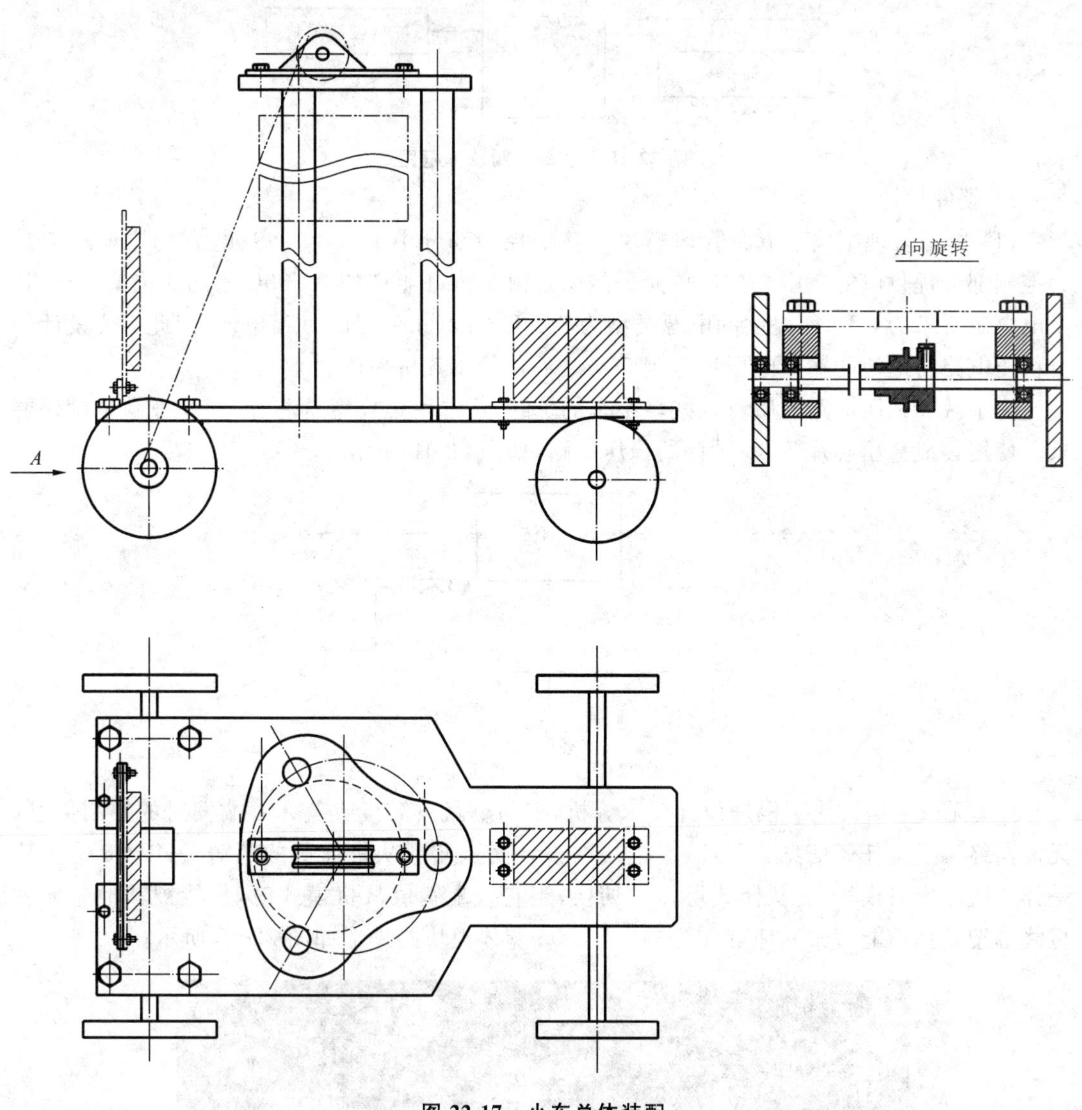

图 22-17　小车总体装配

2. 转向控制设计方案

小车控制部分设计分为硬件设计和软件设计两部分，硬件设计采用模块化设计方案，分为电源管理模块、蓝牙无线通信模块和舵机控制模块等几个部分。

(1) 电源管理模块主要为控制电路提供所需的电源，其实质是稳压电路的设计与合理利用。

(2) 无线通信模块是控制电路的重要组成部分，由于小车运动后不宜采用有线方式发出转向控制指令，只能通过无线通信方式控制小车的运动轨迹。蓝牙从机通信具有方便、简易的特点，且有效通信范围在 20 m 左右，完全可以满足控制小车运动的要求。

(3) 舵机控制模块是控制车辆运动方向的部分，通过接收单片机输出的 PWM 信号进行小车运动方向的控制。

综合以上设计思路，小车控制部分的总体框图可用图 22-18 表示。

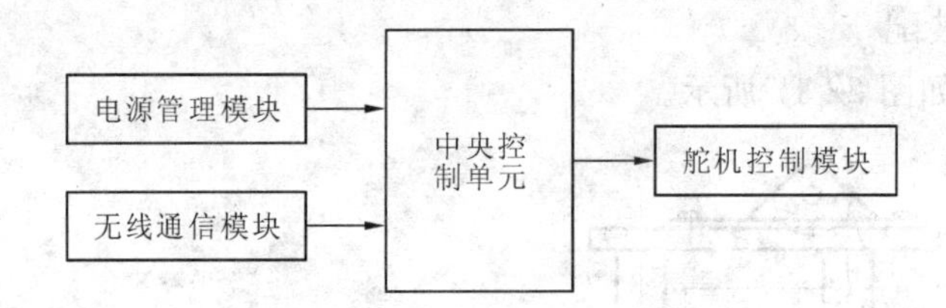

图 22-18 小车控制总体框图

1）硬件设计

(1) 电源管理模块 电源管理模块是整个控制部分中最基本的单元，它的主要功能是为控制部分提供电能。中央控制单元采用的是由 Atmel 生产的 AT89C 系列 8 位单片机，其供电电源要求为 5 V，而提供的电源类型为 7.2 V 2000 mAh Ni-cd 蓄电池，因此需要设计一个稳压电路将电池的输出电压稳压到 5 V 之后供给单片机使用。

为了减少稳压电路的质量以减轻小车的负载，可选用集成稳压芯片 7805 来满足设计要求。使用集成稳压芯片 7805 设计的稳压电路，如图 22-19 所示。

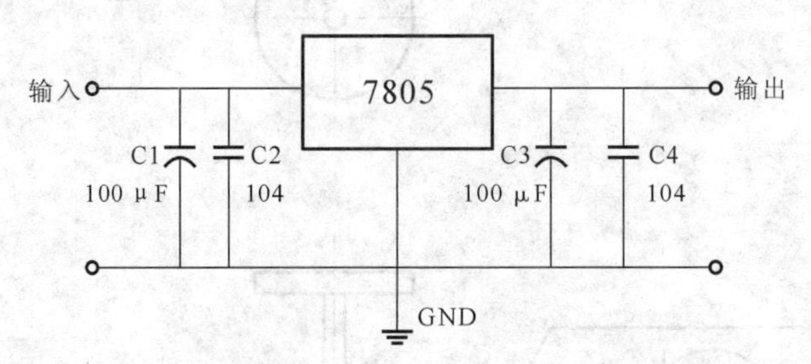

图 22-19 7805 稳压电路

(2) 无线通信模块 根据设计要求分析，控制电路只需接收蓝牙终端发射的控制信息，无需向终端发送任何信息。因此，本模块的设计属于蓝牙从机通信的范畴。HC-06 是主从一体化蓝牙串口模块，主从模式可指令切换，当它被配置成从机模式时，只能被其他蓝牙主机终端搜索而不能搜索其他蓝牙终端。HC-06 蓝牙模块的外形如图 22-20 所示。

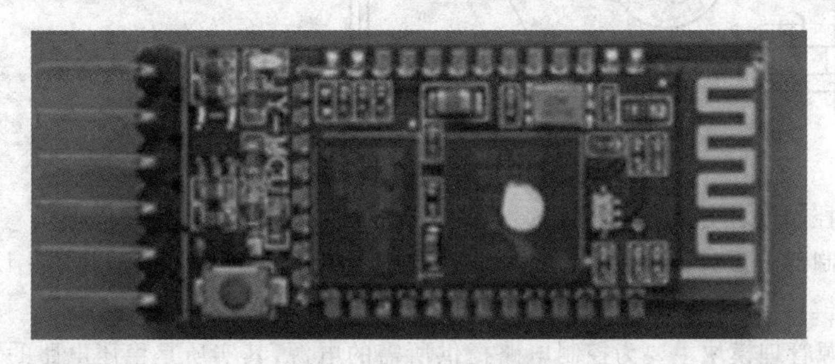

图 22-20 HC-06 蓝牙模块

蓝牙主机终端通过搜索与 HC-06 完成配对，此后两者之间就可进行全双工串口通信。蓝牙主机终端发出的控制指令会以 ASCⅡ码的形式发送给 HC-06 从机，HC-06 再将这些指令通过与单片机相连接的串口发送给单片机执行。蓝牙通信的全过程可用图 22-21 表示。

HC-06 与主机终端之间采用无线连接方式，只需通过主机搜索连接即可。而 HC-06 与单片机之间采用有线串口通信，因此这里仅需完成 HC-06 与单片机的连接。HC-06 模块上共有6个引脚,分别为:EN、VCC、GND、TXD、RXD和STATE。由于使用从机模式,这里只需使用VCC、GND和TXD这三个引脚。VCC为电源正极端,接上+5 V电源正极;GND为接地端,接上电源GND端;TXD为蓝牙模块的发送端,使用时与89C51单片机的串口接收端(P3.0口)相连。HC-06与单片机的串口通信连接方式如图22-22所示。

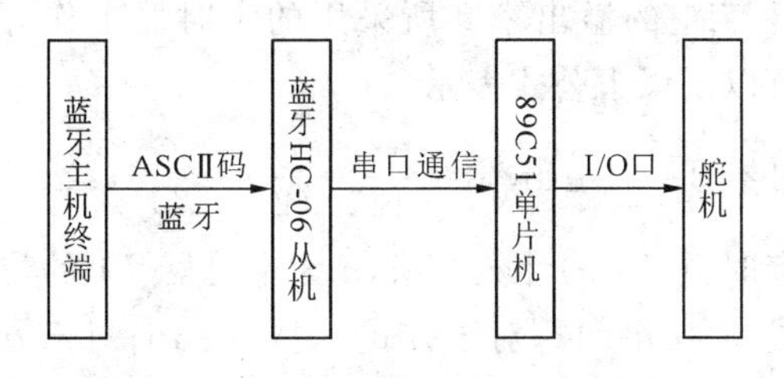

图22-21　蓝牙通信示意图

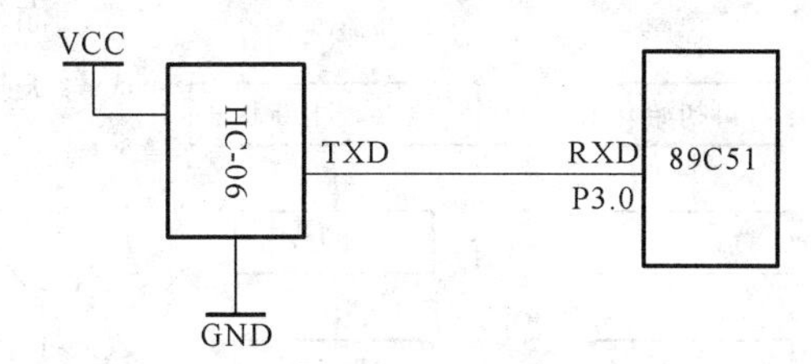

图22-22　HC-06与单片机通信连接图

(3) 舵机控制模块　舵机又称转向伺服电动机,原是船舶上的一种大甲板机械。其原理是通过高低压油的转换而做功产生直线运动,并通过舵柄转换成旋转运动。在实际工程应用领域,舵机有广泛的应用。

舵机主要由舵盘、减速齿轮组、位置反馈电位计、直流电动机和控制电路组成。控制电路接收来自舵机信号线的控制信号,控制电动机转动,电动机带动一系列齿轮组减速后传动至输出舵盘。舵机的输出轴与位置反馈电位计相连,舵盘转动的同时,带动位置反馈电位计,电位计将输出一个电压信号到控制电路进行反馈,然后控制电路根据所在位置决定电动机转动的方向和速度,从而转动到目标位置。

舵机的控制信号为周期是20 ms的脉宽调制(PWM)信号,其中脉冲宽度为0.5～2.5 ms,相对应舵盘的位置为0～180°,呈线性变化。也就是说,给它提供一定的脉宽,它的输出轴就会保持在一个相对应的角度上,无论外界转矩怎样改变,直到给它提供一个另外宽度的脉冲信号,它才会改变输出角度到新的对应的位置上。

本小车采用Futaba S3003型舵机(见图22-23),该舵机在5 V电源下的输出力矩足以驱动小车转向。在设计中,直接将舵机的控制输入端与单片机的PWM信号输出端(PWM1)相连。舵机控制部分的接线图如图22-24所示。

图22-23　Futaba S3003型舵机

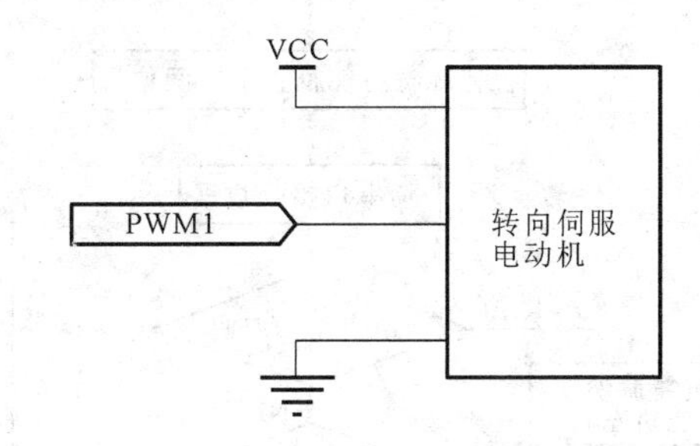

图22-24　舵机接线图

2) 软件设计

小车的软件设计基于Keil编程环境,使用C语言实现。整个系统软件开发、制作、安装、调试都是在此环境下实现的。软件设计主要包括蓝牙模块与单片机串口通信,以及单片机产生PWM信号控制舵机两个部分。

(1) 串口通信　蓝牙与单片机的串口通信部分的软件设计主要包括串口的初始化和接收蓝牙传送的数据两部分,其中接收数据的程序由串口中断程序完成。

根据前面的分析,单片机的串口工作在接收方式下,蓝牙通信的波特率为9600 b/s,因此需将串口设置为工作方式 1 且允许接收,波特率不加倍。对于工作方式 1,波特率是由定时器 T1 的溢出率来决定的,在波特率不加倍情况下,波特率与 T1 溢出率的关系为

$$波特率=\frac{1}{32}\times(定时器\ T1\ 的溢出率) \tag{22-1}$$

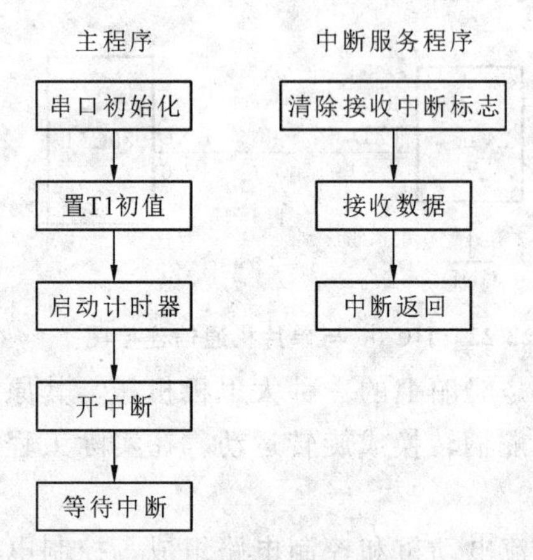

图 22-25　串口通信部分流程图

而定时器 T1 的溢出率和所采用的定时器工作方式有关,并可以用以下公式表示

$$定时器\ T1\ 的溢出率=\frac{f_{osc}}{12\times(2^n-X)} \tag{22-2}$$

式中:X 为定时器 T1 的计数初值,n 为定时器 T1 的位数,对于方式 0,取 $n=13$;对于方式 1,取 $n=16$;对于方式 2、3,取 $n=8$。本部分的流程图如图 22-25 所示。

(2) 单片机产生 PWM 信号　PWM 信号产生部分主要包括定时器 T0 的工作方式设置及初始化,对接收来自串口的数据进行处理以决定转向的方位。T0 设置的依据主要由舵机控制信号的周期及转向角度与脉宽之间的对应关系决定。另外,不同赛道的转弯曲率也不尽相同,这也是在设计中需要考虑的一个因素。本部分的流程图如图 22-26 所示。

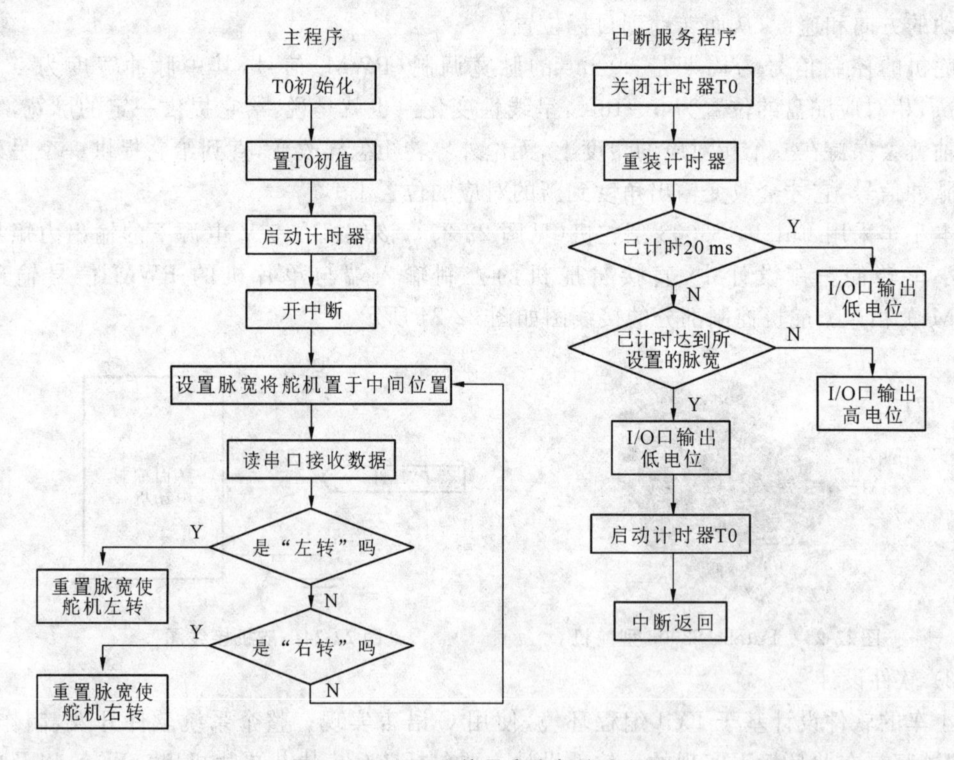

图 22-26　PWM 信号产生部分流程图

3. 工艺成本分析方案

1) 材料成本分析

材料成本分析如表 22-5 所示。

表 22-5　材料成本分析

编号	材料	毛坯种类	毛坯尺寸/mm	件数/毛坯	每台件数	备注
1	硬铝合金	圆材	$\phi60\times150$	2/1	2	前轮
2	硬铝合金	圆材	$\phi6\times150$	1/1	1	前轮轴
3	硬铝合金	板材	$65\times65\times5$	1/1	1	前轮连接座
4	硬铝合金	圆材	$\phi60\times150$	1/1	1	后轮 1
5	硬铝合金	圆材	$\phi60\times150$	1/1	1	后轮 2
6	硬铝合金	圆材	$\phi6\times150$	1/1	1	后轮轴
7	硬铝合金	板材	$65\times65\times5$	1/1	1	后轮轴承座
8	硬铝合金	板材	$90\times90\times3$	1/1	1	定滑轮座
9	硬铝合金	圆材	$\phi15\times500$	3/4	3	立柱
10	钢材	板材	$90\times15\times1$	1/1	1	电气连接座
11	硬铝合金	板材	$200\times150\times5$	1/1	1	车体

2）人工费和制造费分析

人工费和制造费分析如表 22-6 所示。

表 22-6　人工费和制造费分析

序号	零件名称	工艺内容	工时/min			工艺成本分析
			机动时间	辅助时间	终准时间	
1	前轮	车削	8	2	10	(1) 车削加工费:28 元/小时； (2) 钳工加工费:30 元/小时； (3) 总加工费用:$28\times10/16+30\times5/60=7.17$(元)
		钳工钻孔,去毛刺	4	1	5	
2	前轮轴	车削	8	2	10	(1) 车削加工费:28 元/小时； (2) 钳工加工费:30 元/小时； (3) 总加工费用:$28\times10/60+30\times5/60=7.17$(元)
		钳工钻孔,去毛刺	4	1	5	
3	前轮连接座	数控铣	10	8	18	(1) 数控铣削加工费:38 元/小时； (2) 钳工加工费:30 元/小时； (3) 总加工费:$38\times18/60+30\times18/60=20.4$(元)
		钳工钻孔、攻螺纹	8	10	18	
4	后轮 1	车削	8	2	10	(1) 车削加工费:28 元/小时； (2) 钳工加工费:30 元/小时； (3) 总加工费用:$28\times10/60+30\times5/60=7.17$(元)
		钳工钻孔,去毛刺	4	1	5	

续表

序号	零件名称	工艺内容	工时/min			工艺成本分析
			机动时间	辅助时间	终准时间	
5	后轮 2	车削	8	2	10	(1) 车削加工费:28 元/小时; (2) 钳工加工费:30 元/小时; (3) 总加工费用:28×10/60+30×5/60=7.17(元)
		钳工钻孔,去毛刺	4	1	5	
6	后轮轴	车削	8	2	10	(1)车削加工费:28 元/小时; (2)钳工加工费:30 元/小时; (3)总加工费用:28×10/60+30×5/60=7.17(元)
		钳工钻孔,去毛刺	4	1	5	
7	后轮轴承座	数控铣	10	8	18	(1) 数控铣加工费:38 元/小时; (2) 钳工加工费:30 元/小时; (3) 总加工费用:38×18/60+30×15/60=18.9(元)
		钳工钻孔、攻螺纹	8	7	15	
8	定滑轮座	数控铣床	12	6	18	数控铣加工费:38×18/60=11.4(元)
9	立柱	车削	8	5	13	车削加工费:28×13/60=6(元)
10	电气连接座	钳工制作、钻孔、去毛刺	10	5	15	钳工加工费:30×15/60=7.5(元)
11	车体	数控铣床铣平面	5	6	11	(1) 钳工加工费:30 元/小时; (2) 数控铣加工费:38 元/小时; (3) 总加工费用;38×11/60+30×9/60=11.47(元)
		钻孔	7	2	9	

22.3.3 方案实施

1. 小车机械加工

1) 前轮加工与装配

小车前轮零件如图 22-27 所示。小车前轮装配效果图如图 22-28 所示。

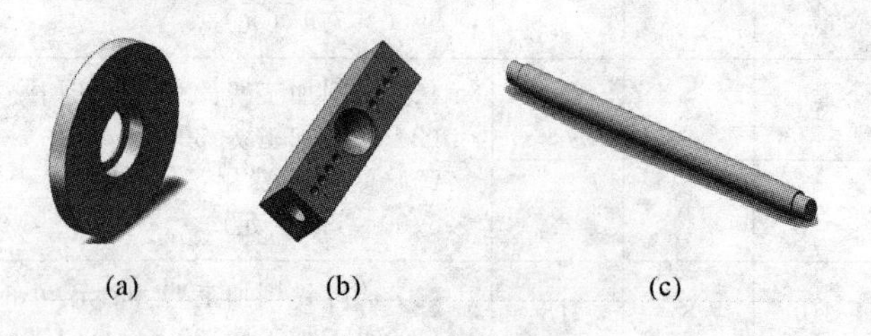

(a)　(b)　(c)

图 22-27　小车前轮零件

(a) 前轮;(b) 前轮连接座;(c) 前轮轴

图 22-28　小车前轮装配效果图

2) 后轮加工

小车后轮零件如图 22-29 所示。

3) 绕线轴 3D 打印与后轮装配

用 SolidWorks 软件对绕线轴(见图 22-30)进行设计后,转换为 3D 打印文件,采用 3D 打印技术,完成该零件的制作,并进行后轮整体装配。小车后轮装配效果图如图 22-31 所示。

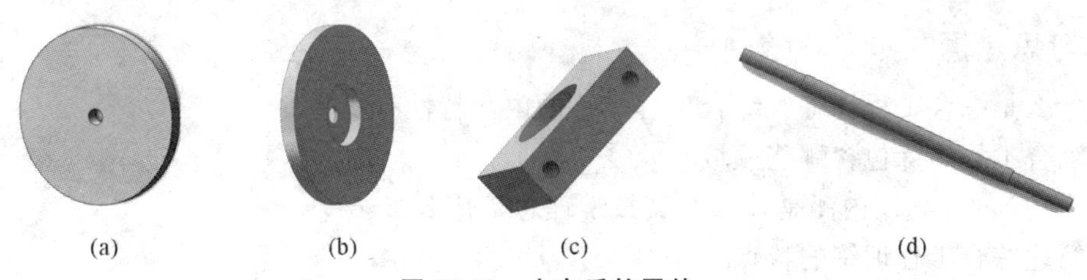

图 22-29　小车后轮零件

(a) 右后轮；(b) 左后轮；(c) 后轮轴承座；(d) 后轮轴

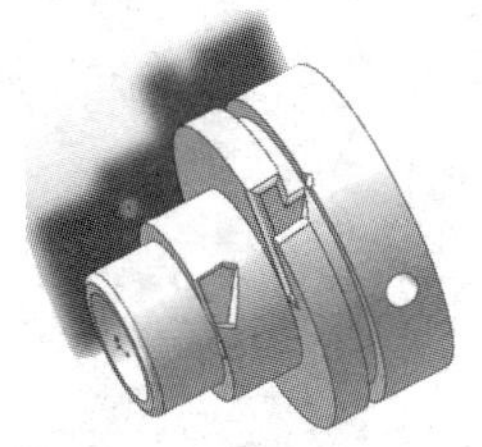

图 22-30　绕线轴

图 22-31　小车后轮装配效果图

4）车体及其他部分零件加工

定滑轮座、立柱、车体分别如图 22-32、图 22-33、图 22-34 所示。

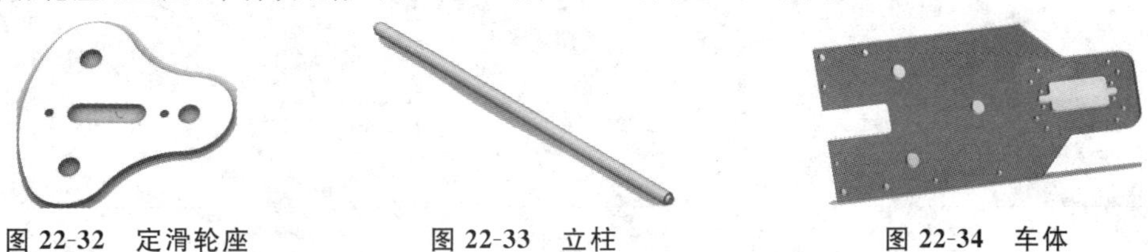

图 22-32　定滑轮座　　图 22-33　立柱　　图 22-34　车体

2. 小车装配调试

小车装配整体效果图如图 22-35 所示。

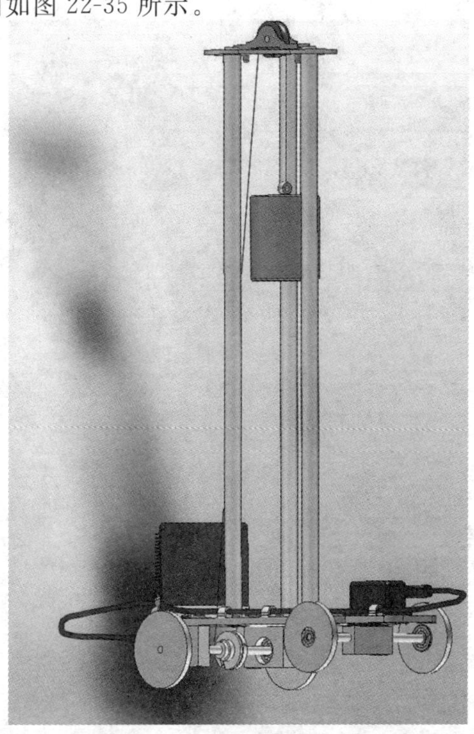

图 22-35　小车装配整体效果图

复习思考题

1. 什么是综合工程训练？综合工程训练的内涵特性有哪些？
2. 综合工程训练包含哪些领域？
3. CDIO 的概念及内涵是什么？其教学理念是什么？
4. 简述综合工程训练的特点。
5. 综合工程训练主要包括哪些创新实践方法？
6. 什么是设计创新？其主要方法有哪些？
7. 技术创新的特点有哪些？
8. 简述工艺创新中的先进加工技术及特点。
9. 常见创新产品开发流程形式有哪些？

参考文献

[1] 戴庆辉.先进制造系统[M].北京:机械工业出版社,2005.

[2] 唐晓青.现代制造模式下的质量管理[M].北京:科学出版社,2004.

[3] 戴庆辉.先进制造系统[M].北京:机械工业出版社,2005.

[4] 崔建双,李铁克,张文新.先进制造模式研究综述[J].中国管理信息化,2009,12(15):91-93.

[5] Chisholm A W J. Nomenclature and Definitions for Manufacturing Systems[J]. Annals of the CIRP, 1990, 39(2):735-744.

[6] Chryssolouris G. Manufacturing Systems: Theory and Practice[M]. New York:Springer-Verlag,1992.

[7] Hitomi K. Manufacturing Systems:Past, Present and for the Future[J]. International Journal of Manufacturing System Design, 1994, 1(1):1-17.

[8] Martin-Vega L A. Design, Manufacturing and Industrial Innovation(DMII):Past, Present, and Future Perspectives[M]. Los Angeles, Keynot Report, 1999 NSF Design & Manufacturing Grantees Conference,1999.

[9] 刘飞. 制造系统工程[M].北京:国防工业出版社,2001.

[10] 林涛. 机械制造技术[M].电子科技大学出版社,2009.

[11] 周冀.高分子材料基础[M].北京:国防工业出版社,2007.

[12] 刘美玲.数控加工编程与训练[M].北京:清华大学出版社,2008.

[13] 世纪星 HNC-18IT/19iT 数控装置车床操作说明书[M].武汉,2006.

[14] 姜培安,鲁永宝,暴杰.印制电路板的设计与制造[M].北京:电子工业出版社,2012.

[15] 徐根耀.电子元器件与电子制作[M].北京:北京理工大学出版社,2009.

[16] 吴兆华,周德俭.表面组装技术基础[M] .北京:国防工业出版社,2002.

[17] 韩雪涛,韩广兴,吴瑛.电子产品装配技术与技能实训[M].北京:电子工业出版社,2012.

[18] 王天曦,李鸿儒,王豫明.电子技术工艺基础[M].北京:清华大学出版社,2009.

[19] 谢兰清.电子电路分析与制作[M]. 北京:北京理工大学出版社,2012.

[20] 库锡树,刘菊荣.电子技术工程训练[M].北京:电子工业出版社,2011.

[21] 付家才.电子工程实践技术[M].北京:化学工业出版社教材出版中心,2003.

[22] 宁锋.电子工艺实训教程[M].西安:西安电子科技大学出版社,2006.

[23] 陈学平,童世华.电子技能实训教程[M]. 北京:电子工业出版社,2013.

[24] 肖俊武.电工电子实训[M].3 版.北京:电子工业出版社,2012.

[25] 韩志凌.电工电子实训教程[M].北京:机械工业出版社,2009.

［26］ 姚彬. 电子元器件与电子实习实训教程[M]. 北京：机械工业出版社，2009.

［27］ 韩雪涛，韩广兴，吴瑛. 电子电工技术全图解全集：电子电路识图·元器件检测速成全图解[M]. 北京：化学工业出版社，2014.

［28］ 赵广林. 常用电子元器件识别/检测/选用一读通[M]. 2 版. 北京：电子工业出版社，2011.